工程设计与分析系列

ModelSim 电子系统分析及仿真
（第 4 版）

刘志伟　陶宏敬　于　斌　**编著**

电子工业出版社

Publishing House of Electronics Industry

北京·BEIJING

内 容 简 介

ModelSim 是优秀的 HDL 仿真软件之一，它能提供友好的仿真环境，是业界唯一单内核支持 VHDL 和 Verilog 混合仿真的仿真器，它采用直接优化的编译技术、Tcl/Tk 技术和单一内核仿真技术，编译仿真速度快，编译的代码与平台无关，便于保护 IP 核，个性化的图形界面和用户接口，为用户加快调错提供强有力的手段，是 Windows 平台上 FPGA/ASIC 设计的首选仿真软件。

本书以 ModelSim SE 2020.4 版软件为平台，由浅入深、循序渐进地介绍软件各部分知识，包括 ModelSim 基础、菜单命令、库和工程的建立与管理、Verilog/VHDL 文件编译仿真、采用多种方式分析仿真结果，以及与多种主流软件的联合仿真等。本书配有大量插图，并结合实例详细讲解使用 ModelSim 仿真的基本知识和操作的方法技巧，配套资源中有本书实例操作的视频讲解和全部源代码。

本书适合具有一定 HDL 基础的读者使用，同时可作为相关领域（如 FPGA 开发、测试等）的专业技术人员的参考书，也可作为大中专院校电子类相关专业和培训班的教材。

图书在版编目（CIP）数据

ModelSim 电子系统分析及仿真 / 刘志伟，陶宏敬，于斌编著. —4 版. —北京：电子工业出版社，2024.5
（工程设计与分析系列）

ISBN 978-7-121-47708-9

Ⅰ．①M… Ⅱ．①刘… ②陶… ③于… Ⅲ．①VHDL 语言－仿真程序－研究 Ⅳ．①TP312

中国国家版本馆 CIP 数据核字（2024）第 077352 号

责任编辑：许存权　　　特约编辑：田学清
印　　刷：中煤（北京）印务有限公司
装　　订：中煤（北京）印务有限公司
出版发行：电子工业出版社
　　　　　北京市海淀区万寿路 173 信箱　　　　　邮编：100036
开　　本：787×1092　　1/16　　印张：22.75　　字数：597 千字
版　　次：2011 年 12 月第 1 版
　　　　　2024 年 5 月第 4 版
印　　次：2024 年 5 月第 1 次印刷
定　　价：79.00 元

凡所购买电子工业出版社图书有缺损问题，请向购买书店调换。若书店售缺，请与本社发行部联系，联系及邮购电话：（010）88254888，88258888。

质量投诉请发邮件至 zlts@phei.com.cn，盗版侵权举报请发邮件至 dbqq@phei.com.cn。

本书咨询联系方式：（010）88254484，xucq@phei.com.cn。

第 4 版前言

ModelSim 是 SIEMENS 公司开发的 EDA 工具软件,是一款主要应用于 HDL 仿真的软件,同时支持多种语言调试和仿真,为设计的仿真测试提供了强有力的支持,使其在整个设计中可以采用更灵活的手段进行设计调试。

在仿真的过程中,ModelSim 可以独立完成 HDL 代码的仿真,还可以结合 FPGA 开发软件对设计单元进行时序仿真,得到更加真实的仿真结果。大多数 FPGA 厂商都提供有 ModelSim 接口,使得设计者在器件的选择和结果的掌握上更加得心应手。

本书第 1 版自 2011 年出版以来,获得了广大读者的好评,已多次重印。并且,很多读者来信介绍他们具体应用 ModelSim 的情况,对本书提出了很多宝贵意见和建议。在此基础上,根据读者的建议,并结合相关企业应用的需求和高校教学需求,再根据编著者多年的教学和工作经验,对本书进行了多次修订。第 4 版是在最新软件版本 ModelSim SE 2020.4 的基础上编写的,基于 64 位操作系统,更加贴合实际应用,可以更好地帮助读者深入应用 ModelSim,同时各种操作及命令向前兼容,可供不同软件版本参考。

本书在编写过程中,突出了以下特点。

1. 直观易懂性

本书以实例图解的形式介绍基础知识和实例操作,所有知识点和操作流程尽可能给出配套图片,直观易懂,使读者能够在最短的时间内获取最多的知识。

2. 可扩展性

本书以 ModelSim SE 2020.4 版软件为平台进行讲解,在讲解过程中提供了命令行操作和菜单栏操作两种操作方法,命令行操作使讲解的知识更具扩展性。

3. 实用性

本书采用基础知识介绍和实例操作相结合的方法,互相补充,本书的实例都是具有实际意义的设计实例,并根据内容的不同进行选取,使读者能够更好理解操作的过程,并且在学完本书后能够快速地将知识应用于生产实践。

4. 结构清晰,讲解详尽

本书采用从基础知识到综合实例的循序渐进的讲解方法,一步一步地提高读者的仿真技能,而且每个知识点和实例都进行了尽可能详细的讲解,使读者学习起来轻松自如。

5. 多媒体示范

本书的配套资源提供了所有实例的视频操作 🖱️[动画演示],读者可以在观看视频时增强对知识点的理解。同时,视频中的操作严格按照本书实例的步骤进行,可以更加直观地看到操作过程,读者可以加 QQ 群(970090855,756699845)获取配套资源。

本书分为 9 章。

第 1 章　概述。介绍 IC 设计的基本流程和 ModelSim 不同版本的特点和功能，并给出一个简单的实例，使读者快速掌握 ModelSim 仿真的基本流程。

第 2 章　操作界面。介绍 ModelSim 的基本操作界面，包括菜单栏中各命令的基本功能和主界面中工作区、命令区、MDI 区的功能，并介绍仿真中常用的窗口。

第 3 章　工程和库。介绍工程和库的相关知识，给出详细的工程管理方法和库的建立及导入方式，并给出了实例。

第 4 章　ModelSim 对不同语言的仿真。介绍使用 ModelSim 对 Verilog 语言和 VHDL 的仿真方法，并分别配以实例进行讲解，给出了对 SystemC 的仿真方法和三种语言混合仿真所需注意的事项。

第 5 章　利用 ModelSim 进行仿真分析。介绍如何使用 ModelSim 观察仿真结果和进行仿真分析，主要包括 WLF 文件、创建波形激励、波形分析、存储器查看、数据流窗口、原理图窗口、性能分析、信号探测和采用 JobSpy 控制批处理仿真等内容，在章末配有多个实例来演示这些功能。

第 6 章　ModelSim 的协同仿真。介绍如何使用其他软件工具与 ModelSim 进行系统仿真，弥补 ModelSim 的不足，主要介绍了使用 Debussy 和 MATLAB 与 ModelSim 进行仿真的配置方法和步骤，并给出了实例。

第 7 章　ModelSim 对不同公司器件的后仿真。介绍利用 FPGA 开发工具与 ModelSim 联合进行后仿真的过程，以 Intel、AMD、Lattice 等业界主流厂商的开发工具为例，并结合实例进行演示。

第 8 章　ModelSim 的文件和脚本。介绍前 7 章中涉及的文件类型，包括 SDF 文件、VCD 文件、Tcl 和 Do 文件等，这些文件都是在仿真中有重要作用的文件，在本章统一进行讲解，并配以实例进行演示。同时增加了 Linux 系统下的 ModelSim 安装、配置和简单使用实例，供使用服务器或虚拟机的读者参考。

第 9 章　ModelSim 下建立 UVM 验证环境。介绍如何在 ModelSim 中对基于 UVM 的验证平台进行仿真，主要通过三个实例讲解基本的编译和仿真方法，并着重解释脚本文件的相关内容。

本书第 1 章～第 4 章由哈尔滨理工大学刘志伟编写，第 5 章和第 6 章由黑龙江科技大学陶宏敬编写，第 7 章～第 9 章由哈尔滨理工大学于斌编写。由于时间仓促，书中难免有疏漏之处，请读者谅解。如有任何意见和建议，请读者加 QQ 群（970090855，756699845）或通过电子邮件 yubin@hrbust.edu.cn 与我们交流。

编著者

目　　录

第1章

概　述

集成电路（Integrated Circuit，IC）行业是一个具有广阔前景和巨大潜力的行业。随着工艺的发展和设计规模的不断扩大，EDA 工具软件在 IC 设计过程中扮演着越来越重要的角色，本书介绍的 ModelSim 就是一种 EDA 工具软件。通过本章的学习，读者可以从整体上了解 IC 设计的流程和 ModelSim 在其中的使用概况，并且可以通过一个简单例子来快速掌握 ModelSim 的基本使用方法。

 本章内容

- ↘ IC 设计与 ModelSim
- ↘ ModelSim 应用基本流程
- ↘ ModelSim 基本仿真流程
- ↘ ModelSim 工程仿真流程

 本章案例

- ↘ ModelSim 基本仿真流程
- ↘ ModelSim 工程仿真流程

1.1　IC 设计与 ModelSim

ModelSim 是由原 Mentor Graphics 公司开发的 EDA 工具软件，后被 SIEMENS 公司收购。该软件主要针对 IC 设计的仿真阶段，即对采用 Verilog HDL（硬件描述语言）或 VHDL（可视硬件描述语言）描述的设计进行验证。从细分整个 IC 设计流程来看，IC 设计的仿真阶段属于数字 IC 设计的仿真验证部分。

1.1.1　IC 设计基本流程

IC 设计基本流程包括两大类：正向设计流程（Top-Down）和反向设计流程（Bottom-Up）。正向设计流程指的是从顶层的功能设计开始，根据顶层功能的需要，细化并完成各个子功能，直至达到底层的功能模块。反向设计流程正好相反，设计者最先得到的是一些底层的功能模块，采用这些底层的功能模块搭建出一个高级的功能，按照这种方式继续直至顶层的设计。

在 IC 行业的最初阶段，EDA 工具软件功能并不强大，所以两种方法都被采用。随着 EDA 工具软件功能的逐渐增强，正向设计流程得到了很好的支持并逐步成为主流的 IC 设计方法。这种方法符合设计者的思维过程：当拿到一个设计项目时，设计者首先想到的是整体电路需要达到哪些性能指标，进而采用高级语言尝试设计的可行性，再经过 RTL 级、电路级直至物理级逐渐细化设计，最终完成整个项目。

由于 EDA 厂商的工具软件不尽相同，每家厂商为了推销自己的产品，都制定了一套采用自己公司或合作公司旗下软件的设计流程。例如，SYNOPSYS 公司、SIEMENS 公司等都有一整套推荐流程，这些公司的推荐流程都可以在各自公司的主页上找到，这里不占用篇幅进行说明。尽管各家公司的推荐流程不同，但是整个 IC 设计的基本流程是确定的，图 1-1 所示为 IC 设计的基本流程。

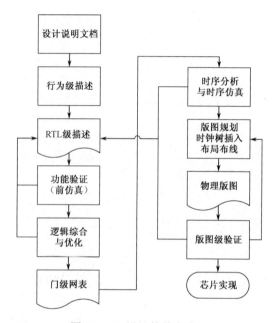

图 1-1　IC 设计的基本流程

设计的最开始阶段一定是设计说明文档。这个设计说明文档主要包含了设计要实现的具体功能和期待实现的详细性能指标，包括电路的整体结构、输入/输出（I/O）接口、最低工作频率、可扩展性等参数要求。完成设计说明文档后，需要用行为级描述待设计的电路。行为级描述可以采用高级语言，如 C/C++等，也可以采用 HDL 来编写。这个阶段的描述代码并不要求可综合，只需要搭建出一个满足设计说明的行为模型即可。

行为级描述之后是 RTL 级描述。这个阶段一般采用 VHDL 或 Verilog HDL 来实现。对于规模比较大的设计，一般是在行为级描述时采用 C/C++搭建模型，在 RTL 级描述阶段，逐一对行为模型中的子程序进行代码转换，用 HDL 代码取代原有的 C/C++代码，再利用仿真工具的接口，将转换成 HDL 代码的子程序加载到行为模型中，验证转换是否成功，并依次转换行为模型中的所有子程序，最终完成从行为级到 RTL 级的 HDL 代码描述。这样做的好处是减少了调试的工作量，如果一个子程序转换出现错误，那么只需要更改当前转换的子程序即可，避免了同时出现多个待修改子程序的杂乱局面。

RTL 模型的正确与否是通过功能验证来确定的，这个阶段也被称为前仿真。前仿真的最大特点就是没有加入实际电路中的延迟信息，所以，前仿真的结果与实际电路结果还是有很大差异的。不过在前仿真过程中，设计者只关心 RTL 模型是否能完成预期的功能，所以又被称为功能验证。

当 RTL 模型通过功能验证后，就可进入逻辑综合与优化阶段。这个阶段主要由 EDA 工具软件完成，设计者可以给综合工具指定一些性能参数、工艺库等，使综合出来的电路符合自己的要求。

综合生成的文件是门级网表。这个网表文件包含了综合之后的电路信息，其中还包含了延迟信息。将这些延迟信息反标注到 RTL 模型中，进行时序分析，主要检测的是建立时间（Setup Time）和保持时间（Hold Time）。其中，建立时间的违例和保持时间较大的违例必须要修正，可以采用修正 RTL 模型或修改综合参数来完成。对于较小的保持时间违例，可以放在后续步骤中修正。对包含延迟信息的 RTL 模型进行仿真验证的过程被称为时序仿真，时序仿真的结果更加接近实际电路。

设计通过时序分析与时序仿真后，就可以进行版图规划、时钟树插入与布局布线。这个阶段是把综合后的电路按一定的规则进行排布，设计者可以添加一些参数对版图的大小和速度等性能进行约束。由于时钟网络的规模庞大，所以时钟树一般会在本阶段单独进行。布局布线的结果是生成一个物理版图，再对这个版图进行仿真验证，如果不符合要求，那么需要向上查找出错点，重新布局布线或修改 RTL 模型。如果版图验证符合要求，那么这个设计就可以送到工艺生产线上，进行实际芯片的生产。

当然，上述流程只是一个基本的过程，其中很多步骤都可以展开成很多细小的步骤，也有一些步骤（如形式验证）在这个流程中并没有体现。不过这个流程图可以包含基本的 IC 步骤，对于初学者已经足够了。另外，各公司推荐流程不同的原因是采用了不同的 EDA 工具软件来完成以上的 IC 基本流程。例如，前仿真阶段，可用于 HDL 仿真的 EDA 工具软件就有 SYNOPSYS 公司的 VCS、CADENCE 公司的 Verilog-XL、SIEMENS 公司的 ModelSim 等。

1.1.2　ModelSim 概述

ModelSim 是由 SIEMENS 公司开发的一款优秀的 HDL 工具软件。它能够提供友好的调试环境，是目前唯一的单内核支持 VHDL 和 Verilog 混合仿真的仿真器。它具有以下特点。

- RTL 级和门级优化，本地编译结构，编译仿真速度快。
- 单内核 VHDL 和 Verilog 混合仿真。
- 源代码模板和助手，项目管理。
- 集成了性能分析、波形比较、代码覆盖等功能。
- Signal Spy。
- C 和 Tcl/Tk 接口。

ModelSim 具有多个版本。首先是大的版本，从 ModelSim 4.7 开始不断更新版本，直至现在的 ModelSim SE 2020.4 版本，并逐步开发了 QuestaSim。版本升级主要用来增加功能和改善性能，不同版本之间相比，显而易见的是在菜单栏中的功能列表都会有不同幅度的变化。在大的版本基础上还有小的版本，小的版本以小写英文字母作为区分，主要是为大的版本打上一些补丁，弥补原有版本的部分 bug，类似于计算机系统的更新包。

除去大的版本和小的版本，ModelSim 的每个版本都有 SE、DE、PE 三个版本。这三个版本在功能上不尽相同，表 1-1 列出了三个版本功能不同的部分，相同的部分由于篇幅原因略去。简单来说，SE 版本是功能最完善的版本。本书采用的是 ModelSim SE 2020.4 版本，所有的实例和演示也均在此版本下进行编译，操作系统使用的是 Windows 10 的 64 位操作系统。读者可以下载学生版本来使用，在官网上简单注册即可下载并申请到许可文件，软件的基本功能都是可以使用的。

表 1-1 ModelSim SE/DE/PE 的功能比较

功能	ModelSim SE	ModelSim DE	ModelSim PE
Licensing-Floating License	支持	支持	可选
Language Neutral License	可选	—	—
ASIC Sign-Off	支持	—	—
32/64-Bit Cross-Compatability	支持	—	—
VHDL	可选	—	可选
Mixed Language	可选	—	可选
Analog/Mixed Signal(Advance MS Product)	可选	—	—
VHDL FLI	支持	—	—
Waveform Editor	支持	—	—
Dataflow Window	支持	支持	可选
Source Annotation	支持	支持	可选
C Debugger	支持	支持	可选
Multiple Waveform Windows	支持	—	—
Waveform Compare	支持	支持	可选
JobSpy	支持	—	—
User-Customizable GUI (via Tk)	支持	—	—
Code Coverage (with Toggle Coverage)	支持	可选	可选
Coverage Viewer	支持	可选	可选
Verilog RTL & Gate Performance Optimizations	支持	—	—
VHDL RTL & VITAL Performance Optimizations	支持	—	—
Performance and Memory Profiler	支持	支持	可选
Separate Elaboration	支持	—	—
Integrated Sim Farm Support(via JobSpy)	支持	—	—
Checkpoint & Restore	支持	—	—
SWIFT Interface / SmartModels	支持	—	可选
Synopsys Hardware Modeler Support	支持	—	—
32-Bit OS Support	HP-UX、Linux、Solaris、Windows platform	Linux 平台	Windows 平台
64-Bit OS Support	X86-64 and Itanium-2 Linux	—	—

1.2 ModelSim 应用基本流程

ModelSim 功能众多，初学者刚刚接触时往往找不到头绪。软件自带的用户手册虽然内容详尽，但是比较烦琐，初学者刚接触时也常常是"一头雾水"。这里暂且抛开烦琐的介绍，以一个简单的程序来演示 ModelSim 的基本操作流程，使初学者很快能够熟悉 ModelSim 的基本功能，更详细的软件说明和应用举例将在后续章节中进行介绍。

　　ModelSim 软件的仿真流程大致可以分为三种：Basic simulation flow（基本仿真流程）、Project simulation flow（工程仿真流程）、Multiple library simulation flow（多单元库仿真流程）。其中，多单元库仿真涉及的注意点较多，一般用于规模比较大的仿真，故这里暂不介绍。基本仿真流程和工程仿真流程操作比较简单，这里用一个最基本的 Verilog HDL 程序来介绍其仿真流程，这个 Verilog HDL 程序描述的是一个一位全加器，相信本书的读者不会陌生。

1.3　ModelSim 基本仿真流程

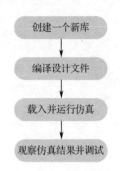

图 1-2　ModelSim 的基本
仿真流程

　　ModelSim 的基本仿真流程如图 1-2 所示，概括为 4 步：首先创建一个新库，其次编译设计文件，然后载入并运行仿真，最后观察仿真结果并进行调试。根据此流程，下面给出软件的具体操作步骤。

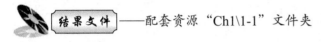——配套资源 "Ch1\1-1" 文件夹

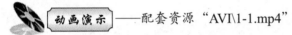——配套资源 "AVI\1-1.mp4"

1.3.1　创建一个新库

　　在 ModelSim 软件中，库是仿真的基础，所有仿真的程序实例都要编译入库才能进行仿真，所以在进行仿真之前，必须先建立库文件，可按以下操作进行。

　　（1）创建新的库。

　　在 ModelSim 菜单栏中选择 "File" → "New" → "Library" 选项，如图 1-3 所示。

　　（2）输入库的名称。

　　在弹出的对话框中输入库的名称，如图 1-4 所

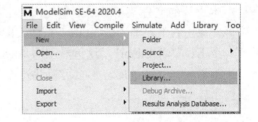

图 1-3　创建新的库

示。对话框弹出时默认选中第三项 "a new library and a logical mapping to it"，下方两个可输入区域 "Library Name" 和 "Library Physical Name"，默认名称均为 "work"，这也是 ModelSim 中默认的库名称。由于是第一个例子，这里的选项都不需要进行设置，全部采用默认设置。

　　（3）新的库建成。

　　在输入库的名称后单击 "OK" 按钮，即可完成库的创建。新的库会出现在 ModelSim 的库标签页中，如图 1-5 所示。最上方的 work（empty）就是新建好的库，后面括号中的 empty 表示此库是空的。可以看到，在 work 库下面还有很多库文件，这些都是 ModelSim 自带的库，可以在设计中使用。

　　建好库的同时，在 ModelSim 的下方窗口中会出现对应的提示信息，如图 1-6 所示。注意最上方的两行语句：vlib work 和 vmap work work，这是 ModelSim 命令行的操作语句，熟练

使用这些语句可以大大加快仿真流程，这些都会在后续章节中介绍。

图 1-4　库的设置

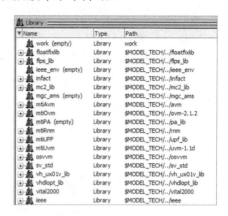

图 1-5　建好的库文件

```
vlib work
vmap work work
# Model Technology ModelSim SE-64 vmap 2020.4 Lib Mapping Utility 2020.10 Oct 13 2020
# vmap work work
# Modifying modelsim.ini
```

图 1-6　提示信息

1.3.2　编译设计文件

建好库后就可以编译文件，具体步骤如下。

（1）打开编译窗口。在菜单栏中选择"Compile"→"Compile…"选项，如图 1-7 所示。

（2）选择编译文件。打开之后的编译文件窗口如图 1-8 所示。在查找范围下拉菜单中选中本设计的文件夹"1-1"，可以看到包含两个文件"fulladd.v"和"test.v"，选中这两个文件，单击右下角的"Compile"按钮，即可编译仿真文件。需要说明的是，图 1-8 中最上方有一个下拉菜单 Library，这里显示的是 work，就是之前建立的库文件。在实际操作过程中，如果不需要建立新的库，那么可以跳过库文件的建立，直接进行设计文件的编译，在此界面中选中库名称即可。

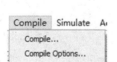

图 1-7　打开编译窗口

图 1-8　编译文件窗口

（3）完成编译。单击"Compile"按钮之后，刚才为空的 work 库就有了编译好的设计文件，如图 1-9 所示。

与此同时，在 ModelSim 下方的窗口中也会有对应的提示信息，如图 1-10 所示。

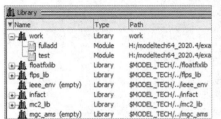

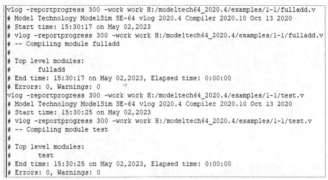

图 1-9 编译好的设计文件   图 1-10 提示信息

1.3.3 运行仿真

编译通过的文件就可以进行仿真了，仿真的具体步骤如下。

（1）开始仿真。仿真的方式有很多种，这里采用最简单的方式，单击快捷工具栏的仿真按钮开始仿真，如图 1-11 所示。圆圈中左侧的按钮是开始仿真，右侧的按钮是停止仿真。

（2）选中仿真文件。开始仿真后会出现"Start Simulation"对话框，如图 1-12 所示。选中需要进行仿真的文件，在这里选中顶层模块"test"，同时要注意下方"Optimization"区域的"Enable optimization"复选框。该复选框是为了提升 ModelSim 的仿真速度，勾选后可以进行优化，在本书的 ModelSim SE 2020.4 版本中为必选项，否则会报错并无法继续仿真。勾选后可以单击"Optimization Options"按钮，选择其中的"Apply full visibility to all modules（full debug mode）"选项，如图 1-13 所示。设置完毕后单击"OK"按钮，在 Workspace 区域会出现新的标签"sim"，同时在命令窗口会有对应的提示信息，如图 1-14 所示。

（3）添加待观察的信号。右击"test"模块，在弹出的菜单中选择"Add Wave"选项，这时会出现一个新窗口：Wave。这是观察信号变化的区域，在仿真没有运行的时候输出的信号均为空，如图 1-15 所示。

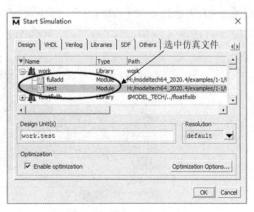

图 1-11 利用快捷工具栏仿真   图 1-12 开始仿真窗口

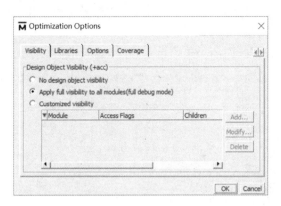

图 1-13　优化选项　　　　　　　　图 1-14　仿真标签及命令提示窗口

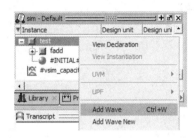

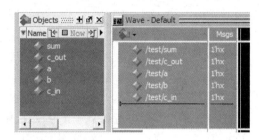

图 1-15　添加待观察的信号

（4）运行仿真。快捷工具栏中也有运行仿真按钮，如图 1-16 所示。其中共有 5 个运行按钮，从左到右依次为 Run、ContinueRun、Run-All、Break 和 Stop。这里单击"Run-All"按钮进行仿真。

图 1-16　仿真工具按钮

1.3.4　查看结果

在单击"Run-All"按钮后，可以在波形窗口（Wave 窗口）观察输入/输出信号的变化，如图 1-17 所示。如果在设计中有一些系统函数（如$display 等），那么在命令窗口会看到相应的提示。在本实例中，命令窗口没有输出。

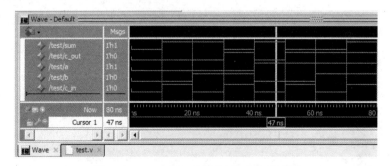

图 1-17　Wave 窗口的输入/输出信号波形

至此，ModelSim 的基本仿真流程就结束了，根据最后的仿真波形可以验证程序是否正确。以光标处为例，波形的高电平处为信号 1，低电平处为信号 0，输入的信号 a 为 1，信号 b 为 0，c_in 为 0，在全加器中可知输出的结果应该为 01，对比上方的信号，c_out 为 0，sum 为 1，结果正确。

1.4 ModelSim 工程仿真流程

ModelSim 工程仿真流程如图 1-18 所示，概括为 5 步：首先创建工程，然后向工程添加设计文件，接下来编译设计文件，再运行仿真，最后观察仿真结果并调试。

 结果文件 ——配套资源"Ch1\1-2"文件夹

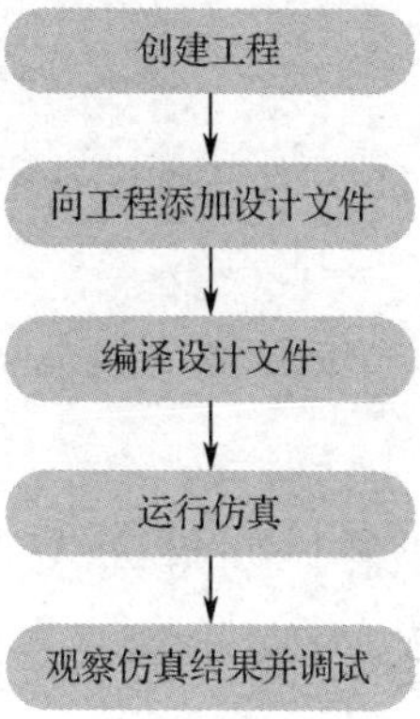

 动画演示 ——配套资源"AVI\1-2.mp4"

创建工程 → 向工程添加设计文件 → 编译设计文件 → 运行仿真 → 观察仿真结果并调试

图 1-18 ModelSim 工程仿真流程

1.4.1 创建工程及工作库

在开始一个设计之前，首先要在 ModelSim 中创建工程和对应的工作库。这里并不把所有的创建方式都列举出来，仅采用新建工程的方式直接创建默认工作库，这种方式比较简便。具体可按以下步骤进行操作。

（1）创建工程。在 ModelSim 菜单栏中选择"File"→"New"→"Project"选项，如图 1-19 所示。

（2）输入工程名称。在弹出的对话框中输入工程名（Project Name）并进行工程设置，这里直接采用默认库"work"，输入的工程名为"quick"，其他设置保持不变，输入完毕后单击"OK"按钮，如图 1-20 所示。

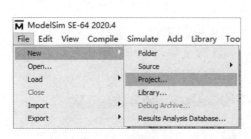

图 1-19 创建工程

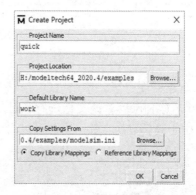

图 1-20 输入工程名称

（3）创建工程完毕。在输入工程名称后单击"OK"按钮，新的工程和库就被创建了。在创建工程前，ModelSim 的 Workspace 中只有 Library 一个窗口，默认情况下没有标签（较低版本中显示 Library 标签），当创建工程结束后，Workspace 窗口出现了新标签"Project"。由于新建的工程中没有文件，所以显示为空白区域，如图 1-21 所示。至此，工程和工作库创建

完毕，可以向工程中加载设计文件了。

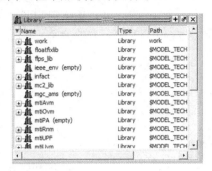

图 1-21　创建工程的前后对比

1.4.2　创建新文件

向工程中添加设计文件可以有两种方式：创建新文件和加载设计文件。创建新文件的步骤如下。

（1）创建新文件。在创建工程结束后会弹出对话框，有多种添加方式可供选择。在本实例中选择其中的"Create New File"选项，如图 1-22 所示。

（2）输入文件名。在弹出的对话框中输入文件名，在本实例中输入"fulladd"，将"Add file as type"选项选为"Verilog"，单击"OK"按钮完成操作，如图 1-23 所示。注意文件类型默认为"VHDL"类型，一定要选择为"Verilog"类型，仿真文件才能编译正确。

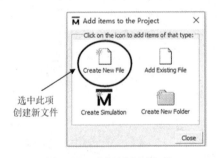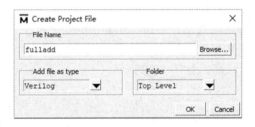

图 1-22　选择创建新文件　　　　　　图 1-23　输入文件名

（3）新建文件完毕。单击"OK"按钮后，就可以在 Project 窗口中看到新加入的文件"fulladd.v"，这时可以对该文件进行设计输入。双击该文件，即可在编辑窗口看到文件内部的内容。由于是新建的文件，因此可以看到内部是空白的，如图 1-24 所示。

图 1-24　添加文件完毕

输入的文件名不能是 fulladd.v，因为后缀的形式是在"Add file as type"中被定义的！

1.4.3　加载设计文件

除了新建文件，还可以向工程中添加已有的设计文件，具体步骤如下。

（1）选择添加已有的设计文件。在创建工程结束弹出的对话框中，选择其中的"Add Existing File"选项，如图 1-25 所示。

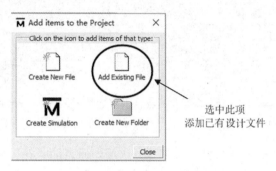

图 1-25　选择添加已有设计文件

（2）选择设计文件路径。选择添加已有设计文件后会有图 1-26 所示的对话框，选择添加设计文件的目录。ModelSim 默认的路径是安装文件夹中的 examples 目录。当然，可以手动选择其他目录添加设计文件。这里将 examples 目录下"1-1"文件夹中的"test.v"文件加载到工程中。

（3）加载完成。单击"OK"按钮后，可以看到 Project 窗口又加入了一个"test.v"文件，如图 1-27 所示。细心的读者会发现加入的两个文件，它们对应的 Status 栏都是"？"。这是该设计文件还没有被编译的标志，接下来就要编译文件了。

图 1-26　添加已有文件路径名

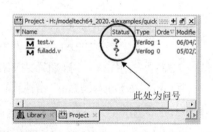

图 1-27　成功添加已有设计文件

1.4.4　编译源文件

编译过程是仿真器检查被编译文件是否有语法错误的过程。没有被编译的文件是不可以进行仿真的。编译的方式这里先简单介绍以下两种。

（1）利用菜单选项编译。在"Project"标签中选择一个文件，右击会出现菜单，选择其中的"Compile"选项，会出现一系列的编译方式。最常用的是前两个，即编译选中文件

"Compile Selected"和编译所有文件"Compile All"，如图 1-28 所示。

（2）利用快捷工具栏编译。在 ModelSim 菜单栏下方有一快捷工具栏，其中有编译按钮，可以直接单击它来对文件进行编译，如图 1-29 所示。其中共有 3 个编译按钮，最左侧的是编译选中文件，最右侧的是编译所有文件。

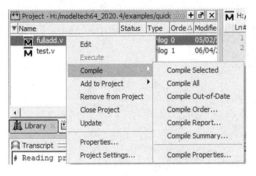

3个编译按钮

图 1-28　利用菜单选项编译　　　　　　　图 1-29　利用快捷工具栏编译

单击最右侧的"Compile All"按钮，编译通过后，原有的"？"会变成"√"，同时在命令窗口中会出现类似提示：Compile of XXX was successful，如图 1-30 所示。

符号改变

命令窗口提示

图 1-30　编译后的提示

如果设计文件较多时，那么多文件编译会出现多行的编译提示，这时可以单击快捷工具栏最中间的"Compile Out-of-Date"按钮，在工程流程中，该命令的功能如下。

（1）首次单击时，编译所有的文件，只在命令窗口中输出有错误的文件时提示，如果无错误，则命令窗口无提示。

（2）工程标签内的 Status 一栏按编译结果显示正确或错误。

（3）再次单击时，只编译之前出错的文件和上一次编译后修改过的文件。

"Compile Out-of-Date"按钮类似于"Compile All"按钮的优化版，尤其在多文件修改和编译时，使用起来非常方便。如果设计较小，则直接编译全部即可。

1.4.5　运行仿真和查看结果

运行仿真和查看结果的步骤与 1.3.3 节和 1.3.4 节中介绍的基本相同，这里不再重复。在此只介绍开始仿真的方法，可以在菜单栏中选择"Simulate"→"Start Simulation"，同样可以打开图 1-31 所示的对话框，按步骤进行设置和仿真即可。

图 1-31　启动仿真

1.4.6　工程调试

在实际的设计中，错误是不可避免的，ModelSim 提供了丰富的错误提示类型，帮助设计者快速发现错误的位置和错误的类型，一般情况下调试过程如下。

（1）编译错误提示。此时 Status 栏会显示一个红色的"×"，表示编译不通过，即源文件中有错误。此时在命令窗口中会出现红色字体的提示，告知设计者哪个文件出现了几个错误，可能包含 error，也可能包含 warning，如图 1-32 所示。

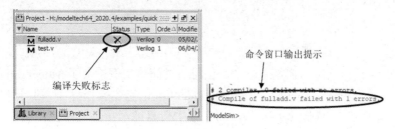

图 1-32　编译错误提示

（2）查找错误原因和位置。双击命令窗口中的提示，就会弹出一个对话框的提示，会显示在文件的第几行出现了哪种错误。如图 1-33 所示，在文件的第 7 行出现了语法错误。这时，文件的第 7 行会以醒目的颜色标出来，方便设计者查找。当然，同其他设计语言一样，软件指出的错误位置不一定是真正的错误，只是提供一个参考，具体的调试还需要设计者来进行。

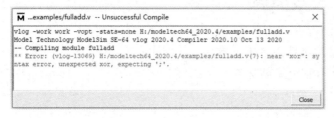

图 1-33　错误原因和位置提示

将上述的基本过程连接起来，就构成了一个简单的工程实例。从创建工程开始，经过设计文件的加载，然后对设计文件进行编译和调试，调试通过后可以按照仿真的步骤进行仿真并查看最后的输出结果。读者可以参考配套的视频演示。

有了输出结果并不意味着设计已完成。设计是要实现一定功能的，如果仿真器的输出结果与设计者最初的设计初衷不相符，就证明设计出现了问题，需要修改源文件。所以，一个设计并不是通过了编译就宣告成功的，需要对仿真结果进行细致分析，直到确定达到了需要完成的功能为止。

第 2 章

操 作 界 面

2

在第 1 章中，已经通过简单实例了解了 ModelSim 的基本功能，本章将进一步熟悉 ModelSim 的基本操作界面。由于 ModelSim 的功能较多，本书作为指导手册只能尽可能详细地给出介绍，但也做不到面面俱到，因此更加详细的操作说明读者可以自行阅读 ModelSim 自带的帮助文件 User's Manual。另外，由于是操作界面的介绍，这一章难免枯燥无味，读者可以暂时跳过本章，直接熟悉后面章节的实例，如果遇到不了解的地方，那么再把本章的内容作为一个参考手册进行查询，也不失为一种学习方法。

 本章内容

- ➥ 菜单栏中常用的选项
- ➥ 工作区包含的标签
- ➥ MDI 窗口
- ➥ 命令区与命令

2.1 整体界面

通过开始菜单或桌面快捷方式启动 ModelSim，就会进入图 2-1 所示的整体界面。如果是第一次启动，那么会出现欢迎界面。注意，在启动软件之前必须安装好 License 软件，否则 ModelSim 是无法启动的。License 软件可以联系厂商进行购买，或者在线申请一个评估版本。当然，评估版本的一些功能是被限制的。

由图 2-1 可见，ModelSim SE-64 2020.4 的主界面可分为五大部分：①菜单栏；②工具栏；③标签页；④MDI 窗口；⑤命令窗口。其中，标签页、MDI 窗口、命令窗口没有标准的意译，Mentor 公司将这三个区域统称为多图形窗口界面。这里为了讲解方便，依然保留本书第 3 版中的划分方法，下面对这些部分进行介绍。

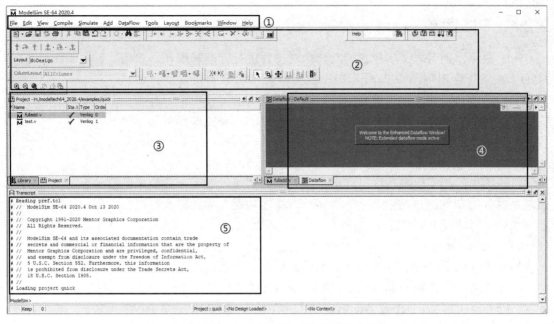

图 2-1　ModelSim 整体界面

2.2　菜单栏

在软件界面的最上端是菜单栏，整体界面图只能看到位置，看不清楚具体内容，这里把菜单栏放大，如图 2-2 所示。图中上方"ModelSim SE-64 2020.4"是软件的标题栏，说明软件名称和具体的版本号，标题栏的下方就是菜单栏。菜单栏按功能不同划分了 File、Edit、View、Compile、Simulate、Add、Tools、Layout、Bookmarks、Window、Help 共 11 个大的选项。需要注意的是，菜单栏里并不包含所有 ModelSim 能实现的功能。换言之，有些功能是在 ModelSim 菜单栏中找不到的。如果要运行这些功能，那么必须采用命令行操作方式，这些将会在命令窗口部分介绍。

图 2-2　菜单栏

另外，在 Add 和 Tools 之间的 Project 菜单并不是固定菜单，根据鼠标选择的窗口不同，会显示不同的菜单。图 2-2 是鼠标选中 ModelSim 启动后的 Project 标签，故而出现了 Project 菜单。如果选中源文件、命令窗口、波形窗口、库等，则会对应出现 Source、Transcrip、Wave、Library 等菜单。因为此菜单不固定，所以本章暂不介绍该菜单，留待对应使用的章节再一一进行说明。

2.2.1 File 菜单

File 菜单，顾名思义，包含的功能是对文件进行管理和操作。单击
"File"按钮，会出现图 2-3 所示的下拉菜单，可以看到包含的具体功
能。其中有些功能的文字是黑色的，这些功能是当前可使用的；有些功
能的文字是浅灰色的，这些功能是当前不可使用的，需要编译或仿真进
行到一定阶段或设计文件中有一些特殊的器件时才可使用。除了 File 菜
单，其他菜单也采用这种表示方式，后面就不再一一重复。

图 2-3　File 菜单

File 菜单的功能较多，这里详细介绍重要的功能，对于一些简单的
或显而易见的功能，只是略带几笔描述一下基本功能，读者完全可以自
己在实际使用过程中掌握。

（1）New（新建）。

New 是 File 菜单的第一个命令，也是常用的命令之一。New 命令有
6 种新建类型，分别是 Folder（文件夹）、Source（源文件）、Project（工
程）、Library（库）、Debug Archive（调试存档）和 Results Analysis
Database（分析数据报告），如图 2-4 所示。

若选择"Folder"命令，则会弹出对话框，要求用户输入新文件夹的名称，如图 2-5 所
示，这时会在默认的目录下新建一个文件夹。在本书中 ModelSim 的默认目录是
H:\modeltech64_2020.4\examples，新建的文件都会默认存储在这个目录下。

若选择"Source"命令，则可新建 5 种不同类型的源文件，如图 2-6 所示，分别是 VHDL
文件、Verilog 文件、SystemVerilog 文件、Do 文件和 Other 文件，相比之前的版本，每种文件
前都有对应的图标显示，使用起来更加方便和直观。一般情况下，VHDL 文件后缀是
".vhd"，Verilog 文件后缀是".v"，SystemVerilog 文件后缀是".sv"，Do 文件后缀是".do"，
Other 文件没有确定的文件后缀。

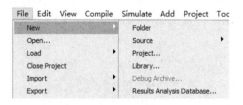

图 2-4　6 种新建类型　　　　图 2-5　新建文件夹　　　图 2-6　5 种新建源文件

若选择"Project"命令，则可新建一个工程。这个命令在第 1 章快速入门的实例中曾经
使用过，可以参考第 1 章的有关内容，这里不再赘述。

若选择"Library"命令，ModelSim 会新建一个设计库，并映射该设计库。选中该命令后
会弹出图 2-7 所示的对话框。对话框中有三个选项可选，分别是"a new library"（创建一个新
库）、"a map to an existing library"（映射到已有库）和"a new library and a logical mapping to
it"（创建一个新库并映射到该库）。不同的选项需要有不同的输入，这部分将在第 3 章中详细
阐述。

（a）创新一个新库

（b）映射到已有库

（c）创新一个新库并映射到该库

图 2-7　Create a New Library 对话框

若选择"Debug Archive"命令，则会建立一个调试文档，该选项会在启动仿真后被激活，能够把调试的结果保存下来，保存为".dbar"文件类型，如图 2-8 所示。

图 2-8　Create Debug Archive 对话框

最后一个"Results Analysis Database"命令，可以建立一个对已有数据文件或波形等记录信息文件的分析文档，可以用来筛选并保存一些关键的信号和端口。

（2）Open（打开）。

Open 命令很简单，即执行打开文件的操作。ModelSim 具有很好的文件管理功能，在可打开的文件类型中包含各种常用文件类型，如图 2-9 所示。当选中一种文件类型时，其他类型的文件就会被暂时屏蔽掉，使操作和选择界面更加简洁。

图 2-9　丰富的文件类型

（3）Load（载入）。

Load 命令可以为 ModelSim 载入三种类型文件，分别是 Macro File（宏文件）、Debug Archive（调试存档文件）和 UCDB Testanalysis（UCDB 测试分析文件），如图 2-10 所示。Macro File 是以".do"或".tcl"为后缀的文件，这些文件一般是一个命令的集合形式。例如，在使用 Wave window（波形窗口）的时候就可以生成一个"Wave.do"的文件，保存一个波形的信息，使用 Load 命令就可以载入并执行这些预先存储的文件。Debug Archive 可以载入调试文件或日志文件。

（4）Close Project（关闭工程）。

选择 Close Project 命令会关闭选中的目标。例如，选中一个源文件，执行 Close Project 命令，源文件就会被关闭；选中工程标签，工程就会被关闭；可以被关闭的还有仿真、波形、列表等形式。

（5）Import（导入）。

在 ModelSim 进行仿真的时候，有时需要将已有的文件导入，这时可以选择导入命令。Import 命令执行导入操作，可以导入图 2-11 所示的 5 种类型的文件：Library（库文件）、EVCD（仿真转储文件）、Memory Data（存储器数据文件）、Testplan（测试计划文件）、Column Configurations（列配置文件）。选择不同的命令会弹出相应的对话框，按照提示一步一步选择需要导入的文件即可。

图 2-10　Load 命令载入的文件类型　　　　图 2-11　Import 命令导入的文件类型

导入 Library 命令，主要针对 FPGA 器件。适用于 FPGA 的源文件一般都使用到了 FPGA 自带的基本器件，这些源文件若要在 ModelSim 中仿真，则必须把器件库导入 ModelSim 中。另外，一些规模较大的设计可能需要多个小组并行开发，所设计的各个单元器件也要进入单元库，在最终合并设计的时候也需要把各自的库进行合并。

导入 EVCD 命令，这是只有在波形窗口被激活的时候才可选的选项。该命令可以把预先用 ModelSim 波形编辑器编辑的 EVCD 文件导入波形窗口中。

导入 Memory Data 命令，这是只在设计中存在存储器的情况下才可选的选项，该命令的功能是导入一个预先存储好的数据文件，初始化设计中的存储器，这一部分会在使用存储器窗口的章节中介绍。

导入 Testplan 命令，它仅在验证管理窗口打开的时候才能被使用，可以导入一个事先存储的 XML 文件，这个文件可以显示覆盖率等测试信息，并且和 UCDB 文件联合使用。

导入 Column Configurations 命令，可以修改 ModelSim 各个窗口中的列选项，用户可以根据个人喜好来修改窗口视图，使窗口中自己不需要的部分不再显示。导入的文件是一个".do"文件，这个文件需要事先存储好，在随后的导入命令和工具栏中会给出此文件的详细说明。

（6）Export（导出）。

Export 命令与 Import 命令相对应，但可导出的文件类型与可导入的文件类型略有不同，其文件类型如图 2-12 所示。Export 命令可以导出 Waveform（波形）、Tabular list（表单）、

Event list（事件表）、TSSI list（TSSI 表）、Image（图像）、Memory Data（存储器数据）、Column Configurations（列配置）和 HTML（网页）共 8 种类型文件。Waveform、Image、Memory Data 这三种类型文件容易理解，Tabular list、Event list、TSSI list 这三种类型文件将在后面的列表部分中被使用时进行介绍。

导出 Column Configurations（列配置）命令需要选中某个窗口，这里以第 1 章中的 Project 标签页为例，选中此窗口后，Column Configurations 选项变为可选，这时可以将本窗口的配置信息保存为".do"文件，留待以后使用。修改列配置的方式需要使用到工具栏中的 ColumnLayout 工具，如图 2-13 所示。

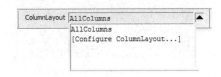

图 2-12　导出的文件类型　　　　　　　　图 2-13　列配置工具栏

ColumnLayout 工具可以在工具栏区域找到，在下拉菜单中选中并单击"Configure ColumnLayout"按钮后会出现图 2-14 所示的对话框。对话框的左侧是所有已有配置的名称，右侧是对这些配置信息的管理按钮。单击"Edit"按钮之后会出现图 2-15 所示的对话框，这里会显示选中窗口的所有列名，左侧是不显示的列，右侧是显示的列，可以通过中间的 Add、Delete 和 Reset 进行左右移动和重置。这里将 Modified 列设置为不显示，单击"OK"按钮确认后，可以看到 Project 标签中的 Modified 列已经消失，如图 2-16 所示。

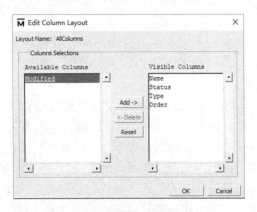

图 2-14　列配置对话框　　　　　　　　图 2-15　编辑列配置对话框

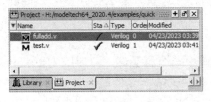

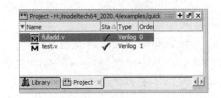

（a）修改前　　　　　　　　　　　　（b）修改后

图 2-16　列配置修改前后对比

在 ModelSim 中，所有窗口中的列配置都可以使用这种方法来进行重新设置，且可以只留下自己想要的信息，使窗口变得更加简洁。其他按钮如 Create（创建）、Rename（重命名）等操作比较简单，读者简单尝试即可掌握其功能，这里不再一一介绍。

导出网页命令可以把窗口中显示的各种信息保存为网页形式，这里依然以第 1 章的例子为例。在启动仿真之后，会出现 Objects 窗口，如图 2-17（a）所示，此时选中 Objects 窗口，选择导出页面文件，会出现对话框，让设计者输入保存的名称。输入名称并确定保存后，一个网页文件就生成了。这时，使用浏览器打开刚刚保存的网页文件，就会看到图 2-17（b）所示的页面信息，这里仅截取了页面中的有效显示部分。

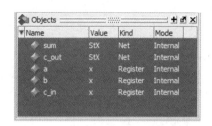   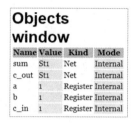

（a）Objects 窗口　　　　　　　　　　　　　　（b）网页文件中的显示

图 2-17　保存网页文件对比图

（7）Save（保存）。

Save 命令比较简单，也会根据在 ModelSim 窗口选中目标的不同，自动选择存储的类型。例如，选中一个源文件，ModelSim 会默认保存为 ".v" 或 ".vhd" 的文件；选中一个波形文件，ModelSim 会默认保存为 ".do" 的文件。

（8）Save As（另存为）。

与 Save 命令相同，只是可以重新定义文件名称而已。

（9）Report（报告）。

产生一个文本格式的 Report，其储存了当前活动窗口的信息。例如，在仿真过程中选择 Objects（对象）窗口，生成报告，报告的内容就是 Objects 窗口的内容，包括端口列表和数据值。

（10）Change Directory（改变路径）。

Change Directory 命令可以改变当前工作的路径。前面已经介绍了，ModelSim 具有自己的默认路径，选择这个命令后，会有对话框提示用户选择要改变的目录，如图 2-18 所示。这里 Directory path 是 ModelSim 的默认路径，用户可以根据自己的需要选择新的目录作为工作目录。需要注意的是，若当前已经打开了一个工程文件，则更改工作路径时必须关闭先前的工程，在更改工作路径后需要新建工程，而新建的工程也会保存在更改后的路径中。也就是说，在 ModelSim 中如果把一个工程目录复制到另一个位置，那么必须使用 Change Directory 命令指定新的路径。

（11）Use Source（使用源文件）。

Use Source 命令可以替换一个选中的文件。选中一个源文件，再使用 Use Source 命令，会弹出对话框，让用户选择一个替换文件。选好后，该替换文件就会替换掉当前的文件。但是这个替换不是永久性的，该替换文件只对当前仿真有效，而且自动出现在工程文件列表中。Use Source 命令仅在 Structure window（结构窗口）中使用有效。

图 2-18　改变工作路径

（12）Source Directory（源文件目录）。

选择 Source Directory 命令会弹出图 2-19 所示的对话框，从这个对话框中可以选择一个目录，用来添加或移除源文件。

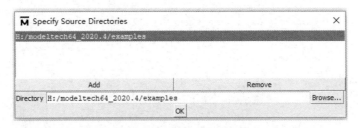

图 2-19　指定源文件目录对话框

（13）Datasets。

通过打开 Dataset 浏览器来打开或保存一个 Dataset 文件，如图 2-20 所示。此浏览器打开后默认显示的是当前仿真运行中的 Dataset 文件，此时可以方便地保存此文件，或者根据需要打开一个新的 Dataset 文件，其一般保存的是仿真中的各种信息。

图 2-20　Dataset 浏览器

（14）Environment（环境）。

Environment 命令有 4 个可选项，如图 2-21 所示，分别是"Follow current dataset"、"1Fix to dataset sim"、"Follow Context Selection"和"Fix to Current Context"。Follow current dataset 可以根据当前的 Dataset 更新对象窗口，1Fix to dataset sim 会把对象窗口的内容固定在一个特定的 Dataset 中，

图 2-21　Environment 命令的选项

Follow Context Selection 会根据工作区中仿真结构标签的选择来更新窗口内容，Fix to Current Context 会维持当前波形，不进行更新。Environment 命令只在 Structure、Locals、Processes 和 Objects 窗口中才生效。

（15）Page Setup（页面设置）。

Page Setup 是打印设置命令，只有某个可打印窗口出现时才会变为可选选项。在前面的内容中也介绍过，有些选项是需要一定条件的，用户可以多动手操作，慢慢摸索，熟悉各个选项需要的条件是什么，这样的效果将会更好。例如，在出现波形窗口后选中页面设置命令，会弹出图 2-22 所示的对话框，其中包含多个选项，主要用来更改打印页面的显示配置，在打印不同窗口时显示的选项也不尽相同。

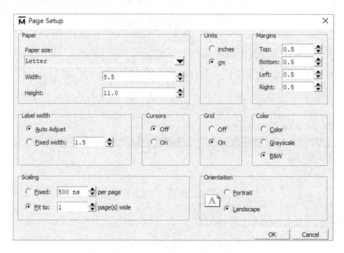

图 2-22　Page Setup 对话框

（16）Print（打印）。

Print 命令即打印命令区、源文件窗口或波形窗口的内容。

（17）Print Postscript（页面打印）。

Print Postscript 命令即采用页面描述语言打印或保存源文件、波形文件。注意，命令区只可以采用 Print 命令打印。

（18）Recent Directories（最近目录）。

Recent Directories 会显示最近打开的目录信息。

（19）Recent Projects（最近工程）。

Recent Projects 会显示最近打开的工程信息，可以方便用户在不同的工程间切换。

（20）Close Window（关闭窗口）。

选中某个打开的窗口时，选择 Close Window 命令可以关闭该窗口。

（21）Quit（退出）。

Quit 命令，选中此命令后会退出 ModelSim 仿真软件。

2.2.2　Edit 菜单

Edit 菜单中的选项大多是常用的编辑命令，与 Word 等软件类似，如图 2-23 所示。Edit 菜单包含的常用命令有 Undo（撤销）、Redo（重做）、Cut（剪切）、Copy（复制）、Paste（粘贴）、Delete（删除）、Clear（清除）、Select All（选择所有）、Unselect All（取消全选）、Expand（展开）、Goto（跳转）、Find（查找）、Replace（替换）、Signal Search（信号搜索）、Find In Files（多文件查找）、Previous Coverage Miss（前一个覆盖缺失）和 Next Coverage Miss（后一个覆盖缺失）。从 Undo 到 Unselect All 的 9 个命令相信读者已经非常熟悉，在其他的编辑软件中这些都是基本命令。下面从 Expand 命令开始介绍。

（1）Expand（展开）。

Expand 命令可用于 Workspace 的 sim 标签中，共有 4 个命令，分别是 Expand Selected（展开所选）、Collapse Selected（合并所选）、Expand All（展开全部）和 Collapse All（合并全部），如图 2-24 所示。

Expand 命令可以在具有层次化显示的窗口中使用，用来显示或合并选中的层次信息。例如，仿真初始时的 sim 标签栏，其中只有一个顶层模块，使用 Expand 命令可以展开顶层模块，并逐级观察模块的内部信息，可展开成图 2-25 所示的层次结构图。模块前端的"＋"号表示该模块可被展开，模块前端的"－"号表示该模块已经被展开。被展开模块的内部信息会以树形结构的形式表示。

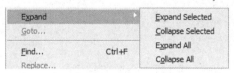

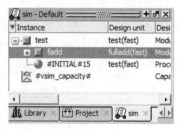

图 2-23　Edit 菜单　　　　　图 2-24　Expand 命令　　　　　图 2-25　可展开和合并的项

（2）Goto（跳转）。

Goto 命令在其他软件中也有应用，即完成在当前文件或窗口中的跳转。根据所选文件或窗口的不同，弹出的窗口略有不同。例如，在源文件中选择 Goto 命令，会出现跳转到某行的提示，而在仿真波形窗口中选择 Goto 命令，会出现跳转到某个仿真时间，如图 2-26 所示。

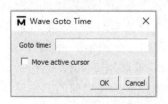

（a）跳转到某行　　　　　　　　（b）跳转到某个仿真时间

图 2-26　Goto 命令对话框

（3）Find（查找）和 Replace（替换）。

Find 和 Replace 命令用于源文件编辑，Find 命令用于在当前的文件窗口内查找一个字符串，Replace 命令可以在查找的基础上，把查找到的字符串用另一指定的字符串代替。

（4）Signal Search（信号搜索）。

Signal Search 命令用于搜索波形窗口或列表窗口中某个特定的信号值或特定的信号跳变。在波形窗口中选择此命令会出现图 2-27 所示的对话框，可以搜索上升沿、下降沿、特定值、特定表达式等信号。在列表窗口中使用此命令也会出现类似的窗口。

（5）Find In Files（多文件查找）。

选择 Find In Files 命令后会出现图 2-28 所示的对话框。这个命令是 Find 命令的加强版，可以在"Find what"中输入需要查找的字符串，在"File patterns"中指定查找文件的类型，在"In folder"中指定查找文件的目录范围，还可以在指定目录的子目录中继续进行查找。

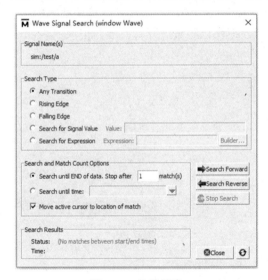
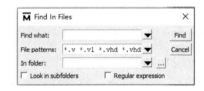

图 2-27　信号搜索　　　　　　　　　　　　　　图 2-28　多文件查找

（6）Previous/Next Coverage Miss（前/后一个覆盖缺失）。

Previous/Next Coverage Miss 命令在当前的源文件窗口中使用，用来显示前/后一个代码覆盖的缺失行。

2.2.3　View 菜单

View 菜单用来控制显示，包含的命令如图 2-29 所示。ModelSim 具有很多窗口，在实际工作中，这些窗口大多是被隐藏的，只会根据当前进行的仿真步骤，显示几个经常使用的窗口，这些窗口可以完成基本的仿真功能，但是如果需要用到其他的窗口，就需要用户自己操作，调出未显示的窗口。在图 2-29 中的 View 菜单中，除去最后的 New Window（新窗口）、Sort（排序）、Filter（筛选）、Justify（对齐）、Properties（属性）5 个命令，其他命令的作用都是把所选名称的窗口显示在当前的工作窗口中，这些窗口功能在本章后面的窗口介绍部分会详细说明，这里只介绍后 5 个命令。

（1）New Window（新窗口）。

New Window 命令可以新打开一个 Schematic（原理图）、Dataflow（数据流）、List（列

2 Chapter

表）、Wave（波形）、UVM Details（验证细节）窗口，如图 2-30 所示。

图 2-29　View 菜单

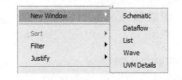

图 2-30　新建窗口

（2）Sort（排序）。

Sort 命令可以把对象窗口或波形窗口中的项按一定顺序排序。图 2-31 显示了排序的方式，可以有 Ascending（升序）、Descending（降序）、Ascending,Full path（全路径升序）、Descending,Full path（全路径降序）和 Declaration Order（声明顺序）5 种排序选择。

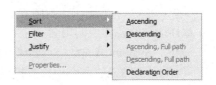

图 2-31　排序的方式

（3）Filter（筛选）。

Filter 命令用于控制 Objects 窗口或 Structure 窗口中的模块列表，图 2-32 显示了可筛选的种类，可以看到，有两种筛选方案，一种是根据 Port Mode（端口模式）来选择；另一种是根据 Object Kind（对象类型）来选择。ModelSim 的初始设置是显示设计中所有的端口和信号，若用户不需要显示某类信号，则可以根据自己的需要来调整显示端口。例如，不需要显示 InOut Ports，只需要取消"Port Mode"下方"InOut Ports"前的对号即可。

（4）Justify（对齐）。

Justify 命令可以改变所选窗口中的对齐方式，有左对齐和右对齐两种方式可供选择，默认为左对齐方式。

（5）Properties（属性）。

Properties 命令显示所选对象的详细属性信息，在选中 File 标签或 Source 窗口的时候可选，图 2-33 显示了一个 Verilog HDL 文件的详细信息。

图 2-32 Filter 命令可筛选的种类

图 2-33 Verilog HDL 文件的详细信息

2.2.4 Compile 菜单

图 2-34 Compile 菜单

Compile 菜单主要包含编译的命令，如图 2-34 所示。编译即对源文件进行查错的过程，在 ModelSim 中只有编译通过的源文件才能被仿真。一个源文件编写后往往存在很多问题，需要进行多次编译以得到正确的设计，所以编译也是一个重要的操作步骤。Compile 菜单包含的命令如下。

（1）Compile（编译）。

Compile 命令将文件编译到设计库中。

（2）Compile Options（编译选项）。

Compile Options 命令用来进行编译设置，包括可以设置 VHDL、Verilog& SystemVerilog 和 Coverage 文件的编译原则，如图 2-35 所示。对话框内的选项很多，这里暂且不提，会在第 4 章详细讲解各选项的用途。

（3）SystemC Link（SystemC 链接）。

SystemC Link 命令用来链接已编译好的 C/C++文件，注意被链接的文件必须是被编译过的。选中此命令会弹出图 2-36 所示的对话框，单击"Add"按钮，可以选择在不同设计库中的文件，之后单击"Link"按钮，可以在当前的工作库中建立指向这些文件的链接，链接文件是".so"格式的。

（4）Compile All/ Selected（编译全部/所选）。

Compile All/ Selected 命令用来编译当前工程内的所有可编译文件或编译当前被选中的一个或多个文件。

（5）Compile Order（编译顺序）。

Compile Order 命令可以调整编译文件的顺序，因为在有些编译过程中需要先编译某些源文件，否则仿真器就会报错，这样就可以方便设置需要的编译顺序。

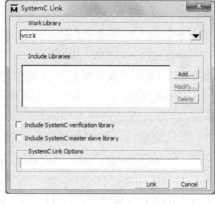

图 2-35　编译选项　　　　　　　　　　　　图 2-36　SystemC 链接

（6）Compile Report/ Summary（编译报告/总结）。

Compile Report 命令可以查看选中文件的编译报告，一个查看窗口只能查看一个文件的编译报告，如果同时选中了多个文件，则这些文件的编译报告会被分别打开，如图 2-37 所示。

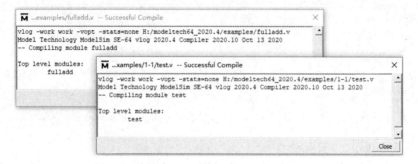

图 2-37　Compile Report 窗口

Compile Summary 命令用来查看当前工程中的所有已编译文件的编译报告，没有被编译的文件是不会出现的，而且所有文件的编译报告会出现在同一个窗口中，如图 2-38 所示，这些报告还可以以文本的形式保存到指定的目录。

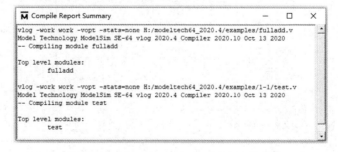

图 2-38　Compile Report Summary 窗口

2.2.5　Simulate 菜单

Simulate 菜单提供的仿真选项，如图2-39所示。严格意义上讲，Simulate应该称为模拟，Emulate才应该称为仿真。鉴于目前中文翻译没有分得那么清楚，都把 Simulate 称为仿真，为了防止造成不必要的误解，本书也称 Simulate 为仿真。

相对于前面几个菜单，Simulate 菜单具有的选项比较少，这是因为 Simulate 菜单只提供了一些基本的操作。例如，仿真的开始、结束和初始设置等，而具体到仿真过程中的操作和设置都是在对应窗口或多标签页区域中进行的。下面依次介绍菜单中各个选项的作用。

（1）Design Optimization（设计优化）。

Design Optimization 命令中的选项可以对当前库中的模块进行优化。选中此命令后会弹出图 2-40 所示的窗口。选中需要优化的设计，在"Design Unit（s）"中会出现设计的名称，在左侧的"Output Design Name"中填入输出的设计，ModelSim 就会把优化好的设计保存为"Output Design Name"中的名称。同时，这个对话窗口中还提供了立即仿真的功能。勾选"Start immediately"复选框，ModelSim 就会在优化设计后对设计进行仿真。

图 2-39　Simulate 菜单

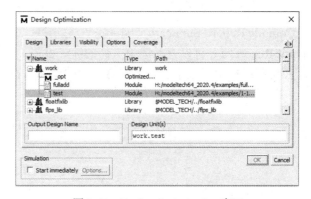

图 2-40　Design Optimization 窗口

（2）Start Simulation（开始仿真）。

Start Simulation 命令可以选择要进行仿真的设计单元。执行该命令会弹出图 2-41 所示的窗口，在 work 库中选择要进行仿真的设计即可。

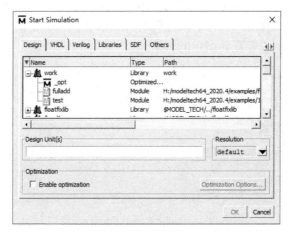

图 2-41　Start Simulation 窗口

（3）Runtime Options（运行时间选项）。

选中 Runtime Options 命令会弹出图 2-42 所示的窗口。在这里，可以设置"Defaults""Message Severity""WLF Files"三个标签中的不同选项。ModelSim SE 2020.4 版本默认会显示进制，在波形信号等信号值的前方会有进制显示，如果不需要，则可以取消勾选"Showbase"复选框。

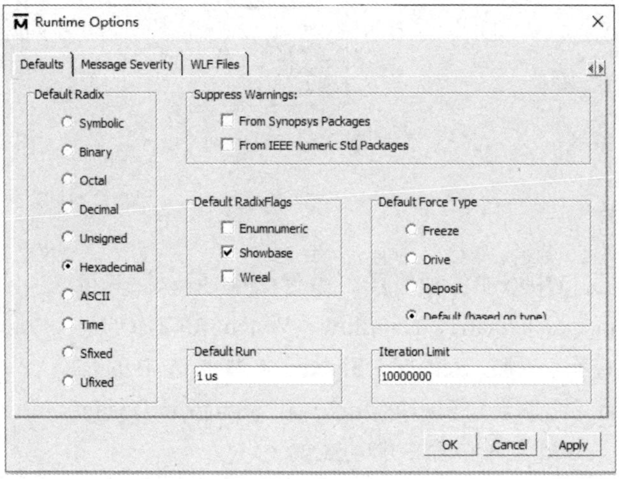

图 2-42　Runtime Options 窗口

（4）Run（运行）。

Run 命令中的选项有子菜单，如图 2-43 所示。选择"Run 100"选项会运行 100ns 的仿真，这个命令运行时间的长短取决于在"Runtime Options"中的设置。选择"Run -All"选项会运行全部仿真，如果设计中没有跳出或中止命令，那么仿真会一直运行下去。"Continue"命令从当前暂停的仿真时间开始，一直运行到仿真结束。

（5）Step（步进）。

Step 命令是按步进方式进行仿真的，如图 2-44 所示。"Step"是最简单的单步执行，一次执行一条语句；"Step -Over"是在单步执行情况下，如果当前语句是用户函数或调用的事件，则将整个函数或事件处理程序作为一条可执行语句；"Step -Line"是逐行步进执行；"Step -Out"是在子函数中直接跳出子函数操作。其余带有"-Current"的选项都是针对当前实例范围内所做的相应操作。

（6）Restart（重新开始）。

Restart 命令可保留当前仿真中的一切设置，包括数据流、波形、载入的线网等，只是将时间清零，重新开始仿真。选中此命令后会出现图 2-45 所示的窗口，可以选择需要保留的选项。

（7）Break 和 End Simulation（中断和结束仿真）。

Break 命令可以跳出当前运行的仿真，但是仿真的所有设置还会保留，只是将时间暂停住，这个命令适用于没有中断或跳出指令的测试平台。End Simulation 命令则不同，该命令在仿真运行时是不可选的，在停止或中断仿真后才变为可选。选择此命令会完全退出仿真界面，同时会关闭与仿真相关的各个窗口，主要包括 Workspace 和 MDI 中的相关窗口。

图 2-45　重新开始仿真

图 2-43　Run 菜单

图 2-44　Step 命令

2.2.6　Add 菜单

Add 菜单用来向窗口中添加各种信号，如图 2-46 所示。其可以向 Wave、List、Log、Schematic、Dataflow、Watch 窗口添加需要的信号，添加模式有三种：Selected Signals（添加选中的信号）、Signals in Region（添加当前窗口的信号）和 Signals in Design（添加设计中的信号）。Add 菜单中命令的功能如下。

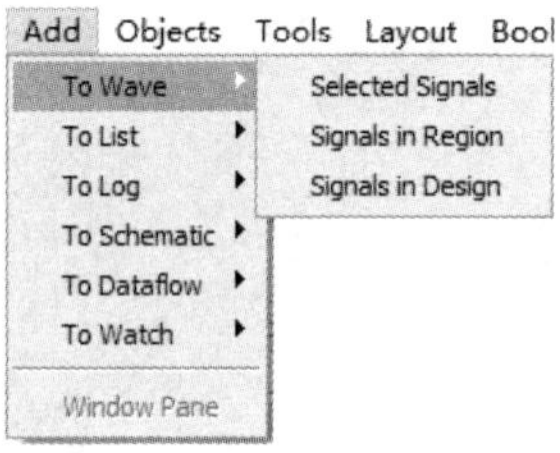

图 2-46　Add 菜单

- To Wave（波形）：在仿真运行时可以操作，向波形窗口添加信号。
- To List（列表）：在仿真运行时可以操作，向列表窗口添加信号。
- To Log（日志）：在仿真运行时可以操作，向日志文件添加信号。
- To Schematic（原理图）：在仿真运行时可以操作，向原理图窗口添加信号。
- To Dataflow（数据流）：在仿真运行时可以操作，向数据流窗口添加信号。
- To Watch（监视窗口）：在仿真运行时可以操作，向监视窗口添加信号。
- Window Pane（窗格）：波形窗口被激活时可选，把当前的波形窗口划分为多个窗格区域，不同窗格之间可以指定不同的波形信号，便于观察。

2.2.7　Tools 菜单

Tools 菜单提供各种实用的工具，如图 2-47 所示。例如，菜单中第一个命令就是 Waveform Compare（波形比较），可以方便对比不同的波形，将人为操作变为软件操作。Tools 菜单还提供了 Tcl 代码调试等功能。可以说 ModelSim 软件中集成的编译环境非常全面，凡是与设计相关的编程语言，在 ModelSim 中都可以被调试。Tools 菜单中具体的命令介绍如下。

（1）Waveform Compare（波形比较）。

Waveform Compare 命令有子菜单，内含 9 个命令，如图 2-48 所示。下面分别介绍这 9 个命令的用途。

- Start Comparison（开始比较）：开始进行波形比较。选中这个命令后会弹出图 2-49 所示的对话框。选择两个不同的波形文件，即可进行波形信号的比较。
- Comparison Wizard（比较向导）：对于初学者，ModelSim 还提供了本命令供使用。选中这个命令后，会一步一步地出现操作步骤，同时在选项旁边有文字提示，说明本步骤的作用和应该如何进行操作。用户按照提示进行操作，就可以完成一次波形比较。

 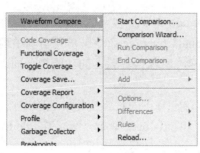 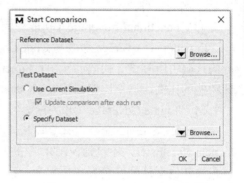

图 2-47 Tools 菜单   图 2-48 Waveform Compare 子菜单   图 2-49 Start Comparison 对话框

- Run Comparison（运行比较）：选中信号后，运行此命令可以开始比较波形的不同。
- End Comparison（结束比较）：关闭比较标签，并且移除所有比较用到的波形。
- Add（添加）：这个命令可以添加比较项，可以选择按信号比较或按区域比较。
- Options（选项）：这个命令可以打开比较的选项，主要是一些值的设定，如图 2-50 所示。
- Differences（差别）：具有 4 个命令，即 Clear、Show、Save 和 Report。Clear 命令用来清除所有的不同并重新开始比较，Show 命令用来在主窗口的命令区显示出所有的不同，Save 命令用来把这些不同点保存为一个文件，Report 可以输出差别报告。
- Rules（规则）：具有两个命令，即 Show 和 Save。Show 命令用来显示之前已经设置好的比较规则，Save 命令用来保存比较规则。
- Reload（重载）：波形的不同或比较的规则可以保存为文件，这个命令可以载入这些文件。

（2）Code Coverage（代码覆盖）。

Code Coverage 命令需要在仿真选项中被设置，在"Start Simulation"命令中，选中"Enable Code Coverage"选项，就可以激活带代码覆盖率的仿真，本命令才会变成可选命令。Code Coverage 子菜单如图 2-51 所示。

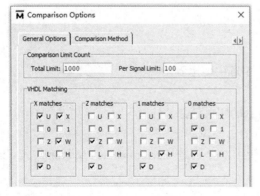 

图 2-50 Comparison Options 部分选项   图 2-51 Code Coverage 子菜单

- Clear Date（清除数据）：清空当前激活的代码覆盖数据库信息。
- Show Coverage Data（显示覆盖数据）：显示或隐藏源文件窗口中被覆盖的代码行。
- Show Branch Coverage（显示分支覆盖）：在源文件窗口中显示或隐藏分支覆盖行。
- Show Coverage Numbers（显示覆盖数目）：在源文件窗口中显示或隐藏覆盖行的数目。
- Show Coverage By Instance（按实例显示覆盖）：在工作区的结构标签中显示被选中实例的数目。

（3）Functional Coverage（功能覆盖）。

Functional Coverage 命令与 Code Coverage 命令类似。Code Coverage 命令是检测仿真中运行的代码占所有设计代码的比例，Functional Coverage 命令是检测仿真中运行到的功能占总设计功能的比例，这个比例越接近 100%越好，表示仿真验证的功能越全面。

（4）Toggle Coverage（开关覆盖）。

Toggle Coverage 命令用来收集和计算特定节点的状态变化。这些节点包括 Verilog HDL 中的 nets 和 register，还包括 VHDL 中的 bit 和 std_logic_vector 等。Toggle Coverage 命令的度量方式与其他覆盖的度量方式是完全一致的，也希望尽量接近 100%。

（5）Coverage Save（覆盖率保存）。

Coverage Save 命令会把覆盖率数据保存为 UCDB 文件，如图 2-52 所示，主要是为代码覆盖率服务。

图 2-52　Coverage Save 命令

（6）Coverage Report（覆盖率报告）。

Coverage Report 命令的输出选项，会在第 5 章中使用到。

（7）Coverage Configuration（覆盖率配置）。

Coverage Configuration 命令配置覆盖率显示的相关信息。

（8）Profile（属性）。

Profile 命令有 5 个子命令，如图 2-53 所示，分别是 Performance、Memory、Collapse Sections、Clear Profile Data 和 Profile Report。

- Performance（性能）：启动性能的取样统计。

- Memory（存储器）：启动存储器配置分析。
- Collapse Sections（合并部分）：报告合并的进程和功能。
- Clear Profile Data（清除属性数据）：清除所有的属性数据，包括以上的三项报告。
- Profile Report（属性报告）：启动属性报告对话框，输出属性报告。

（9）Garbage Collector（垃圾收集）。

Garbage Collector 命令用于 System Verilog，包含 Run 和 Configure 两个选项，单击"Run"按钮会立刻运行垃圾收集并清空存储空间，单击"Configure"按钮会弹出图 2-54 所示的配置信息，可以选择是在 Run 命令结束后还是在每个操作步进行处理。

图 2-53　属性菜单

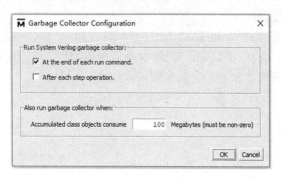

图 2-54　配置信息

（10）Breakpoints（中断点）。

打开 Breakpoints 对话框，如图 2-55 所示，可以向指定的文件行添加仿真的中断点。

（11）Dataset Snapshot（Dataset 快照）。

选中 Dataset Snapshot 命令会生成一个 Dataset 快照，即生成一个.wlf 文件的快照，如图 2-56 所示。选中上方的"Enabled"选项可以激活下方所有设置，可以对仿真时间及路径进行设置，默认为"Disabled"选项，直接使用默认配置信息。

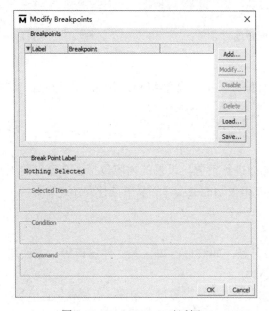

图 2-55　Breakpoints 对话框

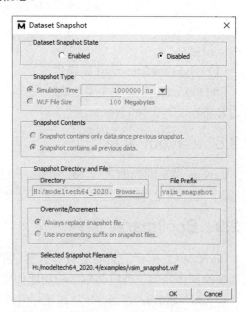

图 2-56　Dataset 快照

（12）Trace（跟踪）。

Trace 命令即可以在一些窗口中跟踪数据信号，如可以在数据流窗口中选中某个信号，跟踪变化。

（13）JobSpy（工作探测）。

JobSpy 命令可以调出一个 JobSpy 窗口，用这个窗口可以处理批量的仿真，窗口中可以实时显示所有运行的仿真，并且可以方便访问这些仿真。

（14）Tcl。

Tcl 命令可以执行宏文件（Do 文件），或者调出 Tcl 的调试工具，主要功能是编辑和执行 Tcl 文件。

（15）Wildcard Filter（通配符过滤）。

选择 Wildcard Filter 命令后会出现图 2-57 所示的通配符过滤窗口，可以根据建模语言的不同选择相应的过滤通配符。

图 2-57　通配符过滤窗口

（16）Edit Preferences（编辑优选）。

Edit Preferences 命令主要是设置用户的各种偏好，用来设置 ModelSim 的使用界面。这部分内容将在 2.7 节中介绍。

2.2.8　Layout 菜单

Layout 菜单的功能是对 ModelSim 用户界面进行设置，设置的内容包括各个窗口的工具栏情况，窗口中的背景颜色、模块显示方式等，相关功能会在 2.7 节中进行介绍。

2.2.9　Bookmarks 菜单

Bookmarks 菜单的功能是对一些窗口添加书签，如波形窗口、源文件窗口等，方便用户快速切换到需要的位置，其包含的功能如图 2-58 所示。

- Add（添加）：在当前鼠标或光标位置添加一个书签，书签没有名称，仅保存位置信息。
- Add Custom（添加定制）：选中该项后会出现图 2-59 所示的对话框，可以添加一个书签，书签可以在 Alias 一栏中命名，并在 Line 一栏中输入需要加入书签的位置，默认位置是当前鼠标位置。

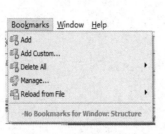

图 2-58　Bookmarks 菜单

图 2-59　定制书签

- Delete All（删除全部）：此命令可以删除全部书签，包括 Active window only（当前活动窗口）和 All windows（所有窗口）两个选项，可以分别删除当前活动窗口或所有窗口的全部书签。
- Manage（书签管理）：书签管理界面如图 2-60 所示，可以对当前已有的全部书签进行管理。
- Reload from File（重新载入）：此命令有 Active window only（当前活动窗口）和 All windows（所有窗口）两个选项，可以从窗口中提取书签。

除这 5 个命令外，Bookmarks 菜单最后两行的信息是不固定的，在文件中有书签的时候就会对应显示书签的名称。

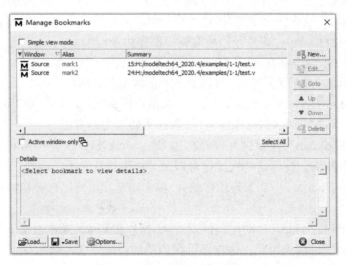

图 2-60　书签管理界面

2.2.10　Window 菜单

Window 菜单包含两大部分，第一部分是关于窗口的一些设置选项，第二部分是已打开窗口的设置，如图 2-61 所示。

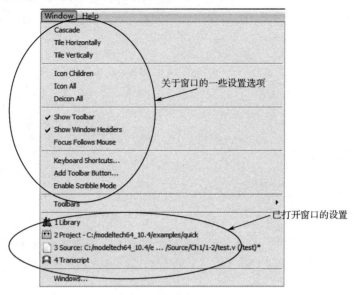

图 2-61　Window 菜单

第一部分包括以下操作。

- Cascade（层叠命令）：将当前所有打开的窗口以层叠状态显示。
- Tile Horizontally（水平展开）：按水平的方向分割品目，将所有打开的窗口在分割的窗口中显示。
- Tile Vertically（垂直展开）：与水平展开类似，按垂直方向分割并显示窗口。
- Icon Children（缩为图标子集）：除主窗口外，其他窗口都被缩为图标的形式。
- Icon All（全为图标）：将打开的所有窗口都缩为图标的形式。
- Deicon All（恢复图标）：将所有表示成图标形式的窗口还原。
- Show Toolbar（显示工具栏）：可以显示或隐藏工具栏区域。
- Show Window Headers（显示窗头）：显示窗口的头部信息，即图 2-62 所示部分。
- Focus Follows Mouse（鼠标跟随）：使鼠标跟随选中的窗口。
- Keyboard Shortcuts（快捷键）：添加快捷键，ModelSim 菜单中所有包含的选项都可以被设置成快捷键，使用这些快捷键可以大大加快仿真的操作速度。
- Add Toolbar Button（添加工具栏按钮）：单击该选项后可以选择快捷按钮添加到现有工具栏中。
- Enable Scribble Mode（启动涂鸦模式）：该命令在 Linux 操作系统下使用。启动该命令后，鼠标会变成绘画模式，这样可以在当前的视图中快速做出标记，并保存下来用于交流使用。例如，可以将重点波形圈出，或者对某个信号有疑问而做一个标记。
- Toolbars（工具栏）：选择显示或隐藏某些工具，如图 2-63 所示，可以通过 Custom Toolbar 添加，然后在图中进行选择，显示必要的工具栏。

第二部分包括所有当前打开的窗口，可以利用菜单在窗口之间切换。最后一个 Windows 选项可以打开一个对话框，对话框中是所有已显示的窗口，用户可以对其进行管理。

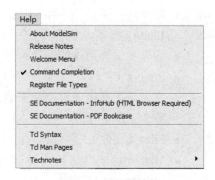

图 2-62　窗口的头部信息　　　　　　　图 2-63　Toolbars 子菜单

2.2.11　Help 菜单

Help 菜单主要分为三个部分，如图 2-64 所示。第一部分提供了一些简单的帮助信息，如"About ModelSim"命令提供 ModelSim 的基本信息，"Release Notes"命令包含版本注释信息，"Welcome Menu"命令提供欢迎信息，"Command Completion"命令提供命令行的简单提示，"Register File Types"命令可以让 ModelSim 关联版本软件使用到所有设计文件格式，如".v"".mpf"等。这些提示信息都不复杂，即便是最实用的"Command Completion"命令，也只是在输入命令行时提供可选取的各种子命令或提示命令的输入格式，详细的帮助文件还需要在第二部分和第三部分中查找。

图 2-64　Help 菜单

第二部分是 ModelSim 的文档说明，提供两种形式的帮助信息，有网络信息或本地的 PDF 文件，即便是本地的 PDF 手册，对本软件的介绍也非常详细。

第三部分是对 Tcl 语言的一些帮助文件，Tcl 的帮助文件是 CHM 格式的文件。第二部分和第三部分看到的文件都可以在 ModelSim 安装文件夹中的 docs 目录中找到，不需要启动 ModelSim 就可以阅读其内容。

2.3　工具栏

工具栏位于菜单栏的下方，提供一些比较常用的操作。在最初打开 ModelSim 软件的时候工具栏包含的内容如图 2-65 所示，随着设计或仿真的进行，当进行到不同阶段的时候，相关的快捷工具也会出现在工具栏中。工具栏中的快捷工具一般在菜单栏中都能被找到，如果不确定某个按钮有什么功能，则可以把鼠标放在该按钮上方，停留两秒之后就会出现对应的功能名称，与菜单栏中的命令名称是一致的，这里对工具栏中的内容不进行具体介绍。

图 2-65　初始工具栏

2.4　标签页

标签页就是软件的 Workspace 区域（工作区），在新版手册中称此区域为 Tab Group（标签页），这个区域提供一系列的标签，让用户可以方便访问一些功能，如工程、库文件、设计文件、编译好的设计单元、仿真结构、波形比较对象等。标签页的最下方是目前打开的标签，如图 2-66 所示。标签页可以根据用户的需要来显示或隐藏。

图 2-66　多标签区域

在标签页中会出现的标签主要分为以下几类。

- Library（库）：在 ModelSim 启动之初，Workspace 区域只有 Library 一个标签页。Library 标签内显示最初的设计库。当加入新设计后，Library 标签内还会加入设计库，内含被编译通过的设计单元。
- Project（工程）：新建一个工程后便会出现，Project 标签内会显示当前工程包含的所有文件，包括编译过的和未编译过的。可以通过对 Project 标签内的文件进行操作，管理整个工程。
- Files（文件）：包含载入的设计源文件，Files 标签主要在代码覆盖率方面使用。
- Memories（存储器）：这个标签内包含了所有设计中 memory 的列表。当选中一个 Memories 标签内的内存时，在 MDI 窗口会显示一个内部数据的窗口。
- Compare（比较）：当进行波形比较的时候，这个标签会显示被比较的对象。
- sim（仿真）：这个标签在仿真的时候会出现，内部包含仿真的模块和线网信息。如果读者阅读 ModelSim 帮助文件，需要注意 ModelSim 把这一标签称为 Structure window，即结构标签，因为标签内显示的是设计的层次结构。ModelSim 还支持将仿真数据保存为 wlf 文件格式，在调用此文件时，每个 wlf 文件都会打开一个新的标签，标签名由用户定义，作为与 sim 标签的区别。打开 wlf 文件需要用到 Dataset 的操作，这些将在第 5 章中详细讲解。

2.5　命令窗口

Transcript 窗口位于主窗口的下方，如图 2-67 所示。其主要作用是输入操作指令和输出显示信息两大类，在本书中称其为命令窗口。在前文中也曾经提到，ModelSim 的菜单栏并不包含所有的操作命令，这些不在菜单栏中使用的命令，就必须采用命令行操作的方式来执行。

当然，菜单栏中有的操作也可以使用命令行操作的方式来执行。作为一个新的用户，不了解命令行操作方式是可以理解的。但是，当用户试图使用一些高级功能时，命令行操作方式会变得十分重要。本书在给出实例的同时，将所有实例中用到操作的具体命令名称和命令格式也进行了介绍，当用户熟悉这些命令后，使用命令行操作方式会比使用菜单栏操作快捷得多。

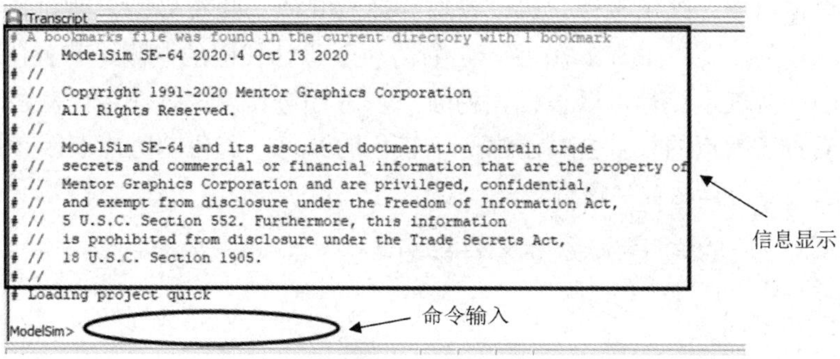

图 2-67　Transcript 窗口

命令输入区域一般在窗口的最底行，以"ModelSim>"开头，在后面的光标区域内可以输入命令。如果用户把"Help"菜单中的"Command Completion"选项打开，在输入命令的同时可以得到提示信息。

各种显示信息也会显示在 Transcript 窗口。设计中有一些系统函数，如$display、$monitor等，其显示或监视的信息就会输出在这个窗口中。当输入命令行或执行操作时，各种装载、编译、设计文件的信息也会在这个区域内显示。显示信息均以"#"开头。Transcript 窗口的所有输入和输出信息都可以被保存，保存后的文件还可以作为 Do 文件来使用。

2.6　MDI 窗口

MDI（Multiple Document Interface）窗口，即多文档操作界面，如图 2-68 所示。它的作用是显示源文件、内存数据、波形和列表的窗口。MDI 窗口允许同时显示多个窗口，每个窗口都会配备一个标签，标签上会显示该窗口的文件名称，单击标签可以完成在各个窗口之间的切换。

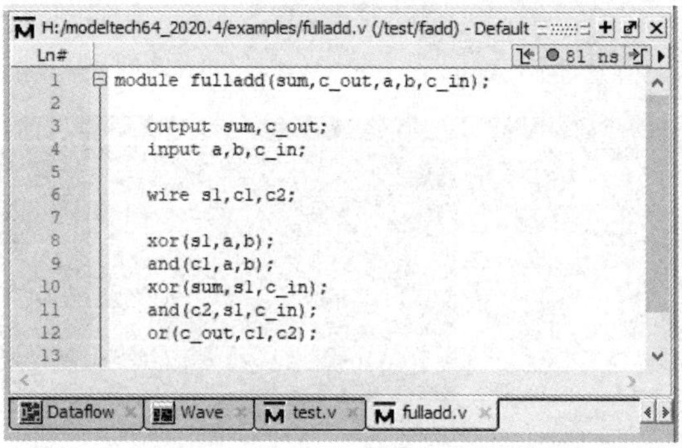

图 2-68　MDI 窗口

2.6.1　源文件窗口

在源文件窗口中可以查看和编辑源文件，如图 2-69 所示。这个窗口在 ModelSim 中是默认显示的，打开后只要不关闭，下次启动 ModelSim 时就会再次打开。用户可以从 Workspace 窗口中选择需要编辑的文件，利用双击操作和右键菜单都可以打开源文件窗口。

打开源文件窗口后，除了设计代码，窗口中还有其他一些符号，主要包括行号、红色圆点、灰色圆点、蓝色箭头，如图 2-70 所示。行号位于设计代码的左侧，有灰色和红色两种显示颜色，红色的行号表示该行可以被设置为断点，进行仿真调试时使用，灰色代码则不可以设置为断点。设置了断点的行号会显示出一个红色的圆点，灰色的圆点表示该断点被取消。蓝色的箭头表示当前仿真运行至该行。

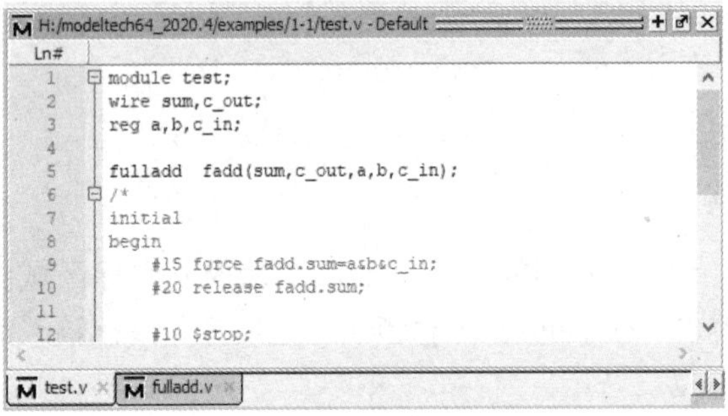

图 2-69　源文件窗口 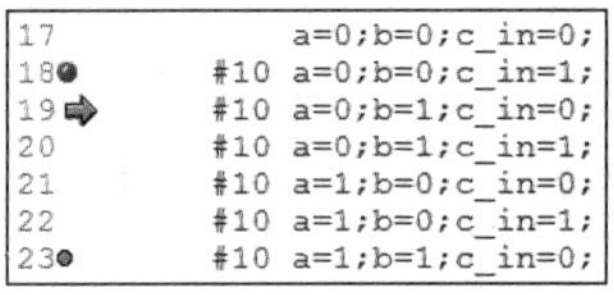　　　　　　　　图 2-70　行号和中断点

在 ModelSim SE 2020.4 版本中，以前其他版本中的语言模板功能被取消，用户在编写设计代码时要留意。对于使用 ModelSim 的设计者来说，这个影响很小。

2.6.2　波形窗口

在第 1 章的例子中，就使用到了波形窗口。波形窗口用来显示仿真的输入与输出波形，这种方式比较直观，所以是经常被使用的窗口，波形窗口如图 2-71 所示。

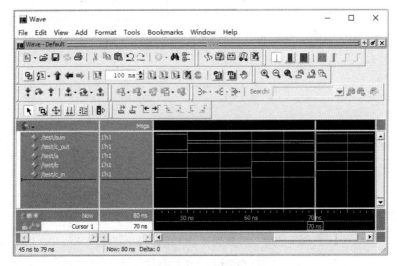

图 2-71　波形窗口

波形窗口与主界面很相似，最上方也是菜单栏和工具栏。波形窗口的菜单栏只包含 File、Edit、View、Add、Format、Tools、Bookmarks、Window 和 Help 9 个选项，是主界面菜单栏的一个子集，只包含与波形仿真相关的命令选项，而没有无关命令选项。工具栏中的第 1 行与 2.3 节中介绍的主界面工具栏一样，下方两排工具栏是在波形仿真中常用的命令，ModelSim 将这些常用命令提炼成了工具栏的形式。

在工具栏的下方是波形显示部分，是用户主要查看的区域。这个区域从左至右可以分为三部分。

第一部分是被观察信号的名称，名称的格式是"/top_name/module_name/port_name"，top_name 是顶层模块，这是必需的；module_name 是顶层模块包含的子模块名称，可按需要来选择；port_name 是要观察的模块中的信号端口，这也是必需的。

第二部分是用来观察在当前光标位置各个端口的信号值，这部分可以根据需要选择成不同形式，如可以选择二进制形式、十六进制形式、无符号形式等。

第三部分是显示波形的区域，同时可以提供光标的操作。当信号值比较简单，如只有 0 和 1 的时候，显示输出默认为波形形式，即图 2-71 中显示的形式。当信号值比较复杂时，如都是较大的数值，显示输出默认为二进制的数据串形式。显示波形区域的下方提供了时间刻度尺，可用来验证信号是否在期待的时间发生了改变。波形窗口已经在第 1 章的实例中展示，从第 4 章开始的实例也会大量使用波形窗口来观察仿真结果。

2.6.3　列表窗口

列表（List）窗口采用列表的形式显示仿真结果，如图 2-72 所示。列表窗口可分为两部分，左侧部分显示仿真时间和 delta 时间，右侧部分显示设计中的端口列表。列表窗口中显示的数据与波形窗口中显示的数据是完全一致的，只是采用的显示方式不同而已。列表信息可以被保存为".wlf"或".do"的文件形式。

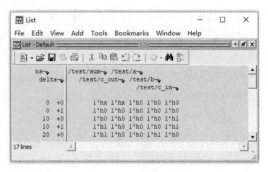

图 2-72　List 窗口

2.6.4　数据流窗口

数据流窗口也是一个经常被使用的窗口，图 2-73 所示窗口中显示了一位全加器的数据流图。数据流窗口可以显示当前设计的连接结构，也可以跟踪通过设计单元的信号变化，还可以识别错误输出的原因。

数据流窗口中可以显示进程、信号、线网、寄存器，以及它们之间的互联信息，所采用的布局元件都是 Verilog 中最初始的门，如与门、或门、非门等。虽然 ModelSim 集成了 SystemC 的编译调试，但是数据流窗口仅可以显示 Verilog 或 VHDL 程序的设计结构，无法显示 SystemC 的设计结构。

数据流窗口的布局与其他窗口的布局类似，也是由菜单栏、工具栏和下方的显示区域构成的。显示区域内的基本门结构都是以类似#AND#9 的形式给出的，第 1 个"#"号后面表示采用哪种结构；第 2 个"#"号后面的数字表示该结构在源文件中的代码位置。在本书的第 5 章中，对数据流窗口的使用也有详细的实例，更多相关的内容读者可以参考第 5 章。

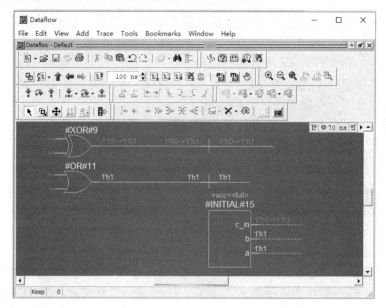

图 2-73　数据流窗口

2.6.5　属性窗口

属性窗口显示统计性能和内存的配置设置，在默认条件下，启动 Profile 操作时可出现该窗口，其共有 5 个不同窗口，在菜单栏中选择"View"→"Profiling"可以看到图 2-74 所示的选择菜单，单击其某个功能菜单，就会在 MDI 区域显示图 2-75 所示的对应窗口。

图 2-74　Profiling 菜单

功能菜单的属性窗口显示界面很相似，分别显示不同的结果，5 个属性窗口分别是 Ranked、Call Tree、Structural、Design Unit 和 Profile Details。Ranked 显示性能分布统计和每个函数或实例的存储器配置分析，Call Tree 显示当前执行程序的调用关系，Structural 显示实例结构和内存属性信息，Design Unit 显示设计单元信息，Profile Details 显示所有函数或实例的细节信息。

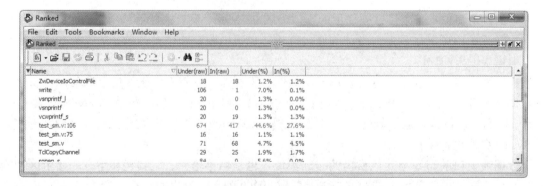

图 2-75　属性窗口

2.6.6　进程窗口

进程窗口显示仿真中出现的所有进程，如图 2-76 所示。这个窗口可以显示 HDL 和 SystemC 语言的进程。每个进程都可以表示为三个状态：Ready、Wait 和 Done。Ready 状态表示这个进程在当前 delta 时间内会被完成，如果选中了一个 Ready 进程，那么它将在接下来的仿真中完成。Wait 状态表示进程需要等待 VHDL 信号，这个信号是 Verilog 线网或值的变化，或者是指定的时间周期。要注意，SystemC 中的进程不能是 Wait 状态。Done 状态表示该进程已经结束，在当前的仿真运行中不会再次开始。同样，SystemC 中的进程不能是 Done 状态。

图 2-76　进程窗口

2.6.7　对象窗口

对象窗口中显示选中模块的内部信号（见图 2-77），它可与 Workspace 区域内的 sim 标签配套使用，选中 sim 标签中的一个模块，在 Objects 窗口中就会出现该模块的输入和输出列表。在 Objects 窗口中还可以查找信号对应的源文件。双击 Objects 窗口中的一个信号，在源文件对应该信号的行前端就会出现一个蓝色的旗子，添加相应的书签，并在源文件中以高亮显示指示出该信号的具体位置。

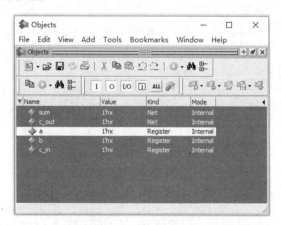

图 2-77　对象窗口

在对象窗口中还可以为选中的信号编辑波形，在右键菜单中，可以为选中信号设置不同的值，包括将信号设为恒定值、时钟、随机数、循环、计数器等，用户可以为每个信号加入驱动值，创建出一个模块的驱动列表。

2.6.8　存储器窗口

存储器窗口可以显示设计中存储器的内部数据。当设计中出现存储器时，在 Workspace 区域的 Memories 标签内会出现存储器的名称，选中该存储器，观察内部数据，便会在 MDI 区域出现图 2-78 所示的窗口。存储器内部包含的数据分为两部分，左侧部分显示的是存储器的地址，右侧部分显示的是存储的数据。例如，图 2-78 中数据第 1 行，00000000 表示起始地址值，右侧对应三个数值，三个数值的地址分别为 00000000、00000001 和 00000002，以此类推。利用存储器窗口还可以编辑内部数据的地址和值。

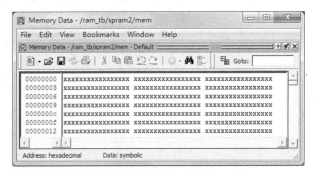

图 2-78　存储器窗口

　　存储器窗口内的数据可以从外界载入，也可以向外界输出。输入和输出的推荐格式都是".mem"形式。用户可以在外界环境中编辑好存储器的数据，再利用菜单栏中的"Import"命令把数据载入。在仿真过程中，存储器的内部数据也可以利用"Export"命令输出，方便日后观察和保留。

2.6.9　原理图窗口

　　原理图窗口的显示与数据流窗口的显示比较相似，不过原理图窗口显得更加偏向物理结构，其窗口中可以显示程序代码中的进程信息，也可以以模块为单位显示整体结构，如图 2-79 所示。

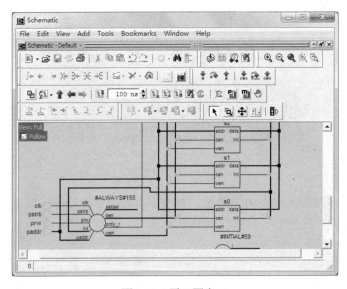

图 2-79　原理图窗口

2.6.10　观察窗口

　　观察（Watch）窗口是用来查看数据的，如图 2-80 所示，可以把每个要观察的信号都放进观察窗口中，就可以显示其详细的数据信息，比波形窗口更加直观，也可以设置显示的属性信息，以方便观察。

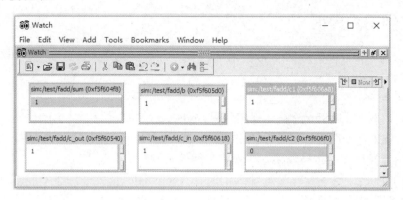

图 2-80　观察窗口

2.6.11　状态机窗口

状态机窗口用来显示设计中的有限状态机，如图 2-81 所示。当设计代码中包含状态机时，调用此窗口可以显示出设计中所有的状态转换关系，或者查看多个状态机的详细信息，可以帮助用户更加清晰地分析状态机性能。不过 ModelSim 的状态机功能并不强大，相比后文中的两种 FPGA 开发软件也弱了不少，所以这里只是作为一个辅助参考而已。即使是后面的 Quartus 和 Vivado 软件，对于状态机的支持也不是很完美，只是起到辅助作用，所以还要依靠设计者自身的理解和分析来完成状态机的验证。

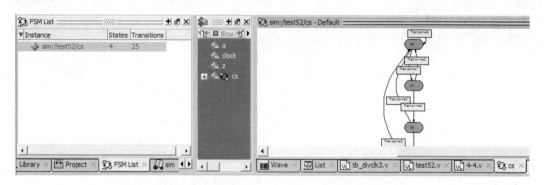

图 2-81　状态机窗口

除了上述这些窗口，MDI 窗口还有很多其他窗口，这些窗口都可以在"View"菜单下选择对应的名称来显示，鉴于使用频率和本书篇幅，这里不一一列出。

2.7　界面的设置

ModelSim 的用户界面是采用 Tcl/Tk 语言编写的，自定义用户界面非常方便。用户可以控制包括窗口大小、位置、窗口显示颜色、默认输出文件名等设置，甚至可以使用 Tcl 语言自定义一个窗口或菜单选项。

大多数用户界面是采用 Tcl 语言变量保存的，当退出 ModelSim 时，这些变量会被自动存储。用户可以直接在 ModelSim 中采用命令行操作方式编辑这些变量值，或者通过修改界面选项中的设置来建立一个适合自己使用的界面。

2.7.1 定制用户界面

用户可以自定义界面的版面布局、窗口、工具栏等。下面从版面布局和图形界面控制两方面来进行说明。

（1）版面布局。

版面布局，即 ModelSim 的整体视图效果，可以通过菜单栏的"Layout"进行设置，共提供了 4 种布局效果，如图 2-82 所示，分别是 NoDesign、Simulate、Coverage 和 VMgmt 模式，读者可以分别选择这 4 种布局效果，并观察之间的不同。

NoDesign 模式适用于没有设计输入的时候，Simulate 模式适用于有仿真进行的时候，Coverage 模式适用于进行程序文件的代码覆盖率测试，VMgmt 模式适用于验证管理。ModelSim 在默认情况下会根据用户的情况采用不同的模式。例如，在第 1 次打开 ModelSim 时，版面布局就是 NoDesign 模式，当用户进入仿真过程时，ModelSim 就会自动调整为 Simulate 模式。

ModelSim 支持用户创建习惯的使用模式。首先将版面布局按自己的喜好排布好，选择"Layout"→"Save Layout As"选项，会弹出图 2-83 所示的对话框，这时选用已有的 4 种模式再保存，模式文件就会被 ModelSim 保存。

用户还可以为各种模式指定版面布局。选中"Layout"→"Configure"选项，会弹出图 2-84 所示的对话框，可以为不同的模式指定版面布局。在对话框的下方还有一个"Save window layout automatically"选项。选中这个选项，当用户退出或改变模式后，ModelSim 可以自动保存布局文件。例如，用户打开一个带代码覆盖率的设计，重新排布了一些窗口，然后退出仿真，这时用户做过的改动就会被保存到 load with coverage 模式。

图 2-82　版面布局设置　　图 2-83　保存当前窗口布局　　图 2-84　为模式指定版面布局

用户可以放心使用这些设置来完成自己的用户界面设置，如果万一出现模式被设置为十分混乱的情况，那么用户也可以选择"Layout"→"Reset"选项把所有版面布局的设置还原为初始状态，这个重置命令非常人性化。

（2）图形界面控制。

图形界面控制指的是对窗口大小、显示栏信息选择、窗口嵌入还是独立的设置。

ModelSim 的每个窗口都可以进行这些操作。

窗口的放大和缩小要借助各个窗口右上方的"+"和"–"来完成,如图 2-85 所示。单击"+"后,当前窗口会被放大,若窗口是嵌入在 ModelSim 版面上的,则该窗口会铺满主界面中除了菜单栏和工具栏的其他范围,若窗口是独立状态的,则该窗口会铺满整个显示器屏幕。单击"–"后,被放大的窗口会恢复为原来大小。放大和缩小操作并不影响窗口的嵌入或独立状态。

图 2-85　窗口的放大和缩小

显示栏指的是窗口中纵向状态栏的显示数目,如图 2-86 所示。每个窗口都可以更改显示的状态栏,这里以 Project 为例,单击下拉箭头,就会弹出选项框。可以看到选项框中有4 个选项,分别是 Modified、Order、Status、Type,取消选项前面的勾选,该选项框就不会出现在 Project 区域内。注意,每个窗口内都是有保留选项的,保留选项必须显示,如 Name选项。

每个窗口还可以选择为嵌入 ModelSim 主界面当中或独立的显示。由于 ModelSim 主界面大小有限,有些窗口要求的面积很大,否则不能很好地读取数据,这时就需要进行嵌入或独立的操作,如图 2-87 所示,左图圆圈中表示的是从 ModelSim 主界面中独立出去,右图圆圈中表示嵌入 ModelSim 主界面中。

图 2-86　显示栏的更改

图 2-87　dock/Undock(嵌入/独立)操作

2.7.2　设置界面参数

ModelSim 的界面参数是可以自定义设置的,选择"Tools"→"Edit Preferences"选项就可以打开设置界面。在这个界面中提供了两种分类方式,分别是按窗口(By Window)分类和按名称(By Name)分类,如图 2-88 和图 2-89 所示。以按窗口分类为例,在左侧的窗口分类中选择"Wave Windows"选项,就会出现 Wave Windows 中包含的界面信息,如 LOGIC_0、LOGIC_1 等。选择这些信息,就可以在右侧的调色板中为这些信息配置新的颜色。

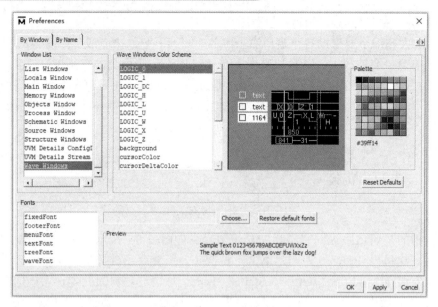

图 2-88　按窗口分类

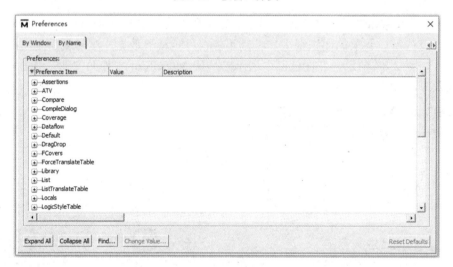

图 2-89　按名称分类

第3章

工程和库

3

通过前面两章的学习，对 ModelSim 的使用有了一个整体认识。从本章开始，将系统地介绍 ModelSim 的使用方法。

使用 ModelSim 进行工作，先要熟悉工程和库的有关操作，本章将对工程和库的具体概念进行介绍，并辅以操作实例，帮助读者更好地理解相关操作流程。

 本章内容

❯ 工程的作用
❯ 工程文件的组织和使用
❯ 工程文件的属性调整
❯ 库文件的种类
❯ 库文件的管理
❯ 导入第三方库

 本章案例

❯ ModelSim 的工程文件管理
❯ ModelSim 中多单元库仿真流程

3.1　ModelSim 工程

工程是一个实例的集成体。在 ModelSim 工程中可以包含很多内容，当一个工程刚被新建且未进行其他操作时，包含的内容是最小内容。在最小内容中，工程应包括一个根目录、一个工作库和一些储存在.mpf 文件中的数据，这个.mpf 文件存储在工程的根目录中，其具体内容会在本节结束的时候给出。随着设计的深入，可以向工程中添加源文件、README 文件、局部库文件、仿真配置和文件夹等内容，使整个工程更加丰富。

3.1.1 删除原有工程

在第 1 章中，已经快速地完成了一个实例，并建立了一个名为 quick 的工程。在第 2 章中也曾介绍过，ModelSim 会默认打开最后关闭时的所有配置。在打开 ModelSim 软件后，会首先载入 quick 工程，可以看到在命令窗口中有图 3-1 所示的显示。正常情况下，每次打开 ModelSim 都会自动载入上次关闭时的工程。

```
Transcript
# Reading pref.tcl
# //  ModelSim SE-64 2020.4 Oct 13 2020
# //
# //  Copyright 1991-2020 Mentor Graphics Corporation
# //  All Rights Reserved.
# //
# //  ModelSim SE-64 and its associated documentation contain trade
# //  secrets and commercial or financial information that are the property of
# //  Mentor Graphics Corporation and are privileged, confidential,
# //  and exempt from disclosure under the Freedom of Information Act,
# //  5 U.S.C. Section 552. Furthermore, this information
# //  is prohibited from disclosure under the Trade Secrets Act,
# //  18 U.S.C. Section 1905.
# //
# Loading project quick
```

图 3-1　启动信息

为了演示本章进行的工程和库的操作，要先关闭工程并删除原有的默认 work 库。在 Workspace 区域的 Library 标签中选中名为 work 的默认库，并右击，选择菜单中的"Delete"命令，就可以删除该库。删除 work 库的过程如图 3-2 所示，这时重新启动 ModelSim，原有的 work 库在 Library 标签中就看不到了。

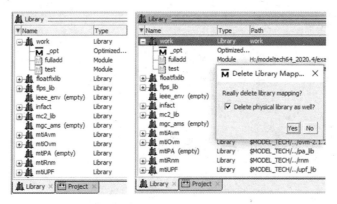

图 3-2　删除 work 库的过程

除了采用菜单命令的方式，还可以采用命令行输入的方式，在 ModelSim 的命令窗口中输入以下命令，同样可以删除 work 库：

```
vdel -all -lib work
```

至此，得到了一个视觉上纯净的 ModelSim 环境，就可以开始本章的演示了。

3.1.2 开始一个新工程

在菜单栏中选择"File"→"New"→"Project"选项，可以新建一个工程，与第 1 章类似，弹出的创建新工程对话框如图 3-3 所示。

整个对话框中有三个部分可更改。"Project Name"（工程名）是自己根据设计来命名的，初始状态下是空白的。"Default Library Name"（默认库名称）初始状态下是"work"，在第 1 章中保留了这个名称。在本章中，可以将此名称修改为"chapter3"，有关库文件的说明会在 3.2 节中介绍，这里暂不做解释。"Project Location"（工程位置）可以设置工程保存的文件夹，ModelSim 中默认的文件夹是"H:/modeltech64_2020.4/examples"，用户可以根据需要把工程保存到不同的位置（注意，保存的位置必须是一个文件夹）。设置好工程名、工程位置和默认库名称后，单击"OK"按钮，一个新的工程就创建完成了。

完成上一步的操作后，一个 Project 标签会在 Workspace 区域出现。同时会出现一个选择窗口，选择向该工程中添加的文件，共有 4 种：Create New File（创建新文件）、Add Existing File（添加已有文件）、Create Simulation（创建仿真）和 Create New Folder（创建新文件夹）。工程标签和添加项目如图 3-4 所示。

图 3-3　创建新工程对话框

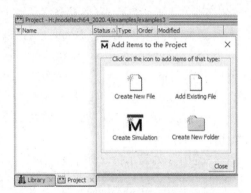

图 3-4　工程标签和添加项目

虽然添加项目窗口只在工程最初建立时出现，不过用户完全可以放心使用该窗口，因为在 ModelSim 中还有其他的方式可以添加这些项目。例如，在 Project 标签中调用右键弹出的菜单就可以完成添加操作，如图 3-5 所示。

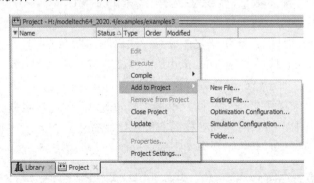

图 3-5　右键菜单添加项目

添加文件也可以采用命令行操作方式进行。例如，要添加一个名为"test.v"的文件，就可以采用以下的命令行形式：

```
project addfile test.v
```

注意，test.v 文件必须在 ModelSim 的工程默认目录中，即前面的"Project Location"一栏中填写的路径"H:/modeltech64_2020.4/examples"，不在 examples 文件夹中的文件不能直接使用该命令。若要添加其他文件夹中的文件，则可以加上绝对路径名，采用以下命令：

```
project addfile H:/modeltech64_2020.4/examples/1-1/test.v
```

相比之前的命令，只是在最后的文件名前添加了绝对路径，就可以完成，这里的路径层次采用的是"/"而不是"\"来分隔，读者要注意区分。采用命令行的方式并不一定比采用工具栏的方式更加快捷，如采用快捷菜单直接添加文件就非常简便。读者可以根据自己的习惯和使用环境，灵活地交替使用这两种不同的方式，力求达到使自己满意的、最方便的操作方式。当然，如果能熟练使用命令行方式，那么可以把常用的命令做成 Do 文件，这样仿真速度就比工具栏等方式的仿真速度快许多，这种操作方法将在后面的章节中给出。

3.1.3　工程标签

工程标签位于 Workspace 区域内，它包含用户工程中各个项目的信息，在默认条件下工程标签区域被分为五列，分别为 Name（名称）、Status（状态）、Type（类型）、Order（次序）、Modified（修改时间）。在第 2 章中已经介绍过，通过勾选配置信息中的复选框，用户可以根据个人需要隐藏或显示这些分列信息。工程标签的整体视图如图 3-6 所示。

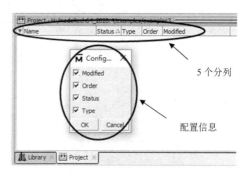

图 3-6　工程标签的整体视图

工程标签中各列显示信息如下。

- Name（名称）：显示文件名或对象名，包含文件的后缀，如"tcounter.v"。
- Status（状态）：可显示三种状态，即编译通过、编译未通过、带警告的编译通过。只在源文件后显示状态，文件夹和配置信息是没有状态显示的。
- Type（类型）：显示文件的类型。例如，Verilog 文件显示"Verilog"，文件夹显示"Folder"，仿真配置文件显示"Simulation"等。
- Order（次序）：显示数字，表示在选择"Compile All"时编译的顺序，编译时会按照从 0 开始、从小到大的顺序进行编译。
- Modified（修改时间）：显示该文件最后一次修改并保存的时间，会给出具体的时间，如图 3-7 中 counter.v 文件的 Modified 是"04/25/2023 03:14:29 PM"。

除了显示信息，分列还允许用户按一定的方式查看文件。例如，单击"Order"列，可以按照编译顺序的升序或降序来排列文件；单击"Modified"列，可以按代码或对象的修改时间来排列文件。选中排序的列后，列名称的右侧会出现提示符号，升序排列时会显示一个向上的符号"△"，降序排列时会显示一个向下的符号"▽"，如图 3-7 所示。

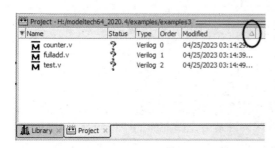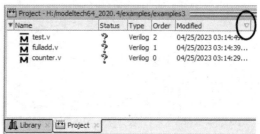

图 3-7　按 Order 的升序和降序排列文件

3.1.4　工程编译

在第 1 章已经介绍过,工程中添加的文件需要编译通过才能进行下一步操作。未被编译的文件,在工程标签的"Status"列中会显示蓝色的"?",而被编译的文件在工程标签的"Status"列中则会显示绿色的"√",图 3-8 中的 4 个 Verilog 文件,前两个是编译通过的,后两个是未被编译的。

文件编译后"Status"列可能会有 3 个不同状态。除了上述用"√"显示的通过状态,还有两个在设计中不希望出现的状态:编译错误和包含警告的编译通过。

编译错误,即 ModelSim 无法完成文件的编译工作。通常这种情况是因为被编译文件中包含明显的语法错误,这时 ModelSim 会识别出这些语法错误并提示用户,用户可根据ModelSim 的提示信息进行修改。编译错误时会在"Status"列中显示红色的"×",如图 3-9 中的第 4 个文件"counter.v"所示。

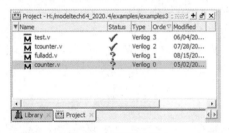

图 3-8　文件编译状态

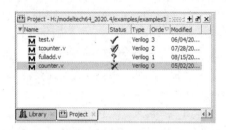

图 3-9　编译错误

包含警告的编译通过是一种比较特殊的状态,表示被编译的文件没有明显的语法错误,但是可能包含一些影响最终输出结果的因素。这种状态在实际使用时较少出现,该状态在"Status"列中也会显示"√",但是在对号处会出现一个黄色的三角符号,如图 3-9 中第 2 个文件"tcounter.v"所示。这类信息一般在功能仿真的时候不会带来明显的影响,不过可能会在后续的综合和时序仿真中造成无法估计的错误,所以出现这种状态时建议读者也要根据警告信息来修改代码,确保后续使用的安全性。

常用的编译方式有两种:Compile Selected(编译所选)和 Compile All(编译全部)。编译所选需要先选中一个或几个文件,执行该命令可以完成对选中文件的编译;编译全部不需要选中文件,该命令是按编译顺序对工程中的所有文件进行编译。可以通过 3 种方式找到这两种命令:菜单栏、快捷工具栏和工作区中的右键菜单。

在菜单栏中可以选择"Compile"选项,在下拉菜单中就可以找到"Compile All"、"Compile Selected"和"Complie Order"等命令,如图 3-10 所示。

快捷工具栏和工作区的右键菜单中的编译命令如图 3-11 所示,快捷工具栏在第 2 章中已经介绍过。右键菜单必须是在工作区的 Project 标签中单击右键,因为 ModelSim 软件提供了非常丰富的右键菜单,在其他位置单击右键就会显示出其他的菜单,在后续的章节中还会接触到其他的一些右键菜单,这些右键菜单中的命令其实是菜单栏命令的一个重新编排,即把在某阶段中或某区域中所用到的命令编排到一起,把用不到的命令剔除。例如,工作区Project 标签中的右键菜单,包含了编辑、编译、添加、移除等操作命令,这些命令来自菜单栏中的不同位置,为了工程文件的更好管理,集中放在 Project 标签的右键菜单中,会给用户带来很大便利。

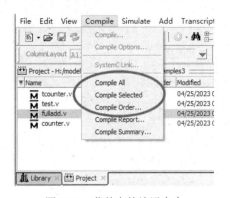

图 3-10 菜单中的编译命令

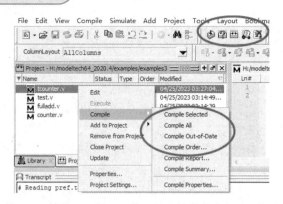

图 3-11 快捷工具栏和工作区的右键菜单中的编译命令

编译全部文件的命令采用命令行方式应输入以下代码：

```
project compileall
```

采用命令行方式编译某个文件可以输入以下代码：

```
vlog test.v
```

这里的 vlog 是编译 Verilog HDL 文件时使用的关键字，编译 VHDL 文件时使用的是 vcom，在 vlog 或 vcom 后面输入需要编译的文件名称即可，如果需要编译多个文件，那么只需要依次把文件名称列在后面即可，下列命令就完成了对 3 个文件的编译：

```
vlog test.v tcounter.v fulladd.v
```

在 ModelSim SE 2020.4 版本中，将 Compile Out-of-Date 置于快捷按钮中，该功能的编译机制：首次编译时，编译所有文件，与 Compile All 相同；此后再单击该按钮，则编译工程中所有未编译的或编译失败的文件。由于文件修改后或新添加的文件，相应的编译状态会置成未编译状态，在实际使用时，如果工程文件较多，但只修改了少数几个文件，编译时不方便一一挑选，而全部编译又比较浪费时间，那么此时选择"Compile Out-of-Date"选项就可以只对修改过的几个文件进行编译，操作起来比较灵活。

在 ModelSim 中编译全部文件是按顺序进行的，这个顺序默认为文件的添加顺序，用户可以通过"Order"列的数字来判断文件的添加时间，第 1 个添加的文件，其 Order 值为 0，之后每添加一个文件，Order 值都加 1。在编译的时候按从小到大的顺序进行编译。

在有些情况下，编译工程中的文件需要按一定的顺序进行。例如，编译一个设计单元和设计单元的参数定义文件，需要先编译参数定义文件再编译设计文件，否则在设计单元中参数会处于未定义的状态，所以顺序是很重要的。但是在添加文件的时候，不能保证严格按照最后编译的顺序添加。当需要进行调整时，可以在 Project 标签内的右键菜单中选择"Compile"→"Compile Order"选项，或者直接在菜单栏中选择同样名称的选项来打开调用编译顺序对话框，如图 3-12 所示。

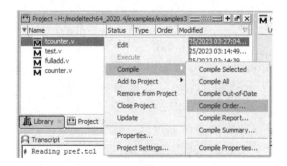

图 3-12 调用编译顺序对话框

选中"Compile Order"命令后会弹出图 3-13 所示的对话框。在"Current Order"显示区域中按编译顺序排列了各个文件的名称，即按 Order 值从小到大顺序排列。右侧有 4 个按钮，从上到下依次可以执行上升、下降、合并、打散 4 种操作。在右下角除了"OK"按钮和"Cancel"按钮，还有一个"Auto Generate"按钮。

选中"Current Order"中的文件，可以单击上升或下降按钮来改变 Order 值，单击上升按钮会使该文件的 Order 值减 1，即先被编译；单击下降按钮会使该文件的 Order 值加 1，即后被编译。调整好编译顺序，单击"OK"按钮即可保存并退出。

在编译顺序对话框中，还可以对两个或两个以上的文件进行合并操作，合并后会形成一个 Group，在 ModelSim 中按合并的顺序默认排列为 Group1、Group2、…。在编译的时候，同一个 Group 中的文件是同时被编译的，可以把一个顶层模块的全部文件都合并成一个组，以避免处理多个文件时带来的调整顺序不便问题，编译文件合并后的结果如图 3-14 所示。当一个 Group 不再被需要的时候，可以选中该 Group，使用打散按钮来取消合并。

图 3-13　编译顺序

图 3-14　编译文件合并后的结果

"Auto Generate"按钮的功能更加实用，它的功能是按现有顺序编译所有文件，当某个文件无法编译时，就自动把这个文件排到编译队列的底部，即把该文件的 Order 值改为最大值，按这种方式依次编译所有文件，直到所有文件都被编译成功或只剩无法编译的文件时为止。编译结束时，还会把最终的编译排序顺序保存起来。

当调整顺序之后，单击"OK"按钮确认对编译顺序的调整，在 Project 标签中的 Order 值也会被相应修改。如果有了分组，那么分组信息也会出现在 Project 标签内，如图 3-15 所示。可以看到，对于分组的程序文件，这里不再单独显示每个文件的编译状态，而是显示整个 Group 的编译状态。

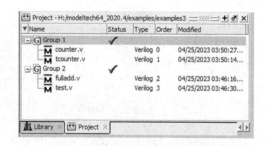

图 3-15　Project 标签中显示的分组信息

　编译顺序的调整仅限 HDL 文件，其他如 SystemC 文件、SDF 文件是没有顺序的。

3.1.5　仿真环境配置

到目前为止，只向工程中添加了新文件和已有文件，并进行了编译。在图 3-4 中可以看到，还可以向工程中添加其他类型文件，如仿真配置文件。

仿真配置文件是为了方便用户设置的，它的功能是保存一个常用仿真的各种配置。在实际的设计过程中常常会遇到这种情况：有一个复杂的设计，包含多个设计文件，由于调试复杂，因此需要对其进行多次仿真，并按仿真结果纠正设计中的错误。这时，如果每次仿真都采用手动设定仿真选项的方式，那么将会带来很多机械性的重复操作，利用仿真配置文件可以很好地解决这个问题。用户可以创建一个仿真配置文件，把仿真中用到的文件和设置保存在其中，需要进行仿真的时候直接双击这个仿真配置文件，仿真就会按保存好的设置进行，节省了用户的操作时间。

在工作区的 Project 标签内单击鼠标右键，在弹出的菜单中选择"Add to Project"→"Simulation Configuration"选项，就可以向当前工程添加一个仿真配置文件，如图 3-16 所示。

或者直接使用菜单栏，选择"Project"→"Add to Project"→"Simulation Configuration"选项，同样可以完成添加配置文件，注意此时同样要单击 Project 标签后操作，否则菜单栏中不会显示 Project 菜单。

选中添加命令后会弹出图 3-17 所示的窗口，在这个窗口中可设置仿真的选项。窗口中除了最上方的"Simulation Configuration Name"和"Place in Folder"两个选项，其他部分和 Start Simulation 窗口（见 2.2.5 节）是完全一致的。

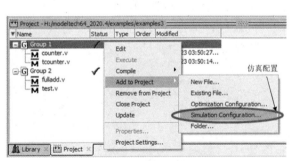

图 3-16　添加配置文件

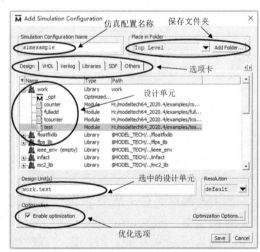

图 3-17　仿真配置

这里按从上到下的顺序介绍图 3-17 中各部分的作用。

第一部分是 Simulation Configuration Name（仿真配置名称），这里可以指定一个具有意义的名称，如保存一个顶层仿真，可以命名为 top_sim；保存一个全加器，可以命名为 fulladd_sim，用有意义的名称可以让其他用户更好地理解该文件的用途。

第二部分是 Place in Folder（保存文件夹），这里可以选择保存的位置，"Top Level"是 ModelSim 的默认路径，即 H:/modeltech64_2020.4/examples。通过右侧的"Add Folder"按钮可以向该目录添加文件夹，若已经包含子文件夹，则可以在下拉选项中选择该文件夹作为保存路径。

第三部分是选项卡部分，共有 6 个标签，分别是 Design、VHDL、Verilog、Libraries、SDF 和 Others，这些标签下包含一些选项，可进行设置，本章中暂时不予介绍，在仿真的相关章节中会详细解释。

第四部分是设计单元，在 work 库下可以看到设计包含的全部单元，使用 Shift 键或 Ctrl 键可以选择多个设计单元，选中的单元名称会在下方的"Design Unit(s)"中出现。

第五部分是优化选项，即 Optimization（优化），可以选择是否启用优化选项。优化选项可以对用户的设计进行优化，它的使用方式也会在介绍仿真的相关章节中解释。

设置好全部的内容，单击"Save"按钮就可保存并退出，可以在工作区的 Project 标签内看到一个新的文件"simexample"，其类型（Type）是 Simulation，如图 3-18 所示。

注意：该文件没有任何的 Status 和 Order 值。

3.1.6　工程文件组织

当工程中有多个文件时，如果把这些文件都存放在根目录中，那么使用起来会有一定的麻烦，可以采用文件夹的形式将相关文件组织到一起，使整个工程中的文件看起来更加井然有序。例如，图 3-18 中包含的文件可组织成图 3-19 的形式，结构就一目了然。

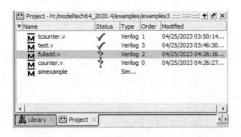

图 3-18　添加仿真配置文件成功

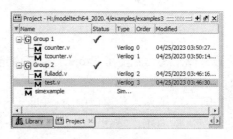

图 3-19　组织后的文件排布

对文件夹可使用右键菜单，选择"Add to Project"→"Folder"选项进行添加，或者在菜单栏中选择"Project"→"Add to Project"→"Folder"选项添加。选中命令后会出现图 3-20 所示的对话框，在"Folder Name"中输入文件夹的名称后，新的文件夹就会出现在 Project 标签内。

可以添加文件到已有的文件夹中，在"Folder Location"的下拉菜单中就包含了已有的文件夹，和前面介绍的一样，选择"Top Level"即表示选择默认的根目录，选择其他的文件夹

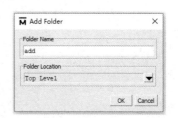

图 3-20　添加文件夹

后，新建的文件夹就包含在该文件夹下。例如，新建一个名为"others"的文件夹，在"Folder Location"下拉菜单中选择"adder"选项，如图 3-21 所示，选中后就会在该文件夹下出现新建文件夹，如图 3-22 所示。

有两种方式向文件夹中添加文件：一种是在设计之初就建立文件夹，之后添加的所有文件都按类别分配在各自的文件夹中；另一种是在工程中已经有了一部分文件后再建立文件夹，这时需要把已有的文件添加到后生成的文件夹中。两者在操作上有所不同，下面依次介绍。

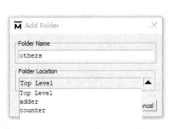

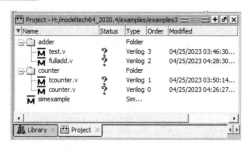

图 3-21　选择文件夹　　　　　　　　图 3-22　在文件夹中添加文件夹

第一种方式。如果在初始时就建立了文件夹，之后添加文件时，无论是新建文件还是添加已有文件，在"Folder"下拉菜单中都可以看到建好的文件夹，选择需要保存的文件夹即可，如图 3-23 和图 3-24 所示。

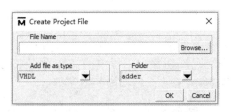

图 3-23　创建新文件时选择文件夹　　　　　　图 3-24　添加已有文件时选择文件夹

第二种方式。需要在 Project 标签内选择需要添加到文件夹的文件，在右键菜单中选择"Properties"选项，或者在菜单栏中选择"View"→"Properties"选项，即可打开属性窗口，如图 3-25 所示。在窗口中的"Place in Folder"选项中可以更改文件所在的位置，在更改文件夹后单击"OK"按钮，选中的文件就会被转存至目标文件夹中。

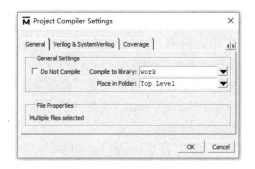

图 3-25　更改已有文件的位置

 更改了已有文件所在的文件夹后，所有被更改的文件都会变为未编译状态，需要重新进行编译。

3.1.7　工程及文件属性设置

在向文件夹中添加文件时就用到了文件的属性设置。Verilog 和 VHDL 文件的编译有很多选项，这些选项会给编译和随后进行的仿真带来影响，可以通过文件属性窗口对这些文件属性进行设置。属性窗口打开的方式是选中 Project 标签中的一个文件，在 Project 标签内的右键菜单中选择"Properties"选项，或者在菜单栏中选择"View"→"Properties"选项。属性设置窗口如图 3-26 所示。

属性设置窗口中有 3 个标签，分别是 General、Verilog&SystemVerilog 和 Coverage。这几个标签不是固定的，选择不同的文件会出现不同的标签。当选择 Verilog 文件时，出现的是图 3-26 中的这 3 个标签；当选择 VHDL 文件时，会出现 General、VHDL 和 Coverage 标签；当选择 System C 文件时，只会出现 General 标签；当同时选择 Verilog 文件和 VHDL 文件时，会出现 General、VHDL、Verilog&SystemVerilog 和 Coverage 标签。当选择单个文件时，在 General 标签内可以查看"File Properties"（文件属性），若选择了多个文件，则该部分不会显示属性，会显示"Multiple files selected"，如图 3-27 所示。

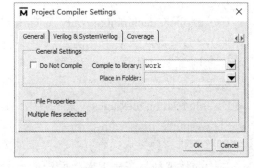

图 3-26　属性设置窗口　　　　　　图 3-27　多文件选择

下面分别介绍属性设置窗口中 4 个标签内的选项和具体功能。

（1）General 标签。

General 标签内共有 5 部分，分别是 Do Not Compile、Compile to library、Place in Folder、File Properties 和 Change Type。其功能如下。

- Do Not Compile（不可编译）：选中此选项后，文件的 Status 列不会出现编译状态，即该文件变为不可编译的状态。
- Compile to library（编译至库）：该选项可以把文件编译后生成的设计单元保存到指定的库中，默认的库是在创建工程时指定的库。
- Place in Folder（保存文件夹）：这个选项已经介绍过，用来更改文件保存的文件夹。
- File Properties（文件属性）：这里包含了文件详细的属性信息，包括文件的名称、大小、存放位置、类型、创建时间、编译时间、编译状态等。
- Change Type（改变类型）：这个选项可以把文件改成其他类型，这是一个下拉菜单，里面包含了 ModelSim 中可使用的各种文件类型。更改此选项后，ModelSim 就会按照新的类型来处理该文件。需要注意的是，更改的只是 ModelSim 识别的类型，文件的后缀等信息是不会被更改的。例如，有一个名为 a.vhd 的文件，通过该选项改为 Verilog 类型，ModelSim 会把该文件视为 Verilog 类型，但是文件的名称依然是 a.vhd。

（2）VHDL 标签。

VHDL 标签内含有多个选项，如图 3-28 所示。
选项功能如下。

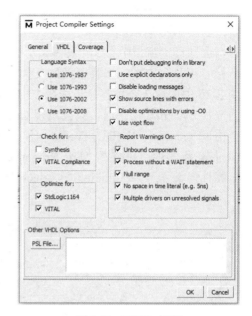

图 3-28　VHDL 标签

- Language Syntax（语言语法）：这里指定了编译时采用的语法标准，HDL 语法中会更新一些关键字，需要根据设计者的程序选中对应的标准，默认选择"Use 1076-2002"标准。

- Don't put debugging info in library（不把调试信息存至库）：该选项的功能如文中所说，调试的信息不会被存到库中，所以用户看不到这个文件的内部信息，也不可以设置仿真断点等信息。这个选项默认是不勾选的，而且推荐在最终完成调试之前，不要勾选该选项，在完成文件调试后可勾选该选项。

- Use explicit declarations only（使用显式声明）：编译器默认使用"显式声明"，它要求在使用每个变量前先声明变量。可以去掉此要求并允许"隐式声明"。

- Disable loading messages（禁止载入信息）：该选项会禁止在命令窗口中载入信息。

- Show source lines with errors（显示错误的文件行数）：ModelSim 在编译发现错误的时候会输出信息，显示有几处错误，但不会显示对应的行数。选中此选项后会在命令窗口中随错误数显示错误发生的行数。

- Disable optimizations by using-O0（使用-O0 禁用所有优化）：命令编译器移除所有的优化。

- Use vopt flow（启用优化流）：启动 ModelSim 自带的优化，默认是关闭的，在 ModelSim SE 6.2 以后的版本中默认为打开。勾选了这个选项后 ModelSim 会自动把一些端口、连线等进行优化。若仿真发现原本想观察的端口或连线在端口列表中无法找到，则可以检查此选项。

- Check for（检测）：有两个选项，即 Synthesis（综合）和 VITAL Compliance（VITAL检验）。综合检测只是检查组合逻辑，而不能检查时序逻辑。VITAL 是 IEEE 新近制定的一个用 VHDL 建立 ASIC 模型库的基准，它为 ASIC 模型库的建立、电路设计的描述提供了便利的、格式相对固定的描述方法，并为提高模拟性能提供了依据和基础。勾选这个选项也是为了更好地进行 VHDL 仿真。

- Report Warnings On（报警）：内含 5 个选项。Unbound component 的功能是当源文件进行实例化时调用到了库中未定义的实体，这时将这些实例化的元件进行标示。Process without a WAIT statement 的功能是标示出所有不含等待语句或敏感列表的进程。Null range 会标示出所有的空范围，如定义成"0 down to 4"这种空的定义。No space in time literal(e.g.5ns)会标示出所有在数字和时间单位之间缺失的空格。Multiple drivers on unresolved signals 会标示出所有多驱动导致的不确定信号。

- Optimize for（优化）：这里定义了两个优化标准，默认是全部选择的。两个优化标准分别是 StdLogic1164 和 VITAL，这两个选项一般不需要更改。
- Other VHDL Options（其他 VHDL 选项）：在这个框中可以输入其他有效的 vcom 参数，可以达到和上述选项同样的效果，具体的语法参数可以参考 ModelSim 自带的用户手册。

（3）Verilog&SystemVerilog 标签。

Verilog&SystemVerilog 标签如图 3-29 所示，与 VHDL 标签一样，也包含了很多选项，其中有一些选项和 VHDL 标签中的选项是相似的。

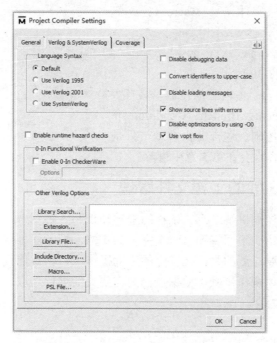

图 3-29 Verilog & SystemVerilog 标签

Verilog&SystemVerilog 标签中选项的功能如下，其中与 VHDL 标签相同的选项不重复介绍，可参见前面的 VHDL 标签。

- Language Syntax（语言语法）：与 VHDL 标签类似，选择语法标准，可选 "Use Verilog 1995"、"Use Verilog 2001" 和 "Use SystemVerilog"。默认选择为 "Default"，采用的标准为 "Use Verilog 2001"。由于各个标准的关键字都是不同的，所以需要选择适当的语法标准，避免出现错误。
- Enable runtime hazard checks（启用运行时间冒险检测）：选中此选项后会激活冒险检测。
- Disable debugging data（禁用调试数据）：模块会不使用任何 ModelSim 的调试特性进行编译。该选项与 VHDL 标签中的 "Don't put debugging info in library" 类似。
- Convert identifiers to upper-case（将标识符转换成大写）：如中文翻译，可将所有标识符转换成大写的形式。

- Disable loading messages（禁止带入信息）：与 VHDL 标签中的相同。
- Show source lines with errors（显示错误的文件行数）：与 VHDL 标签中的相同。
- Disable optimizations by using-O0（使用-O0 禁用所有优化）：与 VHDL 标签中的相同。
- Other Verilog Options（其他 Verilog 选项）：这里可以设置一些杂项，如对 Library（库）、Directory（文件夹）、Macro（宏）等进行设置。

（4）Coverage 标签。

Coverage 标签如图 3-30 所示。

Coverage 标签内包含了覆盖率的设置，具有多个选项，分别对 Statement、Branch、Condition 和 Expression 等进行使能控制。这部分内容本节只是介绍性地给出，详细内容将会在第 5 章中讲解。

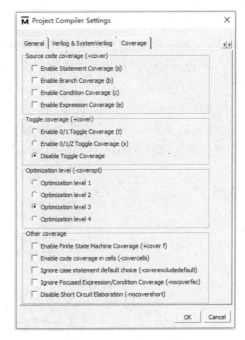

图 3-30　Coverage 标签

实例 3-1　ModelSim 的工程文件管理

以上各节内容已经详细讲解了有关工程的基础知识和各种基本操作，但都是分散成一个个部分或步骤的零散介绍。下面将通过一个完整的实例，把上述各部分的操作联合起来，构成一个整体的实例。需要注意的是，在实际的工程操作中，本章前几节所介绍的步骤不可能完全用到。应该掌握上述操作步骤，根据自己的需要灵活进行选取。本实例只给出基本的流程，细节可参见前面的内容。

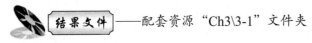

结果文件——配套资源"Ch3\3-1"文件夹

动画演示——配套资源"AVI\3-1.mp4"

第一步，建立一个新工程。本实例中将工程名命名为"example3_1"，工程路径设置为"H:/modeltech64_2020.4/examples/3-1"，库名称命名为"chapter3"，如图 3-31 所示。

第二步，添加文件。本实例中选取一个简易的 CPU 模型，所有的文件都是已有的，故选中添加已有文件。指定文件所在目录，选中目录后，在 File Name 中会出现多个文件名。Folder 栏暂时不选，即采用默认路径，文件会全部出现在 Project 标签中。选择"Reference from current location"选项可以把不在工程目录中的源文件与本工程建立连接，选择"Copy to project directory"选项可以把所有的文件复制到默认路径下，建议把所有文件都放在对应的工程目录下。不过因为"3-1"文件夹中已经包含了所有文件，所以这里选择了"Reference from current location"选项，如图 3-32 所示。

3 Chapter

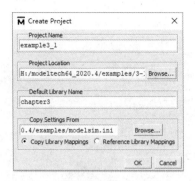

图 3-31　命名工程和库

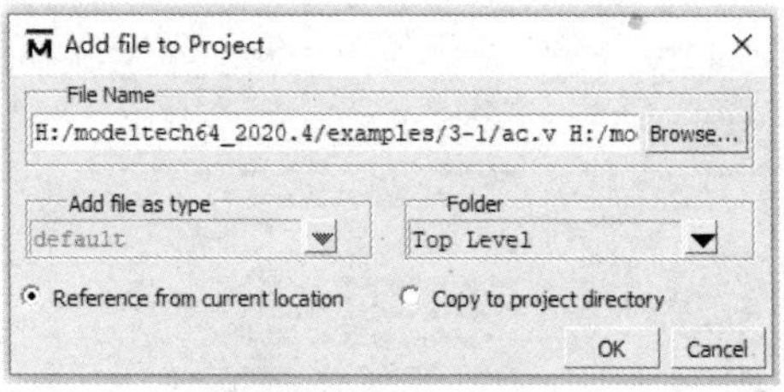

图 3-32　添加文件

添加文件后，在工程标签内可见添加成功的文件。添加之后的文件排列是混乱的，如图 3-33 所示，可以单击"Order"按钮使其按次序排列。

第三步，编译。选择"Compile Order"中的"Auto Generate"命令对全部工程文件进行编译，编译文件成功，在命令窗口中出现提示信息，如图 3-34 所示。这里特意给出了一个乱序的文件排列，图 3-33 中的文件 Order 值不是按顺序排列的，但是使用"Auto Generate"命令之后，编译的顺序是按照 Order 中的次序完成的，读者可以对比图 3-33 中的文件顺序和图 3-34 中的编译顺序。

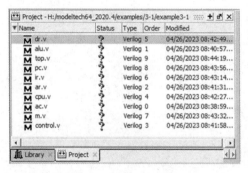

图 3-33　添加文件成功

```
# Loading project example3-1
# Compile of ac.v was successful.
# Compile of alu.v was successful.
# Compile of ar.v was successful.
# Compile of control.v was successful.
# Compile of cpu.v was successful.
# Compile of dr.v was successful.
# Compile of ir.v was successful.
# Compile of m.v was successful.
# Compile of pc.v was successful.
# Compile of top.v was successful.
# 10 compiles, 0 failed with no errors.

ModelSim>
```

图 3-34　命令窗口提示信息

通过编译后，可以在 sim 标签中查看整个设计的结构，即模块层次，如图 3-35 所示。

第四步，添加优化。将整个 top 模块进行优化，在工程标签内右键选择"Add to Project"→"Optimization Configuration"选项，在弹出的优化窗口中选中"top"模块，"Design Unit(s)"默认为"chapter3.top"，不可修改。"Output Design Name"为"Opt_top"，"Optimization Configuration Name"为 Opt_top，如图 3-36 所示，不要勾选下方的"Start immediately"复选框，否则优化后会立即开始仿真。

添加优化后，可在工程标签内找到该优化文件 Opt_top。双击该文件可执行优化，在命令窗口中会有提示信息，如图 3-37 所示。

图 3-35　模块层次

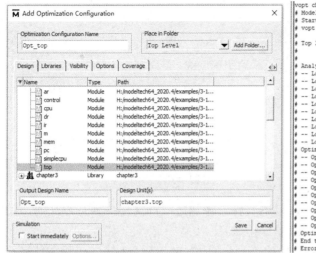

图 3-36　优化设计

```
vopt chapter3.top +acc -o Opt_top
# Model Technology ModelSim SE-64 vopt 2020.4 Compiler 2020.10 Oct 13 2020
# Start time: 09:27:43 on Apr 26,2023
# vopt -reportprogress 300 chapter3.top "+acc" -o Opt_top
#
# Top level modules:
#       top
#
# Analyzing design...
# -- Loading module top
# -- Loading module simplecpu
# -- Loading module ar
# -- Loading module pc
# -- Loading module dr
# -- Loading module ac
# -- Loading module alu
# -- Loading module ir
# -- Loading module control
# -- Loading module mem
# Optimizing 10 design-units (inlining 0/10 module instances):
# -- Optimizing module control(fast)
# -- Optimizing module simplecpu(fast)
# -- Optimizing module alu(fast)
# -- Optimizing module top(fast)
# -- Optimizing module mem(fast)
# -- Optimizing module pc(fast)
# -- Optimizing module ac(fast)
# -- Optimizing module dr(fast)
# -- Optimizing module ir(fast)
# -- Optimizing module ar(fast)
# Optimized design name is Opt_top
# End time: 09:27:43 on Apr 26,2023, Elapsed time: 0:00:00
# Errors: 0, Warnings: 0
```

图 3-37　优化设计成功

第五步，保存仿真配置文件。在工程标签内单击鼠标右键，选择"Add to Project"→"Simulation Configuration"选项添加一个仿真配置文件，选中"top"模块后，在"Simulation Configuration Name"中输入"sim_cpu"，如图 3-38 所示。

由于在设计中存在存储单元，因此可在选项卡中将 memory profiling 激活。同时，激活 Enable code coverage 选项，进行代码覆盖率分析。单击"OK"按钮保存该仿真配置文件到默认路径，如图 3-39 所示。

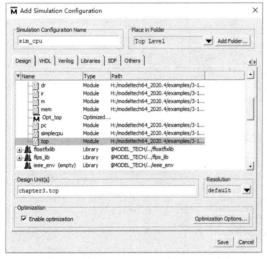

图 3-38　仿真设置

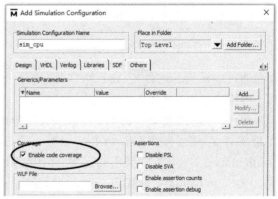

图 3-39　激活附加选项

细心一点就会发现，在图 3-38 中除了"top"模块，还有一个 Opt_top 的优化文件，该文件是"top"模块的优化，在建立仿真配置文件时，也可以采用该文件进行仿真。优化文件一方面会对仿真所需的一些信号进行优化处理，另一方面在使用某些特定功能时，如代码覆盖率、原理图窗口等，也需要将文件进行相应的优化才能使用。这些具体的使用细节将会在后续章节中依次介绍，作为引申，这里建立了两个不同的仿真配置文件 sim_cpu 和

sim_opt_cpu。

仿照前文，在工程标签内单击鼠标右键建立新文件夹，命名为"code"，如图 3-40 所示。选中设计文件，单击鼠标右键选择"Properties"，在"Place in Folder"中选择"code"文件夹，全部设计代码整理至 code 文件夹中，如图 3-41 所示。整理后的 Project 标签如图 3-42 所示。

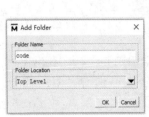

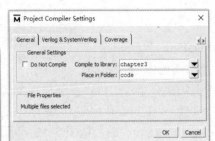

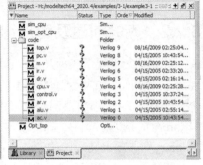

图 3-40　建立文件夹　　　　图 3-41　整理设计文件　　　　图 3-42　整理后的 Project 标签

至此，工程文件的仿真、优化配置均设置完毕。本实例中的代码均是通过编译的代码，没有调试的过程，可能显得仿真配置文件并没有过多的作用。实际上在设计过程中，生成一个仿真配置文件是非常必要的。

在图 3-42 中，把整个 code 文件夹删除，即删除全部的设计文件，仿真配置文件仍然可以正常使用。因为此时，所有的设计单元都已通过编译，转存至定义的工作库中，也就是说，在工程中没有这些设计文件的情况下，用户依然可以调用这些设计单元完成的整个工程，这就是库文件的基本作用。在设计过程中，为了加快仿真速度，一般情况下希望能够复用一些已有的设计，这时就要用到 ModelSim 库。

3.2　ModelSim 库

3.2.1　概述

库文件即已经编译通过的设计文件的总体。不同的设计标准、不同的语法标准、不同的工艺标准都会对应不同的库。一般来说，在开发一个工程项目时，都会使用到指定的库，其目的有两个：一是可以复用一些简单的设计。对于较大的工程项目，设计人员希望更多地关注一些顶层的结构设计，而对于底层的基础模块，设计人员是希望可以直接调用的，此时使用库文件可以减少设计人员的工作量；二是某种设计单元已经定型。例如，需要使用一个乘法器，而该乘法器对某个厂商来说已经是一个成型产品，则该单元不会让设计人员重新设计，只需要进行调用即可，也可以为整个开发的后续工作减少麻烦，减少工作量。

在 ModelSim 中有两种库类型，分别是资源库和工作库。工作库的内容会随着用户更新设计文件和重新编译而变化。资源库是静态不变的，可以作为用户设计的一个部分被直接调用。用户可以创建一个属于自己的资源库，或者由其他设计团队或第三方提供新的资源库。

资源库在 ModelSim 软件安装时就会自带，打开 ModelSim 软件，在工作区中选中 Library 标签，便可以看到所有包含的库。单击库文件前面的"+"号，可以查看包含的库文件，如图 3-43 所示。

工作库是由用户生成的。可以在工程中指定保存库文件，也可以向 ModelSim 导入已有的库文件。

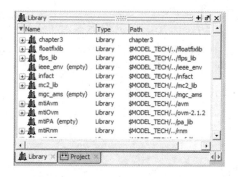

图 3-43　初始库文件

3.2.2　库的创建及管理

如果用户创建了工程，那么 ModelSim 会自动创建一个工作库。如果不创建工程，那么需要先创建一个工作库，其创建过程在第 1 章中已简单介绍过。可以在菜单栏中选中"File"→"New"→"Library"选项来添加新的库，或者在 Library 标签中使用右键菜单选择"New"→"Library"选项来完成库的创建，两者功能是一样的，如图 3-44 所示。

选中创建新的库后会出现图 3-45 所示的对话框，在 Create 区域中有三个选项。

- a new library（新库）：选择创建一个新库，会出现图 3-45 所示的对话框，下方 Library Name（库名）栏是不可输入的，Library Physical Name 栏是可以输入的，此时新建的库并没有逻辑链接，与已有工程也没有直接关系，能在库标签中看到此库，但是其中的单元无法直接使用。

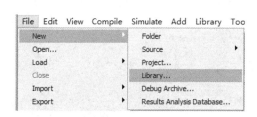

图 3-44　创建新的库　　　　　　图 3-45　新建库

- a map to an existing library（映射到现有的库）：映射到现有库的对话框如图 3-46 所示，这里在 Library Name 栏可以输入一个不同于现有库的名称，在 Library Maps to 栏中可以通过下拉菜单来选择属于本工程目录中的工作库。如果需要映射到工程之外的库文件，那么可以单击旁边的"Browse"按钮来进行选择。这个对话框的功能：新建一个库，并把一个已有的库和新建的库建立关联，使已有的库中所有的单元都出现在新建的库中，本质上就是一个逻辑链接。

图 3-46　映射到现有库的对话框

- a new library and a logical mapping to it（创建新库并映

射）：这是最常用的选项，建立一个库并进行逻辑映射，所出现的对话框与图 3-45 相似，只是 Library Name 栏变为可选，在 Library Name 栏中输入的库名称会自动出现在 Library Physical Name 栏，也可以对 Library Physical Name 栏进行修改，但一般这两个名称都是保持一致的，不需要分别命名。

库的创建和映射可以使用命令行形式，可在命令窗口中输入以下命令：

```
vlib lib_name
vmap lib_name lib_pathname
```

其中，vlib 执行操作时新建一个库，vmap 执行操作时对库进行映射。命令中，lib_name 是用户指定的库名称，lib_pathname 是库的路径名。如果是在 ModelSim 的默认路径下，那么只需要输入文件夹的名称，如输入"vmap work mywork"。如果不是在默认路径下，那么需要输入绝对路径，如输入"vmap work H:/modeltech64_2020.4/ieee"。

在创建库文件后，可以向其中添加内容。对库的内容可以进行查看、删除、编辑等操作，这些操作可以通过图形界面或命令行的形式给出。可以单击工作区中的库标签，选中库并单击前面的"＋"号展开库，库中包含的单元通常有 Configuration（配置）、Module（模块）、Package（程序包）、Entity（实体）、Architecture（结构体）、SystemC 等，每种单元以开头字母作为类型标志，如图 3-47 所示。

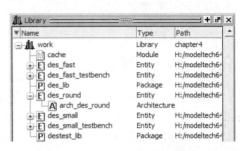

图 3-47　库中包含的单元类型

在库标签中可以方便地使用右键菜单进行操作，如图 3-48 所示。例如，对 3.1 节中的"top"模块，可直接在库中选中"top"，在右键菜单中选择"Simulate"命令即可开始仿真，还可以选择"Simulate with Coverage"激活代码覆盖率检测。"Edit"命令可以对文件进行修改，修改后可以选择"Recompile"进行重新编译。"Optimize"命令可以进行优化设置，其功能与工程中的设计优化是一样的。"Update"命令可以用来更新当前选中的单元或库。对于需要仿真的单元，还可以选择"Create Wave"命令来创建一个新的波形，这时会用到波形窗口的相关操作。"Properties"命令可以查看文件的属性，如图 3-49 所示，可以看到文件的来源和具体定义行数等信息。

图 3-48　对库内容的操作

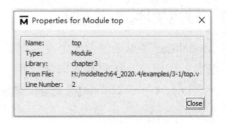

图 3-49　文件属性

若选中的是库文件，则选择"Edit"命令会出现图 3-50 所示的对话框，可以修改库的逻辑映射地址和路径名。

选择"Properties"命令可以显示库的名称（Name）、逻辑映射名（Mapped Pathname）、实际路径名（Actual Pathname）、所属工程（Mapped from）和包含模块数（Contains）等信息，如图 3-51 所示。

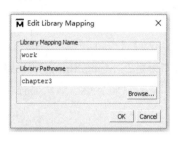
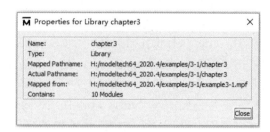

图 3-50　编辑库　　　　　　　　　图 3-51　库的映射属性

3.2.3　资源库管理

ModelSim 根据版本的不同带有多个不同的资源库。例如，vital2000、ieee、modelsim_lib、std、std_developerskit、synopsys 和 verilog 等，如果读者使用的是一些针对不同 FPGA 厂商的软件版本，那么会有对应厂商的单元库。

ModelSim 支持用户把设计文件编译到指定的库中。如果是 Verilog 文件，那么可以使用 vlog 命令进行添加。例如，添加"top"模块，可以采用"vlog -work chapter3 top.v"命令，命令分为 4 个部分："vlog"是命令关键字，所有 Verilog 文件向库添加都需要以 vlog 作为起始命令，这在编译文件部分已经介绍过了；"-work"是命令选项；"chapter3"是目标工作库，chapter3 是用户指定的库名称；"top.v"是被编译文件的路径名称，如果不是在默认目录下的文件，那么可以使用绝对路径名。在命令行中输入该命令可得到图 3-52 所示的输出信息。

```
VSIM 4> vlog -work chapter3 top.v
# Model Technology ModelSim SE-64 vlog 2020.4 Compiler 2020.10 Oct 13 2020
# Start time: 11:32:39 on Apr 26,2023
# vlog -reportprogress 300 -work chapter3 top.v
# -- Compiling module top
#
# Top level modules:
#       top
# End time: 11:32:39 on Apr 26,2023, Elapsed time: 0:00:00
# Errors: 0, Warnings: 0

VSIM 5>
```

图 3-52　向库中添加 Verilog 文件

3.2.4　导入 FPGA 的库

在 ModelSim 菜单中包含一个导入向导，可以导入 FPGA 厂商的库文件。该导入向导提供了详细的指示信息，按照导入向导一步一步进行操作即可完成库的导入。在菜单栏中选择"File"→"Import"→"Library"选项，即可进入导入向导对话框，如图 3-53 所示。

导入向导的第一步需要指定导入库的路径名，如图 3-54 所示，可以手动输入或单击"Browse"按钮进行选取。

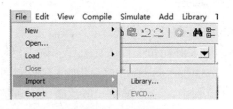

图 3-53 导入库文件

图 3-54 输入库的路径名

选中库的路径后会进入第二步，显示库文件信息，如图 3-55 所示。这时主要显示了库的名称、路径等信息。单击"Next"按钮可进入下一步。

第三步是指定导入的目标文件夹，如图 3-56 所示。图中共有三个部分：Source Library 给出了源文件库的路径；Mapping Name 是先前指定好的 test；Destination 是这步中需要指定的目标文件夹，可以随意设定或新建一个文件夹。这里指定为"H:/modeltech64_2020.4/examples/3-1"。单击"Next"按钮进入下一步。

图 3-55 显示库文件信息

图 3-56 指定导入的目标文件夹

指定路径后，导入工作就基本完成了。导入向导还会弹出两个对话框，如图 3-57 和图 3-58 所示，依次单击"Next"按钮和"确定"按钮，即可完成库的导入。

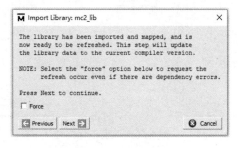

图 3-57 提示信息

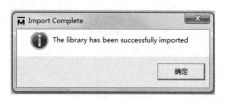

图 3-58 添加成功

库导入成功后，在命令窗口中还会出现多行输出信息，这些信息表示添加到 ModelSim 中库文件包含的内容，具体内容有很多，这里不逐一列出，可参见配套的视频演示。在 ModelSim 中导入的库文件可以来自多个厂商。由于 ModelSim 软件使用得非常普遍，许多厂商都支持对 ModelSim 的导入和联合仿真，这些内容将在第 6 章和第 7 章中给予详细介绍。

实例 3-2　ModelSim 中多单元库仿真流程

经过前面的介绍，相信读者已经对 ModelSim 的库有了一个基本的认识。在第 1 章中，ModelSim 提供了三种基本仿真流程，其中的基本仿真流程和工程仿真流程的例子已经给出。本章给出多单元库仿真流程。结合这个例子，一方面加深理解单元库的概念和操作过程，另一方面介绍多单元库的使用方法。在实际的设计流程中，设计规模一般比较大，可能会有多个 IP 厂商提供的多个单元库可供使用，设计者只需要集中精力对必需的模块进行设计，而一些常见的通用或专用功能模块，通常都直接购买，以此节省开发时间。所以，设计者经常会遇到跨越多个单元库的仿真流程。本实例中的库虽然比较简单，但是操作方法是通用的，可供读者参考。

结果文件——配套资源"Ch3\3-2"文件夹

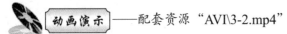
动画演示——配套资源"AVI\3-2.mp4"

把"3-2"文件夹复制到 ModelSim 的 examples 文件夹内，在"3-2"文件夹下有两个子文件夹，如图 3-59 所示。其中，module_lib 文件夹包含设计文件 counter.v，testbench 文件夹包含测试文件 tcounter.v。这也符合一般的开发习惯：设计组和验证组同时开始工作，分别设计单元代码和测试方案，最终整合到一起，完成测试。

本实例先不建立工程，直接进行文件编译，文件复制之后，在 ModelSim 主菜单中选择"File"→"Change Directory"选项，改变工作路径，选中 module_lib 文件夹，如图 3-60 所示，单击"选择文件夹"按钮。

图 3-59　文件结构

图 3-60　改变工作路径

这里要把 module_lib 文件夹中包含的所有设计文件编译到模块库中，所以要先建立一个新库，在 Library 标签中使用右键新建库，选择"a new library and a logical mapping to it"选项，Library Name 为"module_lib"，建立 module_lib 库，如图 3-61 所示。

　　单击"OK"按钮后，在 Library 标签中就会出现 module_lib 库了，但还是空状态。此时，在菜单栏中选择"Compile"→"Compile"命令，出现图 3-62 所示的对话框，如果此前步骤正确，选中"Compile"命令之后默认打开的文件夹就是 module_lib 文件夹，选中 module_lib 文件夹下的 counter.v 文件进行编译。注意，对话框上方的 Library 栏默认的是 work 库，这里要用下拉菜单选择 module_lib 库，确定无误后，单击"Compile"按钮进行编译。

图 3-61　建立 module_lib 库　　　　图 3-62　编译文件到 module_lib 库

　　编译结束后，可以看到在 module_lib 库中出现了 counter 这个模块，如图 3-63 所示，模块库就建立完成了。如果有更多的设计文件，那么采用一样的方式，都编译到模块库即可。

　　模块库完成后，再建立测试库，还是先要改变工作目录，因为设计组和验证组一般不会在同一个目录下工作。先选择"File"→"Change Directory"选项，改变工作路径，选中 testbench 文件夹，再选择"File"→"New"→"Project"选项，新建一个工程，我们就在这个文件夹下开始仿真整个设计。在创建工程的对话框中，按图 3-64 所示进行修改，把 Project Name 改为"chapter3_2"，把 Default Library Name 修改为"testbench"，其他设置保持不变，单击"OK"按钮，建立工程。

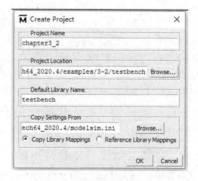

图 3-63　模块库　　　　　　　　　图 3-64　新建工程的信息

　　在新出现的工程标签中添加文件，选择 testbench 文件夹下的 tcounter.v 文件，如图 3-65 所示，其他选项保持不变。

在菜单栏中选择 "Compile" → "Compile all" 或 "Compile" → "Compile Selected" 选项，编译所添加的 tcounter.v 文件，编译成功后，选择 "Simulate" → "Start Simulation" 选项开始仿真，弹出图 3-66 所示的对话框。

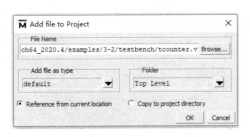

图 3-65　添加已有文件　　　　　　　图 3-66　仿真对话框

如果此时单击 "OK" 按钮进行仿真，则会出现图 3-67 所示的提示信息，表示出现错误。

```
ModelSim> vsim -gui testbench.test_counter -novopt
# vsim -gui testbench.test_counter -novopt
# Start time: 10:39:45 on May 05,2023
# ** Error (suppressible): (vsim-12110) All optimizations are disabled because the -novopt option is in effect. This will cause your simulation to run very slowly. If you are using this switch to preserve visibility for Debug or PLI features, please see the User's Manual section on Preserving Object Visibility with vopt. -novopt option is now deprecated and will be removed in future releases.
# Error loading design
# End time: 10:39:45 on May 05,2023, Elapsed time: 0:00:00
# Errors: 1, Warnings: 2
```

图 3-67　提示信息

在正常仿真启动时，如果一切正常，则没有任何警告或错误信息，在本实例中此次错误信息详情如下。

```
    # ** Error (suppressible): (vsim-12110) All optimizations are disabled
because the -novopt option is in effect. This will cause your simulation to run very
slowly. If you are using this switch to preserve visibility for Debug or PLI features,
please see the User's Manual section on Preserving Object Visibility with vopt. -
novopt option is now deprecated and will be removed in future releases.
```

这个错误信息经常出现，表示没有开启设计优化。设计优化在设计规模比较大时，可以有效提高仿真效率，但是会优化掉一些输入/输出信息，无法观察仿真结果，根据 ModelSim 版本不同，以及 ModelSim.ini 文件设置的情况，该选项可能不报错、报警告或直接报错。本实例中并未进行额外设置，故直接报错，换言之，读者在使用 ModelSim 进行仿真时，需要勾选图 3-66 中的 "Enable optimization" 复选框。

勾选 "Enable optimization" 复选框后，可以单击右侧的 "Optimization Options" 按钮，可以看到图 3-68 所示的三个选项，即 "No design object visibility"（无设计对象可见）、"Apply full visibility to all modules(full debug mode)"（所有模块全可见）和 "Customized visibility"

（定制可见度）。如果选择"No design object visibility"选项，则运行优化后在仿真启动的 sim 标签内看不到任何设计的对象，只能通过测试模块编写输出函数来记录仿真结果，但此时运行速度是最快的。如果选择"Apply full visibility to all modules(full debug mode)"选项，则设计中的全部模块和端口都会显示在 sim 标签内，仿真时可以看到完整的端口和内部信号，方便观察和调试。如果选择"Customized visibility"选项，则需要自己选定哪些端口和信号是可见的，属于定制化操作。一般来说，在设计的最初阶段，由于会有很多逻辑问题需要调试，这时一般选择"Apply full visibility to all modules(full debug mode)"选项来观察全部的信号，用来进行调试。在设计的中后期，基本功能一般已经经过验证，而需要进行各种 case 的测试，此时可以选择"No design object visibility"选项来提升仿真的速度。这些不同选项的选择可以根据设计者自己的工作情况来进行调节选择。

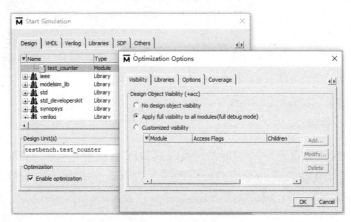

图 3-68　仿真对话框

选择"Apply full visibility to all modules(full debug mode)"选项后，再次启动仿真，此时依然会报错，会出现图 3-69 所示的错误信息。

```
ModelSim> vsim -gui -vopt testbench.test_counter
# vsim -gui -vopt testbench.test_counter
# Start time: 10:43:57 on May 05,2023
# ** Note: (vsim-3812) Design is being optimized...
# ** Error H:/modeltech64_2020.4/examples/3-2/testbench/tcounter.v(16): Module 'counter' is not defined.
# Optimization failed
# ** Note: (vsim-12126) Error and warning message counts have been restored: Errors=1, Warnings=0.
# Error loading design
# End time: 10:43:58 on May 05,2023, Elapsed time: 0:00:01
# Errors: 1, Warnings: 1
```

图 3-69　错误信息

主要错误信息提示如下，出现错误后，仿真就会中断。

```
# ** Error: H:/modeltech64_2020.4/examples/3-/testbench/
tcounter.v(16): Module 'counter' is not defined.
```

错误出现在 tcounter.v 的第 16 行，错误的原因很简单，就是因为没有把之前建立的模块库与设计库进行关联。关联的方法就是在出现仿真对话框的时候，在 Start Simulation 对话框中选择 Libraries 标签，在这个标签内进行库的关联。在 Libraries 标签的 Search Libraries(-L)区域单击"Add"按钮，添加库文件，会出现选择框，如图 3-70 所示，可以在下拉菜单中选择工程路径下包含的库，或者使用"Browse"浏览找到更多的库。

本实例选择"H:\modeltech64_2020.4\examples\3-2\module_lib"下的 module_lib 库，也就

是本节一开始的时候建立的模块库，选中后在 Search Libraries(-L)区域会出现库的路径信息，如图 3-71 所示。需要注意的是，最终显示的名称应该是"H:/modeltech64_2020.4/examples/3-2/module_lib/module_lib"。

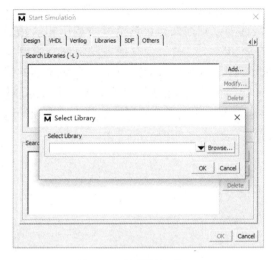

图 3-70　选择添加库

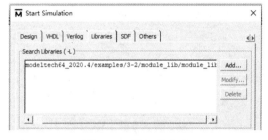

图 3-71　添加库成功

完成 Libraries 标签设置之后，就可以切换回到 Design 标签，按图 3-68 选择优化选项后，单击"OK"按钮开始仿真，在命令窗口会出现图 3-72 所示的信息，表示载入库成功。

```
ModelSim> vsim -gui -vopt {-voptargs=+acc -L H:/modeltech64_2020.4/examples/3-2/module_lib/module_lib} testbenc
h.test_counter -L H:/modeltech64_2020.4/examples/3-2/module_lib/module_lib
# vsim -gui -vopt -voptargs="+acc -L H:/modeltech64_2020.4/examples/3-2/module_lib/module_lib" testbench.test
_counter -L H:/modeltech64_2020.4/examples/3-2/module_lib/module_lib
# Start time: 10:50:39 on May 05,2023
# ** Note: (vsim-3812) Design is being optimized...
# Loading work.test_counter(fast)
# Loading H:/modeltech64_2020.4/examples/3-2/module_lib/module_lib.counter(fast)
```

图 3-72　载入库成功

也可以采用命令行形式来指定链接库，在正常仿真命令中添加"-L"选项，后面添加库的绝对路径名称，如下：

```
        vsim   -voptargs=+acc   -L   H:/modeltech64_2020.4/examples/3-2/module_lib/
module_lib testbench.test_counter
```

同时，在多标签区和 MDI 区域都会出现仿真所需的窗口。例如，sim 标签和 Objects 窗口，如图 3-73 所示。接下来，使用所需要的窗口进行仿真分析就可以了。

图 3-73　层次化信息

第4章

ModelSim 对不同语言的仿真

4

ModelSim 是一款功能强大的仿真软件，它可以对 VHDL、Verilog&SystemVerilog、SystemC 等格式的文件进行仿真。由于每种编程语言的语法和文件结构都不尽相同，ModelSim 对不同类文件的仿真过程也有一些差异。本章将介绍在 ModelSim 环境中如何对 VHDL、Verilog&SystemVerilog 和 SystemC 文件进行仿真，最后给出混合语言仿真的介绍。

 本章内容

↘ VHDL 仿真
↘ Verilog 仿真
↘ SystemC 仿真
↘ 混合语言仿真

 本章案例

↘ VHDL 设计的仿真全过程
↘ 32 位浮点乘法器的 Verilog 仿真过程

4.1 VHDL 仿真

VHDL 的仿真过程一般可以分为四步：第一步，编译 VHDL 代码到库文件；第二步，采用 ModelSim 优化设计单元；第三步，装载设计单元；第四步，运行仿真并进行调试。在仿真过程中还会用到 VITAL 和 TEXTIO 等功能。

4.1.1　VHDL 文件编译

前面已经介绍，ModelSim 中的编译可以采用两种方式进行。第一种是采用建立工程的方式，在建立工程的时候会自动生成一个设计库，用户可以给该库命名；第二种是采用直接新建库的方式，不建立工程，所有的文件编译和仿真等步骤都在库标签中进行。无论采用哪种方式都可以进行编译、优化和仿真。这里采用建立工程的方式进行 VHDL 文件的编译，因为在新建工程中实际包含了对库的操作，这样可以使介绍更加全面。

例如，建立一个名为"exa_vhd"的工程，指定库的名称为"chapter4"，这部分内容已经介绍过，这里不再详细给出。建立工程后，向工程中导入已有的 VHDL 文件。例如，导入三个简单的 VHDL 文件 xcvr.vhd、tester.vhd 和 test_circuit.vhd，即一个设计文件和两个激励文件。在导入的时候自动排序，激励文件的 Order 值为 0 和 1，设计文件的 Order 值为 2，如图 4-1 所示。一般来说，设计文件最好在激励文件之前导入，否则编译可能会出现一些问题，这里也可以手动调整一下 Order 值，将仿真顺序按设计文件、激励文件进行排序。

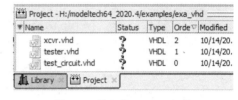

图 4-1　导入的 VHDL 文件

导入文件后，在 Project 标签内用右键菜单就可以直接编译所有文件，编译后的文件会自动生成在指定的库中，本章的所有文件都会被编译到名为"chapter4"的库中。同样的操作可以使用命令行形式来完成。例如，把设计文件编译到库中，可以使用以下命令：

```
vcom design_name
```

由于建立了工程，工程中的所有文件在默认编译的情况下都会被编译到工程默认的库中，省去了命令行中的很多参数项，因此只需直接在 vcom 后加上文件名，多个文件名之间需要用空格隔开。例如，输入"vcom tester.vhd　test_circuit.vhd　xcvr.vhd"可以看到命令窗口中出现的提示信息，如图 4-2 所示。

从提示信息中可以看到详细的编译过程，并且可以看到该 VHDL 文件中的所有实体 Entity 和结构体 Architecture。了解 VHDL 的用户都应该清楚，实体和结构体是一个 VHDL 文件必不可少的两部分，所以对于每个设计都是按先实体再结构体的顺序进行编译的。编译通过后，在 Library 标签内的 chapter4 库中就可以看到新添加的设计单元，如图 4-3 所示。

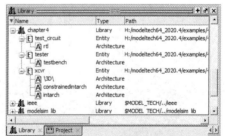

图 4-2　命令窗口中出现的提示信息　　　　　图 4-3　库中添加的设计单元

　　在库中添加设计单元后，就可以在 Library 标签中使用右键菜单进行仿真了，不过在 Project 标签中，由于采用的命令是 vcom，只是把文件编译到了库中。对工程来说，这两个文件还是未编译的状态，可以在命令行中输入"project compileall"来编译所有文件。

　　在编译 VHDL 文件的时候，需要注意的一点就是它的语言版本。ModelSim 提供了四种 IEEE VHDL1076 版本：VHDL-1987、VHDL-1993、VHDL-2002 和 VHDL-2008。ModelSim 默认的语言版本是 VHDL-2002。如果用户使用了 VHDL-1987 或 VHDL-1993 版本的语言来书写代码，就需要更新自己的代码或为这些代码指定较早的语言版本；如果用户使用的是 VHDL-2008 版本中的语言，那么一定要把编译标准调整至 VHDL-2008，否则一定会报错。

　　使用命令行形式可以快捷地进行语言版本的切换，不需要通过查看文件的属性进行修改。在编译 vcom design_name 命令中间添加语言版本选择，如要按 VHDL-1987 版本进行编译，需要采用 vcom -87 design_name 命令。命令中的"-87"是版本号，如果需要更改不同的语言版本，那么把"-87"换为对应的版本号即可，无版本号则是默认状态，即采用 VHDL-2002 版本。版本号有四种，"-87"表示 VHDL-1987 版本，"-93"表示 VHDL-1993 版本，"-2002"表示 VHDL-2002 版本，"-2008"表示 VHDL-2008 版本。

　　编译的语言版本和代码的语言版本不同可能会给仿真带来问题，下面简单说明各种语言版本之间可能出现的问题，如果使用混合版本，则应尽量避免下列问题。

- VITAL 库。这点非常重要！如果使用 VITAL-2000 版本，则必须采用 VHDL-1993 版本或 VHDL-2002 版本来编译。如果使用 VITAL-1995 版本，则必须采用 VHDL-1987 版本来编译，否则 ModelSim 就会报告错误信息。例如，一个典型的编译错误信息是 "VITALPathDelay DefaultDelay parameter must be locally static"，这表明 VITAL 库需要采用 VITAL-1987 版本来编译。
- 文件。文件的语法和用法在 VHDL-1987 版本和 VHDL-1993 版本间发生了变化。这可能会引起 ModelSim 报警，输出信息为 "Using 1076-1987 syntax for file declaration"。此外，即使文件声明通过，也会出现警告信息 "Subprogram parameter name is declared using VHDL 1987 syntax"。
- Package。每个 Package 的头和主体应该是相同的语言版本，如果采用了不同语言版本，ModelSim 就会提示混合包编译错误。
- xnor。xnor 是 VHDL-1993 版本的保留字。如果用户使用 VHDL-1987 版本声明了一个 xnor 函数，并在默认语言版本下编译该函数，就会出现错误信息 " near "xnor": expecting: STRING IDENTIFIER"。

　　在实际中，不同语言版本带来的错误影响远不止上述几种，这里只是举了几种例子，应当尽量避免使用不同语言版本，以免引起麻烦。

4.1.2　VHDL 设计优化

　　ModelSim 可以对 VHDL 进行优化。优化有两种方式：第一种是通过菜单栏的方式；第二种是通过命令行形式的方式。下面分别介绍这两种方式。

　　通过菜单栏的方式在第 3 章的工程中已经简单接触过。在菜单栏中选择"Simulate"→"Design Optimization"选项即可启动设计优化，如图 4-4 所示。

单击后会出现图 4-5 所示的设计优化窗口，可以看到该窗口中有 5 个标签，分别是 Design、Libraries、Visibility、Options 和 Coverage。

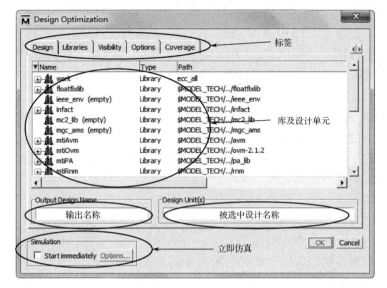

图 4-4　启动设计优化　　　　　　　　　　　图 4-5　设计优化窗口

设计优化窗口在打开的时候默认选择第一个标签，即 Design 标签。从图 4-5 中可以看到，Design 标签下共有四部分内容。第一部分是图中间的部分，这里面包含了所有的库，库中包含所有通过编译或添加到库中的设计单元，在这些设计单元中选择要优化的设计单元。第二部分是 Design Unit(s)（设计单元），在设计单元中被选中的设计名称会显示在这个区域中。第三部分是 Output Design Name（输出名称），在这里可以为本次优化的设计单元指定一个输出名称，这个名称是由用户自己定义的，如选中设计单元"top"，指定输出名称为"opt_top"，优化后的输出就为"opt_top"。第四部分是 Simulation，勾选"Start immediately"复选框后，就可以在设计优化后直接启动仿真。后面的"Options"按钮会弹出仿真选项，这些选项是 Start Simulation 窗口中选项的一个子集，这里暂不介绍，读者可以参照后面 Start Simulation 窗口中的内容。

设计优化窗口的第二个标签是 Libraries 标签，如图 4-6 所示。这里可以设置搜索库，可以指定一个库来搜索实例化的 VHDL 设计单元。Search Libraries(-L)和 Search Libraries First(-Lf)的功能基本一致，唯一不同的是 Search Libraries First(-Lf)中指定的库会被指定在用户库之前被搜索。注意名称后面的-L 和-Lf，这些都是优化指令 vopt 与设计名称 designname 之间的参数。

设计优化窗口的第三个标签是 Visibility（可见度）标签，如图 4-7 所示。可以通过对该标签进行设定来选择性地激活对设计文件的访问，用户可以使用此功能来保护自己的设计文件。可提供三个选项，第一个选项是 No design object visibility，即没有设计对象是可见的，选择此选项后，优化命令适用于所有可能的优化，并且不关心调试的透明度。许多 nets、ports 和 registers 在用户界面和其他各种图形界面中都是不可见的。此外，许多这类对象没有 PLI 的访问句柄，只是潜在地影响 PLI 的应用。

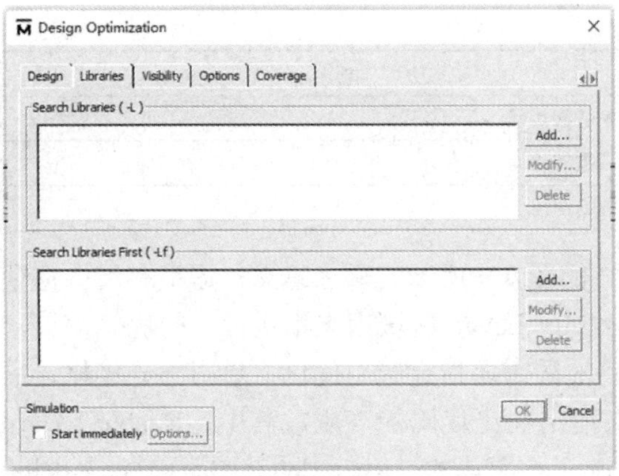

图 4-6　Libraries 标签

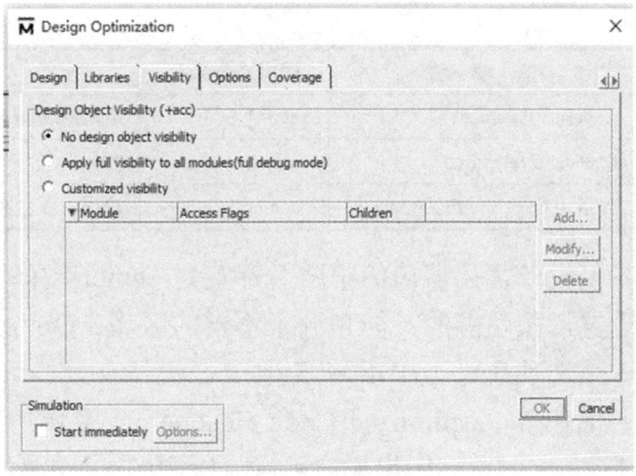

图 4-7　Visibility 标签

Visibility 标签中的第二个选项是 Apply full visibility to all modules(full debug mode)，这个选项正好与第一个选项相反，会保持所有对设计对象的访问，但是可能会大大降低仿真器的性能。

Visibility 标签中的第三个选项是 Customized visibility，即由用户自定义可见度。选择此选项后单击右侧的"Add"按钮，可弹出图 4-8 所示的窗口，在此窗口中可以设置所有的库和设计单元的可见度。在 Selected Module(s)栏中可以输入一个或多个想要添加访问标志的模块，可以手动输入模块名称或在上方窗口的库中选择需要的模块。注意，只有 Module 格式的模块才能被选择，即库中的图标是一个大写 M 形式的才是可选的模块，库中的 Package 或 Entity 等格式都不可以被选中。如果想添加全部模块，则只需勾选后面的"Apply to all modules"复选框。在 Selected Module(s)栏下方的"Recursive"（递归）选项的作用是为选中模块的子区域或子模块添加标志。最下方的部分是 Access Visibility Specifications（访问可见度说明）。这里详细地列出了每个模块可以设定的访问权限，列表给出具体选项的含义，如表 4-1 所示。

图 4-8　添加访问标志

表 4-1　访问选项说明

选　项　名	对应命令参数	功　　能
Registers	+acc=r	启用对寄存器的访问，包括 memories、integer、time 和 real 形式
Nets	+acc=n	启用对线网的访问
Ports	+acc=p	启用对端口的访问
Line debugging	+acc=1	启用为行调试、程序分析、代码覆盖行服务的行数指令和访问进程
Bits of vector nets	+acc=b	启用对矢量线网中个别位的访问
Cells	+acc=c	启用对库单元的访问

续表

选 项 名	对应命令参数	功　　能
Generics/Parameters	+acc=g	启用对范型和参数的访问
Tasks and functions	+acc=t	启用对任务和函数的访问
System tasks and functions	+acc=s	启用对系统任务的访问

　　设计优化窗口的第四个标签是 Options 标签，如图 4-9 所示。顾名思义，这里有很多选项设置，按功能的不同划分了不同的区域。Optimization Level 区域用来指定设计的优化等级，这个选项只对 VHDL 和 SystemC 设计有效，可以根据需要指定禁用优化、启用部分优化、最大优化等。Optimized Code Generation 区域用来指定优化代码的产生，其中，Enable hazard checking(-hazards)用来启用冒险检测，这是针对 Verilog 模块的；Keep delta delays(-keep_delta)用来保持 delta 延迟，即在优化时不去除 delta 延迟，这是针对 Verilog 编译器调用的；Disable timing checks(+notimingcheck)用来禁止在指定的模块中进行时序检测任务，这也是针对 Verilog 编译器调用的。Select SystemC-2.2 Mode 区域用来决定是否激活 SystemC-2.2 模式。Verilog Delay Selection 区域用来选择延迟，默认为 default，即典型延迟，可提供三种不同的延迟，即最小延迟、典型延迟和最大延迟，根据此处的选择来调用器件库中元件的延迟值。Command Files(-f)区域用来添加命令文件，其文件格式应该是 text 格式，内部包含命令参数，可以单击"Add"按钮进行添加，单击"Modify"和"Delete"按钮进行修改和删除。Other vopt Options 区域可以附加 vopt 命令，即手动输入 ModelSim 可识别的优化指令，用来实现在设计优化窗口中没有定义的选项。

图 4-9　Options 标签

　　设计优化窗口的第五个标签是 Coverage 标签，如图 4-10 所示，主要用于对覆盖率进行配置。第一个区域 Source code coverage(+cover)是配置代码覆盖率的，可以激活语句覆盖率、分支覆盖率、条件覆盖率和表达式覆盖率。第二个区域 Toggle coverage(+cover)是配置开关覆盖率的，可以激活 0/1 变化的开关覆盖率、激活 0/1/Z 变化的开关覆盖率和禁用开关覆盖率。第三个区域 Optimization level(-coveropt)是优化等级，提供可选等级，等级越高则优化程度越高。第四个区域 Other coverage 是一些其余选项，从上到下依次是激活状态机状态覆盖率、在单元中激活代码覆盖率、忽略 case 语句中的 default 选项、忽略关注的表达式/条件覆盖率和禁用短路描述。

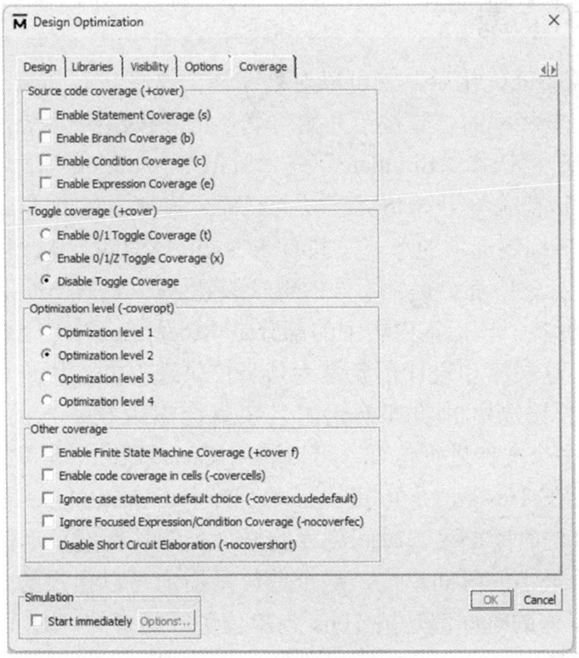

图 4-10　Coverage 标签

　　设计优化窗口的主要标签都已介绍完毕，在使用中可以根据不同情况来选择适当的设置。在最简单的情况下，只需要选中 Design 标签中的设计单元，指定输出设计单元的名称，就可以添加一个设计优化文件。直接在菜单栏中进行设计优化与在 Project 标签中添加设计优化文件有所不同。在第 3 章中讲解工程时给出了一个在 Project 标签中添加设计优化文件的步骤，会在 Project 标签和 Library 标签中同时添加一个设计优化文件，即在工程和工作库中都可以看到这个设计优化文件。在本章中，没有向工程中添加设计优化文件，而是直接使用菜单栏中的优化。这样只会在指定的默认库中生成一个设计优化文件，而在工程中是看不到的。不必对工程中看不到设计优化文件而感到疑惑，只要在库中存在，在工程中就可以直接调用。

　　以上操作同样可以采用命令行形式来完成，是最简单的优化形式，即直接选择设计优化文件进行优化而不设置其他选项，可以采用以下命令行：

```
vopt lib_name.unit_name -o output_name
```

　　vopt 是优化命令的起始参数，所有的优化命令都以 vopt 开头。lib_name 是库的名称，因为 ModelSim 中有很多库，需要指定库的名称，如果不指定库的名称，那么 ModelSim 会在当前的默认工作库中查找对应的设计单元名称。unit_name 是设计单元名称，即要进行优化的设计单元。-o 是命令参数，代表输出的含义，后面跟着的 output_name 是用户希望输出的优化后的设计单元名称。

同样可以在编译时输入 vopt 命令，格式如下：

```
vcom -work lib_name -vopt file_name
```

这个命令在编译的基础上添加了-vopt 选项，后面的 file_name 是设计文件的全名。例如，设计文件是 decoder.vhd，file_name 部分就要输入"decoder.vhd"，不能省略后缀。-work lib_name 是把编译后的文件添加到由 lib_name 指定的库中。

4.1.3　VHDL 设计仿真

编译成功并建立需要的优化后，就可以对被编译的文件进行仿真了。仿真开始的方式有很多，可以单击快捷工具栏中的仿真按钮开始仿真（仿真按钮的位置请参照第 2 章的快捷工具栏），也可以通过菜单栏选择"Simulate"→"Start Simulation"选项开始仿真，还可以通过命令行形式输入"vsim"命令开始仿真。以上三种方式都会弹出 Start Simulation 窗口，如图 4-11 所示。同样是多标签选项的形式，共有 Design、VHDL、Verilog、Libraries、SDF 和 Others 六个标签，每个标签中都会提供不同的选项设置。

第一个是 Design 标签，该标签内居中的部分是 ModelSim 中包含的全部库，可展开看到库中包含的设计单元，这些库和设计单元是为仿真提供选择的，用户可以选择需要进行仿真的设计单元开始仿真，被选中的仿真单元的名字就会出现在下方的 Design Unit(s)区域。ModelSim 支持同时对多个文件进行仿真，可以利用 Ctrl 和 Shift 键来选择多个文件，被选中的全部文件名都会出现在 Design Unit(s)区域。在 Design Unit(s)区域的右侧是 Resolution 区域，这里可以选择仿真的时间刻度。时间刻度的概念类似长度度量单位米，在 ModelSim 进行仿真的时候，有一个最小的时间单位，这个单位是用户可以指定的。例如，最小的时间单位是 10ns，在仿真器工作的时候都是按 10ns 为单位进行仿真的，对 10ns 单位以下发生的信号变化不予考虑或不予显示，当测试文档有类似"#1 a=1'b1；"的句子时，ModelSim 就不会考虑句子中的延迟。这个选项一般都是设置在默认的状态，这时会根据仿真器中指定的最小时间刻度进行仿真，如果设计文件中没有指定，则按 1ns 进行仿真。最下方是 Optimization 区域，可以在仿真开始的时候激活优化。在 4.1.2 节设计优化窗口中也有选项，可以在优化设计后立刻开始仿真，两者的功能是相同的。勾选"Enable optimization"复选框后，右侧的"Optimization Options"按钮会变为可选，单击它就会弹出优化设置的相关选项，这里出现的优化设置选项的功能与 4.1.2 节中介绍的完全相同，只是没有了 Design 标签（因为在 Start Simulation 中已经指定了设计单元）。

第二个是 VHDL 标签，如图 4-12 所示。该标签内有三个区域 VITAL、TEXTIO Files 和 Other Options。VITAL 区域内有三个选项。第一个是 Disable timing checks，其功能是对 VITAL 中生成的模块禁用时序检测；第二个是 Use VITAL 2.2b SDF mapping(default is VITAL 95)，其功能是采用 VITAL 2.2b 库进行 SDF 文件的标注，默认采用 VITAL 95 库；第三个是 Disable glitch generation，其功能是禁用毛刺生成。TEXTIO Files 区域可以选择输入或输出的 TEXTIO 文件，有关 TEXTIO 的内容会在本章稍后介绍，这里暂时不进行介绍。Other Options 区域中提供了两个选项，第一个是 Treat non-existent VHDL files opened for read as empty，其功能是当需要打开一个库中不存在的 VHDL 文件时，把该文件作为一个空文件读入；第二个是 Do not share file descriptors for VHDL files opened for write or append that have identical names，其功能是关闭文件描述符的共享，ModelSim 默认向所有打开的 VHDL 文件分享文件操作符。

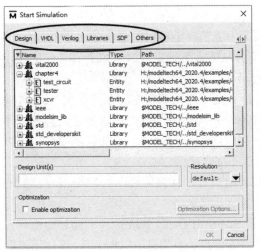

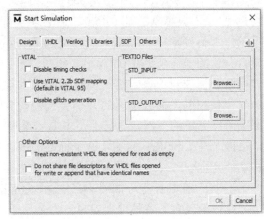

图 4-11　Start Simulation 窗口　　　　　　　　　　图 4-12　VHDL 标签

　　第三个是 Verilog 标签，如图 4-13 所示。图中的 Pulse Options 区域用来设置脉冲选项，可以勾选 "Disable pulse error and warning messages(+no_pulse_msg)" 复选框来禁用路径脉冲的 error 和 warning 信息。在其下方的两个选项中，Rejection Limit（抑制限度）用来设置抑制限度，采用路径延迟的百分比形式表示，Error Limit（误差限度）用来设置误差限度，同样采用路径延迟的百分比形式表示。Other Options 区域提供两个附加选项，Enable hazard checking(-hazards) 选项被选中后可激活冒险检测，Disable timing checks in specify blocks(+notimingchecks) 被选中后可以禁用指定块中的时序检测。User Defined Arguments(+<plusarg>)区域由用户自行设定参数值，这个区域的数值必须以 "+" 开头，否则 ModelSim 就会报错。Delay Selection 区域用来设置延迟，可以从下拉菜单中选择 min（最小延迟）、typ（典型延迟）或 max（最大延迟）选项，如图 4-14 所示，默认 default 即典型延迟。

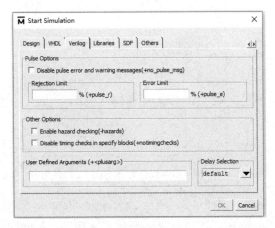

图 4-13　Verilog 标签　　　　　　　　　图 4-14　三种延迟的选择

　　在设计优化中曾接触到这三种延迟，有关这三种延迟的解释在各类硬件语言语法书中都可以找到，这里只做一个简单的解释。在硬件描述语言中，会为各类基础器件建立一个器件模型，这个模型就要用到这三种延迟，这些延迟反映了集成电路制造工艺过程中带来的影响。真实的器件延迟总是在最大延迟和最小延迟之间变化，而典型延迟则是所有器件的一个平均期待水平。例如，一个最基本的与非门，假定由工艺决定该门的最小延迟是 0.1ns，最大延迟是 0.3ns，典型延迟是 0.15ns，就表明实际信号从输入到输出要经过 0.1～0.3ns 的延迟，而不是立即得到输出。0.15ns 的典型延迟表示在该工艺条件下生产一批该与非门，有占一定数量百分比的器件延迟在 0.15ns 以下，这个百分比可由工艺厂商指定。在实际用 HDL 描述该与非门时，需要对应设定这三种延迟，以求最好地反映实际硬件电路。这些延迟会在时序仿真的时候使用到，而且延迟的大小会直接影响时序电路的工作状态，更加详细的内容可以查阅有关时序分析的书籍，这已不是本书的重点，就不多做介绍了。

第四个是 Libraries 标签，这个标签的内容和功能与设计优化窗口中的 Libraries 标签的内容和功能完全一致，这里不再赘述。

第五个是 SDF 标签，如图 4-15 所示。SDF 是 Standard Delay Format（标准延迟格式）的缩写，其内部包含了各种延迟信息，也是用于时序仿真的重要信息。SDF Files 区域用来添加 SDF 文件，单击"Add"按钮进行添加，单击"Modify"按钮进行修改，单击"Delete"按钮进行删除。SDF Options 区域用于设置 SDF 文件的 warning 和 error 信息。Disable SDF warnings 表示禁用 SDF 警告；Reduce SDF errors to warnings 表示把所有的 SDF 错误信息转变成警告信息。Multi-Source delay 区域可以控制多个目标对同一端口的驱动，如果有多个控制信号同时控制同一端口或互联，且每个信号的延迟不同，那么可以设置此区域以统一延迟。下拉菜单中可供选择的有三个选项：max、min 和 latest。max 即选择所有信号中延迟最大的值作为统一值；min 即选择所有信号中延迟最小的值作为统一值；latest 即选择最后的延迟作为统一值。

添加 SDF 文件的窗口如图 4-16 所示。SDF File 区域用来输入需要添加的 SDF 文件名，或者单击"Browse"按钮浏览选择。Apply to Region 区域用来指定一个设计区域，把 SDF 标签中的所有选项都应用到这个区域中。Delay 区域用来选择 min、max 和 typ 三种延迟。

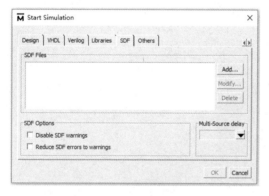

图 4-15 SDF 标签

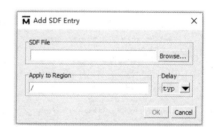

图 4-16 添加 SDF 文件的窗口

第六个是 Others 标签，其包含一些杂项，如图 4-17 所示。Generics/Parameters 区域用来指定参数值，单击"Add"按钮会出现图 4-18 所示的对话框。在该对话框中，Name 区域用来输入参数的名称，Value 区域用来输入对应的数值，单击"OK"按钮后，该参数就会出现在 Generics/Parameters 区域，"Override Instance-specific Values"是覆盖选项，选中此选项后，如果设计文件中有相同的参数，就会被此处的参数值覆盖。Coverage 区域用来设定代码覆盖率检测，选中此选项开始仿真，就会自动出现代码覆盖率检测的窗口。WLF File 区域用来指定

WLF 文件（波形文件）的存储路径和存储名称，默认的路径是工作路径，即 C:\Modeltech64_10.4\examples，默认的名称是 vsim.wlf。Assertions 区域用来设置断言选项，可以勾选或取消勾选其中三个复选框来启动或禁用 PSL、SVA 和断言调试窗口。断言文件的名称可在 Assert File 区域指定。与其他窗口一样，如果需要设置标签中没有的功能，那么可以在 Other Vsim Options 区域输入标准格式的 vsim 命令。

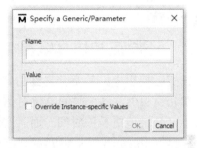

图 4-17　Others 标签　　　　　　　　　　图 4-18　指定参数

Start Simulation 窗口的选项基本如上所述，进行不同文件的仿真需要设置不同的选项，设置完毕后，单击"OK"按钮即可开始仿真。

开始仿真后，多标签区域会增加很多新的标签。在仿真之前，多标签区域一般只有 Project 和 Library 两个标签。开始仿真后，多标签区域一般会增加 sim、Files 和 Memories List 标签。这些标签都在第 2 章的基本操作界面部分介绍过，在实例中使用到各个标签时会给出更加详细的使用说明。除了多标签区域会增加标签，在 MDI 窗口中也会新出现一个 Objects 窗口，在多标签区域中的 sim 标签选中一个设计单元，Objects 窗口中就会出现该设计单元包含的输入/输出端口，如图 4-19 所示。

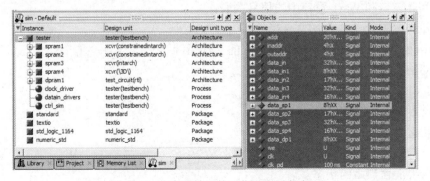

图 4-19　仿真开始后的工作区和对象窗口

还有一种开始仿真的方式，是在库中选择需要仿真的单元，使用右键菜单中的 Simulate 或 Simulate with coverage 命令开始仿真，选中命令后会跳过 Start Simulation 窗口，直接出现 sim 标签和 Objects 窗口。如果不需要进行选项设置，那么可以采用这种方式快速开始仿真。

同样，使用命令行形式也可以直接开始仿真。可以采用以下命令行：

```
vsim <参数> <lib_name.>design_name
```

在单独输入 vsim 命令的情况下会出现 Start Simulation 窗口，在 vsim 命令后添加设计单元名就可以直接开始仿真。design_name 就是设计单元的名称，如果设计单元在默认库中，那么可以直接使用 vsim design_name 命令来启动无选项的仿真。如果在其他库中，那么要在 design_name 前加入库名，给仿真器做一个指引。如果需要添加选项，那么可以在命令的参数部分添加对应的命令参数，这些参数都可以在 ModelSim 自带的 cmds 中找到。参数较少或没有时使用命令行会简便一些，如果需要添加的参数过多，那么推荐使用图形化操作界面。

在出现对象窗口后，利用 sim 标签和对象窗口来选中需要观察输入和输出的信号名称，利用对象窗口右键菜单中的添加信号命令可以向波形窗口中添加信号。对象窗口和波形窗口将在第 5 章介绍，利用这两个窗口可以添加和观察波形信号，从信号的变化情况可以分析设计是否正确。

4.1.4　还原点和仿真恢复

在实际使用中，常常会遇到仿真时间很长的情况。例如，时间刻度是 1ns，而实际仿真中需要仿真 10s，这个时间单位对仿真器来说就显得比较巨大。一些更复杂的设计甚至需要运行十几分钟或更长的时间。而且在调试过程中，有很多部分是用户并不关心的。例如，一个程序运行 10s 仿真，在 9s 后接入了一个接口，从而产生了错误，但是前 9s 的时间没有任何错误。用户在调试过程中，如果每次都从 0ns 开始重新仿真，那么会浪费很多时间来等待仿真器处理一些没有实际用处的信号。如果需要多次重复这种仿真，那么势必会浪费仿真器和用户大量的资源，这时就可以使用还原点和仿真恢复来减少不必要的仿真。

还原点功能是在某个仿真时间点设置一个标志，把这个点所包含的一些状态存储起来，在 ModelSim 默认路径下保存为一个还原点。例如，对于上面的例子，就可以在 9s 处设置一个还原点，保存该点的状态。仿真恢复是在仿真开始的时候，调用此点的仿真状态，并从此点开始继续仿真。

还原点保存的信息只是仿真信息中的一部分，它保存的信息主要有以下几点。

- 仿真的核心状态；
- 在 List 窗口和 Wave 窗口中的信号列表；
- 打开的 VHDL 文件中的文件指针；
- Verilog 文件中系统任务$fopen 对应的文件指针；
- 外部结构体状态；
- PLI/VPI/DPI 代码的状态。

还原点不能保存以下信息。

- 宏状态；
- 命令行接口中已输入的信息；
- 图形界面窗口中的状态。

还原点被保存的时候默认是压缩格式的，可以通过命令行来改变保存形式，如果想要关闭压缩格式，那么需要在命令行中输入以下命令：

```
set CheckpointCompressMode 0
```

如果要开启压缩格式，那么需要在命令行中输入以下命令：

```
set CheckpointCompressMode 1
```

还原点压缩与否对仿真器没有影响，只会影响还原点文件的大小。图 4-20 表示采用压缩和未压缩两种格式对同一还原点进行保存的状态， Compressed.dat 是压缩的还原文件，noCompressed.dat 是未压缩的还原文件。可以看到，两者实际占用的存储空间差距还是很大的。

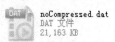

图 4-20　压缩和未压缩的还原文件

如果要在仿真中设置还原点，那么可以使用以下命令：

```
checkpoint filename
```

命令中的 checkpoint 是保存还原点命令，filename 是用户指定的文件名，用来保存还原点信息，一般都以.dat 格式存储，即一般采用 checkpoint name.dat 的形式进行保存。

如果需要使用仿真恢复，那么需要在命令行中输入以下命令：

```
vsim -restore filename
```

前面已经说过，vsim 是仿真命令；-restore 是命令参数，表示启动的是仿真恢复；filename 是之前保存的还原点文件名。执行该命令后仿真就会从还原点位置重新开始，并且还原点之前的波形等信号都会出现在波形窗口中。在本节的实例中会给出还原点和仿真恢复的演示。

4.1.5　TEXTIO 的使用

TEXTIO 是 VHDL 标准库 STD 中的一个程序包（Package），它提供了 VHDL 与磁盘文件直接访问的桥梁，我们可以利用它来读取或写入仿真数据到磁盘中，使用文本文件来扩展 VHDL 的仿真。TEXTIO 的使用是通过 TestBench 进行的，即在 TestBench 中可以调用 TEXTIO 进行仿真。如果需要访问 TEXTIO，那么需要在 VHDL 代码中使用 "USE std.textio.all;" 语句。

举一个简单使用 TEXTIO 的例子，其代码如下：

```
USE std.textio.all;
ENTITY simple_textio IS
END;

ARCHITECTURE simple_behavior OF simple_textio IS
BEGIN
    PROCESS
        VARIABLE i: INTEGER:= 42;
        VARIABLE LLL: LINE;
    BEGIN
        WRITE (LLL, i);
        WRITELINE (OUTPUT, LLL);
        WAIT;
```

```
        END PROCESS;
    END simple_behavior;
```

TEXTIO 程序包中定义了三种类型：LINE 类型、TEXT 类型及 SIDE 类型；还有一种子类型 WIDTH。此外，在该程序包中还定义了一些访问文件所必需的过程（Procedure）。类型的定义如下。

- type LINE is access string。定义 LINE 为存取类型的变量，它表示该变量是指向字符串的指针，它是 TEXTIO 中所有操作的基本单元，读文件时，先按行（LINE）读出一行数据，再对 LINE 进行操作来读取各种类型的数据；写文件时，先将各种数据类型组合成 LINE，再将 LINE 写入文件。在用户使用时，必须注意只有变量才可以是存取类型的，而信号不能是存取类型的。例如，可以定义：

```
    variable DLine : LINE;
```

但不能定义：

```
    signal DLine : LINE;
```

- type TEXT is file of string。定义 TEXT 为 ASCII 文件类型。例如，在 TEXTIO 中定义两个标准的文本文件：

```
        file input : TEXT open read_mode is "STD_INPUT";
    file output : TEXT open write_mode is "STD_OUTPUT";
```

定义好以后，就可以通过文件类型变量 input 和 output 来访问其对应的文件 STD_INPUT 和 STD_OUTPUT。需要注意的是，VHDL-1987 和 VHDL-1993 在使用文件方面有较大的差异，这在前面的内容中也有介绍，用户在编译时一定要注意选中对应的版本。

- type SIDE is (right, left)。定义一个名为 SIDE 的数据类型，其中只能有两种状态，即 right 和 left。right 和 left 表示将数据从左边还是右边写入行变量。该类型主要在 TEXTIO 程序包包含的过程（Procedure）中使用。

- subtype WIDTH is natural。定义 WIDTH 为自然数的子类型。子类型表示其取值范围是父类型范围的子集。

TEXTIO 程序包中提供了基本的用于访问文本文件的过程。类似 C++，VHDL 提供了重载功能，即完成相近功能的不同过程可以有相同的过程名，但其参数列表不同，或者参数类型不同，或者参数个数不同。TEXTIO 程序包中提供的基本过程有以下几点。

- procedure READLINE（文件变量；行变量）。用于从指定文件中读取一行数据到行变量。
- procedure WRITELINE（文件变量；行变量）。用于向指定文件写入行变量所包含的数据。
- procedure READ（行变量；数据类型）。用于从行变量中读取相应数据类型的数据。根据参数类型及参数个数的不同，有多种重载方式，TEXTIO 提供了 bit、bit_vector、BOOLEAN、character、integer、real、string、time 数据类型的重载。同时，提供了返回过程是否正确执行 BOOLEAN 数据类型的重载。例如，读取整数的过程如下：

```
    procedure READ(L:inout LINE;VALUE: out integer; GETBACK : out BOOLEAN);
```

其中，GETBACK 用于表示返回过程是否正确执行，若正确执行，则返回 TRUE。

- procedure WRITE（行变量；数据变量；写入方式；位宽）。该过程将数据写入行变量。其中写入方式表示写在行变量的左边还是右边，且其值只能为 left 或 right，位宽表示写入数据时占的位宽。例如，有以下语句：

```
    write(OutLine,OutData,right,3);
```

表示将变量 OutData 写入 LINE 变量 OutLine 的右边，占三个字节。

实例 4-1　VHDL 设计的仿真全过程

这里通过实例来完整地实现 VHDL 设计的仿真全过程。采用的实例代码是 DES 算法的 VHDL 描述模块，实现了 64 位的 DES 算法。数据加密标准（Data Encryption Standard，DES）是国际通用标准，它曾是使用最广泛的分组密码算法，特别是在保护金融数据的安全中，最初开发的 DES 算法是嵌入硬件中的。DES 算法使用一个 56 位的密钥和附加的 8 位奇偶校验位，产生 64 位的分组大小。这是一个迭代的分组密码，使用 Feistel 网络结构，将加密的文本块分成大小相等的左右两部分，右半部分直接作为新文本块的左半部分，再使用右半部分和子密钥进行加密函数运算，将输出与左半部分进行异或，得到新文本的右半部分，新文本继续按此方式进行循环运算。DES 算法共使用 16 个循环。

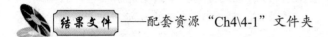

结果文件——配套资源"Ch4\4-1"文件夹

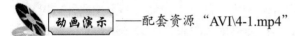

动画演示——配套资源"AVI\4-1.mp4"

创建工程、添加文件及文件的编译相信读者都已经掌握了，这里跳过。新建一个工程，名为"exa_vhd"，默认库的名称为"chapter4"，向工程中添加两个文件 testbench.vhd 和 freedes.vhd。freedes.vhd 是 DES 算法的模型，包含很多子模块，只是写成了一个文件形式，比较易于管理而已。testbench.vhd 是测试激励模块，向 freedes.vhd 中的 DES 模块提供测试向量。添加文件成功后，选择编译命令对两个文件进行编译，编译后的设计文件如图 4-21 所示。

同时，在命令窗口中会有图 4-22 所示的提示信息。

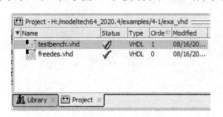

图 4-21　编译后的设计文件

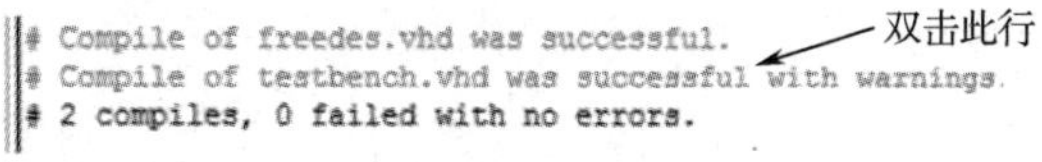

Compile of freedes.vhd was successful. ——双击此行
Compile of testbench.vhd was successful with warnings.
2 compiles, 0 failed with no errors.

图 4-22　提示信息

由状态位和提示信息均可以看出，testbench.vhd 文件存在问题，ModelSim 提出了警告。此时双击命令窗口中出现警告提示的信息行，即可弹出图 4-23 所示的窗口。

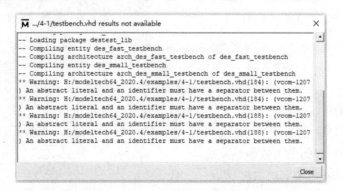

图 4-23　警告（错误）提示窗口

警告提示信息十分明了，提示用户在哪个文件的哪个位置存在何种警告或错误。这里单独提出一条警告提示信息，解释其格式和含义。警告提示信息如下：

```
** Warning: H:/modeltech64_2020.4/examples/4-1/testbench.vhd(184): (vcom-1207) An abstract literal and an identifier must have a separator between them.
```

在上述警告提示信息中，"Warning"表示此处是一个警告，如果是错误，那么此处会变成"Error"。Warning后的"H:/modeltech64_2020.4/examples/4-1/testbench.vhd(184)"表示在 H:/modeltech64_ 2020.4/examples/4-1 目录下的 testbench.vhd 文件中出现警告，警告的是该文件中的第 184 行。冒号后面的"(vcom-1207) An abstract literal and an identifier must have a separator between them"提示警告的种类。对于此条警告，ModelSim 提示"一个抽象常量和一个标识符之间必须有一个空格"，警告用户在语法上出现了一个问题。可以看到，所有的警告都是这个类型的警告。如果不明白这条语句的意思，那么可以查找文件的源码来确定到底是什么问题。

代码的第 180～188 行如图 4-24 所示。看到代码，熟悉 VHDL 的读者应该立刻就会明白为什么会出现警告提示信息。代码中的 20ns 和 40ns 就是警告的来源，抽象常量指的就是 20 和 40，标识符指的就是 ns 这个单位，ModelSim 希望在这两者之间加入一个空格，可以更好地分辨整个语句的意思。当然，既然 ModelSim 已经提出了警告，在编译和仿真的时候就会按照正确语义来执行这条语句（至少对于此条语句是如此）。作为演示，这里把第 184 行中需要的空格添加上，再次进行编译，由于第 188 行的警告没有修改，所以 testbench.vhd 的 Status 依然是警告的状态。不过在警告提示信息中，第 184 行的警告信息已经不见了，也就是说这两条出现警告的位置已经被修正了，如图 4-25 所示。剩余的两处警告提示信息与此处相同，是同样的问题，这里没有修改，读者可以在配套资源的代码中找到警告并进行修改，加深理解。

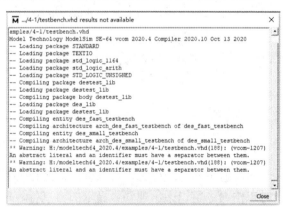

```
180    begin
181      process (clk)
182      begin
183        if clk='1' then
184          clk <= '0' after 20ns, '1' after 40ns;
185        end if;
186      end process;
187
188      reset <= '1' after 0ns, '0' after 125ns;
```

图 4-24　代码的第 180～188 行　　　　　图 4-25　修改后的警告信息

编译通过后，可以在 Library 标签的 chapter4 库中看到两个设计文件包含的设计单元，如图 4-26 所示。Type 栏显示了每个设计单元的类型，Path 栏显示了该设计单元来自哪个设计文件。从库中可以看到，freedes.vhd 文件包含三个实体和一个包，testbench.vhd 文件包含两个实体和一个包。

设计单元被添加到库中，就可以进行仿真了。本实例中不进行选项设置，直接在命令行中输入下

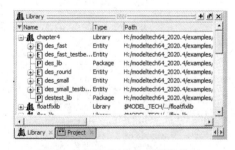

图 4-26　添加到库中的设计单元

列指令进入仿真：

```
vsim -voptargs=+acc work.des_fast_testbench
```

或者把库的名称从 work 指定到 chapter4，如下所示：

```
vsim -voptargs=+acc chapter4.des_fast_testbench
```

进入仿真后，会出现与仿真相关的标签和窗口，在 sim 标签中可以看到本次仿真的模块 des_fast_testbench 内部调用实例化模块和内部包含的寄存器、线网等信息。选中 sim 标签中的模块，在右键菜单中选择"Add Wave"选项，可将选中模块的所有信号全部添加到波形窗口中，或者选择"Add to"→"Wave"选项，在三个选项中选择需要显示的信号。如果只需要选择模块中的一个或几个信号，那么可以在右侧的 Objects 窗口中采用同样的方式在右键菜单中选择"Add"→"Add to Wave"选项添加选中的信号，如图 4-27 所示。

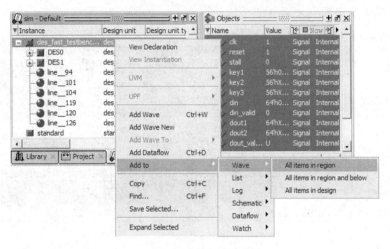

图 4-27　向波形窗口中添加信号

添加信号后，波形窗口会出现在 MDI 区域（在启动仿真时波形窗口并不出现），如图 4-28 所示。但此时只是将信号添加到波形窗口中，仿真并没有开始运行，所以在波形显示区域并没有输入/输出的信号波形。

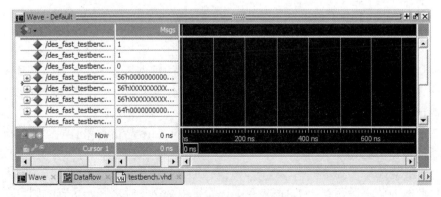

图 4-28　波形窗口显示

如果注意观察 ModelSim 的命令窗口，那么此时会有以下命令行信息出现：

```
add wave sim:/des_fast_testbench/*
```

这是添加信号的命令行形式，add 表示添加，wave 表示添加到波形，此处可以改为其他区域。例如，改为 list 就是添加到列表，改为 dataset 就是添加到 dataset 文件。"sim:/des_fast_testbench/*"表示添加信号的来源是 sim 标签中的 des_fast_testbench 单元，单元名称后的"/*"表示添加该单元的所有信号。如果不需要添加所有信号，那么只需把*号变成需要添加的信号名称。

添加信号后，在命令窗口中输入以下命令可以运行仿真：

```
run -all
```

此条命令的功能是运行全部的仿真，即从测试平台中的 0 时刻开始直到有系统任务或函数中断仿真。由于测试平台中没有使用具有停止和中断功能的系统函数，所以仿真会一直持续下去。但是仿真运行的时候波形是不会更新的，依然是一片空白。此时单击快捷工具栏中的中断仿真按钮或在菜单栏中选择"Simulate"→"Break"选项可以中断仿真。中断仿真后，在波形窗口中会出现刚才运行的全部仿真波形，如图 4-29 所示。

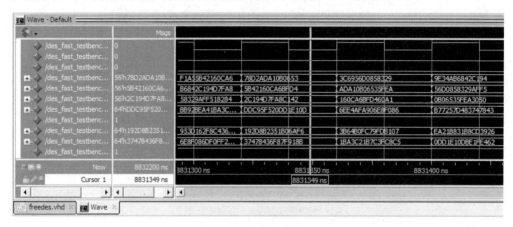

图 4-29　仿真波形窗口

中断仿真时，在命令窗口中也会有提示信息，提示本次仿真是在运行到代码的哪一行时发生中断的，如图 4-30 所示。

```
VSIM 17> run -all
# Break key hit
# Break in Subprogram des_sbox at H:/modeltech64_2020.4/examples/4-1/freedes.vhd line 431
```

图 4-30　中断仿真信息

波形窗口的使用和仿真结果的观察比较是第 5 章的重点内容，在本章中只是因为流程必须经过此步，所以在此提及，并不做深入研究。在仿真波形输出后，通过对波形的比较和分析，本模块可以完成 DES 算法的运算过程。

从仿真的波形图中可以看到，此次仿真运行了接近 8ms 的仿真器时间，此时可以设置还原点。在命令窗口中输入以下命令：

```
checkpoint 4_1.dat
```

即可将此时的状态保存到 4_1.dat 文件中。如果想从这一时刻开始仿真，则可在命令窗口中输入以下命令：

```
vsim -restore 4_1.dat
```

此时，仿真器会从 4_1.dat 文件中读取需要的各种数据，并从这一时刻开始仿真。执行此命令后，波形窗口的输入与图 4-29 完全一致（因为波形是被保存的）。在命令窗口中可以看到仿真恢复的提示信息，如图 4-31 所示。

```
VSIM 19> vsim -restore 4_1.dat
# End time: 14:46:21 on May 05,2023, Elapsed time: 0:06:52
# Errors: 0, Warnings: 1
# vsim -restore 4_1.dat
# Start time: 14:46:21 on May 05,2023
# Loading checkpoint/restore data from file "4_1.dat"
# Checkpoint created Fri May 05 14:46:10 2023
# Checkpoint created with command: vsim -voptargs=+acc chapter4.des_fast_testbench
# Restoring state at time 8832200 ns, iteration 0
# Simulation kernel restore completed
# Restoring graphical user interface: definitions of virtuals; contents of list and wave windows
# env sim:/des_fast_testbench/DES1/ROUND03/line__599
# sim:/des_fast_testbench/DES1/ROUND03/line__599
# quietly WaveActivateNextPane {} 0
# add wave -noupdate /des_fast_testbench/clk
# add wave -noupdate /des_fast_testbench/reset
# add wave -noupdate /des_fast_testbench/stall
# add wave -noupdate /des_fast_testbench/key1
# add wave -noupdate /des_fast_testbench/key2
# add wave -noupdate /des_fast_testbench/key3
# add wave -noupdate /des_fast_testbench/din
# add wave -noupdate /des_fast_testbench/din_valid
# add wave -noupdate /des_fast_testbench/dout1
# add wave -noupdate /des_fast_testbench/dout2
# add wave -noupdate /des_fast_testbench/dout_valid1
# add wave -noupdate /des_fast_testbench/dout_valid2
# add wave -noupdate /des_fast_testbench/encrypt_flag
# add wave -noupdate /des_fast_testbench/decrypt_flag
# TreeUpdate [SetDefaultTree]
# WaveRestoreCursors {{Cursor 1} {8831349 ns} 0}
```

图 4-31　仿真恢复的提示信息

提示信息中包括还原点的建立时间，在本实例中可见提示信息 "Checkpoint created Fri May 05 14:46:10 2023"；包括仿真恢复的时间，可见提示信息 "Restoring state at time 8832200 ns, iteration 0"；包括信号列表和其他的一些参数；包括用户创建的光标和具体位置，可见提示信息 "WaveRestoreCursors {{Cursor 1} {8831349 ns} 0}"；在提示信息的最后（图中未截取）有 "WaveRestoreZoom {8830750 ns} {8832277 ns}"，表示波形窗口的缩放范围为从 8830750 ns 到 8832277 ns。

4.2　Verilog 仿真

Verilog 和 VHDL 同属于硬件描述语言，故在编译、优化、仿真的过程中，所进行的操作十分相似。本节介绍对 Verilog 的仿真，相同的部分会简单略过，重点在于不同的操作步骤。

4.2.1　Verilog 文件编译

同 VHDL 一样，Verilog 文件的编译也有两种方式，即基于建立工程的仿真和基于不建立工程的仿真。仿真的过程也与 VHDL 仿真的过程相似，只有一点不同：VHDL 中编译的命令是 vcom，而 Verilog 中编译的命令是 vlog。例如，对 Verilog 文件的编译可采用以下形式：

```
vlog design_name
```

Verilog 文件中有一类文件比较特殊，就是 SystemVerilog。SystemVerilog 语言可以说是 Verilog 语言的一种发展，但与 Verilog 语言又有很大区别。对于这两种语言的区别和联系，可以查阅相关文献进行了解。在 ModelSim 的使用中，默认的语言标准是针对 Verilog 语言的，如果要编译 SystemVerilog 语言，那么需要在选项中进行设置，或者采用命令行参数的形式进行编译。

设置工程编译选项如图 4-32 所示。Project Compiler Settings 是在建立工程的情况下，在 Project 标签内使用右键菜单，选择"Compile"→"Compile Properties"选项后出现的，这在第 2 章已经介绍过。对于不建立工程的情况，可以在菜单栏中选择"Compile"→"Compile Options"选项，会出现一个名为 Compiler Options 的窗口，名称不同，但是 Verilog 标签内的选项都是相同的。在 Verilog 标签中把语言版本从"Default"变为"Use SystemVerilog"，就可以对 SystemVerilog 文件进行编译了。

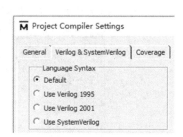

图 4-32　设置工程编译选项

采用命令行形式也可以对 SystemVerilog 文件进行编译，ModelSim 中提供了以下两种方式：

```
vlog design_name.sv
vlog -sv design_name.v
```

第一种方式中使用".sv"后缀的文件名，ModelSim 在编译的时候会根据文件名自动激活 SystemVerilog 语法标准。第二种方式中使用".v"后缀的文件名，此时需要添加命令参数把编译器设置为 SystemVerilog 语法标准，即采用"-sv"来设置命令参数。

ModelSim 对于 Verilog 的编译命令参数有一部分是与其他仿真软件相同的，这样就可以很方便地完成两种软件间的转接。例如，对于 Verilog XL 软件，以下的 ModelSim 命令参数也会被使用，而且功能是相同的（包括以下命令但不是全部）：

```
+define+<macro_name>[=<macro_text>]
+delay_mode_distributed
+delay_mode_path
+delay_mode_unit
+delay_mode_zero
-f <filename>
+incdir+<directory>
+mindelays
+maxdelays
+nowarn<mnemonic>
+typdelays
-u
```

这些命令参数都在 vlog 命令和设计文件名中间起着选项设置的作用，其中有些语句在前面的内容中已经接触过。可以参考手册来了解更详细的命令。

4.2.2　Verilog 设计优化

Verilog 的优化也有两种方式。第一种方式是通过菜单栏进行的；第二种方式是通过命令行进行的。通过菜单栏的方式与 VHDL 中的相同，也是在菜单栏中选择"Simulate"→"Design Optimization"选项进行设置。具体的选项设置和选项功能在 4.1 节中均已详细介绍，这里就不再重复了。

采用命令行形式与 VHLD 中的相似，也是采用 vopt 命令。命令格式如下：

```
vopt lib_name.unit_name -o output_name
```

同样，可以在编译时输入 vopt 命令，命令格式如下：

```
vlog -work lib_name -vopt file_name
```

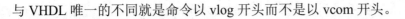
与 VHDL 唯一的不同就是命令以 vlog 开头而不是以 vcom 开头。

4.2.3　Verilog 设计仿真

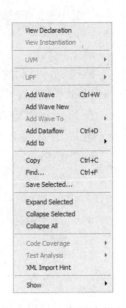

Verilog 的仿真和 VHDL 的仿真一样，可以通过菜单栏选择"Simulate"→"Start Simulation"选项开始仿真，可以通过命令行形式输入 vsim 命令开始仿真。这两种方式都会弹出 Start Simulation 窗口，该窗口在 4.1.3 节中已经详细介绍，可以参考其中的内容。

在 4.1.3 节中，只是介绍了开始仿真的部分，对仿真的中间过程并没有介绍，包括仿真时间的设置、重新仿真、sim 标签中的右键菜单等，保留至此节进行介绍。

按照仿真进行的顺序，首先介绍 sim 标签中的右键菜单。在 ModelSim 的任意位置单击右键都会出现右键菜单，且不同区域出现的菜单不尽相同。在 sim 标签中的右键菜单主要是为了仿真使用，如图 4-33 所示。

图 4-33　sim 标签中的右键菜单

右键菜单中包含的命令功能如下。

- View Declaration（显示声明语句）。选中 sim 标签中一个线网、寄存器或设计单元的时候该选项变为可选选项，使用此命令可以查看被选中目标在源代码中第一次被声明的位置。如果源文件处于打开状态，那么会直接跳转到声明语句所在的行；如果源文件处于未打开状态，那么会打开该文件并显示声明语句。
- View Instantiation（显示实例化语句）。选中设计单元时变为可选选项，并且选中的设计单元不能是顶层模块。该命令的功能是显示被选中的设计单元在何处被实例化。由于除了模块的 Verilog 类型都没有被实例化，所以只有选中设计单元才能使用此命令。又因为顶层模块在此工程中不会被调用，所以顶层模块也不能使用此命令。
- UVM（UVM 选项）。用于添加 UVM 验证平台的相关选项。
- UPF（UPF 选项）。UPF 即 Unified Power Format，是统一功耗格式，由 Synopsys 公司推出，是用于描述电路电源功耗意图的一种标准，ModelSim SE 2020.4 版本支持该标准。可以让用户添加 UPF 对象信息到波形窗口，用于功耗的观察和比较，也可以查看详细源文件的电源域信息。
- Add Wave（添加到波形）。把选中的信号添加到波形窗口，如果选中的是一个模块，则把整个模块中包含的可见信息（如端口、局部信号等）都添加到波形窗口。
- Add Wave New（添加波形到新窗口）。把选中的信号添加到一个新窗口，一般仿真打开时，都会出现一个默认的波形窗口。而使用此命令，可以新建一个窗口并把信号添加进去。
- Add Wave To（添加波形到）。当出现多个波形窗口的时候此命令变为可选选项，可以把选中的信号添加到某个波形窗口。
- Add Dataflow（添加到数据流）。把所选的模块或信号添加到数据流窗口。
- Add to（添加到）。此为多选项菜单，可以把选中的信号或模块添加到 Wave（波形）

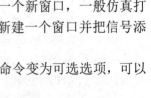

窗口、List（列表）窗口、Log（日志）窗口、Schematic（原理图）窗口、Dataflow（数据流）窗口、Watch（观察）窗口。每个窗口也有三个子选项，如图 4-34 所示。

- Copy（复制）。此命令的功能是复制选中信号的路径名称。前面介绍过，添加信号的命令形式为 "add wave sim:/module_name/single_name"，在 sim 标签中复制选中的信号或模块，复制的就是 Add Wave 后需要添加的信号路径。
- Find（查找）。选中此命令会出现图 4-35 所示的对话框。此对话框在 sim 标签的下方，在 Find 区域输入想要查找的名称，在 Search For 区域用下拉菜单选择查找的类型，根据选中目标的不同，可以选择 Instance（实例）、Design Unit（设计单元）、Entity/Module（实体/模块）或 Architecture（结构体）。

图 4-34　Add to 子菜单

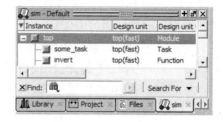

图 4-35　Find in sim 对话框

- Expand/Collapse Selected（展开/合并所选）。模块中一般包含一些输入/输出信号，故模块可以有展开和合并两种形式，展开时可以显示内部的信号，合并时只显示模块名。这两个命令可以展开或合并选中的模块。
- Save Selected（保存所选）。可以把选择的信号或模块信息保存下来。
- Collapse All（合并所有）。此命令的功能和 Expand/Collapse Selected 相似，只是此命令会合并 sim 标签中所有可展开的项。
- Code Coverage（代码覆盖）。只有在进行代码覆率仿真时此命令才是可选选项。该命令具有三个子命令，如图 4-36 所示。Code Coverage Reports 命令的功能是输出代码覆盖报告，Clear Code Coverage Data 命令的功能是清除已有代码覆盖的数据，Enable Recursive Coverage Sums 命令的功能是显示每个设计对象或文件的覆盖率数据和图标，默认是已选的。
- Test Analysis（测试分析）。此命令在 UCDB 文件被选中时变为可选选项，可以选择一些覆盖率的分析情况。
- XML Import Hint（XML 导入提示）。显示 XML 的导入路径层次名称和行数等信息。
- Show（显示）：显示 sim 标签（Structure 窗口）中可以显示的信息，如图 4-37 所示，勾选的类型将被显示，如果要隐藏某些类型，那么可以取消勾选。另外，还可以根据个人需要，选择在 Change Filter 选项中显示此子菜单的选项。

以上就是 sim 标签中右键菜单包含的命令功能。在 Verilog 仿真时，也会出现 sim、Files、Memories 等标签和 Objects 窗口，与 VHDL 仿真时相同，如图 4-38 所示。在实际的使用中会发现，对于 VHDL 仿真，在 sim 标签和 Objects 窗口中出现的模块、实体、结构体等对象都是用深蓝色表示的，而在 Verilog 仿真时，所有的对象都是用青色表示的，这也可以直观地区分出这两种文件。

图 4-36　代码覆盖子菜单　　　　　　　　　图 4-37　显示类型信息

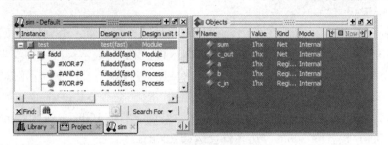

图 4-38　sim 标签与 Objects 窗口

在 sim 标签或 Objects 窗口中选中需要观察的信号，添加到波形窗口，就可以进行仿真了。仿真时，在命令窗口中主要用到的命令是"run -all"或"run"，分别表示运行全部和运行 100 个指定时间单位，也支持类似"run time"形式的命令，如"run 2000ns"就是运行 2000ns。

在图形操作界面中，仿真用到的主要命令集中在菜单栏的 Simulate 菜单中，Simulate 菜单包含的命令可以参见第 2 章中的介绍。在仿真开始前，可以选择"Runtime Options"选项设置运行时间，选中该选项后出现的对话框如图 4-39 所示。

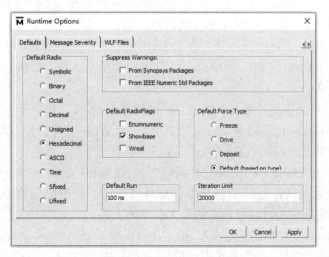

图 4-39　Runtime Options 对话框

Runtime Options 对话框中共有 Defaults、Message Severity 和 WLF Files 三个标签。初始状态显示的是 Defaults 标签，其包含的区域如下。

- Default Radix（默认基数）。这里可以指定信号的默认基数，包括 Symbolic（符号基数）、Binary（二进制）、Octal（八进制）、Decimal（十进制）、Unsigned（无符号数）、Hexadecimal（十六进制）、ASCII（ASCII 码）、Time（时间型）、Sfixed（有符号整型）和 Ufixed（无符号整型），最常用的就是各种进制和无符号数。ASCII 码只有在使用到一些字符时才会被使用。符号基数比较特殊，它允许用户用助记符（名称）替代在数据窗口内的基数。在这里设置好基数，所有的输出都会按相同基数表示，如果需要表示两种或两种以上不同的基数，一般需要在对应的窗口中分别设置。在ModelSim10.4 版本中默认可以显示基数，这样在观察窗口中可以看到 b、o、d、h 等进制表示形式。

- Suppress Warnings（抑制警告）。该区域可勾选两个复选框，分别抑制来源为 Synopsys 包的警告（From Synopsys Packages）和来源为 IEEE 数字标准库的警告（From IEEE Numeric Std Packages），勾选复选框后，对应的警告就不会出现提示信息。

- Default Run（默认运行）。这里设置的值用于 Run 命令，Run 命令运行的时间默认是 100 个时间单位。这个值就在此处设置，如果设置的是 100ns，执行 Run 命令就会运行仿真 100ns，设置为 200ns，仿真就会运行 200ns。

- Iteration Limit（迭代限度）。设置一个迭代的限度，主要是为了防止出现死循环的状态，如模块对模块自身进行实例化就是一个死循环。设置一个循环的最大限度，当迭代超过这个限度的时候 ModelSim 就会报警。

- Default Force Type（默认强制类型）。指定当前仿真的强制类型，有 Freeze、Drive、Deposit 和 Default(hased on type)四种可供选择，一般都选择默认情况，即按照实际信号类型进行处理。

Message Severity 标签如图 4-40 所示，主要包括两个区域。Break Severity 区域用来设置哪种状态会中断仿真，提供 Fatal、Failure、Error、Warning 和 Note/Info 五种从最严重到最轻微的设置等级。No Message Display For 区域用来设置提示信息的显示，VHDL 分为 Failure、Error、Warning 和 Note 四个等级的信息，Verilog 分为 Fatal、Error、Warning 和 Info 四个等级的信息，选中了对应的选项，在仿真中该选项的信息就不会出现。例如，选中了 Warning 和 Info，这时进行仿真，在 Verilog 文件中出现的 Warning 和 Info 就不会在 ModelSim 中显示出来。

WLF Files 标签用来设置波形文件的选项，如图 4-41 所示。其包含的区域如下。

- WLF File Size Limit（WLF 文件大小限度）。对 WLF 文件的大小做一个限定，即给出一个数值，单位是 MB（兆字节）。

- WLF File Time Limit（WLF 文件时间限度）。对 WLF 文件的时间做一个限定，给出一个仿真的最大时间，时间数值和单位都是可选的。如果时间限制和大小限制都设定了，那么出现冲突的时候取两者的最大值作为上限。

- WLF Attributes（WLF 文件属性）。指定是否压缩 WLF 文件和是否删除 WLF 文件，勾选"Compress WLF data"复选框可以开启压缩 WLF 文件，勾选"Delete WLF file on exit"复选框可以在退出时删除 WLF 文件。

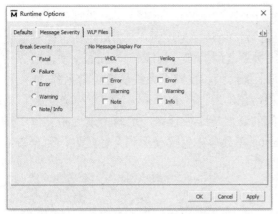

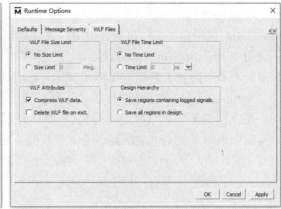

图 4-40　Message Severity 标签　　　　　　　图 4-41　WLF Files 标签

- Design Hierarchy（设计层次）。指定保存 WLF 文件中的哪种设计层次，可选保存记录的数据区域（Save regions containing logged signals）或保存设计中的所有区域（Save all regions in design）。

在仿真中，如果需要重新开始本次仿真，那么可以选择菜单栏中的"Simulate"→"Restart"选项，打开 Restart 对话框，如图 4-42 所示。

Restart 对话框中仅有一个 Keep 区域，在此区域内可选择保留的信息。由于仿真中一定会使用到某些设置，勾选这些设置所属的类型复选框，就可以保留这些设置重新开始仿真。可保留的设置有 List

图 4-42　Restart 对话框

Format（列表格式）、Wave Format（波形格式）、Breakpoints（中断点）、Logged Signals（被记录信号）、Virtual Definitions（虚拟定义）、Assertions（断言）、Cover Directives（覆盖指令）和 ATV Format（ATV 格式）。例如，仿真中使用了波形窗口，并添加了一些观察信号，重新开始仿真时，在 Restart 对话框中勾选"Wave Format"复选框，所有添加到波形窗口的信号就会被保留，只是波形全部消失，就像开始仿真时一样。通过 Restart 对话框，可以方便重复仿真。

4.2.4　还原点和仿真恢复

Verilog 文件中的还原点和仿真恢复与 VHDL 文件中的还原点和仿真恢复相同，无论是在命令的形式上还是压缩的形式上。可以参考 4.1.4 节 VHDL 文件的还原点和仿真恢复进行 Verilog 文件的仿真恢复设置，两者完全是通用的。

4.2.5　单元库

ModelSim 通过专用集成电路委员会制定的 Verilog 测试集获得了通过测试的库，即获得了被该委员会认可的库。使用到的测试集是专门为了确保 Verilog 的时序正确性和功能正确性而设计的，是完成 ASIC 设计的重要支持。许多 ASIC 厂商和 FPGA 厂商的 Verilog 单元库与 ModelSim 的单元库并不冲突。

单元模块通常包含 Verilog 的"特定块"，用来描述单元中的路径延迟和时序约束。在 ModelSim 模块中，源端口到目的端口之间的延迟被称为路径延迟。在 Verilog 中，路径延迟用关键字 specify 和 endspecify 表示。在这两个关键字之间的部分构成一个 specify 块。时序约束是指对各条路径上数据的传输和变化进行时间上的约束，使整个系统能够正常工作。

Verilog 模型可以包含两种延迟：分布延迟和路径延迟。在 Primitive、UDP 和连续赋值语句中定义的延迟是分布延迟，而端口到端口之间的延迟是路径延迟。这两个延迟相互作用，直接影响最终观测到的实际延迟。大多数的 Verilog 单元库中仅仅使用到路径延迟，而分布延迟被定义为 0。分布延迟的例子可参见以下代码：

```verilog
module or2(y, a, b);
input a, b;
output y;

or (y, a, b);
specify
    (a => y) = 4;
    (b => y) = 4;
endspecify
endmodule
```

上面这个代码是一个二输入或门的例子，这个或门的分布延迟被定义为 0，实际从模块端口得到的延迟是从路径延迟中获得的，路径延迟已经说过，是在关键字 specify 和 endspecify 中定义的。这个例子不是一个独立的实例，大多数的单元都是采用这种结构进行建模的。当单元中需要指定两种延迟时，这两种延迟中比较大的一种被使用到各条路径中，这是一种默认的准则。另外，在 ModelSim 中，编译器的延迟模式参数要优先于延迟在这个代码指令中的模式参数。

单元库中包含的延迟模式主要有以下几种。

- Distributed delay mode（分布延迟模式）。在分布延迟模式中，路径延迟是被忽略的，重点关注分布延迟。可以使用编译参数"+delay_mode_distributed"或编译命令"`delay_mode_distributed"来选择这种延迟模式。
- Path delay mode（路径延迟模式）。在路径延迟模式中，分布延迟在所有的模块中都被定义为 0。可以使用编译参数"+delay_mode_path"或编译命令"`delay_mode_path"来选择这种延迟模式。
- Unit delay mode（单位延迟模式）。在单位延迟模型中，所有非零的分布延迟被定义为一个时间单位，这个时间单位会在设计文件的"`timescale"中被定义，或者在仿真时设置。可以使用编译参数"+delay_mode_unit"或编译命令"`delay_ mode_unit"来选择这种延迟模式。
- Zero delay mode（零延迟模式）。在零延迟模型中所有的分布延迟都被定义为 0，而且所有的路径延迟和时序约束都被忽略。可以使用编译参数"+delay_mode_zero"或编译命令"`delay_mode_zero"来选择这种延迟模式。

4.2.6　系统任务和系统函数

学习过 Verilog 语言的人都很清楚，在 Verilog 语言中可以使用很多系统任务和系统函数，

ModelSim 对这些任务和函数也是支持的。ModelSim 支持的任务和函数有以下几类。

- 所有在 IEEE std 1364 中定义的任务和函数。
- 一些在 SystemVerilog IEEE sdt p1800-2005LRM 中定义的任务和函数。
- 几个 ModelSim 特有的任务和函数。
- 几个非标准型的 Verilog-XL 使用的任务。

这些被支持的任务和函数在 ModelSim 的使用手册中有详细的总结，按类全部给出，所以这里不一一列出，在使用时可以查阅使用手册来确定使用到的任务和函数是否被 ModelSim 支持。可以根据自己的需要来添加自定义的任务和函数。例如，使用 PLI（Programming Language Interface，程序设计语言接口）、VPI（Verilog Procedural Interface，Verilog 过程接口）和 SystemVerilog 的 DPI（Direct Programming Interface，直接程序设计接口）设计程序都可以添加系统任务和系统函数。这些内容在较高级的 Verilog 应用书籍中都会被介绍，为加深理解，这里给出一个最简单的使用 PLI 添加系统任务的例子。

使用 PLI 添加任务，所添加的任务函数需要使用 C、C++或 SystemC 来编写。例如，经典的 hello 程序的代码可表示如下：

```
hello.c 文件内容
#include
#include "veriuser.h"
static PLI_INT32 hello()
{
  printf("Hello, I'm here! \n");
  return 0;
}
s_tfcell veriusertfs() = {
{usertask, 0, 0, 0, hello, 0, "$hello"},
{0} /* last entry must be 0 */
};
```

创建子程序后，需要对该程序进行编译和链接，使其变成能被 ModelSim 识别的链接库文件。

可在 VC 环境下编译 hello.c 文件，采用命令"cl –c –I hello.c"进行编译，可生成 hello.obj 文件，再采用命令"link –dll –export: veriusertfs hello.obj /out:hello.dll"进行链接，可生成 hello.dll 文件，这个文件就是使用自定义任务时需要的链接库文件。把 hello.dll 文件复制到安装路径下的 win64 文件夹中，就可以在程序中调用这个任务了。例如，建立一个简单的 Verilog 模块 hello.v，代码如下：

```
hello.v 文件内容
module hello;
initial
  begin
    $hello;
  end
endmodule
```

在此模块中仅调用了刚建立的自定义任务，在仿真的时候需要采用命令参数调用已建立的链接库文件，需要采用以下 ModelSim 命令启动仿真：

```
vsim –c –pli hello.dll hello
```

简单解释一下该命令，vsim 是仿真的命令形式，-c 表示该操作在命令行操作界面中进行，-pli 表示调用 PLI 程序，hello.dll 是先前生成的 hello.c 的链接库文件，hello 是 hello.v 中定义的模块，采用此命令并使用 run 命令运行仿真，就可以看到以下提示信息：

```
# Hello, I'm here!
```

这只是一个最基本的例子，用户自定义的任务和函数在实际使用中会有很大的作用，可以节省时间和工作量。例如，在测试的时候针对不同的设计单元编写不同的系统任务，执行不同的赋值和对比等操作，还可以在从系统级设计向 RTL 级设计转换时使用自定义的任务来确保转换正确。

4.2.7   编译命令

ModelSim 支持 IEEE std 1364 标准中定义的所有编译命令，支持一部分 Verilog-XL 编译命令和一些专有的编译命令，对于 SystemVerilog IEEE std p1800-2005 版本中的编译命令一般不能够被支持。许多编译命令只有在命令被重新定义或使用"`resetall"命令重置后才会生效。这些生效的编译命令会对源文件产生影响，所以在编译文件时，文件列表的顺序就显得很重要。如果一个文件中定义了针对整个设计的命令宏（如全局变量），那么在编译的时候就必须先编译此文件，否则会导致使用到此命令宏的设计单元不能正常工作。关于编译顺序的调整在前面的内容中有介绍，可以参照使用。

在 IEEE std 1364 中描述的编译命令如下，这些命令属于 Verilog 语法范畴，在语法书中都可以查到具体的功能，这里不详细解释各条命令的功能：

```
`celldefine
`default_nettype
`define
`else
`elsif
`endcelldefine
`endif
`ifdef
`ifndef
`include
`line
`nounconnected_drive
`resetall
`timescale
`unconnected_drive
`undef
```

有些命令仅对 ModelSim 编译器可用，在其他编译器中不可以使用。例如，命令 `protect……`endprotect。这句命令成对出现，允许对源文件中的选中区域进行加密处理。被保护区域的代码在调试的时候没有任何调试信息，类似使用-nodebug 命令，只是`protect 命令的作用范围是某段代码，而-nodebug 命令的作用范围是整个文件。`protect 命令在默认情况下是被忽略的，需要使用时可在 vlog 命令中添加+project 命令参数来启用保护模式。一旦文件被编译，原始的源文件就会被复制到当前工作文件夹的一个新文件中，这个新文件的名字和原始文件名字一样，只是添加了一个 p 作为后缀，如把 example.v 复制为文件 example.vp。这个新产生的文件可以作为原始文件的替代品被传递和使用。

通常会出现这种情况，厂商会在一个模块或模块的一部分中使用`protect/`endprotect 命令，假设这个文件被命名为 designname.v。该厂商会使用 vlog +protect designname.v 命令来编译此文件，并生成一个新文件 designname.vp。使用时可以编译 designname.vp，就像正常使用其他 Verilog 文件一样。需要注意的是，这种保护是不可兼容的，也就是说如果用户使用了不同的编译器，那么即使设计文件仍然是同一个，厂商也需要提供不同的 designname.vp 文件来适应不同的编译器。

命令参数+project 在编译.vp 格式的文件时不是必需的。即使漏掉了+project 参数，`protect 命令也会被转化为`protected 命令来处理。`protect 和`protected 命令均不能嵌套使用。

如果在一个被保护区域使用了`include 命令，那么编译器会生成一个包含文件的副本用来保护所有包含文件的内容。如果被保护区域在编译中检测到了错误，那么错误的提示信息永远会指向被保护块的第一行，而不是指向内部，这一点在调试的过程中非常重要。

尽管其他的仿真器也有`protect 命令，但是 ModelSim 采用的加密算法是不同的。因此，对于一个包含`protect 命令的源文件，如果该文件未被编译，那么它可以在任何的仿真器中被使用；如果该文件被 ModelSim 编译了，那么它只能在 ModelSim 中被使用，在其他的仿真器中是无法识别的。

还有一部分命令是 ModelSim 和 Verilog-XL 兼容的，主要有以下命令。

- `default_decay_time <time>。这个命令指定了三态寄存器线网的衰减时间，这个衰减时间可以被表示为 real 形式或 integer 形式，或者可以把这个值定义为"infinite"，即永不衰减。
- `delay_mode_distributed。忽略路径延迟，用于描述分布延迟模型。
- `delay_mode_path。用于描述分布延迟被定义为 0 的路径延迟模型。
- `delay_mode_unit。用于描述单位延迟模型。
- `delay_mode_zero。用于描述零延迟模型。

这四种模型可以参考单元库的内容。

- `uselib <library_reference>。该命令用于代替-v、-y 和+libext 编译参数。在<library_reference>子区域中可以指定库的参数。dir=<library_directory>用来指定库文件夹；file=<library_file>用来指定文件；libext=<file_extension>用来指定文件范围；lib=<library_name>用来指定名称。例如，使用`uselib 定义参数如下：

```
`uselib dir=/My/vendor libext=.v
```

对应的 vlog 命令中的参数设置如下：

```
-y /My/vendor +libext+.v
```

两者的功能是相同的，选择其中一种使用即可。

实例 4-2　32 位浮点乘法器的 Verilog 仿真过程

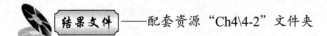

结果文件——配套资源"Ch4\4-2"文件夹

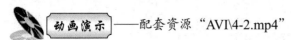
动画演示——配套资源"AVI\4-2.mp4"

本实例中以一个32位浮点乘法器来说明 Verilog 的仿真过程。Verilog 的仿真过程与 VHDL 的仿真过程是基本相同的，只是因为语言上有各自的语法和特点，所以仿真时用到的功能会有局部的区别。为了使 Verilog 的仿真实例不成为 VHDL 仿真实例的翻版，在 VHDL 仿真时只用到了波形窗口，且未进行任何设置。在本实例中不再使用波形窗口，而使用列表窗口观察信号，两者的形式不同，但都是观察仿真结果的方式。

浮点乘法的运算过程在很多书籍中都有介绍，这里简单介绍以下工作流程。32 位的浮点数可以划分为三个部分：1 位的符号位、8 位的指数位和 23 位的尾数位。在进行乘法操作的时候也以此分为三个主要的操作步骤：符号位同或、指数位相加和尾数位相乘。符号位同或输出最终的符号位数据，指数位相加和尾数位相乘后还要转化成标准的格式，可能会对指数和位数进行进位或截取操作，进行规格化处理，这样得出最后的指数位和尾数位，与符号位拼接在一起构成最终的输出结果。

仿真的过程依然采用建立工程的方式，建立工程的名称为 exa_verilog，默认的库依然指定为chapter4，这样所有编译的单元都会被添加到chapter4库中，该名称对后续仿真无影响。由于本实例中的代码模块较多，所以不把所有文件都保存在默认路径下。而是建立一个文件夹来保存文件。在默认路径下建立一个名为"4-2"的文件夹，即所有文件的保存路径都是"H:\modeltech64_2020.4\examples\4-2"。添加所有文件后的 Project 标签如图 4-43 所示。

由于 constants.v 包含了所有的自定义宏文件，所以把该文件的编译顺序调至第一位。单击编译全部按钮，会出现图 4-44 所示的编译结果。

图 4-43　添加所有文件后的 Project 标签

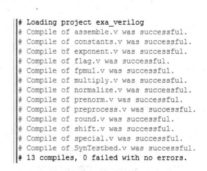

图 4-44　编译结果

编译通过后进行仿真，选择 fpmul_tb 模块进行仿真测试，运行后得到图 4-45 所示的信息，显示仿真失败。

图 4-45　仿真失败信息

提示信息显示得非常清楚，如图 4-46 所示。

```
        # ** Error (suppressible): (vsim-3009) [TSCALE] - Module
'fpmul_tb' does not have a timeunit/timeprecision specification
in effect, but other modules do.
```

图 4-46　提示信息

此时，在顶层的仿真模块中并没有写入 timescale 命令的信息，找到相应的文件，在代码的最开始添加与其他文件一样的 timescale 命令即可，如图 4-47 所示。

图 4-47　添加 timescale 命令

重新编译并启动仿真后，在 sim 标签中使用右键菜单选择"Add to"选项，在 VHDL 实例中选择的是添加到波形窗口，本实例中选择添加到列表，即选择"Add to"→"List"选项，如图 4-48 所示。添加信号后会出现图 4-49 所示的列表窗口。由于没有进行仿真，所以初始时间为 0s，所有的数据都是未知状态。

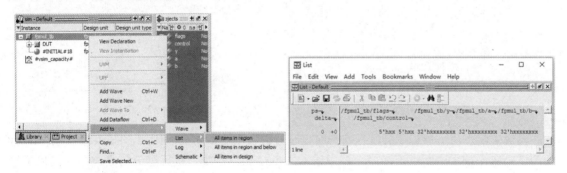

图 4-48　添加到列表　　　　　　　　　　　　图 4-49　列表窗口

这里有几个地方需要交代。第一，设计中采用`timascale 命令自定义了时间刻度，所以在仿真选项中不需要设置。第二，仿真刻度设定为 1ns/10ps，即最小的刻度是 10ps，所以仿真时间会调整到 ps 级别。在 Runtime Options 窗口中设定命令运行的是 100 个时间单位，这个时间单位以仿真器给出的单位为准，在本实例中就是运行 100ns。在输入数字的框中也可以输入单位。例如，在框中输入"100ns"，执行 run 命令的时候仿真器会优先按照用户指定的时间运行，运行 100ns，如图 4-50 所示。

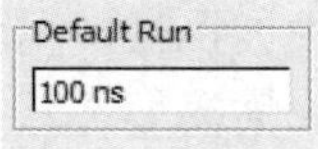

图 4-50　默认运行时间

在 ModelSim 的命令行中输入"run -all"，执行此命令后，测试程序中所有的测试向量都会被输入，列表窗口的数据会更新，如图 4-51 所示。

在列表窗口的顶端用箭头形式指示了每个信号的路径和在列表窗口中的位置，这里的数据显示是以十六进制表示的，默认情况下是以二进制表示的，32 位二进制数据的观察不便，可以在

Runtime Options 窗口中设置显示数据的基数。基数的设置最好在仿真开始的时候进行，因为列表窗口不同于波形窗口，波形窗口可以任意修改仿真波形的表示方式，无论是从十六进制修改成二进制，还是从二进制修改成十六进制，都不会有任何问题。但是在列表窗口中，只能由多位向少位转变。以本实例来说，在仿真开始时将基数设置为十六进制的数据，仿真后的数据如果改成二进制表示，那么在列表中就无法显示正常的数据，只显示一连串的*号。这时，只能通过右键菜单查看细节命令才能看到数据。但是如果仿真开始时设置为二进制的数据，那么仿真后修改为十六进制的数据，所有数据都能正常显示。这是一个显示上的问题，使用的时候需要留意。

在 VHDL 的仿真中曾经提到，仿真时如果没有设置中断或停止命令，那么仿真会一直运行，直到使用 ModelSim 的 Break 命令，即使用中断仿真命令才能停止仿真。但是采用这种中断方式时，中断的时间和位置是不能确定的，如果需要在某个确定的位置中断仿真，那么不能采用这种方式，而要采用设置中断点的方式。

中断点可以在源文件窗口中设置，图 4-52 中的第 23 行就是设置好的中断点。中断点的添加很简单，需要在哪一行添加中断点，就在哪一行的最前端单击鼠标左键，在该行的行号后方就会出现一个实心的红色圆点，表示该行已经被设置成中断点了。如果要取消中断点，那么只需要再单击一次鼠标左键，实心的红色圆点会变成灰色的空心圆点，表示该中断点被取消。

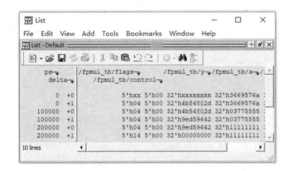

图 4-51　列表窗口数据

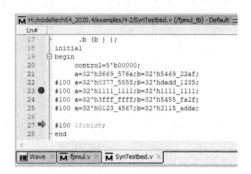

图 4-52　中断点

设置中断点后，当仿真器运行到中断点时就会自动中断仿真。例如，图 4-52 中第 23 行为测试模块添加了中断点，在命令行中输入"run -all"命令，执行全部仿真，会得到以下输出信息：

```
run -all
# Break in Module fpmul_tb at H:/modeltech64_2020.4/examples/4-2/SynTestbed.v
line 23
```

该信息提示，当前的仿真在第 23 行被中断。需要注意的是，中断点设置的代码行不会在仿真中被执行，也就是说在本实例中，第 23 行的代码是不被执行的。

如果需要在执行完全部测试向量后停止仿真，那么可以采用设置中断点的方式来实现，也可以使用系统任务的方式来实现。常用的系统任务命令有$stop 和$finish。$stop 命令表示运行到此行停止仿真，与中断点功能相同。例如，在源文件的第 27 行中添加$stop 命令（需要取消第 23 行的中断点，否则不会执行到第 27 行），如图 4-53 所示。

此时，运行"run -all"命令会在命令行中得到以下输出：

```
# Break in Module fpmul_tb at H:/modeltech64_2020.4/examples/4-2/SynTestbed.v
line 27
```

与中断点一样，在此行之前的所有测试向量都被执行。

$finish 命令并不常被使用，因为使用此命令会关闭仿真器。例如，在程序中添加$finish 命令，执行到此行时仿真器会弹出对话框，询问是否停止仿真，如图 4-54 所示。

图 4-53　使用系统任务　　　　　　　图 4-54　Finish Vsim 对话框

单击"否"按钮会出现以下提示：

```
# ** Note: $finish   : H:/modeltech64_2020.4/examples/4-2/SynTestbed.v(27)
#    Time: 500 ns  Iteration: 0  Instance: /fpmul_tb
# 1
# Break in Module fpmul_tb at H:/modeltech64_2020.4/examples/4-2/SynTestbed.v
line 27
```

此时，功能与中断的功能相同。但是如果单击了"是"按钮，那么 ModelSim 会自动关闭，所有仿真的波形和数据都不会被保存。由于这个选项非常具有迷惑性，因此需要格外留意。

4.3　SystemC 仿真

ModelSim 不仅可以支持 HDL 仿真，还可以支持 SystemC 仿真和调试。SystemC 仿真一般情况下是为 HDL 服务的。例如，在 4.2 节中提到的 PLI、VPI 和 DPI 等。熟练使用 SystemC 仿真可以更好地完成设计任务。

4.3.1　概述

ModelSim 支持的平台非常全面，但是 ModelSim 支持的平台并非全部支持 SystemC 运行。在表 4-2 中列出了本书使用 ModelSim SE 2020.4 版本支持的平台和编译版本。

表 4-2　支持 SystemC 的平台和编译版本

平台/操作系统	支持的编译版本	32 位支持情况	64 位支持情况
linux, linux_x86_64	gcc-7.4.0 gcc-5.3.0 gcc-4.7.4 VCO is linux (32 位) VCO is linux_x86_64 (64 位)	支持	支持
Windows	gcc 4.2.1— VCO is win32	支持	不支持

表 4-2 中出现的 gcc 全称为 GNU Compiler Collection，是由 GNU 之父 Stallman 开发的 Linux 下的编译器，目前可以编译的语言包括 C、C++、Objective-C 等。用户可以自定义配置选项搭建 gcc，但使用时需要注意，如果设置了高级的 gcc 配置选项，那么 ModelSim 并不确保一定会支持这些选项。ModelSim 的 SystemC 仿真已经经过表中版本的测试，但是自定义版

本可能会引发一些问题，所以建议使用给出的 gcc 版本运行 SystemC 文件。

表 4-2 中 Windows 版本的 gcc 虽然标明不支持 64 位系统，但是在 64 位 Windows 系统下以 32 位模式即可运行，所以并不耽误在 64 位系统下的使用。也要注意，不同 ModelSim 的版本对平台和系统的支持不尽相同，在使用时可以查询用户手册的相应部分来确认。

HP 支持 SystemC 会有一些限制，主要不支持变量和集合，同时在使用对象名进行调试时有一些规定。

SystemC 设计常与 HDL 设计联合使用，ModelSim 支持这种联合使用，同时支持 SystemC 文件的单独使用。混合仿真的使用方式会在 4.4 节中介绍，这里介绍当设计中仅有 SystemC 文件时的常用流程，可分为以下 7 步。

（1）创建并映射一个设计库，使用到的命令是 vlib 和 vmap，或者直接新建工程。

（2）编辑 SystemC 文件的源代码，主要调整以下几项。

- 用 SC_MODULE 替换代码中的 sc_main()，可能需要添加一个包含测试代码的进程。
- 在图形用户界面中用 run 命令取代 sc_start()。
- 移除对 sc_initialize() 的调用。
- 使用 SC_MODULE_EXPORT 宏命令输出 SystemC 设计单元的顶层模块。

（3）采用 sccom 命令分析 SystemC 文件。sccom 命令会调用本地的 C++编译器，在设计库中创建一个 C++对象文件。

（4）使用 sccom -link 命令进行 C++文件的链接。这一步会在当前工作库中创建一个共享的公共文件，该文件在仿真的时候可以被仿真器调用，用来实现既定功能。如果一个 SystemC 文件被修改，那么重新使用 sccom 命令进行分析，若想使用新的文件进行仿真，则必须先重新链接源文件，即重新使用 sccom -link 命令。

（5）使用标准的方式启动仿真。可以使用 vsim 命令或图形化用户界面进行操作。

（6）运行仿真，可以使用 run 命令或图形化用户界面进行操作。

（7）对出现的错误进行调试，主要采用的是源文件窗口和波形、列表窗口。

调试后的程序重复使用第（2）～（7）步，直至完成整个设计。

在本节接下来的内容中会详细介绍各步的操作方式。

4.3.2　SystemC 文件的编译和链接

编译和链接是 SystemC 文件进行仿真前的两个重要步骤，但两者有较大差异。这里按设计流程的顺序分别进行介绍，先介绍编译的步骤和注意事项，再介绍链接的操作过程。对应 4.3.1 节中的基本步骤，编译主要在第（1）～（3）步中，链接在第（4）步中，其余步骤在仿真和调试中介绍。

第一，创建一个设计库，这个过程已经接触多次了，这里再次强调：使用 ModelSim 编译和仿真必须依托库来完成。无论是 HDL 还是 C 语言，都要依托库的支持来实现仿真，直至最后得到数据结果。创建库可以使用新建工程的方式间接创建，或者不新建工程，直接使用 vlib 和 vmap 命令进行创建和映射。

第二，在创建库后对原始的 SystemC 文件进行修改，使其适应 ModelSim 平台。需要更改的部分主要包含以下几项。

（1）把 sc_main() 函数转换成模块的形式。

为了在 ModelSim 中运行 SystemC 或 C++代码，sc_main() 的控制函数必须被构造函数

SC_CTOR 代替，而且此行代码应该放在设计单元的顶层模块中。另外，一些在 sc_main() 函数中的测试代码应该被转移到进程中，一般是转移到 SC_THREAD 进程中。所有在 sc_main() 函数中的 C++ 变量（包括 SystemC 的端口、模块等）必须被定义成 sc_module 中的组成部分。因此，初始化必须在 SC_CTOR 中进行。例如，所有的 sc_clock() 初始化必须转移到 SC_CTOR 中。

为了说明此步的操作，这里举一个简单的例子。第一个例子的代码如表 4-3 所示，表中左侧是转换前的 SystemC 代码，右侧是转换后的 ModelSim 代码。显然，两侧的代码有很大不同，不进行转换就想在 ModelSim 中使用 SystemC 代码，是不现实的。

表 4-3　第一个例子的代码

转换前的 SystemC 代码	转换后的 ModelSim 代码

int sc_main(int argc, char* argv())
 {
 sc_signal<bool> mysig;
 mymod mod("mod");
 mod.outp(mysig);
 	
 sc_start(100, SC_NS);
 }
	SC_MODULE(mytop)
	 {
	 sc_signal<bool> mysig;
	 mymod mod;
	
	 SC_CTOR(mytop)
	 : mysig("mysig"),
	 mod("mod")
	 {
	 mod.outp(mysig);
	 }
	 };
	
	 SC_MODULE_EXPORT(mytop);

从表 4-3 左侧代码的第一行开始分析，即 sc_main() 函数，可以看到此函数在转换后的代码中已经被 SC_MODULE 代替。左侧第二行代码 "sc_signal<bool> mysig;" 不包含在转换的类型当中，故不进行改变。左侧第三行和第四行是两条初始化的语句，按转换规则需要转移到 SC_THREAD 进程中，故在右侧的代码中把这两条初始化语句添加到了进程 SC_CTOR 中。左侧最后一行的语句不属于第（1）项的范畴，会在第（2）项中解释。

（2）使用 run 命令和附带选项来替换 sc_start() 函数。

ModelSim 使用 run 命令和附带选项来替换 sc_start() 函数。如果在 sc_main() 函数中包含多个 sc_start() 函数的调用，那么会使用一个名为 SC_THREAD() 的函数。例如，在表 4-3 中左侧代码最后一行，SystemC 代码的表示形式是 "sc_start(100,SC_NS)；"，由于只包含一个 sc_start() 函数，在 ModelSim 中就完全可以去除这行代码，转而使用 run 100 命令来实现。

（3）移除对 sc_initialize() 函数的调用。

由于在 ModelSim 中使用 vsim 命令会默认调用 sc_initialize() 函数，所以在代码中保留对此函数的调用会显得非常多余，建议把此类调用全部移除。

（4）输出全部 SystemC 的顶层模块。

在 ModelSim 中若要使用 SystemC 设计，则必须输出所有设计单元的顶层模块。使用的宏命令是 SC_MODULE_EXPORT(<sc_module_name>)。命令中的参数 sc_module_name 要被命名成 ModelSim 中使用的顶层模块的名称，且必须把这个宏放置在 C++文件中。如果该宏没有包含在 C++文件中而是被放在了头文件中，那么仿真器就会报错。例如，表 4-3 中右侧代码的最后一行，就是把整个当前的设计输出成 mytop 模块。

另外，对于 HP-UX 系统，需要对信号、端口和模块使用显示命名，一定要仔细核对每个对象，确保仿真和调试中不出现错误。

修改 SystemC 代码对于后续的仿真工作十分重要，可以说如果修改代码的方式正确，那么后续的链接工作可以缩减为输入命令的过程，而不需要分析和调试。表 4-3 中给出的转换例子很简单，为了进一步说明，这里再给出两个例子，如表 4-4 和表 4-5 所示，相信读者读懂了这些例子，就会全面了解在 ModelSim 中对 SystemC 代码的编译方式。

表 4-4　第二个例子的代码

修改前的 SystemC 代码	修改后的 ModelSim 代码

`int sc_main(int, char**)`
`{`
`sc_signal<bool> reset;`
`counter_top top("top");`
`sc_clock CLK("CLK", 10, SC_NS, 0.5,`
`0.0, SC_NS, false);`
 	
`top.reset(reset);`
 	
`reset.write(1);`
`sc_start(5, SC_NS);`
	`SC_MODULE(new_top)`
	`{`
	`sc_signal<bool> reset;`
	`counter_top top;`
	`sc_clock CLK;`
	
	`void sc_main_body();`
	
	`SC_CTOR(new_top)`
	`: reset( " reset"),`
	`top("top")`
	`CLK("CLK", 10, SC_NS, 0.5, 0.0, SC_NS, false)`
	`{`
	`top.reset(reset);`
	`SC_THREAD(sc_main_body);`
	`}`

`reset.write(0);`
`sc_start(100, SC_NS);`
`reset.write(1);`
`sc_start(5, SC_NS);`
`reset.write(0);`
`sc_start(100, SC_NS);`
`}`
	`};`
	
	`void`
	`new_top::sc_main_body()`
	`{`
	`reset.write(1);`
	`wait(5, SC_NS);`
	`reset.write(0);`
	`wait(100, SC_NS);`
	`reset.write(1);`
	`wait(5, SC_NS);`
	`reset.write(0);`
	`wait(100, SC_NS);`
	`}`
	
	`SC_MODULE_EXPORT(new_top);`

　　表 4-4 是第二个例子的代码，左侧是修改前的 SystemC 代码，右侧是修改后的 ModelSim 代码。这个例子用来解释在出现多个 sc_start()函数的时候如何修改 SystemC 代码。如果出现了一个 sc_start()函数，那么可以在 ModelSim 中使用 run 命令来实现该函数。如果在代码中出现了多个 sc_start()函数，那么要按照表 4-4 中右侧代码的方框部分来修改左侧代码，即采用 SC_THREAD()函数。除此部分外，代码中的其他部分可以仿照第一个例子实现转换。

　　第三个例子是为了说明使用 SystemC 的 SCV 库时的修正方法，如表 4-5 所示。要注意保持在 sc_main()函数中的排列顺序，否则编译时会报错。另外，子元素不能出现在初始化列表中，而且必须创建为指针形式，如表 4-5 右侧代码所示。

表 4-5　第三个例子的代码

修改前的 SystemC 代码	修改后的 ModelSim 代码

int sc_main(int argc, char* argv())
{
scv_startup();
scv_tr_text_init();
scv_tr_db db("my_db");
scv_tr_db db::set_default_db(&db);
 	
sc_clock clk ("clk",20,0.5,0,true);
sc_signal<bool> rw;
test t("t");
 	
t.clk(clk);;
t.rw(rw);
 	
sc_start(100);
}
	SC_MODULE(top)
	{
	sc_signal<bool>* rw;
	test* t;
	
	SC_CTOR(top)
	{
	scv_startup();
	scv_tr_text_init()
	scv_tr_db* db = new scv_tr_db("my_db");
	scv_tr_db::set_default_db(db);;
	
	clk = new sc_clock("clk",20,0.5,0,true);
	rw = new sc_signal<bool> ("rw");
	t = new test("t");
	}
	};
	
	SC_MODULE_EXPORT(new_top);

　　修改 SystemC 代码后可以进行第三步操作，即对 SystemC 代码进行编译。SystemC 代码的编译命令是 sccom。在 sccom 命令后接文件名即可编译 SystemC 代码，格式如下：

```
sccom <参数> filename.cpp
```

　　编译多个参数可以在一行命令中完成，在文件名的位置一次输入多个文件名即可，要注意这样使用命令，编译时的顺序是按照文件的输入顺序进行的。例如，命令行中的文件名顺序为 file1.cpp、file2.cpp，在编译的时候就会按照先 file1.cpp 后 file2.cpp 的顺序进行。

　　在默认条件下，使用 sccom 命令调用 C++编译器是不进行任何优化的。如果需要，那么可以在命令格式的参数位置添加任何符合标准的命令参数，实现需要的优化选项。在 ModelSim 中，SystemC 代码的源文件调试也是默认不可兼容的，即只能使用 g++或 aCC 命令进行编译，可以在参数位置添加-g 命令进行通用编译。

　　对于 sccom 命令，ModelSim 还提供了一个名为 MTI_SYSTEMC 的宏，用来切换修改前的

SystemC 代码和修改后的 ModelSim 代码。例如，对于表 4-5 中的代码就可以写成以下形式：

```
#ifdef  MTI_SYSTEMC
SC_MODULE(mytop)
{
sc_signal<bool> mysig;
mymod mod;

SC_CTOR(mytop)
  : mysig("mysig"),
  mod("mod")
{
  mod.outp(mysig);
}
};

SC_MODULE_EXPORT(top);

#else
int sc_main(int argc, char* argv())
{
    sc_signal<bool> mysig;
    mymod mod("mod");
    mod.outp(mysig);

    sc_start(100, SC_NS);
}
#endif
```

在这个代码中使用到了#ifdef - #endif 语句和 MTI_SYSTEMC 宏。当 ModelSim 中运行 sccom 命令的时候，ModelSim 会自动调用程序的前半部分，即由#ifdef 引领的代码部分。当 ModelSim 仿真 SystemC 代码时，由于不使用 sccom 命令，因此 ModelSim 会自动调用程序 的后半部分，即由#else 引领的代码部分。如此使用可以方便切换不同形式的代码，更利于 操作。

在实际的设计工作中，遇到的测试环境会很复杂，此时需要使用多个编译器同时运行， 这些编译器并非全是 ModelSim。有时用户希望用 g++或 aCC 命令来编译一部分设计，或者有 一部分成型的代码或不是 SystemC 格式的代码，不希望用 sccom 命令编译，这时也可以使用 g++或 aCC 命令来编译这些设计，只是需要注意一些基本的规则。

（1）使用 sccom 命令的规则。

以下操作规则决定了什么时候该如何使用 sccom 命令进行编译。

- 必须使用 sccom 命令编译所有参考 SystemC 得来的设计代码。
- 在使用 sccom 命令时，不需要使用-I 编译选项。使用该选项是为了指定包含 SystemC 文件的路径或指定 SystemC 头文件的位置。使用 sccom 命令的时候仿真器会自动而准 确地完成这项功能。
- 如果使用 C++编译器编译了 C/C++函数，生成一个文档或对象，那么必须使用 sccom 命令链接到这个设计。

（2）使用 g++命令的规则。

如果使用 g++命令编译非 SystemC 代码，那么需要遵循以下规则。

- 命令参数-fPIC 是必须使用的。
- 对于 C++代码，用户必须使用 ModelSim 内嵌的 g++，或者使用在 CppPath.ini 变量中建立并指定的自定义 g++。

（3）使用 HP aCC 命令的规则。

如果使用 HP aCC 命令编译非 SystemC 代码，那么需要遵循以下规则。

- 对于 C++代码，在编译时必须使用+Z 或 –AA 参数。
- 必须使用 HP aCC 3.45 版本或更高版本。

通过第（3）步编译好的文件可以链接由第（3）步生成的对象文件。链接的命令如下：

```
sccom -link
```

该命令会把散落在不同设计库中的对象文件收集起来，并在当前的工作库或指定的工作库中建立一个共享库（.so），这样就可以在当前仿真中使用到这些零散的设计文件。

4.3.3　设计仿真和调试

编译完 SystemC 代码后就可以进行仿真了。仿真的指令依然是 vsim 命令，格式与 HDL 的格式一样。因为在转换的时候把所有 sc_main()都转换成了 SC_MODULE (module_name)形式，所以在编译时输入的命令就是 vsim module_name。输入该命令后会和 HDL 语言一样出现 sim 标签和 Objects 窗口，如图 4-55 所示。SystemC 仿真时，图 4-55 中所有对象的颜色都是深绿色，可以使用 ModelSim 观察三种不同语言仿真时的区别。

运行仿真的命令也和 HDL 运行仿真的命令一样。例如，运行仿真 1000ns，需要在命令行中输入 run 1000ns 命令，在 sim 标签或 Objects 窗口中选择信号添加到波形或列表窗口进行观察，查看最终的数据是否满足设计要求。这些仿真的操作方式在 HDL 中都已详细介绍过，这里不再重复。

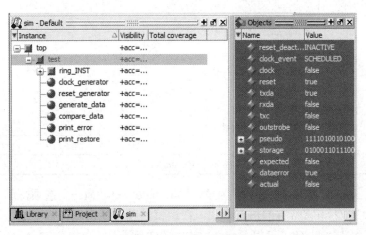

图 4-55　SystemC 仿真

如果仿真结果不能满足设计要求，就要进行 SystemC 调试。SystemC 中可以在 sim 标签或 Objects 窗口中显示的对象如表 4-6 所示，只有显示的对象才能在调试中观察信号变化。

表 4-6　可显示的对象

通道	端口	变量	聚合
sc_clock sc_event sc_export sc_mutex sc_fifo<type> sc_signal<type> sc_signal_rv<width> sc_signal_resolved tlm_fifo<type>	sc_in<type> sc_out<type> sc_inout<type> sc_in_rv<width> sc_out_rv<width> sc_inout_rv<width> sc_in_resolved sc_out_resolved sc_inout_resolved sc_in_clk sc_out_clk sc_inout_clk sc_fifo_in sc_fifo_out	所有 C++或 SystemC 中的变量都支持	只有三种 aggregate 形式支持调试： struct class array

调试的时候可能会使用到波形比较功能，这个功能会在第 5 章介绍，这里进行简单说明。波形比较支持所有可显示的 SystemC 信号和变量，可以用波形比较功能比较 SystemC、Verilog 和 VHDL 对象的值。对于完全是 SystemC 的设计比较，可以比较任意两个大小和类型相同的信号。对于不同语言的混合仿真比较，可参见表 4-7，需要注意向量包含的元素个数一定要相同。

表 4-7　混合仿真可比较对象

文 件 类 型	对 象 类 型
C/C++ types	bool, char, unsigned char short, unsigned short int, unsigned int long, unsigned long
SystemC types	sc_bit, sc_bv, sc_logic, sc_lv sc_int, sc_uint sc_bigint, sc_biguint sc_signed, sc_unsigned
Verilog types	net, reg
VHDL tupes	bit, bit_vector, boolean, std_logic, std_logic_vector

在 SystemC 调试中，可选择菜单栏中的"Simulate"→"Step"选项，用子命令菜单进行步进式仿真，这是 C 语言特有的仿真模式。在调试过程中还可以设置中断点，设置的方式与 HDL 中设置的方式完全一致，可以参考 4.2 节中的实例。

4.3.4　常见错误

修改 SystemC 代码使其转换成可以使用在 ModelSim 中的代码形式，这是一个非常重要的过程。在这个过程中，可能会遇见一些常见的错误，本节就对这些常见的错误进行总结。

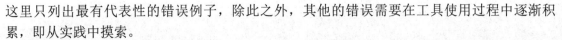

这里只列出最有代表性的错误例子，除此之外，其他的错误需要在工具使用过程中逐渐积累，即从实践中摸索。

在 SystemC 仿真的时候需要注意栈空间的大小。在设计文件中，一些任务和函数都会根据自身变量的需要来申请一定深度或字节数的栈空间。在 SystemC 中为每个线程提供的栈空间大小是 10000B。但是这个空间大小可能会不够。如果有一个或多个线程需要设定更大的栈空间，那么可以使用 SystemC 中的 set_stack_size()函数把栈空间调节到需要的大小。

在 SystemC 仿真的时候，由于使用到一些未定义的符号，可能会在提示信息中看到类似 "failed to load sc lib" 字样的消息。例如，下面的提示信息：

```
# Loading /home/cmg/newport2_systemc/chip/vhdl/work/systemc.so
# ** Error: (vsim-3197) Load of "/home/cmg/newport2_systemc/chip/
 vhdl/work/systemc.so"
 failed: ld.so.1:
/home/icds_nut/ModelSim/sunos5/vsimk: fatal: relocation error: file
/home/cmg/newport2_systemc/chip/vhdl/work/systemc.so:
symbol _Z28host_respond_to_vhdl_requestPm: referenced symbol not found.
# ** Error: (vsim-3676) Could not load shared library /home/cmg/
newport2_systemc/chip/vhdl/work/systemc.so for SystemC module 'host_xtor'.
```

未定义符号（undefined symbol）的来源主要有以下几种。

（1）定义缺失，由于书写错误或遗漏。

如果未定义符号的来源是新的设计或设计库中的 C 函数，则需要检查确定是否使用了 extern "C" 函数声明了该 C 函数。声明的格式如下：

```
extern "C" void myFunc();
```

这个声明应该在使用 sccom 命令编译 C++头文件时就出现在头文件中。这样编译器就会把该函数识别成 C 函数，否则编译器会将该函数视为 C++类型，该函数就会成为未定义符号。

同样，要完全确定链接的对象文件中是否定义了所有的符号类型，可以在 UNIX 平台下使用 nm 工具测试使用到的 SystemC 代码或使用 SystemC 代码生成的链接库文件。例如，在命令行中使用到了以下语句：

```
sccom ttop.cpp
sccom -link Mylib.a
```

这里链接的库文件如果是一个未定义的类型，就要使用 nm 工具来定义该类型。例如，可以使用以下语句：

```
nm Mylib.a | grep "mySymbol"
```

（2）类型缺失，由于书写错误或遗漏。

这类错误需要注意 SystemC 代码中所有设计层次的项是否在模块的声明区进行了声明，如果没有声明，那么使用 sccom 命令时这些项是被忽略的。

例如，对于下面给出的设计代码，在 SystemC 模块的 SC_CTOR 函数中进行的声明就是一种不被识别的声明，在编译时就会提示错误：

```
SC_MODULE(Export)
{
   SC_CTOR(Export)
   {
      test *testInst;
```

```
        testInst = new test("test");
    }
};
```

仔细分析该错误的来源，是因为从 SystemC 语法的角度上看不到任何关于 test 的定义，所以这个 test 类型会被识别为没有任何类型信息，从而产生本类错误。解决该错误的方式很简单，就是把声明放到 SystemC 语法要求的声明区域。

（3）使用了其他厂商的 SystemC 2.1 头文件。

SystemC 2.1 包含对 SystemC 头文件的版本控制，如果在编译一个 SystemC 代码时使用了其他厂商提供的 SystemC 2.1 头文件，并且试图使用 sccom -link 命令链接该设计文件，那么在载入该设计的时候会出现以下错误提示：

```
** Error: (vsim-3197) Load of "work/systemc.so" failed: work/systemc.so:
undefined symbol: _ZN20sc_api_version_2_1_0C1Ev.
```

解决该错误的方式是重新使用 sccom 命令编译该代码，并确保 sccom 命令读入的路径不指向任何的 SystemC 2.1 安装路径，在默认的情况下使用 sccom 命令会自动选择 ModelSim 的 SystemC 头文件。

（4）在使用 sccom -link 命令时指定了一个不好的链接顺序。

在使用 sccom -link 命令时，输入-link 选项的位置是十分重要的。例如，以下两行语句有很大的不同：

```
sccom -link liblocal.a
sccom liblocal.a -link
```

第一行语句确保 SystemC 对象文件先被链接器看到，而 liblocal.a 库会在对象文件之后被看到；第二行语句确保 liblocal.a 库先被编译器看到。

（5）多次定义某一符号。

在使用 sccom -link 命令的时候最常出现的错误就是多次定义错误。类似如下的错误信息：

```
work/sc/gensrc/test_ringbuf.o: In function
`test_ringbuf::clock_generator(void)':
work/sc/gensrc/test_ringbuf.o(.text+0x4): multiple definition of
`test_ringbuf::clock_generator(void)'
work/sc/test_ringbuf.o(.text+0x4): first defined here
```

这个错误出现的原因在于一个全局符号出现了多次。有两种常见的原因，一是在工作目录中存在旧的.o 文件；二是在头文件中存在错误的定义。

第一种情况比较简单，如果存在旧的.o 文件引起了定义的冲突，那么只需移除这个旧文件，可以使用菜单栏删除，或者使用以下的命令格式删除：

```
vdel -lib <lib_path> -allsystemc
```

第二种情况要注意，如果使用头文件进行定义，那么该头文件不要在 C++文件中多次被引用。根据编译器的错误提示，在源文件（或头文件）中查找被多次定义的符号，更改可能出现的多次定义错误。此外，如果在头文件中定义了 out-of-line 函数，而且该函数被两个以上的 C++文件引用，那么在编译时，该函数会生成两个.o 文件，从而引发该类错误。

4.4 混合语言仿真

ModelSim 采用单内核仿真器，允许仿真多种设计文件。例如，可以仿真使用 VHDL、

Verilog HDL、SystemVerilog 和 SystemC 语言编写的设计代码。一个设计单元尽管在其内部描述时只可以使用一种语言而不能使用多种语言，但是可以被其他语言的代码进行实例化引用。设计层次中的任何单元都可以采用其他语言进行描述，对此类设计的仿真成了多语言混合仿真，或者混合语言仿真。

混合语言仿真有一个基本流程，可以分为以下五步。

（1）编译设计源文件。对 Verilog 语言使用 vlog 命令编译，对 VHDL 语言使用 vcom 命令编译，对 SystemC/C++语言使用 sccom 命令编译。按照编译的顺序规则编译设计中的全部模块。

- 对于包含 HDL 实例的 SystemC 文件，需要创建一个 SystemC 语言编写的外部模块，声明全部的 Verilog 或 VHDL 实例。
- 对于包含 SystemC 实例的 Verilog/VHDL 文件，需要输出 SystemC 的实例名称，并使用 SC_MODULE_EXPORT 宏命令。采用这种方式改写的设计单元可以像 Verilog/VHDL 模块一样任意进行实例化引用。

（2）对于包含 SystemC 实例的设计，使用 sccom -link 命令链接所有设计中使用到的对象文件。

（3）优化设计。

（4）使用图形操作界面或 vsim 命令启动仿真。

（5）运行仿真并调试设计文件。

以上是简单描述，具体的操作细节会在后面一一介绍。

4.4.1　编译过程与公共设计库

VHDL 源文件代码采用 vcom 命令编译，编译后的设计单元（包括 entity、architecture、configuration 和 package 类型）会存储在工作库中。Verilog 源文件代码采用 vlog 命令编译，编译后的设计单元（module 和 UDP 类型）也会存储在工作库中。SystemC/C++源文件代码采用 sccom 命令编译，编译后的对象文件同样会存储在工作库中。只要设计单元的名称没有重复，设计库就可以存储所有使用 ModelSim 支持的语言编写的设计。

Verilog 允许使用层次化的访问设计中的对象，但是对 VHDL 和 SystemC 是不允许的，不能直接读取或改变 VHDL 和 SystemC 中的对象（如信号、变量等）。同样，在 Verilog 设计中如果使用了 VHDL 或 SystemC 语言编写的块，那么是不能直接访问的。有两种方式访问 VHDL 对象：一种是把需要访问的对象通过层次化设计的端口传送出来；另一种是使用信号探测或系统任务功能。访问 SystemC 中的对象也可以采用层次化设计端口输出需要的信号的方式，还可以使用控制或观察函数。例如，可以使用 control_foreign_singal() 或 observe_foreign_signal()函数来控制或观察设计中的各层次信号。

SystemVerilog 的绑定结构可以允许把一个 Verilog 设计单元绑定到另一个 Verilog 设计单元上，或者把一个 Verilog 设计单元绑定到 VHDL 设计单元上。在验证过程中，把 SystemVerilog 的断言语句绑定到 VHDL、Verilog 或混合语言设计单元上是十分有效的检测手段。绑定两个设计单元并不困难。如果需要把一个 SystemVerilog 的断言语句绑定到一个 VHDL 设计单元上，那么可以采用的步骤如下：

- 创建 Verilog 模块，编写断言语句。
- 指定一个目标，可以是 VHDL 中的实体或一对实体/结构体。

- 使用绑定语句把断言语句绑定到指定的目标上。

使用时唯一需要注意的是绑定语句不能嵌套，即一个绑定语句中不能出现另一个绑定语句，否则 ModelSim 就会报错。

SystemVerilog 中的枚举类型与 VHDL 中的枚举类型很相似。在 VHDL 中，枚举类型被赋予左侧为零的枚举值，在 SystemVerilog 中同样可以定义枚举值。因此，绑定结构也可以用来把 VHDL 枚举类型端口映射到 Verilog 的端口向量。

端口映射对输入端口和输出端口都支持，枚举类型的整数值在连接到 Verilog 端口前会被转换成向量的形式。要注意：不能把枚举值连接到实际的端口，因为端口接入的值必须是一个信号。端口向量要小于或等于 32。

这种在 VHDL 枚举类型和 Verilog 向量类型之间的端口映射仅在一种情况下是被允许的，就是在 VHDL 设计中引用 Verilog 实例，正常的实例化过程是不支持此类描述的。对于这种端口的映射可以举例说明，如果想用 SVA 来监视 VHDL 状态机，且该状态机是用枚举类型描述的，就可以使用这种映射方式。VHDL 文件中包含的代码如下：

```
type fsm_state is(idle, send_bypass,
    load0,send0,load1,send1,load2,send2,load3,send3,load4,send4,load5,
    send5,
    load6,send6, load7,send7, load8,send8,load9,send9, load10,send10,
    load_bypass, wait_idle);
signal int_state : fsm_state;
signal nxt_state : fsm_state;
```

上述代码向 Verilog 代码进行端口映射，首先要定义好模块名，然后把向量映射到枚举类型上，由于代码中的状态机有 26 个值，所以使用一个 5 位的向量输入端口足以表示这 26 个状态。得到的最终代码如下：

```
typedef enum {idle, send_bypass,
    load0,send0, load1,send1, load2,send2,load3,send3, load4,send4,
    load5,send5,
    load6,send6, load7,send7, load8,send8,load9,send9, load10,send10,
    load_bypass, wait_idle} fsm_state;
module interleaver_props (
    input clk, in_hs, out_hs,
    input [4:0] int_state_vec
    );
fsm_state int_state;
assign int_state = int_state_vec; // 完成枚举和矢量的映射
……
```

如果在混合语言仿真中只有一个顶层模块，那么顶层模块的分辨率会应用到整个设计中。如果混合语言设计的基准是 VHDL 语言，那么采用 VHDL 语言的仿真分辨率。如果混合语言设计的基准是 Verilog 语言，那么采用 Verilog 语言的仿真分辨率。如果混合语言设计的基准是 SystemC 语言，那么采用 SystemC 语言的仿真分辨率，这些内容都在前面的小节中介绍过。

如果在混合语言仿真中有多个顶层模块，就要使用以下算法。

- 如果当前使用的是 VHDL 语言或 SystemC 语言，那么 Verilog 语言的仿真分辨率会被忽略。

- 如果当前使用的是 VHDL 语言和 SystemC 语言，那么仿真分辨率取决于哪个设计单元先被描述。对于下面的命令：

```
vsim sc_top vhdl_top -do vsim.do
```

这时，SystemC 语言的仿真分辨率会被选中（默认为 1ns）。如果是下面的命令：

```
vsim vhdl_top sc_top -do vsim.do
```

那么 VHDL 语言的仿真分辨率会被选中。

- 当仿真器使用了-t 命令参数时，所有在源文件代码中指定的仿真分辨率都会被忽略。

4.4.2　映射数据类型

HDL 的跨语言实例化不需要用户进行任何额外的工作。当 ModelSim 载入一个设计时，它会自动地检测跨语言实例化，这种检测是依托库来完成的，因为当设计被编译到库中时就确定了是哪种语言的设计。同样，必要的改写和数据类型转换也是可以自动完成的。SystemC 和 HDL 的跨语言实例化需要对 SystemC 代码进行小的修改（如增加 SC_MODULE_EXPORT 等）。ModelSim 中数据类型的映射将在下面一一给出。

（1）Verilog 向 VHDL 的映射。

Verilog 中参数的数据类型由该参数的初始化决定，Verilog 向 VHDL 中的参数映射如表 4-8 所示。

表 4-8　Verilog 向 VHDL 中的参数映射

Verilog 参数类型	VHDL 参数类型
integer	integer
real	real
string	string

Verilog 向 VHDL 进行端口映射需要符合一定条件，VHDL 中只有 bit、bit_vector、std_logic、std_logic_vector、vl_logic 和 vl_logic_vector 六种类型的数据可以映射到 Verilog 设计中的端口。

Verilog 中的状态映射到 VHDL 中的 std_logic 和 bit 类型，如表 4-9 所示。

表 4-9　Verilog 向 VHDL 的状态映射

Verilog 中的状态	std_logic	bit	Verilog 中的状态	std_logic	bit
Hiz	Z	0	La1	H	1
Sm0	L	0	LaX	W	0
Sm1	H	1	Pu0	L	0
SmX	W	0	Pu1	H	1
Me0	L	0	PuX	W	0
Me1	H	1	St0	0	0
MeX	W	0	St1	1	1
We0	L	0	StX	X	0
We1	H	1	Su0	0	0
WeX	W	0	Su1	1	1
La0	L	0	SuX	X	0

（2）VHDL 向 Verilog 的映射。

VHDL 中由 generic 指定的参数类型映射，如表 4-10 所示。

表 4-10　VHDL 向 Verilog 的参数映射

VHDL 类型	Verilog 类型	VHDL 类型	Verilog 类型
integer	integer 或 real	physical	integer 或 real
real	integer 或 real	enumeration	integer 或 real
time	integer 或 real	string	string literal

VHDL 中的 bit 类型向 Verilog 映射时，bit 为 0 时映射成 Verilog 中的 St0 状态，bit 为 1 时映射成 Verilog 中的 St1 状态。

VHDL 中的 std_logic 类型向 Verilog 映射，如表 4-11 所示。

表 4-11　VHDL 中的 std_logic 类型向 Verilog 映射

VHDL 中的 std_logic 类型	Verilog 中的状态	VHDL 中的 std_logic 类型	Verilog 中的状态
U	StX	W	PuX
X	StX	L	Pu0
0	St0	H	Pu1
1	St1	—	StX
Z	HiZ	—	—

（3）Verilog 和 SystemC 的相互映射。

SystemC 中的互连要比 Verilog 中的互连复杂，两者之间的映射也遵循一定规则。Verilog 和 SystemC 的数据类型是相互映射的，即从 Verilog 的 A 类型可以映射到 SystemC 的 B 类型，从 SystemC 的 B 类型可以映射到 Verilog 的 A 类型，只有两种语言设计中的状态不是相互映射的。相互映射关系如表 4-12、表 4-13 和表 4-14 所示。

表 4-12　SystemC 中 Chanel 和 Port 类型的映射

Chanel	Port	Verilog 中的映射
sc_signal<T>	sc_in<T> sc_out<T> sc_inout<T>	具体展开见表 4-13
sc_signal_rv<W>	sc_in_rv<W> sc_out_rv<W> sc_inout_rv<W>	wire [W-1:0]
sc_signal_resolved	sc_in_resolved sc_out_resolved sc_inout_resolved	wire [W-1:0]
sc_clock	sc_in_clk sc_out_clk sc_inout_clk	wire

续表

Chanel	Port	Verilog 中的映射
sc_mutex	N/A	不支持
sc_fifo	sc_fifo_in sc_fifo_out	不支持
sc_semaphore	N/A	不支持
sc_buffer	N/A	不支持
user-defined	user-defined	不支持

表 4-13　SystemC 和 Verilog 的数据类型转换（部分）

SystemC 的数据类型	Verilog 的数据类型	SystemC 的数据类型	Verilog 的数据类型
bool, sc_bit	wire	char, unsigned char	wire[7:0]
sc_logic	wire	short, unsigned short	wire[15:0]
sc_bv<W>	wire[W-1:0]	int, unsigned int	wire[31:0]
sc_lv<W>	wire[W-1:0]	long, unsigned long	wire[31:0]
sc_int<W> sc_uint<W>	wire[W-1:0]	long long, unsigned long long	wire[63:0]
sc_bigint<W> sc_biguint<W>	wire[W-1:0]	float	wire[31:0]
sc_fixed<W,I,Q,O,N> sc_ufixed< W,I,Q,O,N >	wire[W-1:0]	double	wire[63:0]

表 4-14　端口方向映射

Verilog	SystemC
input	sc_in<T>, sc_in_resolved, sc_in_rv<W>
output	sc_out<T>, sc_out_resolved, sc_out_rv<W>
inout	sc_inout<T>, sc_inout_resolved, sc_inout_rv<W>

　　Verilog 中的状态向 SystemC 中的状态映射关系表过长，这里不予列出，想要了解具体的映射关系可以查找 ModelSim 的帮助文件。

　　SystemC 中的状态向 Verilog 中的状态映射较少，SystemC 中的 bool 为 false 时，映射为 Verilog 中的状态 St0，bool 为 true 时映射为 Verilog 中的状态 St1。sc_bit 为 0 时映射为 Verilog 中的状态 St0，sc_bit 为 1 时映射为状态 St1。sc_logic 为 0 时映射为状态 St0，sc_logic 为 1 时映射为状态 St1，sc_logic 为 Z 时映射为状态 HiZ，sc_logic 为 X 时映射为状态 StX。

　　（4）VHDL 和 SystemC 的相互映射。

　　与 Verilog 和 SystemC 的相互映射类似，VHDL 和 SystemC 中的数据类型也是相互映射的，状态是单向映射的。数据类型的映射可以查看 ModelSim 的帮助文件，这里只给出状态的映射。VHDL 向 SystemC 的状态映射如表 4-15 所示。

表 4-15　VHDL 向 SystemC 的状态映射

std_logic	sc_logic	sc_bit	bool
U	X	0	false
X	X	0	false
0	0	0	false
1	1	1	true
Z	Z	0	false
W	X	0	false
L	0	0	false
H	1	1	true
—	X	0	false

　　SystemC 向 VHDL 的状态转换是完全对应的。例如，sc_bit 为 0 时映射到 VHDL 也是 0，sc_bit 为 1 时映射到 VHDL 也是 1。此外，SystemC 中的 sc_logic 映射到 VHDL 的 std_logic 也是完全相同的，SystemC 中的 bool 映射到 VHDL 是从 false 映射到 false，从 true 映射到 true。

4.4.3　VHDL 调用 Verilog

　　从这里开始将介绍三种设计语言的相互调用。首先介绍的是在 VHDL 设计中调用 Verilog 设计单元，即实例化一个 Verilog 模块。一个 Verilog 模块满足以下条件时可以在 VHDL 设计中被调用。

- 设计单元是 module（模块）或 configuration（配置），UDP（用户自定义原语）是不允许被调用的。
- 端口是被命名的端口，不要采用未命名的端口。
- 端口不能连接到双向开关。

被编译到库中的 Verilog 模块可以像 VHDL 实体一样在 VHDL 设计中被实例化，同样，Verilog 的配置文件也可以像 VHDL 设计中的配置文件一样被调用。要实现此操作可以使用 vgencomp 命令，从库中引出模块的接口和声明。如果给出了一个库和模块的名字，那么 vgencomp 命令会写出一个带有标准输出的元件声明。默认的元件端口类型是 std_logic 和 std_logic_vector，可供选择的类型还有 bit、bit_vector、vl_logic 和 vl_logic_vector。

　　声明后的 VHDL 实体的名字、端口名和参数名与初始的 Verilog 模块名、端口名和参数名相同。在出现以下三种情况时，ModelSim 会把 Verilog 标识符转化成 VHDL 1076-1993 扩展标识符。

- Verilog 标识符不是一个有效的 1076-1987 标识符。
- 使用-93 命令参数对 Verilog 模块进行编译。这时，如果使用有效的小写标识符可以避免这种情况，那么对于有效的小写标识符，即使使用了-93 命令参数，标识符也不会被改变。
- Verilog 标识符并不是唯一的。例如，在设计中，同一个模块使用了两个 mymodule 的标识符，ModelSim 会把第一个转化成\mymodule\。

使用 vgencomp 命令声明元件也要遵循一定的规则，主要是参数和端口的对应。当 Verilog 模块中有参数 parameter 时，VHDL 声明中就会对应地使用 Generic，在 VHDL 中使用参数的类型与 Verilog 中参数的初始赋值有关，如表 4-16 所示。

表 4-16　参数对应举例

Verilog 参数类型	举　例	VHDL 参数类型	举　例
integer	parameter p1=3-1	integer	p1: integer:=2
real	parameter p2=1.0	real	p2: real:=1.000000
string literal	parameter p3= "Hi"	string	p3: string:= "Hi"

　　列表的对应关系也是按照 Verilog 向 VHDL 映射的方式进行的，可以把 VHDL 的端口定义为 bit、std_logic 或 vl_logic 类型。如果 Verilog 中的端口不是一位，而是有一定的位宽，那么 VHDL 会把这些端口定义成 bit_vector、std_logic_vector 或 vl_logic_vector 类型。端口声明举例如表 4-17 所示。

表 4-17　端口声明举例

Verilog 端口	VHDL 端口
input p1;	p1: om std_logic;
output [15:0] p2;	p2: out std_logic_vector(15 downto 0);
output [2:5] p3;	p3: out std_logic_vector(2 to 5);
inout [DEP-1:0] p4	p4: inout std_logic_vector;

　　Verilog 允许模块中有未命名的端口，但是 VHDL 要求所有的端口都有名字。如果 Verilog 模块中有端口是未命名的，那么整个模块都被认为是未命名的，这样就不可能创建一个匹配的 VHDL 单元。在这种特例情况下，VHDL 不能在模块中实例化 Verilog 设计。未命名的端口常常出现在端口列表中，包含位选、部分范围的选择。例如，有以下代码：

```
module m(a[2:0], b[1], b[0], {c,d,e});
    input [2:0] a;
    input [1:0] b;
    input c, d, e;
endmodule
```

　　即使没有对代码中的 a[2:0]端口范围使用位选，而是全部使用，该端口也会被认为是一个未命名的端口。这也是最常见的错误之一，就是在端口列表中加入了向量的范围，只要把范围去除即可。对于 b 端口，由于两部分都是单独使用的，所以不会被认为是未命名的端口。在使用过程中应当尽量避免此类错误。

　　Verilog 模块中还有一类空端口，同样是未命名的端口，但是要区别对待。如果未命名的端口只是空端口，那么该模块中的其他端口依然可以使用命名连接的方式连接到 VHDL 设计。例如，对于以下代码：

```
module m(a, , b);
    input a, b;
endmodule
```

　　尽管在端口 a 和 b 之间有一个空端口，但是被命名的端口 a 和 b 依然可以在 VHDL 设计中被正常连接，也就是说该模块依然可以在 VHDL 设计中被实例化引用。

4.4.4 Verilog 调用 VHDL

在 Verilog 设计中可以实例化 VHDL 设计单元。VHDL 设计单元需要满足以下条件才能被 Verilog 调用。

- VHDL 设计单元可以是实体/结构体或配置文件。
- 实体的端口列表需要是 bit、bit_vector、std_ulogic、std_ulogic_vector、vl_ulogic、vl_ulogic_vector 或其他子类型，端口列表可以是这些类型的任意混合。
- VHDL 中的参数类型只能是 integer、real、time、physical、enumeration 或 string 类型。string 类型也是唯一被允许使用的复合类型。

在 Verilog 设计中实例化的实体名称是不分大小写的，如果没有指定，那么 ModelSim 会自动把实体默认的结构体从工作库中挑选出来进行实例化引用。端口和参数也是不区分大小写的。端口名称只在使用了 VHDL 1076-1993 时才区分大小写。如果是这种情况，那么 VHDL 标识符前后的反斜线 "\\" 在比较前就被移除了。参数没有例外，忽略大小写，依照在实体中出现的顺序依次列出参数的真值表，唯一要注意的是 Verilog 语法中的 defparam 语句不可以设置 VHDL 中的参数值。

4.4.5 SystemC 调用 Verilog

如果想要在 SystemC 设计中实例化调用 Verilog 设计单元，那么必须先把想要实例化的 Verilog 设计单元使用 SystemC 语言声明并生成一个外围模块，创建该声明后就可以像其他 SystemC 一样调用 Verilog 设计单元了。能够被实例化的 Verilog 设计单元也要具有一定的标准，具体标准如下。

- 设计单元必须是模块，不能使用 UDP 或 Verilog 原语。
- 端口必须是被命名的端口（与 4.4.3 节中类似）。
- Verilog 设计单元的名称必须是 C++的有效标识符。
- 端口不能双向连接。

外围模块可以由下列两种方式创建（任选其一）。

① 运行 scgenmod 命令，会生成一个有效的外围模块（类似在 VHDL 中使用 vgencomp 命令生成元件声明）。如果一个 Verilog 设计单元已经被编译过，那么可以使用 scgenmod 命令生成外围模块声明，最简单的命令形式如下：

```
scgenmod mymodule
```

mymodule 的位置可换为 Verilog 设计单元名。

② 手动修改 Verilog 源文件。修改时要注意，SystemC 设计中的端口要与 Verilog 的端口相对应，而且必须使用被命名的端口，不要出现未命名的端口。由 Verilog 文件修改得来的 SystemC 设计中不能有子单元，一些子单元实例化都是不允许出现的。

举一个简单的例子进行说明，假设一个 Verilog 设计单元需要在 SystemC 设计中被使用，代码如下：

```
module vcounter (clock, tcount, bcount);
    input clock;
    input tcount;
    output bcount;
```

```
    reg bcount;
    ......
  endmodule
```

修改后的 SystemC 代码如下（可参考 SystemC 语法进行修改）：

```
class mycounter : public sc_foreign_module {
  public:
  sc_in<bool> clock;
  sc_in<sc_logic> tcount;
  sc_out<sc_logic> bcount;
mycounter(sc_module_name nm)
  : sc_foreign_module(nm, "lib.vcounter"),
  clock("clock"),
  tcount("tcount"),
  bcount("bcount")
  {}
};
```

这个得到的 SystemC 代码就可以在其他 SystemC 文件中进行实例化调用了。例如：

```
mycounter dut ("dut")
```

在 SystemC 中实例化调用 Verilog 设计单元还要注意参数问题，因为在 SystemC 中没有参数的概念，所有参数值都要通过 SystemC 的外围模块传送到模块内。为了实例化含有参数定义的 Verilog 设计单元，必须把两个参数值传输给 sc_foreign_module：参数的数量和参数的列表。

4.4.6　Verilog 调用 SystemC

在 Verilog 设计中调用 SystemC 设计单元要满足以下几点要求。

- SystemC 设计单元名要区分大小写。在 SystemC 实例化位置的名称一定要与 SystemC 设计单元的实际名称精确匹配。
- 要使用 SC_MODULE_EXPORT 宏命令输出 SystemC 设计单元。
- 设计单元端口要使用可映射的端口类型。
- 端口类型必须精确匹配。

实例化 SystemC 设计单元最重要的一点就是要使用 SC_MODULE_EXPORT 宏命令输出模块，假设一个 SystemC 设计单元被命名为 myexamplev，且已经在 myexampv.h 这个头文件中进行了声明，则该设计单元必须采用以下语句输出（下列语句应该在 C++文件中）：

```
#include "myexampv.h"
SC_MODULE_EXPORT(myexamplev);
```

在 Verilog 中调用 SystemC 的过程与 SystemC 设计改写的过程十分相似，可以参考 4.3 节中的内容修改 SystemC 设计单元，需要注意的地方就是参数。前面提到过，在 SystemC 中调用 Verilog 设计单元要解决参数的传输问题，在 Verilog 中调用 SystemC 设计单元同样要考虑此问题。在取参数值的过程中要使用到以下函数：

```
void sc_get_param(const char* param_name, int& param_value);
void sc_get_param(const char* param_name, double& param_value);
void sc_get_param(const char* param_name, sc_string& param_value, char
              format_char = 'a');
```

函数中的 param_name 定义了 Verilog 要使用的参数名称，后面部分定义了参数值，根据不同的参数类型要使用不同的类型定义。为了取得字符串，ModelSim 增添了第三个选项 format_char。这个选项需要指定类型，当类型是 ASCII 时对应选项是'a'或'A'，是二进制时对应选项是'b'或'B'，是十进制时对应选项是'd'或'D'，是八进制时对应选项是'o'或'O'，是十六进制时对应选项是'h'或'H'，默认情况下使用 ASCII 类型。

4.4.7　SystemC 调用 VHDL

VHDL 与 Verilog 都是硬件描述语言，在使用上十分相似，所以 SystemC 调用 VHDL 与调用 Verilog 非常类似，也是要先生成一个外围模块，再在 SystemC 设计中对这个模块进行实例化调用。被实例化调用的 VHDL 设计单元也要具有一定的标准：

- 设计单元必须是实体/结构体或配置文件。
- 实体端口必须是 type_bit、bit_vector、std_logic、std_logic_vector、std_ulogic、std_ulogic_vector 或其他子类型，而且可以使用这些类型的混合定义。只有局部静态子类型可以使用，同样，数组类型必须转化为局部静态类型。例如，对于 std_logic_vector（8 downto 0）就比 std_logic_vector（4*2 downto 0）要好，而且 std_logic_vector（4*2 downto 0）是不能进行实例化的。

生成外围模块的方式有两种：使用 scgenmod 命令或手动修改。使用 scgenmod 命令的格式和 4.4.5 节中的格式一样。手动修改时要注意 SystemC 设计中的端口要与 VHDL 设计单元的端口相对应，由 Verilog 修改得来的 SystemC 设计中不能有子单元等，均与 SystemC 调用 Verilog 设计单元相同。仿照 SystemC 调用 Verilog 设计单元的例子，这里给出一个需要在 SystemC 中实例化的 VHDL 设计单元，代码如下：

```
entity counter is
  port (count : buffer bit_vector(7 downto 0);
    clk : in bit;
    reset : in bit);
end;


architecture vhdcounter of counter is
  ......
end only;
```

转化后的 SystemC 代码如下：

```
class counter : public sc_foreign_module {
public:
    sc_in<bool> clk;
    sc_in<bool> reset;
    sc_out<sc_logic> count;
counter(sc_module_name nm)
    : sc_foreign_module(nm, "work.. counter(vhdcounter)"),
    clk("clk"),
    reset("reset"),
    count("count")
    {}
};
```

上面给出的 SystemC 代码可以在其他 SystemC 文件中进行实例化引用。例如：

```
mycounter dut("dut")
```

其中，dut 就是该 VHDL 设计单元经过实例化后的名称。

4.4.8　VHDL 调用 SystemC

在 VHDL 设计中调用 SystemC 设计单元时，SystemC 设计单元必须满足以下条件：

- SystemC 设计单元名是区分大小写的。在 SystemC 实例化位置的名称一定要和 SystemC 设计单元的实际名称精确匹配。
- 要使用 SC_MODULE_EXPORT 宏命令输出 SystemC 设计单元。
- 设计单元端口要使用可映射的端口类型。
- 端口类型必须精确匹配。

VHDL 中的元件声明采用 vgencomp 命令。如果给出了一个库和 SystemC 设计单元的名称，那么 vgencomp 命令会写出一个带有标准输出的元件声明。默认的元件端口类型是 std_logic 和 std_logic_vector，可供选择的类型还有 bit、bit_vector。使用 vgencomp 命令后端口的对应转化如表 4-18 所示。

表 4-18　使用 vgencomp 命令后端口的对应转化

SystemC 端口	VHDL 端口
sc_in<sc_logic>p1	p1 : in std_logic
sc_out<sc_lv<8>>p2	p2 : out std_logic_vector(7 downto 0)
sc_inout<sc_lv<8>>p3	p3 : inout std_logic_vector(7 downto 0)

SystemC 设计单元想要被调用，必须输出成 VHDL 能识别的形式。假设一个 SystemC 设计单元被命名为 myexamplevhd，且已经在 myexampvhd.h 这个头文件中进行了声明，则该设计单元必须采用以下语句输出（下列语句应该在 C++文件中）：

```
#include "myexampvhd.h"
SC_MODULE_EXPORT(myexamplevhd);
```

输出后的设计单元 myexamplevhd 就可以被 VHDL 设计调用了。

三种设计语言的混合仿真已经一一介绍，每种混合仿真之间其实都有一些联系，认真观察每种混合仿真中要求调用模块的标准或条件，有很多条件都是相同或相似的。这里只对混合语言仿真进行了基本介绍，更深入的知识需要在实际使用中去了解。

第 5 章

利用 ModelSim 进行仿真分析

第 4 章主要介绍了使用各种语言进行仿真的方式、流程和注意事项，在本章中将介绍如何观察和分析仿真的结果。ModelSim 提供了丰富的工具选项，可以使整个仿真分析过程更加清晰，仿真结果观察更加直观，操作更加方便。

 本章内容

- 功能仿真与时序仿真
- Dataset 文件
- 生成激励
- 波形窗口
- 存储器窗口
- 数据流窗口
- 覆盖率检测

 本章案例

- 数据流窗口操作示例
- 三分频时钟的分析
- 同步 FIFO 的仿真分析
- 基 2 的 SRT 除法器仿真分析

5.1 仿真概述

仿真（Simulation）是工程设计过程中的一个重要步骤，其作用是验证某些设计单元是否满足设计者的最初要求，故也属于验证的一种手段。用通俗的语言来解释，设计者根据最初撰写的设计文档完成了某个或某些设计单元，采用的语言可能有很多种。例如，第

4 章提到的 VHDL、Verilog 和 SystemC 等，在完成这些设计单元后，需要知道这些设计单元是否能真的按照文档中预期的要求来完成某些功能，所以编写了另外一个文件，格式可能有很多种，但实现的是同一种功能，即产生某些激励，把这些激励连接到设计单元的输入端或输出端，观察设计单元在这些激励的作用下会产生什么样的输出结果，再对这些输出结果进行分析，判断是否严格执行了预期的功能。如果能够很好地达到设计的初衷，那么这个设计单元被认为是一个符合要求的设计单元，可以按照设计流程进行下一步处理，如果不能达到设计的初衷，那么需要修改设计单元并对修改后的设计单元重复以上操作，这就是仿真的作用。在仿真过程中使用的激励被称为测试平台（Testbench）。

　　仿真可以分为软件仿真和硬件仿真。软件仿真指的是使用软件对设计代码进行测试，软件中只能模拟建立一个尽可能真实的环境，使整个设计仿佛工作在实际环境中一样。硬件仿真通常是使用代码生成某些中间文件，下载到 FPGA 等硬件平台中，使用实际电路测试设计的正确性。应该说，硬件仿真比软件仿真更具真实性和可信性，但付出的代价也较大，所以现在一般都采用软硬件混合仿真的方式。

　　单纯使用 ModelSim 进行仿真的是软件仿真，使用的设计单元是各种描述代码形式，且没有与硬件交互。常用的硬件描述语言的仿真工具有很多，如 VCS、Verilog-XL 等，都是著名的仿真器，ModelSim 也是其中之一。一般的仿真器只能实现一种语言的仿真，如对 VHDL 语言的仿真或对 Verilog 语言的仿真，但 ModelSim 是唯一采用单一内核就可以对 VHDL 和 Verilog 两种语言进行仿真的，并且支持混合仿真。而且 ModelSim 为每个 FPGA/CPLD 厂商都提供了适应该厂商的 OEM 版本，所以在 FPGA/CPLD 方面应用得比较广泛。

　　硬件描述语言的软件仿真根据是否加入延迟信息可以分为功能仿真和时序仿真。功能仿真仅仅验证设计代码是否可以完成预定功能，不考虑实际的延迟信息，所以当某一输入激励发生变化时，会立刻在输出端产生响应，即输入和输出之间没有时间的延迟。时序仿真加入了信号传输需要的时间延迟，这种延迟信息一般来自厂商。例如，FPGA 厂商或 IC 设计厂商会提供一个元件库或设计库，库中包含了该厂商对不同基本器件的延时描述，根据这些库来计算当前设计在实际电路中可能出现的延迟状态，对这种延迟状态进行仿真。功能仿真和时序仿真处于设计流程的不同阶段，功能仿真一般在设计代码完成后进行，验证功能是否正确，如果正确则表示可以尝试进行综合，在综合之后就会根据综合时的约束设置产生时序信息，这时可以进行时序仿真，验证设计是否满足时序要求，主要是 setup time（建立时间）和 hold time（保持时间）的检查。

　　ModelSim 可以方便独立地进行功能仿真，但是由于没有器件库，不能进行时序仿真，需要使用第三方软件进行协同后仿真，这个内容会在第 6 章中介绍，功能仿真和时序仿真进行仿真分析的过程和方式都是一样的，本章中仅以功能仿真为例介绍如何使用 ModelSim 的各种功能。

5.2　WLF 文件和虚拟对象

　　WLF 文件是 Wave Log Format 的缩写，即波形记录的一种格式。WLF 文件采用二进制的形式书写并被用来驱动调试窗口，这个文件中包含着被标记的对象数据（如信号、变量等）和对象的设计层次。用户可以记录全部的设计或选择感兴趣的对象进行指定记录，并可以调用存储的 WLF 文件进行观察和波形比较。

Dataset 就是一个先前被载入 ModelSim 中的仿真文件的副本，可以在 ModelSim 中被打开，打开时会在多标签区域出现对应的标签页，内含该 Dataset 所包含的模块信息。标签名称是之前保存的名称，如图 5-1 所示，sim 标签是当前仿真的标签，这个名称永远属于当前仿真，不会被更改。右侧的 vsim13 标签就是新打开的 Dataset 文件，与此同时，在波形窗口中也会出现对应的波形显示。

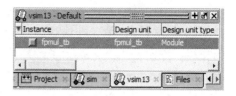

图 5-1　Dataset 举例

5.2.1　保存仿真状态

如果添加一个对象（从 sim 标签或对象窗口中选择）到波形窗口、数据流窗口或列表窗口，那么每个对象的仿真运行结果就会自动保存到名为 "vsim.wlf" 的文件中，这个文件会自动储存在 ModelSim 当前工作的文件夹中。如果在同一个工作文件夹中运行一个新的仿真，那么这个新仿真也会产生名为 "vsim.wlf" 的文件，从而覆盖先前生成的 WLF 文件。如果想要保存的 WLF 文件不被覆盖，就要采用某些方式保存该 WLF 文件。

常用的保存方式有两种，一种是使用菜单操作，另一种是使用命令行形式。使用菜单进行操作时，需要选中 Workspace 区域内的 sim 标签，之后在菜单栏中选择 "File" → "SaveDataset" 选项进行保存。选中此命令后会弹出图 5-2 所示的对话框。用户只需要在文件名区域输入指定的文件名，就可以保存文件了。此图中还有一个 vsim.wlf 文件，就是 ModelSim 在仿真过程中自动生成的 WLF 文件。

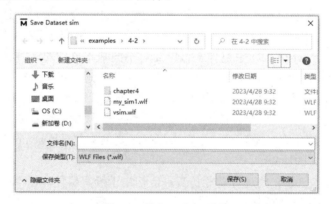

图 5-2　保存 Dataset 文件

使用命令行形式保存时，保存 Dataset 文件有专用的命令，命令格式如下：

```
dataset save <datasetname> <filename>
```

命令格式中 datasetname 是在仿真中 Dataset 文件的逻辑名称。例如，在图 5-1 中就有 sim 和 vsim13 两个逻辑名称。filename 是用户希望保存的名称，这个是由用户自行指定的。例如，如果想把逻辑名称为 sim 的波形信息进行保存，保存的名称命名为 "my_sim1.wlf"，那么可以使用以下命令：

```
dataset save sim my_sim1.wlf
```

执行该命令后，会在命令窗口中出现以下提示信息：

```
#Dataset "sim" exported as WLF file: my_sim1.wlf.
```

提示信息的表述已经很清楚了，Dataset "sim" 以 WLF 格式被保存，保存的名称是 "my_sim1.wlf"，这时打开工作文件夹，就可以看到刚被保存的文件。

Dataset 文件的打开方式有很多，如使用菜单栏打开时，选择"File"→"Open"选项，在打开文件的对话框中选择需要打开的 WLF 文件，如果各种格式的文件较多，那么也可以在文件类型选项中选择"Log Files（*.wlf）"过滤掉其他格式的文件。

文件过滤是很有必要的，如果用户是一个初学者，那么使用到的文件类型和数量一般不会太多，仅凭人力就可以分辨出各种格式的文件。但是如果用户进行一个项目或课题的管理，就会遇到大量不同格式相同名称的文件，仅在 ModelSim 打开的对话框中给出的文件类型就有 HDL 文件、C 文件、工程文件、宏文件、SDF 文件、文本文件、Do 文件和 Tcl 文件等，还不包括未给出的文件类型。一般来说，在 ModelSim 固定的位置选择打开命令，文件类型会自动进行过滤，如查看 Verilog 文件时选择打开，就会默认文件类型是 Verilog 类型。可以在波形窗口或 sim 标签中选择菜单栏中的"File"→"Open"选项，此时会弹出图 5-3 所示的选择窗口，因为 ModelSim 此时已经进行识别，在选中的波形区域内最可能打开的是 Dataset，即.wlf 格式的文件，所以会直接默认打开此类格式文件。注意右下角的文件类型一栏，默认选择的是 Log Files，后缀是"*.wlf"。

图 5-3　打开 WLF 文件

波形是 ModelSim 仿真中非常重要的分析对象，对于 WLF 文件，ModelSim 提供了菜单操作，在菜单栏中选择"File"→"Datasets"选项，即可弹出"Dataset Browser"对话框，如图 5-4 所示。单击"Open"按钮，可以打开图 5-5 所示的对话框。

图 5-4　"Dataset Browser"对话框　　　　图 5-5　"Open Dataset"对话框

在"Open Dataset"对话框中需要指定两个参数，一个是 Dataset Pathname（Dataset 路径名），另一个是 Logical Name for Dataset（Dataset 逻辑名称）。这两个参数是有联系的，前面也接触到，只是没有特别说明。一般情况下，选中 WLF 文件后，文件名称就是该 Dataset 的逻辑名称。例如，选择一个名为"vsim1.wlf"的文件，其 Dataset 逻辑名称会默认为 vsim_1，但是可以根据需要进行修改，修改后的逻辑名称会被显示在波形窗口中。

打开指定的 Dataset 后，在 Workspace 区域会出现新的标签，如图 5-6 所示，该标签名称与 Dataset 逻辑名称相同，如果打开 vsim1.wlf 文件，那么出现的标签名称就是 vsim_1。在标签内会有该 Dataset 保存的对象名称，与在 sim 标签中的操作一样，选中标签内的对象，使用右键菜单添加到观察窗口中（波形窗口、数据流窗口、列表窗口），可以看到保存的仿真信息。

此时切换到多标签区域的 Files 标签页，可以看到类似图 5-7 所示的显示信息，此页可以显示所有本工程中打开的 Dataset 文件，并且可以按文件层次展开，sim 是当前仿真的 WLF 文件，my_sim1 是打开的 WLF 文件。

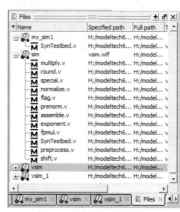

图 5-6　新的标签　　　　图 5-7　Files 标签内显示信息

使用命令行形式打开 Dataset 文件的命令格式如下：

```
dataset open <filename>
```

举例来说，打开名为"my_sim1.wlf"的文件，需要输入以下命令：

```
dataset open my_sim1.wlf
```

此时会在命令窗口中看到以下提示信息：

```
#my_sim1.wlf opened as dataset "my_sim1"
```

唯一需要注意是，filename 区域的名称要使用全名，即包含文件的后缀.wlf，否则 ModelSim 会提示没有该文件。例如，在上例中去掉.wlf 后缀，命令窗口中会有以下提示信息：

```
#dataset open: file not found: my_sim1
```

使用 vsim 命令也可以打开 Dataset 文件，只是要使用参数-view。例如，要打开文件 my_sim1.wlf，但是希望把 Dataset 的逻辑名称改为"compare"，可以使用以下命令：

```
vsim -view compare=my_sim1.wlf
```

在命令中，vsim 是起始命令，-view 是参数选项，表示显示功能，compare 是指定的逻辑名称，my_sim1.wlf 是要打开的文件，等式的意义可以认为是把 my_sim1.wlf 文件以 compare 逻辑名称打开。执行该命令后会出现以下提示信息：

```
#my_sim1.wlf opened as dataset "compare"
```

5.2.2　Dataset 结构

在 5.2.1 节中已经提到，打开一个 Dataset 文件就会在 Workspace 区域内出现一个结构标签，标签名称默认为该 Dataset 文件对应的 WLF 文件名称。如图 5-8 所示，就有三个不同的结构标签，一个是当前仿真的 sim 标签，另外两个是打开的 Dataset 结构标签。在这些结构标签中可以清晰地看到设计的层次结构，从顶层模块到底层的信号进程均采用树形的结构排列。

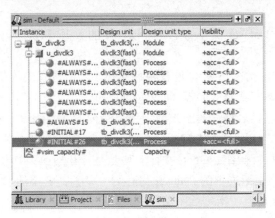

图 5-8　结构标签

结构标签中默认显示四栏信息，其名称和意义如下。

- Instance（实例）：显示实例化的名称，在每个实例前都有符号，代表该实例的类型。例如，图 5-8 中方块符号代表模块，圆形符号代表进程。
- Design unit（设计单元）：显示设计单元名称。与实例名称不同，设计单元是最原始编写的代码单元。例如，对图 5-8 中的实例 DUT，其设计单元名称为 fpmul。fpmul 这个设计单元是用户定义实际功能的代码单元，而 DUT 是在对 fpmul 单元进行实例化调用时赋予的实例名称，如果读者有硬件描述语言基础则会比较容易理解这个问题。
- Design unit type（设计单元类型）：显示设计单元类型。例如，图 5-8 中已有的 Module 和 Process（Verilog HDL 文件常见的类型），还有 VHDL 文件生成的 Entity 等。
- Visibility（可见度）：显示当前对象的可见度。可见度没有标志的不可以添加到波形窗口中。

5.2.3　Dataset 管理

当 ModelSim 中使用到一个或多个结构标签的时候，可以使用 Dataset Browser 对这些打开的 Dataset 进行管理。在菜单栏中选择 "File" → "Datasets" 选项，即可打开图 5-9 所示的 "Dataset Browser" 对话框，可以使用对话框中给出的命令按钮对打开的 Dataset 进行操作。

图 5-9　Dataset Browser 对话框

Dataset Browser 对话框可分为两部分，一部分是显示区域，用来显示当前打开的 Dataset 的各种属性信息，另一部分是控制区域，即最下方的一排操作按钮，可以操作选中的 Dataset。

显示区域共分四栏，其显示内容如下。

- Dataset：显示 Dataset 的名称，如图 5-9 所示，仅显示名称，没有后缀，当前仿真的名称是 sim。
- Context：显示该 Dataset 保存的是哪个设计中的数据，只显示该 Dataset 中顶层的设计名称。
- Mode：显示模式，由图 5-9 可见有两种模式，当前进行中的仿真模式是 Simulation，而非进行中的仿真模式是 View，即仅为查看模式。
- Pathname：显示路径名称。对于当前工作目录内的 Dataset，使用命令行形式打开后只会显示文件全名，使用菜单栏打开后会显示绝对路径名称。

控制区域有七个可执行操作。Open 执行的功能是打开图 5-9 中出现的 Open Dataset 对话框。Save As 执行的功能是把选中的 Dataset 另存为一个其他名字的 Dataset。例如，可以选中 vsim_1，再选择 Save As 功能，指定一个名称"vsim_2"，就会复制出一个名为"vsim_2.wlf"但内容与 vsim_1.wlf 完全相同的文件。Reload 可以把一个 WLF 文件重新载入，把该文件最新的波形信息调入，相当于更新的工作完成。Close 执行的功能是关闭选中的 Dataset，关闭该 Dataset 后，在 Workspace 区域对应的标签就会消失。Make Active 执行的功能是使选中的 Dataset 处于激活状态，该功能也可以使用鼠标双击选中的 Dataset 名称来完成。激活的 Dataset 指的是在命令行中使用某些命令语句，没有指明具体要操作哪个 Dataset，这时处于激活状态的 Dataset 就会被默认为被执行对象，即所有未指明对象的操作都会作用到该激活的 Dataset 上。Rename 执行的功能是重命名，与 Save As 不同，Save As 是复制加重命名的操作，重命名只是把选中的 Dataset 换一个名称，原有名称的 Dataset 会被覆盖。当所有的操作结束时，可以选择 Done 功能关闭当前的 Dataset Browser 对话框。

Dataset 还有一个功能是 Dataset Snapshot，即 Dataset 快照，在默认情况下该功能是关闭的，可以手动激活该功能并进行使用。Dataset 快照的作用是自动保存指定时间长度或指定文件大小的 WLF 文件，可以在菜单栏中选择"Tools"→"Dataset Snapshot"选项，打开"Dataset Snapshot"对话框，如图 5-10 所示。

按窗口中区域的划分，可以分为四大部分。第一部分是 Dataset Snapshot State，用来设置 Dataset Snapshot 的状态，勾选 Disabled 复选框时该功能被禁止，勾选 Enabled 复选框时该功能被激活。第二部分是 Snapshot Type，这里可以指定 Simulation Time（时间长度）或 WLF File Size（WLF 文件的大小），只可指定一项。Simulation Time 默认为 1000000ps，具体的时间单位由源文件或由 ModelSim 默认给出，WLF File Size 默认为 100Megabytes。例如，使用时指定 Simulation Time 为 10ns，Dataset Snapshot 就会保存 10ns 长度的 Dataset，如果指定了 WLF File Size 为

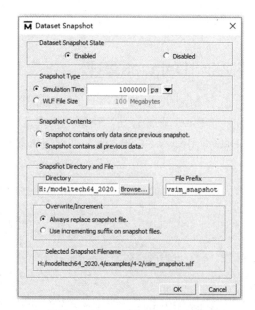

图 5-10　Dataset Snapshot 对话框

1Megabytes，那么 Dataset Snapshot 就会截取 1Megabytes 大小的 Dataset。第三部分是 Snapshot Contents，有两个选项可供选择，"Snapshot contains only data since previous snapshot"选项功能是指定 Snapshot 每次包含的数据都是从上一个 Snapshot 结束时开始的，"Snapshot contains all previous data"选项功能是指定包含的数据内容是从对象的信号值最初被载入时开始的。第四部分是 Snapshot Directory and File，指定保存的路径和名称。在 Directory 区域内可以手动输入 Dataset Snapshot 的保存目录或使用浏览功能指定一个文件夹，在 File Prefix 区域可以指定文件保存的前缀名，默认的前缀名是 vsim_snapshot，后缀不需要指定，一定是.wlf。在 Overwrite/Increment 区域内可以设置每次保存快照文件的方式，选择"Always replace snapshot file"时，每次的快照文件都会把上一个快照文件覆盖，选择"Use incrementing suffix on snapshot files"时，每次的快照文件名会默认加 1，即最初的文件名是"vsim_snapshot.wlf"，第二个文件名是"vsim_snapshot_1.wlf"，第三个文件名是"vsim_snapshot_2.wlf"，以此类推。最后在 Selected Snapshot Filename 区域会显示设置的快照文件的绝对路径名，即目录加文件名的形式。如果在 Directory 和 File Prefix 区域进行过修改，那么在 Selected Snapshot Filename 区域显示的是修改后的路径名称。

5.2.4　虚拟对象

虚拟对象是自己建立的一个对象，只在图形用户界面中使用，在 ModelSim 的内核运算中是没有这个对象信息的。虚拟对象在对象窗口和波形窗口中显示为橘红色的◆标志符号。可以自行建立虚拟对象查看其特点。ModelSim 中支持的虚拟对象类型有以下几种。

（1）Virtual signals（虚拟信号）。

虚拟信号是被 ModelSim 仿真核心写到 WLF 文件中的各个信号的一个合集或子集，这些信号可以显示在对象窗口、列表窗口、波形窗口中。创建一个虚拟信号最简单的方式就是使用菜单栏，选中波形窗口的任一信号，选择菜单命令"Wave"→"Combine Selected Signals"选项就会弹出图 5-11 所示的对话框，或者在波形窗口中的右键菜单栏里也能找到"Combine Selected Signals"功能。Result Name 用来指定合并后的名称，下方的两个 Order 选项是指定虚拟信号与原始信号之间的对应关系，生成的虚拟信号如图 5-12 所示，其中每组信号名是虚拟信号，包含 4 位信息，各含 4 个一位信号，这 4 个一位信号是原始信号。采用的对应顺序为 Topdown 形式，如 TTA 信号，其 3 位对应原信号 31 位，2 位对应原信号 30 位，1 位对应原信号 29 位，如果选择 Bottom up 形式则对应顺序正好相反。

虚拟信号被创建后，可以像正常的信号一样被使用，执行各种信号操作。但是在保存为 WLF 文件时不能被保存，这是因为虚拟信号只是建立在图形用户界面中，而没有写入 ModelSim 的仿真内核中，WLF 文件是要从 ModelSim 的内核中读取数据信息的。

（2）Virtual functions（虚拟函数）。

虚拟函数与虚拟信号很相似，但虚拟函数不是单纯地对原信号进行合并或取子集，它可以对原信号进行运算或标记，并可以随时间更改。虚拟函数没有菜单栏的命令，只能通过命令行操作。举一个最简单的例子，对于图 5-13 中的"sim:/fpmul_tb/b"进行取反的函数操作，输出一个名称为"not_b"的信号，在"not_b"信号的子一层中包含原有的"sim：/fpmul_tb/b"信号，因为虚拟出的函数值对原始信号进行了逻辑操作。

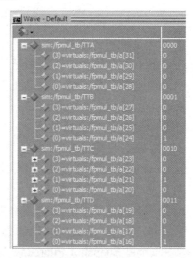

图 5-11　创建虚拟信号对话框　　　　　图 5-12　虚拟信号与原始信号对应关系

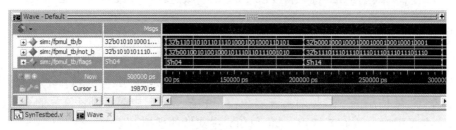

图 5-13　虚拟函数

添加这样的一个虚拟函数可以使用以下命令格式：

```
virtual function {<expressionString>} <name>
```

命令中的<expressionString>是表达式字符串，即函数执行的功能。<name>是指定的输出名称。对于图 5-12 中的例子，输入的命令就应该是以下形式：

```
virtual function { not /fpmul_tb/b } not_b
```

函数功能部分执行的是 not 功能，作用的对象是 "/fpmul_tb/b" 这个信号，输出的信号名称是 "not_b"，执行此命令后，在命令窗口中有以下提示：

```
#sim:/fpmul_tb/not_b
```

这时该虚拟函数就出现在对象窗口中，需要选中该信号才能添加到波形或列表窗口中，这与虚拟信号也不同，虚拟信号被创建后会直接出现在波形或列表窗口中。在对象窗口中的虚拟信号和虚拟函数如图 5-14 所示，在 Kind 栏中所有标志为 Virtual 类型的信号都是虚拟的，或者看名称前的◆标志都是浅棕色，读者可以自行添加查看。

图 5-14　在对象窗口中的虚拟信号和虚拟函数

由于是最简单的例子，一些参数都没有被使用到。例如，可以添加多个信号的逻辑运算，或者添加时间延迟等，如下面的命令：

```
virtual function -delay {100 ns} {/test/signal_A AND /test/signal_B}
    Delay_AB
```

此命令就是执行一个较复杂的函数，对 test 模块中的 signal_A 和 signal_B 进行运算，结果延迟 100ns 输出，输出名称是 "Delay_AB"。类似可执行的函数功能还有很多，读者可以参考语法手册自己尝试编写一些虚拟函数，以加深理解。

（3）Virtual regions（虚拟区域）。

虚拟区域即建立一个虚拟的层次结构，该结构可以指定作为当前仿真中任一层次，并可以链接到原有的层次树中。建立虚拟区域也只能使用命令行形式，其命令格式如下：

```
virtual region <parentPath> <regionName>
```

命令中<parentPath>是父代的全路径，即要把虚拟区域建立在哪个模块层次的下一级，建立的虚拟区域就是该层级的子层次，该层级就是虚拟区域的父层次。<regionName>是自己定义的层次名称，可以任意指定，不要带后缀。例如，在层次/fpmul_tb/DUT 建立一个名为 "test_vir_region" 的虚拟区域，命令形式如下：

```
virtual region sim:/fpmul_tb/DUT test_vir_region
```

执行该命令后没有提示信息，但是细心一点会发现屏幕闪动一次，类似于刷新，同时在结构标签中的结构会有变化，如果之前 DUT 模块是展开的，那么执行该命令后该模块结构会合并。再次展开该模块，可得到图 5-15 所示的结构，其中的■标志符号表示虚拟结构，就是该命令添加的 "test_vir_region"，在该虚拟区域的类型一栏中可以看到类型名称是 "VirtualRegion"。

（4）Virtual types（虚拟类型）。

使用虚拟类型会建立一个枚举值，该枚举值可以在随后的仿真中被使用，当出现枚举值对应的字符串时，显示信号输出就是该字符串。举例说明，

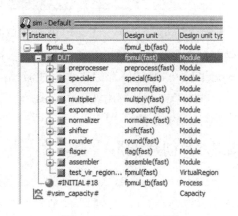

图 5-15　添加虚拟区域

假设需要建立一个虚拟类型，枚举值分别为 state0、state1、state2 和 state3，虚拟类型的名称是 "myVirtualType"，可以采用以下命令行形式：

```
virtual type {state0 state1 state2 state3} myVirtualType
```

在该命令中，{state0 state1 state2 state3}部分是指定的字符串列表，myVirtualType 是指定的虚拟类型名称。执行该命令后，一个虚拟类型就被建立了，但是没有任何提示信息。此时不能直接显示这个枚举值，需要把这个枚举值作用到某一信号上才能观察该枚举值的特点。所以在命令行中输入虚拟函数功能，如下面的命令：

```
virtual function {(myVirtualType) sim:/fpmul_tb/control} test
```

这个虚拟函数的功能是把刚生成的虚拟类型作用到 sim:/fpmul_tb/control 信号端，完成该函数功能后输出信号值 test，执行此命令后，在 Object 窗口中就会出现新添加的虚拟函数信号 test，把该信号添加到波形窗口中，可以得到图 5-16 所示的输出波形。可以看到，当 control 信号从 0 变化到 3 时，对应的 test 信号依次输出虚拟类型的四个枚举值。

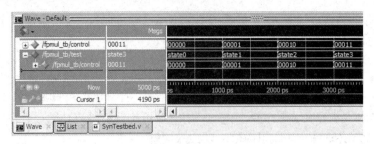

图 5-16　虚拟类型测试

以上四种虚拟对象功能和用途各不相同，但是有一些共同点。例如，都是不可保存的，保存 WLF 文件时这些虚拟对象都无法被保存下来，在退出仿真时这些虚拟对象也全部被清空，只有使用前面介绍的 Restart 仿真命令才能保留这些虚拟对象。不过可以使用一些辅助的文件来保留有用的虚拟对象，如使用 Do 文件。这些内容会在后面的章节中进行阐述。

这些虚拟对象的例子都是在波形窗口中给出的，在列表窗口中同样可以进行相同的操作，执行的命令和命令形式基本相同，这里不再一一阐述。

5.3　利用波形编辑器产生激励

进行仿真分析时，需要提供设计单元和激励单元。设计单元描述设计功能，激励单元提供测试向量，测试向量又被称为激励。在 ModelSim 中产生激励的方式有两种：一种是利用 ModelSim 自带的波形编辑器生成激励；另一种是通用式的，即使用编程语言描述一系列激励。在本节中介绍利用波形编辑器产生激励的方法，使用描述语言生成激励的方式会在5.4节介绍。

5.3.1　创建波形

创建波形前需要有编译好的设计单元，这是必需的。有了设计单元后，可以通过三种途径启动波形编辑器，分别是从库中启动波形编辑器、从结构标签 sim 中启动波形编辑器和从 Object 窗口中启动波形编辑器。

编译通过的设计单元会映射到库中，在库中选定需要创建激励的设计单元，使用右键菜单，选择其中的"Create Wave"选项，如图 5-17 所示。ModelSim 会自动识别设计单元的输入/输出端口列表，在波形窗口中把这些端口一一列出。

图 5-17　从库中启动波形编辑器

如果存在激励文件，那么仿真启动的顶层单元一般是激励文件。当没有激励文件时，仿真启动的顶层单元就是设计文件的顶层模块。启动仿真后，选中 sim 标签，在菜单栏中选择"Structure"→"Create Wave"命令启动波形编辑器，如图 5-18 所示，注意，Structure 菜单需要选中 sim 标签后才会出现。

从 sim 标签中创建波形，波形编辑器中的波形列表会是选中设计单元的全部端口。有时不需要观察全部端口，可以利用 Object 窗口，选中 Object 窗口中的部分端口，同样使用右键菜单，如图 5-19 所示，可以选择"Modify"选项，在子菜单中有"Apply Clock"和"Apply Wave"两个选项，可以为选中的信号添加波形。由于 Clock 时钟信号的特殊性，这里把 Clock 信号单独做成了一个选项。

图 5-18　选中 sim 标签启动波形编辑器　　图 5-19　从 Object 窗口中启动波形编辑器

　　以上三种途径略有不同。从库中启动波形编辑器时，波形编辑器的时间刻度是 ModelSim 中默认的最小刻度，即默认刻度是 1ns，这样可能会带来影响。例如，如果设计单元中指定了时间刻度是 ps 级或 ms 级，那么这时生成波形的刻度就显得过大或过小。另外两种途径由于是在仿真后启动的，设计单元的时间刻度都已经读入 ModelSim 内核中，所以此时启动波形编辑器，会采用设计中需要的时间刻度。为避免引起麻烦，推荐采用后两种途径，如果一定要从库中启动波形编辑器，那么一定要注意实际的时间刻度。

　　另外，波形编辑只能设置一些简单的信号，包括时钟、计数器、周期变化的随机数、恒定常量值和重复值，虽然也可以通过后面介绍的编辑波形的方式来产生一些不规则的信号波形，但是相对来说比较麻烦，如果波形不是波形编辑器中所包含的类型，那么建议采用描述语言的方式来编写激励文件。

　　使用前两种途径直接创建波形后，会启动波形仿真器，在波形窗口中出现图 5-20 所示的端口列表，所有上述波形编辑器支持的输入/输出端口都会在这里列出，每个信号前面的逻辑名称都是"Edit"，每个信号前端的◆标记都多一个类似波形的符号，表示该信号处于波形编辑的状态。启动后的波形编辑器处于初始状态，由于没有进行编辑，因此所有的端口显示均为 No Data。

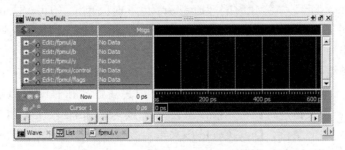

图 5-20　初始状态的波形编辑器

如果要对波形编辑器中某一信号进行赋值，那么可以选中该信号（选中后信号底色变为白色），在右键菜单中选择"Edit"→"Create/Modify Waveform"命令或选中波形窗口，在菜单栏中选择"Wave"→"Wave Editor"→"Create/Modify Waveform"命令，如图 5-21 所示，这时会出现一个波形编辑向导（Create Pattern Wizard），如图 5-22 所示，使用该向导可以方便快捷地为信号赋值。

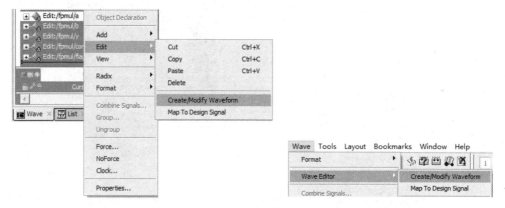

图 5-21　编辑波形

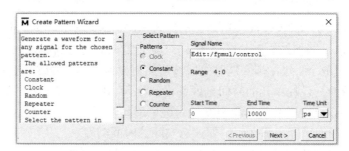

图 5-22　创建波形编辑向导

波形编辑向导对话框的左侧是说明，提示可以生成哪些波形，本步进行何种操作；右侧提供了选项和设置值。Patterns 是指定该信号要赋予何种类型的波形，在前面已经说过，ModelSim 的波形编辑器只能支持五种类型的信号，这里可以看到可选的类型也是五种：Clock、Constant、Random、Repeater 和 Counter，可以在这五种类型中选择一种。如果信号的位数多于 1 位，那么该信号不可能是时钟信号，所以此时的时钟信号会变为不可选。右侧的 Signal Name 显示当前要编辑的信号名称，在信号名称的下方还显示了"Range 4:0"，表示该信号是一个 5 位的信号，若信号只有 1 位，则这里没有显示。在右下方的位置可以设置该信号的起始时间（Start Time）、终止时间（End Time）和时间单位（Time Unit）。设置好需要的信号类型和起止时间，在下拉菜单中选择需要的时间单位，单击"Next"按钮，会根据选择信号类型的不同出现不同的提示。

如果选择的类型是 Clock，那么会出现图 5-23 所示的对话框。在对话框的标题栏中会显示"<Pattern：clock>"，左侧的向导信息提示指定时钟属性，在右侧的部分就是时钟属性的设置。Initial Value 用来指定时钟初始值，可设为 1 或 0。Clock Period 用来指定时钟周期，Time Unit 用来指定时间单位，Duty Cycle 用来指定该时钟信号的占空比，占空比即时钟信号中高电平所占时间与整个时钟周期的时间之比，最常使用的是 50%，即高低电平所占时间相同。可以通过修改 Duty Cycle 的值得到不同占空比的时钟信号，也可以使用波形编辑器中的功能或设置 Repeater 来得到不同占空比的时钟。图 5-23 中数值表示建立一个初始值为 0，时钟周期是 1000ps 的时钟信号，占空比是 50%。

如果选择的类型是 Constant，即常数值，则会出现图 5-24 所示的对话框。这里只需要设置常数值即可。

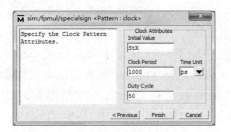

图 5-23　设置 Clock 对话框

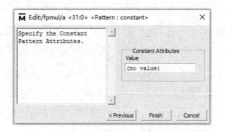

图 5-24　设置 Constant 对话框

另外，在波形窗口中使用右键菜单选择"Modify"→"Apply Clock"命令会出现图 5-25 所示的对话框，即生成时钟，与直接创建窗口稍有不同。图 5-25 中 Clock Name 可以选择输入信号名称，offset 设置时钟偏移量，Duty 设置占空比，Period 设置时钟周期，Logic Values 部分可以设置高低电平的信号值，First Edge 可以选择生成时钟的第一个边沿是上升沿还是下降沿，单击"OK"按钮，生成设置好的波形。

如果选择的类型是 Random（随机数），那么会出现图 5-26 所示的对话框。随机数的初始值一般不需要更改，使用 0 值（no value）即可。Pattern Period 是随机数变化的周期，每隔固定的时间长度就会变化一次。这里设置的随机数也是持续相同的时间长度，而不是长短不一的。Random Type 用来设置随机数的类型，可供选择的有 Uniform（均匀分布的）、Normal（正态分布的）、Exponential（指数分布的）和 Poisson（泊松分布的），不同的随机类型产生的随机数是不同的。Seed Value 提供了种子值。要知道在计算机中并没有一个真正的随机数发生器，但是可以做到使产生的数字重复率很低。由于软件无法真正实现随机数功能，所以一般都采用一个种子值来生成伪随机数，根据这个种子进行内定的一些运算来产生随机数。种子值看似是随机的，但是可以由自己指定，这样就能生成一个伪随机数。要注意，如果种子值和随机数类型都是相同的，那么由于内核中的运算完全相同，因此生成的随机数也是相同的，这点读者可以自行验证。

图 5-25　从 Object 窗口中启动波形编辑器

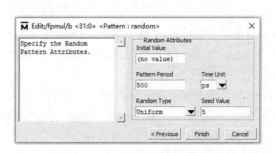

图 5-26　设置 Random 对话框

如果选择的类型是 Repeater，即重复值，那么会出现图 5-27 所示的对话框。Change Period 是重复值变化的周期，每隔一定的周期就变化一次数值，变化的数值在下方的 Values 区域被指定，值的数量可以由 More（增加）和 Fewer（减少）两个按钮控制。在设定多个变化的数值时，波形会按从上到下的顺序依次显示这些指定的数值。以图 5-27 中数值为例，初始值是 0，在执行 500ps 周期后信号值变为 1，这个 1 的值持续 500ps，再变为 2，这个 2 的值同样持续 500ps，之后根据下方的 Repeat 区域内的选项来决定之后输出的是什么值。如果选择"Forever"选项，那么信号就会把上述的赋值过程一直重复到时间长度的终点，形成一个周期变化的信号。可利用这种方式设置占空比非 50% 的时钟周期。例如，设置 500ps 的高电平 1 值，设置 1500ps（三个 500ps）的低电平 0 值，选择 Forever 就会生成占空比 25% 的时钟。如果选择"Never"选项，那么完成上述赋值后不再会有新的波形出现。如果选择"Count"选项，那么可以在下方的 Times 栏中指定计数的次数。例如，指定 Times 是 3，就会把上述的赋值过程重复三次。

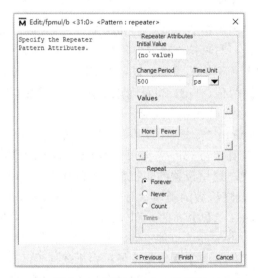

图 5-27　设置 Repeater 对话框

如果选中的类型是 Counter（计数器），则会出现图 5-28 所示的对话框，在该对话框中设置计数器的属性。Start Value（初始值）默认是和信号相同位数的 0 值，对于图中的 32 位信号就是 32 个 0 值，或者直接设置为 0。End Value 默认是该信号可表示的结束值，对于图中信号就是 32 个 1 值，由于计数器只能是正整数值，所以表示的值是 $2^{32}-1$。可以手动更改这两个值，以适应个人的需要。Counter Type（计数类型）提供了 Range、Binary、Gray、One Hot、Zero Hot 和 Johnson 六种类型的编码方式。Range 表示区域编码，即在上述的初始值和结束值之间变化，也只有这种编码方式受初始值和结束值的影响，其他的编码方式都会从该信号可表示的最小值一直变化到最大值。Binary 表示二进制编码。Gray 表示格雷码，相邻的两个数仅有 1 位不同，一个 3 位的格雷码计数循环为 000→001→011→010→110→111→101→100→000。One Hot 表示独热码，即只有 1 位是 1 值（高电平），如一个 4 位的独热码计数循环为 0001→0010→0100→1000→0001，如此循环。Zero Hot 与 One Hot 正好相反，它的计数方式为 1110→1101→1011→0111→1110。Johnson 的计数方式也是每次只改变 1 位数据，一个 4 位的 Johnson 码计数方式为 0000→0001→0011→0111→1111→1110→1100→1000→0000。这些编码方式大多数都是在状态机上使用的，有各自的特点和使用场合。例如，Gray 可以减少寄存器的翻转，从而减少寄存器的功耗；One Hot 由于每次仅有一个高电平位，在状态比较时仅仅需要比较 1 位，从而在一定程度上简化了比较逻辑，减少了毛刺产生的概率，要根据不同的需要选择不同的编码方式。Count Direction 用来指定计数方向，共有四种计数方向：Up（向上计数）、Down（向下计数）、Up Then Down（先上后下）和 Down Then Up（先下后上）。Step Count 用来指定每次计数的步长，默认是 1，可更改。例如，选择向上计数，每次步长设为 2，则每个周期在上一周期基础上加 2，直至计数的最大值。Repeat 执行的功能和图 5-27 中 Repeat 执行的功能相同，Forever 代表一直循环到时间长度的终点，Never 代表不循环，Count 代表循环一定的次数，该次数由下方的 Times 栏指定。

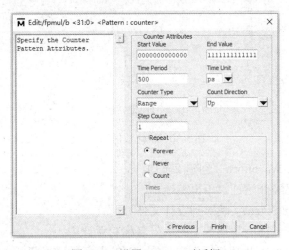

图 5-28　设置 Counter 对话框

5.3.2　编辑波形

建立波形后，可以对生成的波形文件进行编辑。编辑波形可以通过命令行操作或使用菜单栏操作，由于波形文件比较直观，使用菜单栏操作起来方便快捷，而使用命令行操作不是很直观，所以这里只介绍使用菜单栏操作的方式。

如果想要编辑一个建立好的波形，那么需要更改鼠标的模式，可以在菜单栏中选择"View"→"Wave"→"Mouse Mode"选项进行修改，如图 5-29 所示。鼠标模式有四种：Select Mode（选择模式）、Two Cursor Mode（双光标模式）、Zoom Mode（缩放模式）和 Edit Mode（编辑模式），编辑波形必须把鼠标模式调整至 Edit Mode。

除了菜单栏，在快捷菜单栏中也有鼠标模式切换的快捷按钮，如图 5-30 所示。从左到右的第一个、第二个、第四个、第五个按钮依次为选择模式、缩放模式、双光标模式和编辑模式。

这里简单介绍一下选择模式和缩放模式。选择模式在观察波形的时候最常被使用，也是 ModelSim 的默认状态。缩放模式用来缩放波形，选中此模式后，在波形窗口中用鼠标左键划过一定的区域，这个区域就会被放大到填满整个波形窗口。在编辑波形的时候这两种鼠标模式也是经常被使用的，主要用来选定信号或选择区域值，在改变波形的数据时才切换到编辑模式。

编辑波形时用到的主要是波形窗口中的右键菜单，其包含的命令如图 5-31 所示，主要的编辑功能都集中在 Wave Editor 选项中，包含的功能如下。

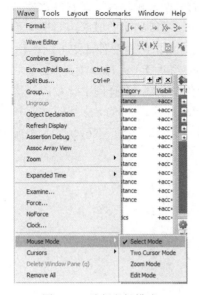

图 5-29　选择鼠标模式

图 5-30　快捷按钮

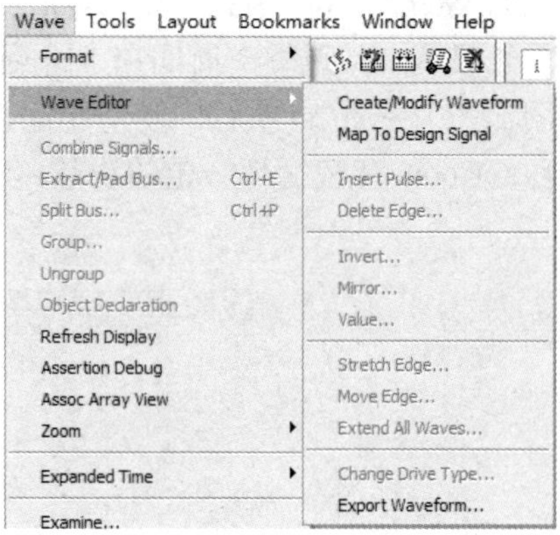

图 5-31　波形窗口右键菜单

（1）Create/Modify Waveform（创建/编辑波形）。

创建波形，前面已经介绍过，不再赘述。

（2）Map To Design Signal（映射到设计文件）。

Map To Design Signal 功能是把选中的信号名称和设计中的端口名称进行映射，单击此功能后会出现图 5-32 所示的对话框，主要有两部分需要注意，一个是图中的"Edit:/fpmul/a"，表示选中了波形编辑信号，Edit 表示在波形编辑窗口，fpmul 表示设计单元名，a 表示端口名称。另一个是"sim:/fpmul/a"，sim 表示在仿真中，即实际仿真的信号，后两项与前面相同，选中需要映射的设计端口名，单击"OK"按钮可以出现以下提示信息，表示映射成功，也可以直接输入下述信息，采用命令行形式完成操作。

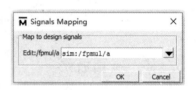

图 5-32　信号映射

```
wave map Edit:/fpmul/a sim:/fpmul/b
```

（3）Insert Pulse（插入脉冲）。

Insert Pulse 功能是在指定的区域插入脉冲信号，插入脉冲的信号必须是一位信号，如果是多位的信号则不能插入脉冲。选中此功能后会出现图 5-33 所示的对话框。Signal Name 表示插入脉冲的信号名称，Duration 表示该脉冲信号持续多少个时间单位，Time 表示该脉冲的起始时间，Time Unit 是时间单位。由于只能在 1 位信号中插入脉冲，所以插入脉冲的值是不需要被指定的，脉冲值与 Time 所指定的时间点的信号值相反。对于给出的图，假设 1440ps 该信号值为 0，图中赋值执行的功能是在 1440ps 时间点把 reset 信号赋值变为 1，并持续 100ps。插入脉冲前后对比如图 5-34 所示。

（4）Delete Edge（删除边沿）。

Delete Edge 功能与其称之为删除边沿，不如称之为删除脉冲。若要执行该功能则必须选择一个边沿，且该边沿必须是一个脉冲的一个边沿，选择此功能会出现图 5-35 所示的对话框，表示在 2500ps 时间点有一个边沿，单击"OK"按钮后，该边沿就会被删除。删除这个边沿的同时，ModelSim 会自动把该边沿对应的脉冲信号都删除，所以称之为删除脉冲更为恰当。删除边沿前后对比如图 5-36 所示。

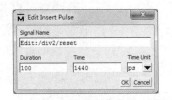

图 5-33　Insert Pulse 对话框

图 5-34　插入脉冲前后对比

图 5-35　Delete Edge 对话框

图 5-36　删除边沿前后对比

（5）Invert/Mirror（翻转/镜像）。

Invert/Mirror 功能是对选定的信号进行翻转和镜像处理，这两个操作也是大多数绘图软件中都会使用到的命令。翻转就是垂直翻转 180°，镜像就是水平翻转 180°，注意是翻转而不是旋转。选择这两个命令也会出现对话框，其结构与图 5-33 的结构一样，主要是为了让用户确定自己操作的时间范围。

（6）Value（值）。

Value 功能是修改所选波形的值，选择该功能会出现图 5-37 所示的对话框，相比前两个对话框多了一个 Value 区域，在此输入想要改变的值。例如，图 5-37 中的赋值就表示从 96ps 到 151ps 的信号值会被赋值为 1。

（7）Stretch Edge（扩展边沿）。

Stretch Edge 功能也必须选择一个边沿，选中此功能后也会有对话框，与前面几个对话框大同小异，只是多了一个选项，即选择是向前伸展（Forward）还是向后伸展（Backward）。

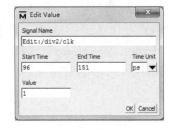

图 5-37　Value 对话框

（8）Move Edge（移动边沿）。

Move Edge 对话框与 Value 对话框完全相同，要注意在波形编辑中，向前指的是时间的前进方向，即向波形编辑器的右端。同理，向后就是向波形编辑器的左端方向。

（9）Extend All Waves（扩展全部波形）。

Extend All Waves 是 Stretch Edge 和 Move Edge 的加强版，注意该功能是不可以撤销的。在编辑的时候，如果某一步做错了则可以使用撤销命令来取消刚才的操作，但是扩展全部波形命令不能被撤销。扩展边沿的时候还有一些小的技巧，如选中一个边沿，使用 Ctrl 键加单击鼠标进行拖拽，可以扩展边沿或整个移动脉冲，很多细节的操作经验都要在实际使用中积累。

（10）Change Drive Type（改变驱动类型）。

Change Drive Type 是改变选中区域信号的驱动类型，该功能也是不可撤销的。

波形创建并编辑完成后可以使用当前波形进行仿真，如果使用从库中直接创建波形，则此时需要启动仿真。如果使用的是从结构标签 sim 中启动波形编辑器或从 Object 窗口中启动波形编辑器创建波形，那么由于已经在仿真状态中，直接输入 run 命令就可以开始仿真了。由于编辑的激励只是针对输入端口，仿真的时候不要忘记把要输出端口的信号添加到波形窗口中，观察仿真激励。图 5-38 就是一个波形激励的例子。前五个信号是编辑的信号，第六个和第七个信号是仿真时的输入信号，最后两个信号是仿真的输出结果。

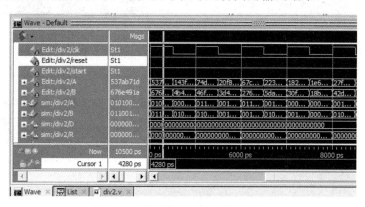

图 5-38　使用编辑的波形进行仿真

5.3.3　导出激励文件并使用

编辑好的波形文件可以导出为其他格式的文件保存，留待以后使用。可以使用命令行形式导出，但不推荐。使用菜单栏导出激励文件需要选择"Wave"→"Wave Editor"→"Export Waveform"选项，或者选择"File"→"Export"→"Waveform"选项，会弹出图 5-39 所示的对话框。

图 5-39　导出激励文件对话框

导出激励文件对话框中第一行 Save As 提供了四种导出文件类型，分别是 Force File、EVCD File、VHDL Testbench 和 Verilog Testbench。选择 Force File 会导出 Tcl 格式的激励文件，选择 EVCD File 会导出 VCD 格式的激励文件，选择 VHDL Testbench 会导出一个 VHDL 格式的激励文件，选择 Verilog Testbench 会导出一个 Verilog 激励文件。这些激励文件所保存的激励信息都是一样的，都可以在以后的仿真中被使用。

导出激励文件对话框中的第二行指定了激励波形的起始时间（Start Time）、终止时间（End Time）和时间单位（Time Unit），默认是选择所有信号中持续时间最长的起始时间和终止时间，如果不需要保存全部时间的波形，那么可以指定一部分时间长度进行保存。Design Unit Name 是设计单元的名称，即激励文件作用的设计单元，这是不能更改的。File Name 一栏中可以指定输出文件的名称，单击"OK"按钮后指定格式的文件就被导出了。这里命名的名称如果与已保存文件的名称相同，ModelSim 就会报错，所以尽量避免重名。

下面说明为什么不推荐使用命令行操作。在上述的对话框中，各个参数清晰明了，直接设置就可以完成导出，使用命令行操作完成图 5-39 中的参数需要输入以下命令：

```
wave export -file stimulus -starttime 0 -endtime 1050 -format vcd -
designunit div2
```

且不说命令中各个参数是否能记清，即使记清了参数要输入这条命令也是很烦琐的。当然某些情况下只能输入命令行操作，所以，还是要掌握具体的命令格式。例如，刚才所述的重名问题，就可以使用以下命令进行覆盖，比上述的命令增加了-f 选项：

```
wave export -file -f stimulus -starttime 0 -endtime 1050 -format force -
designunit div2
```

当创建并编辑波形文件时，ModelSim 会记录在命令窗口中出现的所有命令行，可以把这些命令行保存为 Do 文件，在需要的时候可以重新运行该文件并创建波形。在菜单栏中选择"File"→"Save Format"选项，会出现图 5-40 所示的对话框，指定保存文件的名称和路径，并勾选保存选项即可。

图 5-40　保存 Do 文件对话框

如何重新使用导出的激励呢？根据文件类型的不同，需要使用不同的方式。重新仿真时需要使用的执行命令如表 5-1 所示。

表 5-1　重新仿真时需要使用的执行命令

激励导出格式	执 行 命 令
Force File	vsim div2
	do stimulus.tcl
EVCD File	vsim div2 -vcdstim stimulus.vcd
VHDL Testbench	vcom stimulus.vhd
	vsim stimulus
Verilog Testbench	vlog stimulus.v
	vsim stimulus
Do File	vsim div2 -do stimulus.do

Verilog Testbench 和 VHDL Testbench 格式的激励模块名和文件名是相同的，但需要先编译再仿真。对于 EVCD File，还有另外的导入方式，就是在菜单栏中选择"File"→"Import"→"EVCD"选项，这时会弹出一个名为"Open EVCD"的对话框，该对话框中默认的文件类型是 VCD 和 EVCD 类型。

当导入一个 VCD 文件时，ModelSim 会自动把设计单元的信号与激励波形的信号一一映射。如果 ModelSim 不能完成信号的映射，那么仿真时波形窗口会出现一条红线或深蓝线，表示高阻状态或未知状态，这时可以手动指定激励信号与设计单元端口的映射关系。在波形窗口中选中一个或多个激励信号，在右键菜单中选择"Map to Design Signal"选项，会出现图 5-41 所示的对话框。在对话框的下拉菜单中会出现与激励信号位宽相匹配的设计单元信号列表，选择需要映射的信号名称，单击"OK"按钮即可完成信号的映射。

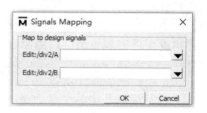

图 5-41　信号映射

5.4　ModelSim 波形分析

编写或生成激励，并对待测设计单元进行仿真后，可以对仿真的结果进行分析，并根据该结果调试自己的设计单元。在 ModelSim 中可以利用波形窗口和列表窗口对仿真波形进行分析，前面也曾提到过，这两个窗口只是同一信号的不同表示形式罢了，波形相对来说更加直观。ModelSim 支持多种类型的波形观察和分析，包括 VHDL、SystemC、Verilog&SystemVerilog、虚拟对象或比较对象等。

5.4.1　波形窗口和列表窗口

在 4.1 节和 4.2 节的两个实例中就分别使用了波形窗口和列表窗口查看仿真结果。波形窗口和列表窗口默认状态都是嵌入 ModelSim 的 MDI 窗口中，在 MDI 窗口下方以标签的形式给出。MDI 窗口面积受限制，可以通过窗口右上角的嵌入/悬浮按钮把整个波形窗口或列表窗口释放为独立的窗口，这样可以提供更多的显示空间。

独立的波形窗口结构如图 5-42 所示。整个波形窗口由三部分构成：菜单栏、快捷工具栏和显示区域。菜单栏包含 File、Edit、View、Add、Format、Tools、Bookmarks、Window、Help 九个子菜单，菜单中包含的命令绝大多数是 ModelSim 主界面菜单命令的子集，只不过把主界面中与波形窗口有关的命令都集中编排在波形窗口的菜单栏内。如果把整个波形窗口独立悬浮出主界面，那么主界面中与波形有关的菜单命令会变为不可选状态（灰色状态）。菜单栏各子菜单包含的命令这里不再一一列出，读者可以根据命令名称对照参考第 2 章的内容。

菜单栏下方是快捷工具栏，由于图 5-42 中窗口被压缩至较小，快捷工具栏被压缩成了四排，这里为了截图整齐，对快捷工具栏进行了简单的排版。第一排与主界面中的快捷工具栏功能类似，从左到右的功能依次是新建、打开、保存、刷新、打印、剪切、复制、粘贴、撤销、重做、添加、查找、合并全部、编译所选、编译新修改文件、编译全部、开始仿真、中断仿真、扩展时间模式关闭、扩展时间增量模式、扩展时间模式、扩展所有时间、扩展光标时间、合并所有时间，合并光标时间。第二排的功能从左到右依次是源文件链接、时间追踪、层次提升、层次后退、层次向前、重新开始仿真、设置时间长度、运行仿真、继续运行仿真、运行全部仿真、中断、停止、性能分析、存储器分析、编辑中断点、放大、缩小、填满窗口、以光标为中心放大、放大两光标之间波形和放大其他窗口。第三排前六个是仿真 C文件的时候用到的步进操作命令，随后的快捷按钮从左到右的功能依次是添加书签、删除所有书签、管理书签、重新载入、跳转至书签、显示驱动、显示读取、添加信号和搜索输入框，搜索输入框右侧的三个功能是向前搜索、向后搜索和搜索选项。第四排从左至右的功能依次是选择模式、缩放模式、窗口/缩放模式切换、双光标模式、编辑模式、停止绘图、添加光标、删除光标、前一个边沿、后一个边沿、前一个下降沿、后一个下降沿、前一个上升沿和后一个上升沿。这些功能前面有一些已经介绍过了，是在波形窗口中常用的一些命令。快捷工具栏可以自由拖动来改变位置，而且功能相近的命令被排布在相邻的位置。

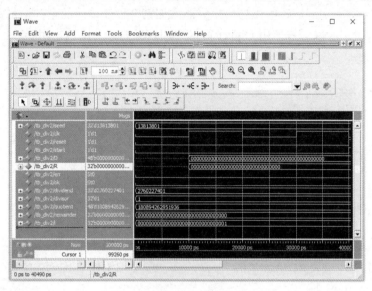

图 5-42　独立的波形窗口结构

快捷工具栏下方是显示区域，这里分为三栏。最左侧一栏显示信号的名称，如果信号是多位的矢量形式，那么在该信号的名称前面会有"+"显示，单击"+"按钮即可查看矢量中各位的数值。如果选中了某一信号进行观察，那么该信号的底色会变为白色，可参见图 5-42中的"/tb_div2/R"信号。中间一栏显示光标所在位置的信号值。最右侧一栏显示完整的仿真波形，在选择模式下单击该区域内的某点就会出现一条黄色的光标，光标的下方会显示该光标所在的时间点，各信号在光标所在时间的仿真值会显示在中间一栏，方便观察。光标可以自由拖动，想要知道非光标点的数据只需要把光标移至该点或把鼠标箭头放在该点停留几秒，就会出现该点的数据值。

列表窗口的结构图如图 5-43 所示，也是由菜单栏、快捷工具栏和显示区域构成的。菜单栏和快捷工具栏不再介绍。显示区域分为左右两部分，左侧部分显示的是时间，时间单位在列表的最上方给出，右侧部分是信号的具体数值。列表窗口中的信号名称受显示空间的影响，采用名称列表加箭头的形式给出。在显示区域的顶端会列出一排排的信号名称。例如，图 5-43 中的"/tb_div2/R"、"/tb_div2/err"和"/tb_div2/ok"，这三个信号都是 1 位的，若把这三个信号名写在一排则会很占空间，所以把这几个信号分列在几排。列好信号名称后为该信号加上箭头，指示该信号对应哪一列的数据值，这样整个列表就很紧凑且很清晰。如果选中了某个信号，那么作为区分，该信号所在的列就会显示为深绿色。

波形窗口和列表窗口显示的信号需要手动添加。在仿真初始的时候，波形窗口和列表窗口都是不显示的，只出现 sim 标签和 Object 窗口。在 sim 标签内或 Object 窗口中使用右键菜单可以向波形窗口和列表窗口中添加信号，图 5-44 所示为 Object 窗口中的右键菜单，选择"Add to"→"Wave"（添加到波形窗口），会有三个子选项：Selected Signals（添加所选的信号）、Signals in Region（添加区域内的信号）和 Signals in Design（添加设计中的信号），选择其中一个就可以完成信号的添加。如果选择向波形窗口中添加信号，那么波形窗口会在 MDI 区域出现；如果选择向列表窗口中添加信号，那么列表窗口会在 MDI 区域出现。选择"Add to"→"List"（添加到列表）选项，其也包含上述的三个子选项。sim 标签内的右键菜单在第 4 章中已经介绍过，从 sim 标签中添加信号只能添加某个设计单元的全部信号，包括端口、内部寄存器、参数等，所以一般使用 Object 窗口添加信号的方式比较常用。

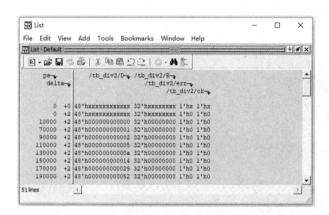
图 5-43　列表窗口的结构图

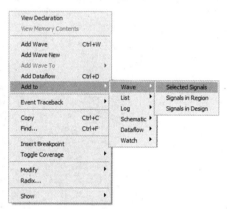
图 5-44　Object 窗口中的右键菜单

5.4.2　时间标记

时间标记用在列表窗口中。由于列表窗口是把所有运行的时间和数据都显示出来，一个正常的 Testbench 就会产生多行列表信息，拖动这些列表信息进行查看很不方便，可以在比较关心的时间点设置一个时间标记（Marker），下一次要找这个时间点时只要跳转到这个时间标记就可以了。

时间标记的生成方法是在列表窗口中选择列表的某行，选中后，该行的底色会变为黑色。这时，在列表窗口的菜单栏中选择"Edit"→"Add Marker"选项，时间标记就添加成功了。添加时间标记的那行会被一个深蓝色方框包围，如图 5-45 所示。如果不需要某时间标记，那么只需要选中该时间标记所在行，在列表窗口菜单栏中选择"Edit"→"Delete Marker"选项，即可删除该时间标记。如果列表窗口不是浮动的，那么需要在菜单栏中选择"List"→"Add Marker"/"Delete Marker"选项。本章默认的是浮动窗口，所有的菜单栏命令也都是在浮动窗口状态下给出的，嵌入窗口中的对应命令也一定能在菜单栏中找到。

如果需要跳转到某时间标记，那么可以在列表窗口菜单栏中选择"View"→"Goto"选项，在该命令下会出现已有的时间标记，如图 5-46 所示。选中某个时间标记，ModelSim 就会自动跳转到该时间标记所在行，该行会在列表窗口的首行显示。

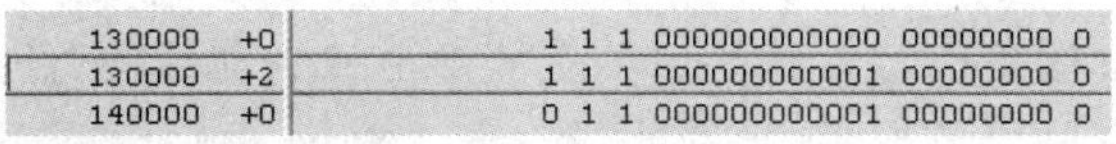

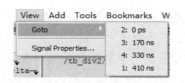

130000	+0	1 1 1 000000000000 00000000 0
130000	+2	1 1 1 000000000001 00000000 0
140000	+0	0 1 1 000000000001 00000000 0

图 5-45　时间标记　　　　　　　　图 5-46　跳转到已有的时间标记

5.4.3　窗口的缩放

窗口的缩放被使用在波形窗口中。列表窗口详细地记录了仿真各时刻的数据信息，波形窗口虽然也能记录全部信息，但是显示的时候会给用户带来一定的影响。例如，波形变化很快的时候，列表窗口记录不受影响，波形窗口显示时可能就看不清这么快的变化，这时就需要对窗口进行缩放。

波形窗口的缩放可以通过三种途径完成：快捷工具栏、菜单栏和鼠标右键菜单。快捷工具栏已经介绍过了，这里使用的是其中的放大、缩小和填满窗口。菜单栏和鼠标右键菜单的功能是相同的，右键菜单包含的缩放命令如图 5-47 所示。

有关缩放的命令及其功能如下。

- Zoom In（放大）：选择该命令会把波形窗口中显示的波形放大 1 倍（×2）。
- Zoom Out（缩小）：选择该命令会把波形窗口中显示的波形缩小 1/2。
- Zoom Full（填满窗口）：选择此命令后，所有的波形会被缩放至填满整个波形窗口显示区域。此种情况下如果仿真时间较长，波形一般会看不清楚。
- Zoom Cursor（以光标缩放）：选择此命令可以以光标为中心进行放大，其他的放大和缩小命令都是以仿真零时刻作为基准进行放大或缩小的，操作之后可能会使本来观察的部分离开观察窗口，所以选择此命令会以光标为中心进行扩展，这样可以保证所观察的区域不离开窗口。
- Zoom Last（最后一次缩放）：选择此命令可以返回上一个缩放状态。
- Zoom Others（放大其他）：选择此命令可以把其他波形窗口中显示的波形信号展开成填满窗口状态。
- Zoom Range（缩放区域）：选择此命令会出现图 5-48 所示的对话框，设置好起始时间和终止时间，该段时间内的波形就会填满整个显示区域。

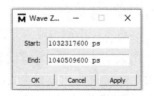

图 5-47　右键菜单包含的缩放命令　　　　　图 5-48　缩放区域

列表窗口中有时间标记，波形窗口中也有类似的功能，即书签（Bookmark）。在波形窗口的显示区域用光标选择一个时间点，在菜单栏中选择"Bookmarks"→"Add Custum"选项，会弹出图 5-49 所示的对话框，这里显示了书签的属性信息，设置这些信息并保存即可。Identity 一栏可自行指定书签名称。Zoom Range 区域显示创建该书签时波形窗口中显示波形的时间范围。Top Index 是一个滚动设置，如设置为 5，在选择这个书签时波形窗口会自动滚动到第五个显示对象。在对话框的下方有两个选项，勾选"Save zoom range with bookmark"复选框可以保存当前的缩放范围，这样选择标签的时候就会自动把波形缩放到保存标签时的状态，如果不勾选此复选框，那么该书签只保留时间点信息。勾选"Save top index with bookmark"复选框可以保存前面的 Top Index 值，即保留书签中的滚动值。

如果要对已有的书签进行编辑，那么可以选择菜单栏中的"Bookmarks"→"Manage"选项来完成，会出现图 5-50 所示的对话框。对话框中显示了当前波形窗口中全部的书签，选中某书签，在右侧可以选择不同的操作，可以添加书签、编辑书签、删除书签和跳转到该书签，在窗口的下方有 Details 区域，显示了书签的详细配置信息。

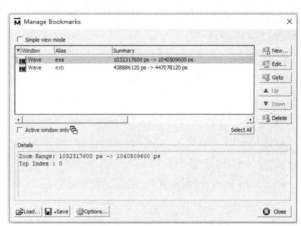

图 5-49　New Bookmark 对话框　　　　　图 5-50　书签管理对话框

5.4.4　在窗口中搜索

在波形窗口和列表窗口中都支持查找功能，根据查找内容不同分为 Find 和 Search For 两个功能。在菜单栏中选择"Edit"→"Find"选项，会在波形窗口下方出现图 5-51 所示的对话框。

图 5-51　Find 对话框

图 5-51 中的空白区域可以输入想要查找的信号名称或某个信号值，图中搜索的是 clk_s，空白区域左侧的望远镜标识可以打开查找选项，如图 5-52 所示。空白区域右侧的橡皮擦标识是清除按钮，可以清除填写内容，向右各个按钮依次是执行、切换查找顺序、查找全部匹配项、搜索类型、精确匹配和全局查找。执行就是开始查找所输入内容，切换查找顺序可以设置为向上或向下查找（或向前向后查找），查找全部匹配项是显示所有符合查找要求的信息，搜索类型下拉菜单可以选择 Value（值）或 Name（名称），精确匹配是必须精确符合查找词的要求才会被查找到，默认不勾选，即模糊匹配方式，全局查找就是查找全部波形范围内符合要求的情况，默认勾选，可以搜索到波形结束再从波形开头处开始搜索，如果不勾选则只会查找从光标到波形结束这个范围。

ModelSim 还提供了一种查找方式，在菜单栏中选择"Edit"→"Signal Search"选项会出现图 5-53 所示对话框。对于选定的信号，该对话框提供五种查找类型，可以查找信号的任意变化（Any Transition）、上升沿（Rising Edge）、下降沿（Falling Edge）、信号值（Search for Signal Value）和表达式（Search for Expression）。Search and Match Count Options 区域可以指定每次搜索和匹配数。第一个选项"Search until END of data.Stop after　match(s)"用来设置匹配搜索停下来的个数，默认是 1。假设设置为 2，查找类型设为上升沿，则每隔一个上升沿暂停一下，显示一次查找结果，即每匹配两次就停下来等待操作。第二个选项"Search until time"用来设置停止时间，可以从下拉菜单中选择保存的书签位置或仿真波形的末尾，也可以输入仿真结束的具体时间。"Move active cursor to location of match"复选框可以在搜索停止的时候自动把光标移至显示区域。最下方的 Search Results 区域可以显示搜索匹配的具体状态和对应时间。

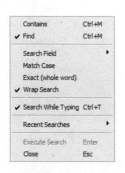

图 5-52　查找选项

图 5-53　波形信号搜索对话框

特别地，在搜索表达式时 ModelSim 提供了一个 Expression Builder（表达式生成器）。在图 5-53 中勾选"Search for Expression"复选框后，并单击该选项后方的"Builder"按钮就会出现图 5-54 所示的 Expression Builder（表达式生成器）对话框，该生成器中提供了各种常用的符号。

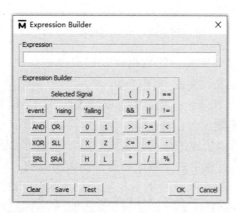

图 5-54　Expression Builder 对话框

Expression Builder 对话框中生成的表达式可以被保存，单击"Save"按钮就会出现命名对话框，在框内输入名称，可以把这个表达式保存到 Tcl 变量中，在随后的仿真操作中使用 set 命令和 searchlog 命令可以访问该变量。但是仅限当前进行的仿真，当退出仿真时该变量就会消失。

5.4.5 窗口的格式编排

波形窗口和列表窗口的版型可以按自己的风格进行修改。单击波形窗口后，在主界面菜单栏中选择"Wave"→"Wave Preferences"选项，会出现图 5-55 所示的版式设置对话框。在这个设置对话框中可以对波形窗口的显示版式进行修改。例如，可以把显示的数值由默认的左对齐改为右对齐、设置 Dataset 文件的显示方法、设置鼠标动作和一些询问提示等。除了 Display 标签，还有一个 Grid&Timeline 标签，可以修改网格设置和波形窗口下方时间轴的一些显示选项。这些功能一般较少使用，感兴趣的读者可以安装 ModelSim，自己修改其中的选项观察效果，通常保持 ModelSim 的初始设置即可。

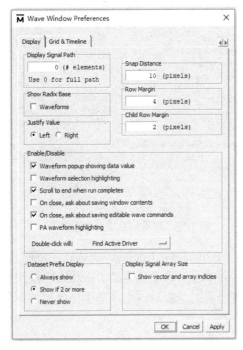
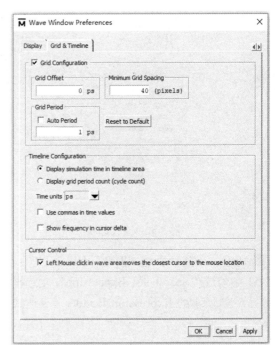

图 5-55 波形窗口版式设置对话框

除了修改版式，波形窗口中显示的数据样式也可以被修改。在波形窗口菜单栏中选择"View"→"Properties"选项，会看到图 5-56 所示的对话框。该对话框中有三个标签：View、Format 和 Compare。在 View 标签中可以修改选中信号的名称、信号显示的基数、波形显示的颜色和信号名称的颜色。在 Format 标签中可以选择信号的种类，是常量、逻辑信号、事件还是模拟值，还可以指定每个信号在波形显示区域所占的高度。Compare 标签是一些波形比较的选项。这个对话框中的基数选择是有很大用处的，一般情况下 ModelSim 默认的是二进制的显示。例如，有一个 32 位的数据显示起来就很麻烦，这时就可以通过改变基数来简化显示，如改为十六进制显示，就只显示 8 位数据，方便观察。

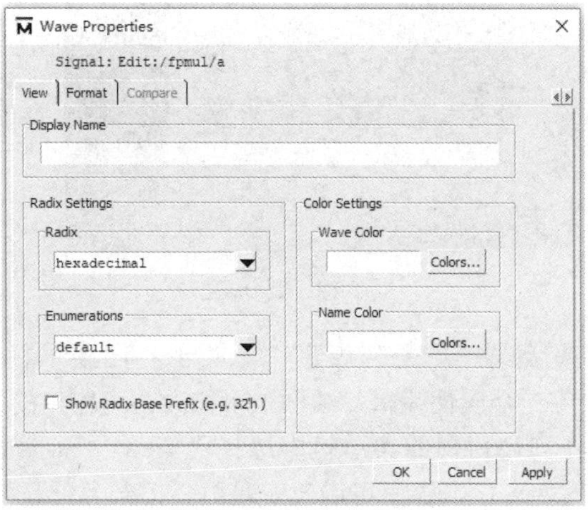

图 5-56　Wave Properties 对话框

当波形窗口中有多个信号时，为了方便查看和管理，可以向波形窗口中添加分割线。图 5-57 就是添加分割线后的波形，用分割线划分不同的信号。添加分割线的方式很简单，在要分割的位置使用鼠标右键菜单中的"Add"→"New Divider"选项，会出现一个小的对话框，如图 5-58 所示。对话框的内容很简单，只需要输入 Divider Name（分割线名称）和 Divider Height（分割线高度），分割线名称默认的是新的分割线名称，分割线高度是 17。这个分割线高度和信号高度是一样的，默认的是 17，建议不要更改。若改得大了，则整个波形图会显得很松垮；若改得小了，则信号显示不完全，且要更改信号高度。插入分割线的时候只需要给分割线赋予一个有意义的名称就足够了。

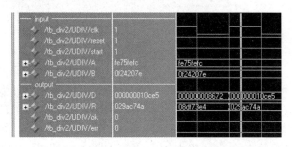

图 5-57　添加分割线后的波形

图 5-58　分割线设置

前面都是使用一个窗口的情况，ModelSim 支持把波形窗口分裂成多个子窗口。在波形窗口的菜单栏中选择"Insert"→"Window Pane"选项，就会在波形窗口中出现一个子区域，该子区域可以用鼠标拖动来扩大和缩小。图 5-59 就是划分成两个子窗口的例子，上面的信号逻辑名称是 sim，下面的信号逻辑名称是 vsim1，在两个名字的信号间有一条亮线，就是这两个子窗口的分界线。这条线和分割线不同，分割线不出现在波形区域，子窗口的分界线是横跨整个波形窗口的。选中了哪个子窗口，该子窗口的最左端就会显示一条白色的线，图 5-59 所示窗口中 vsim1 所在子窗口就是当前选中的子窗口。这种子窗口一般是用来观察 Dataset（或其他可显示波形的文件）的，在同一个波形窗口中观察两个不同波形，对比观察比较方便。导入 Dataset 或 EVCD 或其他可以显示波形文件的方式在前文中都有介绍，这里不再赘述。

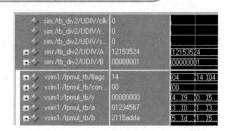

图 5-59　划分窗口

列表窗口也可以修改版式。单击列表窗口，在主界面菜单栏中选择"List"→"List Preferences"选项，会出现一个属性编辑对话框，可修改列表窗口的显示方式，如图 5-60 所示。与波形窗口相同，在列表窗口的菜单栏中选择"View"→"Properties"选项，会看到图 5-61 所示的列表信号属性窗口，这里可以改变基数、信号名称、信号宽度等信息。

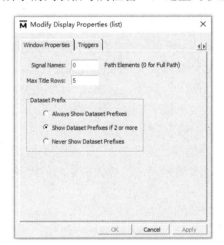
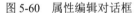

图 5-60　属性编辑对话框　　　　　图 5-61　列表信号属性窗口

以上这些显示信息被修改后，ModelSim 会自动保存设置。如果想保存多种版式进行切换使用，则可以把这些设置保存为文件形式。在菜单栏中选择"File"→"Save"选项，保存为 Do 文件。如果要使用这些保存的文件，则可以在命令窗口中使用 Do 命令。例如，把一个窗口设置文件保存为"Format.do"，使用时只需要在命令窗口中输入"do Format.do"就可以复原当时保存的设置。需要注意的是，只能保存信号名称和版式设置等信息，波形是不能保存的，同时，执行该命令时要保证 Do 文件中需要的文件都处于打开状态。

5.4.6　波形和列表的保存

仿真得到的波形和列表在退出仿真后就会全部消失，如果要保存这些波形和列表信息，那么直接选择保存是做不到的。如果选择保存，那么会根据当前是波形窗口还是列表窗口保存为一个 wave.do 或 list.do 的文件，保存的是设置信息而不是列表。当然也可以保存为 WLF 格式的文件，但是这种格式的文件只能在 ModelSim 中被查看。如果仅仅想保存为一些通用格式的文件，那么有哪些方法呢？

要保存波形窗口中的波形图像，可以使用两种办法：导出和打印。在菜单栏中选择"File"→"Export"→"Image"选项，会出现对话框，让输入导出图像的名称。导出的图像默认是.bmp 格式的，并且导出的图像只是当前显示在窗口中的这一部分。如果波形很长，那么窗口中只显示了一部分，用导出命令就只能得到显示部分的图像。这时，若要得到全部图像，则可以采用打印的方式，在菜单栏中选择"File"→"Print"选项，会出现图 5-62 所示的对话框。在对话框的下方有信号选择（Signal Selection）和时间区域选择（Time Range）两个区域，如果要打印全部的波形则可以分别勾选这两部分的 All signals 复选框和 Full Range 复选框。当然还可以根据需要指定打印的时间范围和信号范围。

如果要保存列表窗口中的信息，那么同样需要导出列表功能。在菜单栏中选择"File"→"Export"选项，可以出现三种格式的列表，如图 5-63 所示。

图 5-62　打印选项对话框

图 5-63　写列表功能

三种格式的列表各不相同，区别如下。

（1）Tabular list。

Tabular list 严格按照列表窗口的显示信息写出，其列表信息如下：

```
ns  delta  /a  /b  /cin  /sum  /cout
0   +0     1   0   0     1     1
0   +1     0   1   0     1     0
2   +0     0   1   0     1     0
```

（2）Event list。

Event list 会记载在仿真过程中某时刻信号发生的变化，信息如下：

```
@1000 +2
/tb_div2/UDIV/R 00000000
/tb_div2/UDIV/D 000000000000
@2000 +1
/tb_div2/UDIV/clk 0
@3000 +1
/tb_div2/UDIV/clk 1
@4000 +1
/tb_div2/UDIV/reset 1
/tb_div2/UDIV/start 1
/tb_div2/UDIV/clk 0
```

（3）TSSI list。

TSSI list 会写出一个标准的 TSSI 格式文件，共有两个文件，一个文件中保存列表信息，按照一位一行的格式写出，并以 I/O 表示输入与输出。信息如下：

```
/tb_div2/UDIV/clk          1    I
/tb_div2/UDIV/reset        2    I
/tb_div2/UDIV/start        3    I
/tb_div2/UDIV/A(31)        4    I
/tb_div2/UDIV/A(30)        5    I
/tb_div2/UDIV/OK           6    O
```

另一个文件中保存数据，信息如下：

```
0  000000010?????????
2  100000010???????1?
3  00000000010??????0
4  00000100000000101
50 00000001000000010
```

5.4.7 信号总线

在波形窗口或列表窗口中可以把几个信号拼接在一起，创建成总线形式的信号。建立的方式是选中几个想要构成总线的信号，在菜单栏中选择"Tools"→"Combine Signals"选项，或者直接在波形窗口中使用右键菜单栏中的"Combine Signals"命令，再输入总线名称即可。这也是前面虚拟对象中建立虚拟信号的方式，所以建立的总线实际上就是一个虚拟对象。图 5-64 中的信号"/tb_div2/UDIV/my_bus"就是采用这种方式创建的一个总线信号。

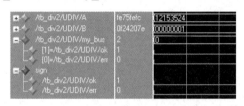

图 5-64 建立总线和组

在图 5-64 的下方还有一个信号 sign，与 my_bus 信号很相似，但这个信号不是虚拟的总线信号，而是一个组信号。要构成组信号可以在菜单栏中选择"Tools"→"Group"选项，输入组的名称就会在波形窗口中出现这个组信号。在组信号出现后，组中包含的信号全部移动到该组信号的下一层次，这与前面建立的总线信号也是不一样的。简单来说，总线信号是一个复制、粘贴、改名的过程，原有的信号依然保存；组信号是剪切、粘贴、改名的过程，原有的信号被移动。

5.4.8 光标操作

光标即波形图中黄色竖线部分，用鼠标进行操作，在光标的最下方可以显示相应信息，如仿真时间等。光标默认的工作模式是选择模式，可以选择信号来观察数值；也可以切换到编辑模式，用来编辑波形，生成激励向量；还可以使用缩放模式，以观察某区域内的详细内容。

如果选择了缩放模式，则可以按住鼠标左键选择某区域，选中后松开左键，可以把选中的区域在屏幕内显示出来，并且填满波形窗口。在选中区域的同时，左右界标之间有箭头显示，同时在右下方还有"Zoom In：xxx to xxx"的字样显示，方便精准确定时间，如图 5-65 所示。

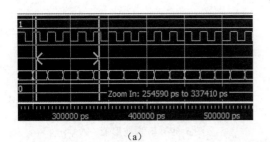
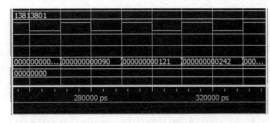

（a）　　　　　　　　　　　　　　（b）

图 5-65　缩放区域

如果选择了选择模式，则可以使用多个光标来帮助分析波形。在菜单栏中选择"Add"→"Cursor"选项添加光标，会在波形窗口中出现新的光标，并且波形最下方的光标信息行出现两个光标之间的时间差，如图 5-66 所示，可以单击光标选择在两个光标之间切换。

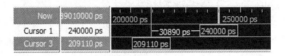

图 5-66　多光标显示

光标可以重新被命名，也可以做一些其他操作，每个新出现的光标都会在波形窗口下方出现一行信息行，如图 5-67 所示，最左侧的锁头按钮可以锁定当前选中的光标，选中后锁头呈红色，同时对应的光标也呈红色，此光标不可移动，如图 5-67 中的"Cursor 2"光标。中间扳手按钮可以修改光标的名称信息，最右侧按钮可以删除当前所选光标。

图 5-67　光标信息

5.4.9　其他功能

在仿真分析的时候还有一些比较杂的功能，这里简单列举以下几种，也可以在实际操作中逐渐积累这些功能。

（1）显示波形数值。

当波形比较紧凑的时候，有些数据不能完全显示出来，这时可以使用两种方式来显示某时间点的数据，第一种方式是把鼠标停留在某个时间点，在 1～2s 的时间内就会出现一个悬浮框。框内有该点和该信号的详细信息，如图 5-68 所示。"sim:/tb_div2/dividend"是信号名称，"@ 237500 ps"是指从 237500 ps 这个时间点开始波形值稳定到当前的显示值，波形值是"0001fceb"。

第二种方式是使用右键菜单，用鼠标左键选中波形中的某点，选择右键菜单中的"Tools"→"Examine"选项，弹出一个对话框，框内包含的数据与第一种方式显示的数据相同，如图 5-69 所示。

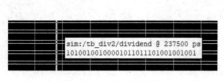

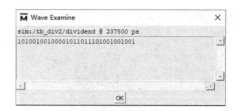

图 5-68　显示波形值　　　　　　　图 5-69　检测波形值

（2）显示驱动。

选中一个信号后，可以查看该信号所用的驱动信息，可以通过三种途径：一是使用快捷工具栏中的按钮；二是选择一个信号后使用菜单栏中的"Show Divers"选项；三是在需要显示驱动的位置双击鼠标左键。这三种途径都可以显示该信号的驱动，会显示源文件的对应代码行并作为书签保存，同时会打开数据流窗口。

（3）设置中断点。

中断点可以在源文件中被设置，也可以在波形中被设置。在仿真初始时，波形窗口中选择某时间点，在菜单栏中选择"Add"→"Breakpoint"选项就会在该时间点插入一个中断点。当仿真运行到该中断点时，会在命令窗口中显示以下信息，同时仿真中止：

```
# Break on sim:/tb_div2/quotient
# Simulation stop requested.
```

设置了多个中断点的时候，还可以在菜单栏中选择"Tools"→"Breakpoints"选项来进行管理，会出现图 5-70 所示的对话框，选中某个中断点可以在下方查看中断点信息，并使用右侧按钮进行编辑管理。

图 5-70　管理中断点对话框

5.4.10　波形比较

波形比较在仿真分析中也是经常被使用的。使用波形比较必须有一个 Dataset，即至少运行两次仿真，第一次仿真的波形被保存为 WLF 文件，用来与第二次仿真生成的波形进行比较。波形比较可以在单一语言环境中进行，也可以在多语言混合环境中进行。多语言仿真环境下支持的比较类型如表 5-2 所示，注意要确保比较信号位数相同。

表 5-2　多语言仿真环境下支持的比较类型

设 计 语 言	支 持 类 型
C/C++类型	bool, char, unsigned char short, unsigned short int, unsigned int long, unsigned long
SystemC 类型	sc_bit, sc_bv, sc_logic, sc_lv sc_int, sc_uint sc_bigint, sc_biguint sc_signed, sc_unsigned
Verilog 类型	net, reg
VHDL 类型	bit, bit_vector, boolean, std_logic, std_logic_vector

进行一个最简单的波形比较可以使用比较向导。在菜单栏中选择"Tools"→"Waveform Compare"→"Comparison Wizard from"选项，会出现图 5-71 所示的波形比较向导。在向导中一步步设置各个量即可完成一次波形比较。

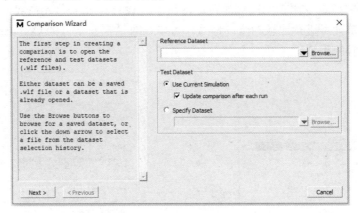

图 5-71　波形比较向导

采用波形比较向导进行的波形比较，内容简单，适合初学者使用。在熟悉了波形比较的各个步骤后可以不使用该向导。一般来说，进行一次波形比较需要以下几个步骤。

（1）启动波形比较。

在主界面菜单栏中选择"Tools"→"Waveform Compare"→"Start Comparison"选项，会出现图 5-72 所示的对话框。该对话框包含两个区域，上面区域是指定参考的 Dataset，可以在下拉菜单中选择或单击"Browse"按钮浏览。下面区域是指定测试的 Dataset，可以选择使用当前仿真的 Dataset 或指定另一个已有的 Dataset 文件。参数设置完毕后单击"OK"按钮，一个波形比较就开始了。在 ModelSim 的 Workspace 区域还会出现一个名为 compare 的标签，标志着波形比较启动了。

（2）添加比较对象。

在主界面菜单栏中选择"Tools"→"Waveform Compare"→"Add"选项可添加比较对象。ModelSim 提供了三个选项：Compare by Signal、Compare by Region 和 Clocks，如图 5-73 所示。

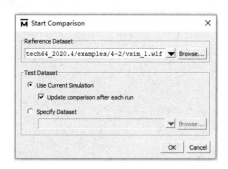

图 5-72　开始比较对话框　　　　　图 5-73　添加比较对象

如果选择了"Compare by Signal"（按信号比较）选项，那么会出现图 5-74 所示的对话框，该对话框内包含了设计中的设计单元和端口列表，注意这里只有端口列表而没有设计单元内部信号的列表，在这个列表中选择需要比较的信号后单击"OK"按钮，就可以进行比较了。

如果选择了"Compare by Region"（按区域比较）选项，那么会出现图 5-75 所示的对话框，在该对话框中指定要比较的区域即可。区域就是设计单元的单元模块，添加了某设计单元就是添加了该单元可进行比较的全部信号，可以在对话框左下方的 Compare Signals of Type 区域设置比较信号的类型。

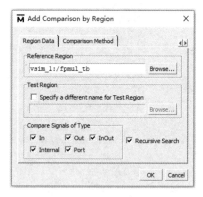

图 5-74　按信号比较对话框　　　　　图 5-75　按区域比较对话框

如果选择了"Clocks"（按时钟比较）选项，则会出现对话框，生成一个时钟，作为比较的参考，该部分在比较方式中会介绍。向比较标签中添加比较对象后，在比较标签中会出现所选的比较对象，如图 5-76 所示，注意该对象的名称是 Virtual Region，是一个虚拟层次，在名称前方有一个黄色的三角符号，这是进行波形仿真的标志。

（3）指定比较方式。

在主界面菜单栏中选择"Tools"→"Waveform Compare"→"Options"选项可以打开一个对话框，对话框内有两个标签，一个设置比较方式，另一个设置比较选项。如图 5-77 所示，比较的方式有两种，一种是连续比较（Continuous Comparison），另一种是时钟比较

（Clocked Comparison）。连续比较不考虑时钟，类似于电路设计中的异步电路，每当比较信号变化时就进行一次比较，比较的不同点会做出醒目的标记（波形窗口中用红色标记，列表窗口中用黄色标记）。时钟比较以时钟沿为基准，类似电路设计中的同步电路，只有在时钟的边沿到来时才进行比较，在时钟不跳变的区域内，所有信号的变化都不会被考虑。如果选择的是连续比较，则可以在下方的两个选项内选择容错差，Leading Tolerance 和 Trailing Tolerance 分别是两个比较信号的前后容错差，即两个比较信号变化的时间差在这两个值的范围内，比较器就认为这两个比较信号是相同的，超出这个范围，比较器就认为这两个比较信号是不同的。

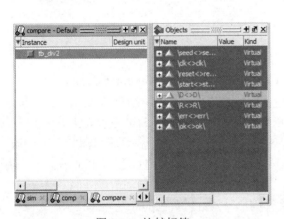

图 5-76　比较标签

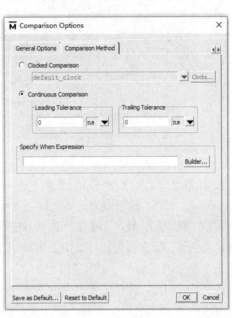

图 5-77　指定比较方式

　　如果选择的是时钟比较，那么需要指定一个比较时钟，会出现图 5-78 所示的对话框。利用这个选项指定一个时钟信号，选定 Based on Signal，即以现有的某个信号作为时钟信号，单击"Browse"按钮会出现信号选择。可以在 Compare Strobe Edge 区域选择以哪个边沿作为比较边沿，可选上升沿（Rising）、下降沿（Falling）或双沿（Both）。

　　（4）设置比较选项。

　　设置比较方式后可以单击"General Options"标签设置比较选项，该标签的内容如图 5-79 所示。标签的主要区域是各种信号值，用来设置哪个值可以匹配 0、1、X、Z。例如，对于 VHDL Matching 中的 1 matches，下方选项中的 1、H 和 D 值都被勾选，就是表示当比较信号中出现了 1、H 和 D 值时，比较器认为这三种信号是和 1 信号相同的。Comparison Limit Count 可以限制比较的最大个数，图中的参数表示全部的比较数不能超过 1000 个，每个信号的比较数不能超过 100 个。Ignore Strength 选项表示忽略信号的强度。"Automatically add comparisons to the Wave window?"复选框被勾选后，如果比较标签内出现新的信号，那么这个信号会自动添加到波形窗口。设置好的选项可以单击下方的"Save as Default"按钮保存为默认值，如果想要恢复默认值那么可以单击"Reset to Default"按钮。

图 5-78　添加比较时钟对话框

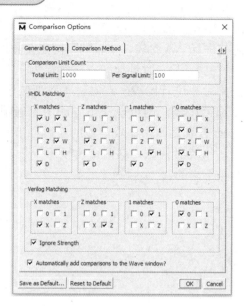

图 5-79　设置比较选项

（5）显示比较结果并保存。

设置好选项，在主界面菜单栏中选择"Tools"→"Waveform Compare"→"Run Comparison"选项，比较就会开始运行。运行结束后，根据窗口的不同会有不同的显示。如果是在波形窗口中查看的比较，那么不同的信号值会以红色标示出来。如图 5-80 所示，上方五个信号是当前仿真信号，下方五个信号是用三角符号表示的，是比较信号，信号的逻辑名称也是 compare。其中三个信号的三角符号出现了红色的叉，表示这三个信号出现了不匹配。可以查看波形，利用光标选择某时间点，比较信号不显示具体数值，只显示 match（匹配）或 diff（不同）。

如果是在列表窗口中查看比较信息，那么不同信号值会以黄色的高亮形式表示，如图 5-81 所示。

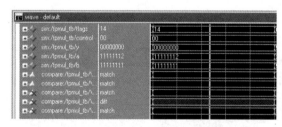

图 5-80　波形窗口中的比较结果

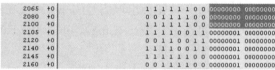

图 5-81　列表窗口中的比较结果

如果想要更加直观地知道具体是哪些地方不同，那么可以在菜单栏中选择"Tools"→"Waveform Compare"→"Difference"→"Show"选项，选择此选项后会在命令窗口中出现具体的提示信息，如下：

```
# Diff number 11, From time 4 ns delta 11 to time 5 ns delta 0.
# compare_one:/fpmul_tb/a = 01234567
# sim:/fpmul_tb/a = 01234566
# Diff number 12, From time 4 ns delta 11 to time 5 ns delta 0.
# compare_one:/fpmul_tb/a[0] = 1
# sim:/fpmul_tb/a[0] = 0
```

如果想要保存这些不同的提示信息，那么可以选择菜单栏中的"Tools"→"Waveform Compare"→"Difference"→"Save"或"Write Report"选项，使用保存命令会保存为一个.dif 格式的文件，该文件包含的部分内容如下：

```
1 /fpmul_tb/\\a<>a\\ {2 ns} 12 {3 ns} 12 11111111 11111112 0 2
2 {/fpmul_tb/\a<>a\[1]} {2 ns} 12 {3 ns} 12 0 1 0 3
3 {/fpmul_tb/\a<>a\[0]} {2 ns} 12 {3 ns} 12 1 0 0 4
4 /fpmul_tb/\\b<>b\\ {3 ns} 12 {4 ns} 11 5455fa2f 5455fa2a 0 5
5 {/fpmul_tb/\b<>b\[2]} {3 ns} 12 {4 ns} 11 1 0 0 6
6 {/fpmul_tb/\b<>b\[0]} {3 ns} 12 {4 ns} 11 1 0 0 7
```

如果选择"Write Report"选项（写报告），就会输出一个文本格式的文档，包含信息与选择 Show 命令时在命令窗口中输出的提示信息相同。图 5-82 就是采用写报告形式输出的文本文档报告，对照上面的提示信息，两者是完全一致的。

在保存比较结果时还要保存比较规则，在菜单栏中选择"Tools"→"Waveform Compare"→"Rules"→"Save"选项，可以保存一个.rul 格式的比较规则文件。这与上述的.dif 文件是配套的。如果想在 ModelSim 的窗口中查看比较的波形，那么可以选择"Tools"→"Waveform Compare"→"Reload"选项，会出现图 5-83 所示的对话框，把配套的.rul 文件和.dif 文件添加到对话框中，就可以快速查看比较的波形结果。

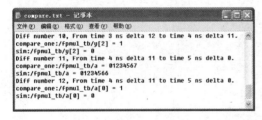

图 5-82　输出的文本文档报告

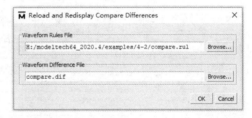

图 5-83　Reload and Redisplay Compare Differences 对话框

5.5　存储器的查看和操作

存储器是设计体系中的一个重要部分，在大多数设计中都包含存储器单元，用来保存设计运行时需要的数据。如果设计中包含存储器单元，那么可以使用 ModelSim 对存储器的数据进行查看、导出，或者利用已有文件对存储器进行初始化。

5.5.1　存储器的查看

ModelSim 启动仿真的时候除了出现 sim 标签，还会出现一个名为 Memory List 的标签。如果设计中有存储器单元，那么这些单元会在该标签内显示出来。图 5-84 中就显示了多个存储器单元，每个存储器单元

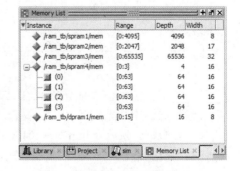

图 5-84　存储器标签

都标明了存储器的深度、宽度等信息，如果仿真时没有显示存储器标签，那么可以在菜单栏中选择"View"→"Memory List"选项调出此标签。

如果需要查看某个存储器内部的数据，那么可以直接在 Memory List 标签内选择一个存储器，单击鼠标右键，选择其中的"View Contents"选项，就会在 MDI 区域内出现存储器窗口。存储器窗口是默认嵌入在 MDI 区域中的，与波形、列表窗口一样，也可以通过单击右上方的 undock 按钮把该窗口从 MDI 区域释放出来，得到完整的存储器窗口，如图 5-85 所示。存储器窗口可执行的操作较少，菜单栏中有六个选项，快捷工具栏中除了常用的编辑工具，还有常用的查找、跳转和分屏。存储数据的显示区域分为两部分，左侧部分是蓝色字体，如图中的 00000000 和 00000003，这是存储器的地址；右侧部分是黑色字体，这是存储器的内部数据，所有的数据按照地址顺序排好。图 5-85 中存储器数据均为 x，即未知状态，因为该存储器还没有进行初始化。在存储器最下方显示"Address:hexadecimal"和"Data:symbolic"，表示地址是采用十六进制形式表示的，数据采用符号信息表示。如果想采用其他基数表示，那么可以在菜单栏中选择"View"→"Properties"选项，会出现图 5-86 所示的对话框。在 Address Radix 区域可以把地址修改为十进制的，Data Radix 区域可以把数据改为多种基数形式的。图 5-87 给出了二进制和十进制的数据显示信息，Line Wrap（自动换行）区域可以设置为适应窗口或指定每行显示几个数据。

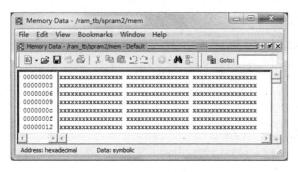

图 5-85　存储器窗口

图 5-86　修改属性对话框

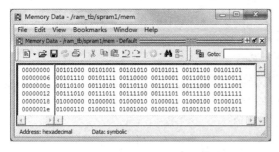

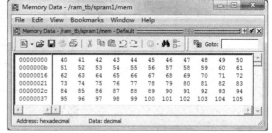

图 5-87　不同进制的数据显示

当存储器中数据较多，且需要查找某个特定值时，可以使用查找或跳转功能。查找的功能是查找数据，选择"Edit"→"Find"选项或直接使用快捷工具栏，会出现图 5-88 所示的查找数据对话框。

跳转功能是跳转到某个地址，可以选择"View"→"Goto"选项，或者直接在快捷工具栏的 Goto 栏中输入要访问的地址，注意地址格式要与窗口中设置好的一致，回车确认后就会跳转到输入地址对应的数据，并且该数据会处于选中状态。

选择分屏和波形窗口一样，会在窗口中出现两个存储器显示窗口，如图 5-89 所示，可以

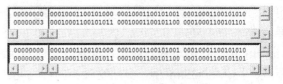

方便查找和对比存储器内部数据。

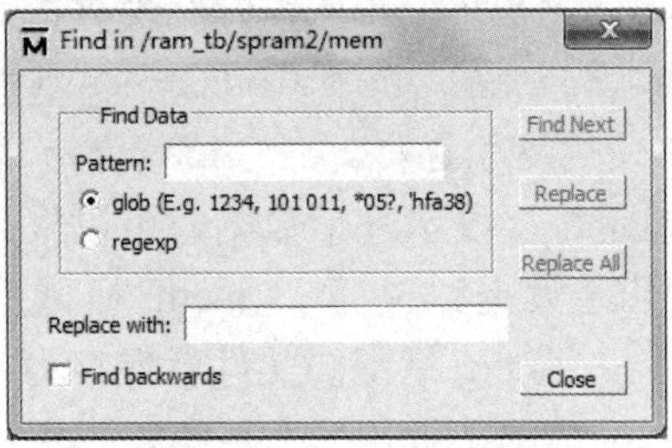

图 5-88　查找数据对话框　　　　　　　　　　图 5-89　存储器分屏

5.5.2　存储数据的导出

存储器中的数据可以导出成.mem 格式的数据文件，该文件可以在以后的仿真中导入存储器中。在存储器窗口中选择"File"→"Export"选项，会出现图 5-90 所示的对话框。

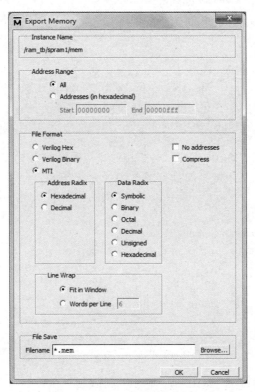

图 5-90　导出存储数据对话框

在导出存储数据对话框中，Instance Name（实例名称）中显示了当前要导出的存储器名称。Address Range（地址范围）可以勾选 All（保存全部地址数据）或 Addresses(in hexadecimal)（指定某个地址范围）复选框。如果勾选"Addresses(in hexadecimal)"复选框，那么可以在下方的 Start 和 End 栏中输入十六进制的地址数据。注意，只能输入十六进制数据。File Format（文件形式）区域可以指定不同的保存形式，Verilog Hex 和 Verilog Binary 表示使用 Verilog 形式保存，保存为十六进制或二进制的数据。MTI 形式可以指定地址和数据的保存基数，地址可以保存为十进制或十六进制形式，数据可以保存为二进制、八进制、十进制、十六进制、无符号数等形式。如果选择了 No addresses（无地址）形式，那么保存的数据没有地址信息，仅有数据。数据之间使用空格隔开作为地址的分隔。选择 Compress（压缩）可以压缩存储文件体积，如果保存的数据较大，那么可以使用这个选项。在 Line Wrap 区域可以选择如何换行，默认按窗口大小进行填充，也可以指定每行显示几个数据，可以根据需要选择。最后在 Filename 区域输入文件的名称即可保存数据。注意，.mem 格式只是 ModelSim 默认的格式，完全可以修改文件的后缀。例如，改为.txt 后缀，文件就保存为文本模式。在 ModelSim 中，只要文件内的数据是按规定格式编写的，无论什么后缀，都可以被识别。

根据设置不同，存储数据文件的内容信息会有少许差异，以下是一个采用 Verilog Hex 形式保存的数据文件，选择保存地址可以看到地址被保存为@0、@f 等，这是 Verilog 中定义地址的标准方法，代码如下。

```
// memory data file(do not edit the following line - required for mem
   load use)
// instance=/ram_tb/spram4/mem(0)
// format=hex addressradix=h dataradix=h version=1.0 wordsperline=15
@0 0406 0003 767a 262b 262c 262d 262e 262f 2630 2631 2632 2633 2634
   2635 2636
@f 2637 2638 2639 263a 263b 263c 263d 263e 263f 2640 2641 2642 2643
   2644 2645
@1e 2646 2647 2648 2649 264a 264b 264c 264d 264e 264f 2650 2651 2652
   2653 2654
```

Verilog Binary 格式和 Verilog Hex 格式相似，只是数据变为二进制形式。下面是保存的 MTI 形式中的部分信息，基本就是存储器窗口中的文字版本。

```
// memory data file (do not edit the following line - required for
   mem load use)
// instance=/ram_tb/spram1/mem
// format=mti addressradix=h dataradix=d version=1.0 wordsperline=14
 0:   40   41   42   43   44   45   46   47   48   49   50   51   52   53
 e:   54   55   56   57   58   59   60   61   62   63   64   65   66   67
1c:   68   69   70   71   72   73   74   75   76   77   78   79   80   81
2a:   82   83   84   85   86   87   88   89   90   91   92   93   94   95
38:   96   97   98   99  100  101  102  103  104  105  106  107  108  109
46:  110  111  112  113  114  115  116  117  118  119  120  121  122  123
```

5.5.3　存储器初始化

存储器初始化利用的是导入功能，在菜单栏中选择"File"→"Import"选项，会出现图 5-91 所示的对话框。因为载入的数据可能与存储器大小不匹配，或者没有文件可载入，所以提供了三种模式：File Only、Data Only 和 Both File and Data。如果选择 File Only（仅文件）选项，那么 File Load（文件载入）区域变为可选，可以导入一个已保存的数据文件。如果选择 Data Only（仅数据）选项，那么 Data Load（数据载入）区域变为可选，可以指定数值来初始化存储器。如果选择 Both File and Data 选项，那么两个区域都会是可选的，ModelSim 会先载入数据文件，如果数据文件无法填满存储器，那么再采用赋值的方式初始化剩余部分。

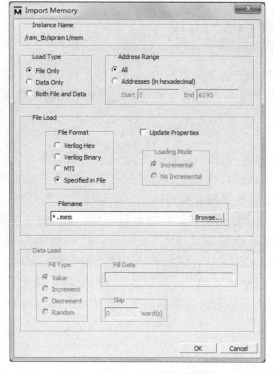

图 5-91　导入存储数据对话框

5.5.4　存储器调试

存储器初始化后某些数据可能不能满足实际要求，这时可以对存储器内的数据进行修改调试。修改存储器数据的方式有两种，一种是在存储器窗口中选中需要更改的数据，使用右键菜单中的 Edit 选项修改该数据。选中此选项后，所选数据会变为可编辑状态，直接修改数值即可。另一种是选中数据再使用右键菜单中的 Change 命令，会出现图 5-92 所示的对话框。这个对话框与导入存储数据对话框中的 Data Load 区域很相似，可以指定修改数据的范围，同时在 Fill Data（填充数据）区域输入替换的数据值（每两个数据间用空格隔开）。如果出现输入的数据与实际需要的数据不匹配的情况，如修改三个数据，但是在 Fill Data 区域中给出了四个数据，那么这时只取前三个数据，如果修改四个数据，但是在 Fill Data 区域只给出了三个数据"1，2，3"，那么这时填充的四个数据是"1，2，3，1"，会自动从第一个数据开始继续填充。这里可以填写零值选择All 进行填写，就可以把存储器中的所有

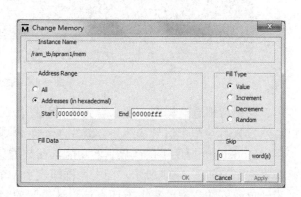

图 5-92　修改存储器数据对话框

值初始化为零值，或者使用 Fill Type 区域中的 Random 选项，使存储器中填满随机数，得到一个满状态的存储器。

5.6　数据流窗口的使用

数据流窗口是一个重要的仿真分析窗口，利用这个窗口，可以分析设计的连通性，可以追踪信号和事件，还可以查找一些从其他窗口中无法察觉的设计隐患。

5.6.1　概述

数据流窗口显示的是数据的流向，如图 5-93 所示。在数据流窗口的显示区域内显示的各种图形符号表示设计中的进程，线条表示信号的互联。以最左侧的圆圈为例，圆圈内有符号"≔"，表示该信号是一个赋值过程。众所周知，赋值语句在程序设计中是由右侧向左侧赋值的。例如，对于"a=b"这个赋值语句，是把 b 的值赋给 a，但是在数据流窗口中是把左侧的数值赋给右侧，所以例子中的等式就是"rw =rw_r"。圆圈左右两侧的数值"1'h1"和"1'h1"表示在这两个变量名称之间传递的数值，这个数值在不同时间一般是不一样的。圆圈上面的"#ASSIGN#27"表示该语句是一条赋值语句（assign 语句），且出现的位置在源代码的第 27 行。其他的符号与该进程符号类似，如还有"#ALWAYS#155"表示在第 155 行使用的 always 语句。

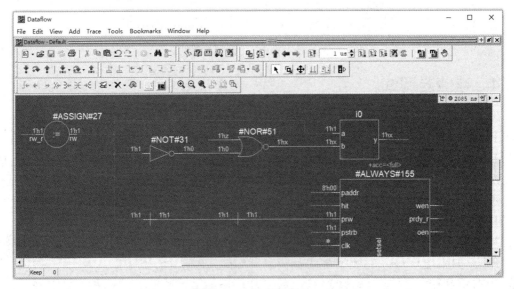

图 5-93　数据流窗口

如果习惯看结构图，那么看到数据流图像的时候会觉得很混乱，没有一个整体的模块和层次，只有一个个信号和线条，就完全不了解哪个赋值语句是在哪个模块或层级中发挥的作用。ModelSim 提供了层次显示的功能，在数据流窗口的选项设置中可以选择，显示层次后的数据流图像如图 5-94 所示，图中方框即表示一个设计层次，方框内包含的所有进程都属于该设计单元，在方框的正上方还有该设计单元的名称，这样更方便阅读。不使用层次显示功能也可以知道哪里是设计单元的分界线，数据流窗口中各个信号都是采用连线的形式连接的，数据流窗口的线条是浅蓝色的，在浅蓝色的线条上会有一段白色的部分，该白色段表示该信号穿过了一个层次边界，即该处就是一个设计层次的分界点。

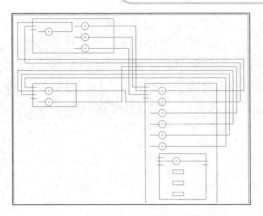

图 5-94　显示层次后的数据流图像

5.6.2　设计连通性分析

数据流窗口主要的功能之一就是可以用来分析设计中各个信号的"物理"连通性，这里的物理连通并不是实际电路级的线连通，而是指在设计中各个信号是否按设计需要进行了连接。如果设计中某些信号因手误或其他原因导致了断点，那么采用连通性分析就能找到这些断点。这个功能无论是波形窗口还是列表窗口都无法实现，波形窗口只能对一个个信号查找波形，推断出可能发生错误的位置，而在数据流窗口中采用连通性分析可以迅速找到此类错误。

在观察设计连通性之前要把信号添加到数据流窗口中，可以在 sim 标签中使用右键菜单选择"Add Dataflow"选项，或者直接双击仿真波形，可以把选中的信号添加到数据流窗口。添加到数据流窗口中的对象默认是不显示波形的，在菜单栏中选择"View"→"Show Wave"选项可以在数据流窗口下方附加一个波形窗口。如果不选择数据流窗口中的对象，那么波形窗口是没有显示的，选择任意一个对象后，在数据流窗口中就会出现该对象的端口信息（输入、输出、双向），如图 5-95 所示（图中的 Inputs、Inouts 和 Outputs 是 ModelSim 自动生成的）。选择不同的对象就会出现不同的端口信号波形，通过这些信号的波形判断该对象是否能够正常工作。

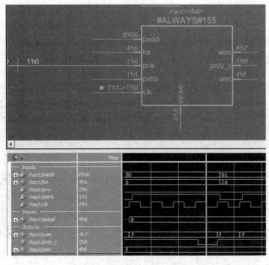

图 5-95　所选单元的端口信号

分析信号连通性用到的是数据流窗口的展开命令，展开进程信号后可以看到指定对象的驱动和读取信号。展开的方式很简单，只需要使用鼠标双击就可以完成。例如，图 5-96 中给出的例子，添加一个信号到数据流窗口后，该信号在图 5-96（a）中以红色线表示，只需要双击该红色线，就会出现该进程连接的下一个进程信息，如图 5-96（b）所示。此操作可以把所有相关联的进程都查找出来，这些进程之间就是连通的（展开命令也可以使用菜单栏中的"Navigate"选项来执行）。

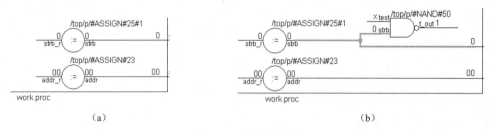

图 5-96　连通性分析

5.6.3　信号追踪和查找

在数据流窗口中可以利用菜单栏中的 Trace 选项对某信号进行追踪。在给出的波形窗口中使用光标操作，选中一个信号的跳变沿，在菜单栏中选择"Trace（追踪）"→"Trace next event（追踪下一事件）"选项观察该信号的下一个跳变。如果观察整个信号无误，那么可以选择"Trace（追踪）"→"Trace event set（追踪事件设定）"选项显示上一级的驱动。图 5-97 给出了一个例子，从图中的 NAND 单元开始进行连通性分析，选择"Trace event set"命令后，ModelSim 按数据的流向倒向查找与该单元两个信号连通的单元。图 5-97（a）是最初始的情况，执行一次后得到图 5-97（b），可以看到与非门的一个输入端连接的上一个单元被选中，同时在下方的波形窗口中会出现该单元的波形图（另一端口连接的单元在截图外），可继续检查波形是否符合要求。继续执行"Trace event set"命令得到图 5-97（c），图中选中单元是图 5-97（b）输入信号的连通单元。如此，可一直追踪到信号的产生或接收端口，判断该设计中的信号是否连通。所有连通的信号线会显示为绿色，信号追溯到的模块连同名称会显示为红色，数据流窗口中默认显示为浅蓝色，模块名称为白色，信号值为黄色，由于印刷无法看到具体颜色细节，因此可以在软件中操作一下，或者观看后文中的实例视频，即可清楚地看到实际效果，使用起来很方便。

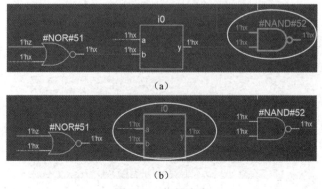

图 5-97　信号追踪

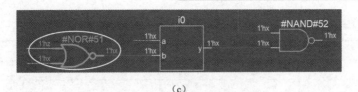

（c）

图 5-97 信号追踪（续）

在数据流窗口中同样面临着对象过多需要查找的情况，选择菜单栏中的"Edit"→"Find"选项会出现图 5-98 所示的对话框，在对话框中输入查找对象的名称，查找到的对象会用红色在数据流窗口中标识。查找时可以精确指定查找类型（实例 Instances 或信号 Nets），可以指定精确查询（Exact）或区分大小写（Match case），Search For 右侧分别是 Zoom to、Match case 和 Exact 复选框，推荐勾选"Zoom to"复选框，这样查找到的对象会出现在数据流窗口的正中位置。

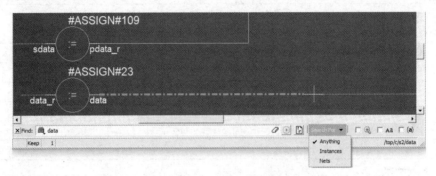

图 5-98 查找对象对话框

5.6.4 设置和保存打印

数据流窗口中的选项设置窗口可以通过选择菜单栏中的"Tools"→"Options"选项打开，打开的对话框如图 5-99 所示。数据流选项对应功能如表 5-3 所示。

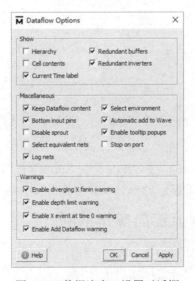

图 5-99 数据流窗口设置对话框

表 5-3　数据流选项对应功能

选　　项	功　　能
Hierarchy	显示设计层次
Cell contents	显示单元内容
Current Time label	激活时间标签，可以在左上角显示当前时间信息
Redundant buffers	显示冗余的缓冲器
Redundant inverters	显示冗余的反向器
Keep Dataflow content	添加新信号时保留原有的数据流窗口显示
Bottom inout pins	把 inout 类型的信号放在元件图的底部（不选时 inout 和 output 一起放在元件右侧）
Disable Sprout	只能显示所选信号和其输入与输出，不能选中信号进行信号的生长连接
Select equivalent nets	如果选择的信号穿越了设计层次，那么 ModelSim 会自动选择所有穿越该层次的对象
Log nets	信号添加到窗口时自动标记
Select environment	更新结构、对象、源文件窗口来反映数据流窗口中选择的对象
Automatic add to Wave	当执行 CaseX 或 TraceX 时自动把信号添加到波形窗口
Enable tooltip popups	启动工具提示信息的弹出
Stop on port	限制显示驱动和读取数据流时的显示界限，每次到端口就停止
Enable diverging X fanin warning	启动警告信息 "ChaseX: diverging X fanin. Reduce the selection list and try again."
Enable depth limit warning	启动警告信息 "ChaseX: Stop because depth limit reached! Possible loop?"
Enable X event at time 0 warning	启动警告信息 "Driving X event at time 0."
Enable Add Dataflow warning	启动警告信息 "Add Dataflow"

　　数据流窗口中的数据流部分不能保存，只能打印，在数据流显示的下方有波形显示，该波形可按前文叙述的方式保存。如果在 UNIX 环境下，那么可以选择 "File" → "Print Postscript" 选项来保存文件，选择该选项出现的对话框如图 5-100 所示，设置好选项就可以保存一个.ps 格式的文件。

图 5-100　打印窗口

　　如果是在其他环境下，则只能选择 "File" → "Print" 选项直接打印数据流窗口显示的画面，这种打印方法只能打印当前显示的部分，数据流窗口中显示不下的部分不会被打印。

5.6.5　本节实例：数据流窗口操作示例

　　数据流窗口中有一些操作需要注意，这里使用一个实例来讲解数据流窗口的使用方法，希望读者能够对照熟悉，加深对数据流窗口的理解。

结果文件——配套资源"Ch5\5-1"文件夹

动画演示——配套资源"AVI\5-1.mp4"

首先将文件夹中包含的程序文件复制到 ModelSim 的工作文件夹中，这里选择"H:/modeltech64_2020.4/examples/5-1"文件夹，同时，在菜单栏中选择"File"→"Change Directory"选项把工作路径选至此文件夹。前面介绍了多次仿真之前的工程操作、编译、信号添加等，此实例中采用不建立工程的方式，并且在使用数据流窗口之前都使用命令行的形式来操作，希望读者能对命令行形式有所熟悉。

文件复制和工作路径选择好之后，就可以开始操作本实例了。在 ModelSim 的命令窗口中依次输入以下命令：

```
vlib work
vlog gates.v and2.v cache.v memory.v proc.v set.v top.v
vsim -voptargs=+acc work.top
add wave /top/p/*
run -all
```

上述代码可以保存为一个 Do 文件，这样只需要执行一个 Do 文件就可以完成所有的操作。简单解释一下每行代码的含义。

第一行是建立一个工作库，因为本实例中把工作路径选择成了一个新的路径，此目录下如果没有建立过 work 库，在 ModelSim 中就没有 work 库的实现。前面章节中曾经介绍过，work 库是默认库，所有被编译的模块都会更新到 work 库，所以这里在第一行首先建立一个 work 库。当然，有可能这个文件夹之前被使用过，建立过 work 库，若使用 Do 文件处理则可以添加以下代码：

```
if [file exists work] {
    vdel -all
}
```

此代码可以判断是否包含了 work 库，如果有就删除掉，这是为了避免原有 work 库中的器件模型与本实例中的模块冲突。

第二行是编译命令，因为是 Verilog 文件，所以采用 vlog 命令，这在第 4 章介绍过。执行该命令会在命令窗口中出现以下提示，并确定顶层模块为 top。

```
# Model Technology ModelSim SE-64 vlog 2020.4 Compiler 2020.10 Oct 13 2020
# Start time: 16:32:01 on May 05,2023
# vlog -reportprogress 300 gates.v and2.v cache.v memory.v proc.v set.v top.v
# -- Compiling module and2
# -- Compiling module or2
# -- Compiling module v_and2
# -- Compiling module cache
# -- Compiling module memory
# -- Compiling module proc
# -- Compiling module cache_set
# -- Compiling module top
#
# Top level modules:
```

```
#   top
# End time: 16:32:01 on May 05,2023, Elapsed time: 0:00:00
# Errors: 0, Warnings: 0
```

第三行是开始仿真，使用 vsim 命令，"-voptargs=+acc"表示不进行设计优化，"work.top"是要仿真的模块层次名称。

第四行是添加信号命令，"wave"是指定把信号添加到波形窗口，"/top/p/*"是把 top 模块下的 p 模块中所有信号都添加进指定窗口。使用命令行的时候一般添加所有或特定的某个信号，而不是选择其中的一部分，因为这样命令比较烦琐。

第五行是执行仿真，直到仿真结束或遇到了中断点。

经过上述的 5 行代码，仿真已经结束，所有仿真数据也都运算完毕了。这时可以使用数据流窗口来进行操作了。

在 sim 标签中可以看到顶层模块 top，含有三个子模块 p、c、m，选中模块"p"，在右侧的 Objects 窗口中选择"strb"信号，在右键菜单中选择"Add Dataflow"选项可以把该信号添加到数据流窗口中，如图 5-101 所示，可以出现右侧的信号图形。

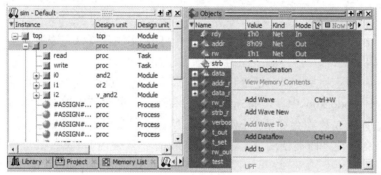

图 5-101　添加信号到数据流窗口

此时确定了一个观察信号，可以实现与之相关联的其他信号或器件。选择右侧的"strb"信号，在菜单栏中选择"Expand"→"Expand net to readers"选项或使用快捷工具栏中的对应按钮，可以得到图 5-102 所示的图形，这里可以看到这个 strb 信号是被哪些信号、进程、语句或模块读取了。选中其中的"#NAND#52"，会在数据流窗口的下方自动出现一个波形窗口，显示选中部分的输入和输出信号，并且自动分组为输入和输出部分，输入在上，输出在下，如图 5-103 所示。如果没有显示波形，则可以单击"Show Wave"快捷按钮来调出波形窗口。在波形窗口中或数据流窗口中选择"test"信号，即图 5-103 中与非门未连接的另外一个输入信号，在菜单栏中选择"Expand"→"Expand net to drivers"选项，可以得到是哪个信号驱动了 test 信号，如图 5-104 所示。如此依次展开，就可以得到所有程序代码之间的逻辑连接关系，这与层次结构图所展示的内容是不同的。

接下来，只保留"#NAND#52"这个单元，把其他的部分删除掉。双击"#NAND#52"单元，会在源文件窗口中显示对应的源代码，如图 5-105 所示，可以查看代码来确定执行的具体功能。如果选中的是某条线，或者是某个输入或输出端口，那么在源文件窗口会显示对应的代码。

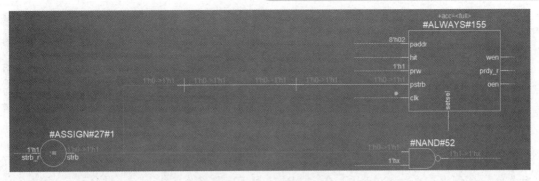

图 5-102　显示读取

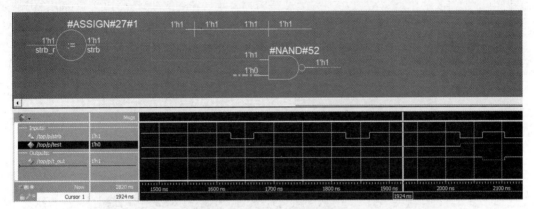

图 5-103　显示对应波形信息

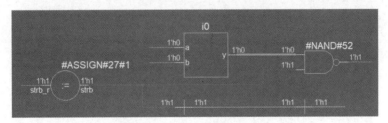

图 5-104　显示信号驱动信息

```
49        nor (test2, _rw, test_in);
50 ➡      nand (t_out, test, strb);
```

图 5-105　对应源代码

双击快捷操作在波形窗口设置中就出现过，其中的"Tools"→"Window Preferences"→"Double-click will"就是双击选项，其左键菜单如图 5-106 所示，选择其中的"Show Drivers in Dataflow"选项，就可以把双击的信号添加到数据流窗口。可以看到，还可以把信息添加到原理图窗口。

双击波形窗口的"t_out"信号，就会在数据流窗口出现对应的选中标志。这时源文件窗口也会有显示，这种显示是默认的，无法关闭。此时在"t_out"信号上选择最右侧信号值，在数据流窗口的菜单栏中选择"Trace"→"Trace next event"选项，可以得到图 5-107 所示的界面，用来追踪事件变化的时间点。

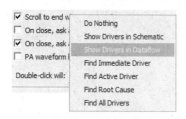

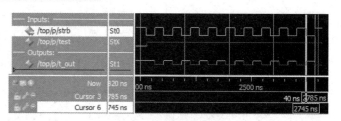

图 5-106 双击设置   图 5-107 追踪事件

不定态是 HDL 设计中一个不希望看到的状态，会对后续的信号造成不可估计的影响。这里演示一下如何追踪不定态。图 5-108 中#NAND#52 的输出态是 StX，即不定态。首先选中此窗口中与非门的输出端，或者在下方的波形窗口选中"t_out"信号均可，目的是选中一个输出为 X 值的信号，然后在菜单栏中选择"Trace"→"ChaseX"选项，在数据流窗口中可以得到图 5-109 所示的追踪图，这里显示所追踪的 X 值的来源是前方的"#NOR#51"语句，可以双击"#NOR#51"语句查看对应代码。

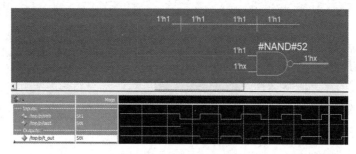

图 5-108 选中 X 信号

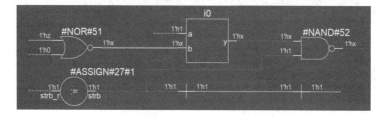

图 5-109 追踪 X 状态

5.7 原理图窗口的使用

原理图窗口可以显示设计的连通性，可以看到整个设计的结构、连接关系和层级。原理图窗口显示设计文件中各设计单元物理层次上的连接关系。与数据流窗口相似，原理图窗口也可以追踪事件和信号，可以显示可综合和不可综合的设计。对于可综合的部分，原理图窗口可以显示以下信息。

- 显示器件和数据的连通性。
- 指出时钟和触发事件。
- 分离组合逻辑和时序逻辑。
- 识别 RAM/ROM 存储模块。

原理图窗口提供两种模式显示，分别是 Full View 模式和 Incremental View 模式，如图 5-110 所示。可以在 sim 标签中选中某个模块来添加，使用右键菜单中的"Add to"→"Schematic"→"Full"或"Incremental"选项来进行添加。Full View 可以展示各种模块或结构体之间的连接信息，最低的显示粒度是 HDL 中的 process 或 always 块，也可以通过选项显示所有模块的内部信息。Incremental View 用来显示设计文件中的逻辑门或关系式等，显示 RTL 信息，使整个程序的语句变得直观易懂，可以只显示某个线网或块，然后依次展开驱动信号和接收信号，并在原理图窗口中显示，这在设计调试中非常实用，可以按信号的驱动和读取来展开设计的连接，并检查信号的变化情况。这两种模式在数据流窗口中可以方便切换，只要单击图 5-110 中左上角的按钮（图中圈起来的地方）即可。

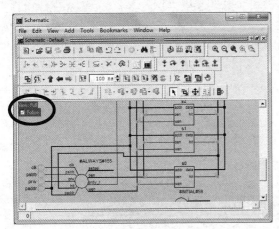
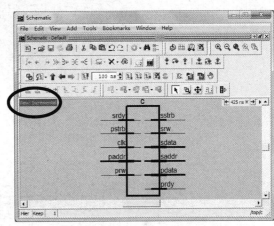

（a）Full View 模式　　　　　　　　　　　　（b）Incremental View 模式

图 5-110　两种显示模式

原理图窗口操作与数据流窗口操作比较类似。例如，在原理图窗口选中某个器件或连线，双击之后就会在源文件窗口出现对应的源代码，并以红色字体显示，如图 5-111 所示。同时，可以使用显示驱动和读取来展开设计，使用到的快捷工具栏与数据流窗口的快捷工具栏相同，原理图窗口的菜单栏选项为"Add"→"Expand Net To"→"Drivers"、"Readers"或"Drivers&Readers"，用于进行切换，由于操作相同，这里不再重复介绍。

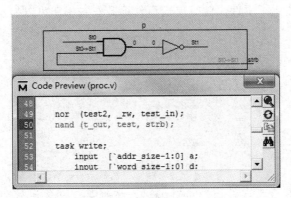

图 5-111　代码显示

原理图窗口中的模块可以采用折叠或展开的方式来选择内部信息的可见性。先选中某个进程或模块，然后使用右键菜单中的"Fold/Unfold"选项可以选择折叠或展开此模块，如图 5-112 所示。在添加到原理图窗口的时候，模块一般都默认为采用折叠方式，即内部信息透明。在数据流窗口中追踪信号时可以知道，此时如果选择图中左侧的输入信号，那么选择显示读取信号的信息时，可以进入 s2 模块内部看到信息，但是如果处于折叠模式，那么无法查看内部信息。选择 Unfold 命令后，可以看到图 5-113 所示的图形，可以明显看到图形 s2 内部有数据显示，此时就是展开状态。把鼠标移到方框内的信号线上可以看到一个向内的箭头，就能显示读取该信号的进程信息。同时，把鼠标悬停一会还会出现图中的信号信息，显示该线网的类型、层次和数据值。此时的 s2 模块就可以显示内部信息了。

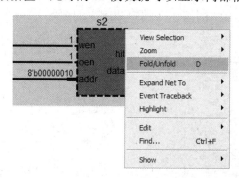

图 5-112　折叠状态及菜单

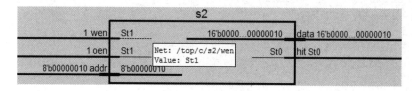

图 5-113　展开状态

在原理图窗口可以激活时间标签，可以在菜单栏中选择"Tools"→"Preference"选项打开原理图窗口选项设置，与数据流窗口中的信息基本一致。把其中的"Current Time label"选项激活，就会在窗口的右上角看到时间标签，如图 5-114 所示。时间标签的中间是当前时间，左侧是显示上一个事件按钮，右侧是显示下一个事件按钮。在波形窗口或原理图窗口中选择某个跳变沿，即发生了事件，此时单击事件标签左右按钮可以显示上一次和下一次发生变化的位置。

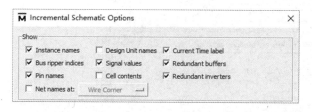
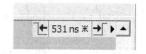

图 5-114　时间标签

在原理图中可以联合源文件窗口进行调试，选择某个变化沿，在原理图中选择对应信号，使用右键菜单中的"Event Traceback"→"Show Cause"选项，就会显示图 5-115 所示的源文件窗口，这里的红色字体（图中代码下方的数值）就是代码在当前仿真时刻的变化值，恒定值直接显示数值，变化值采用"→"来连接变化前后的数值。同时，在源文件窗口的左上方还出现一个驱动查看工具，与时间标签类似，可以显示多个驱动信息。此时，刚才的时间标签依然可以工作，查找到信号变化的同时会更新源文件窗口中显示的数值。

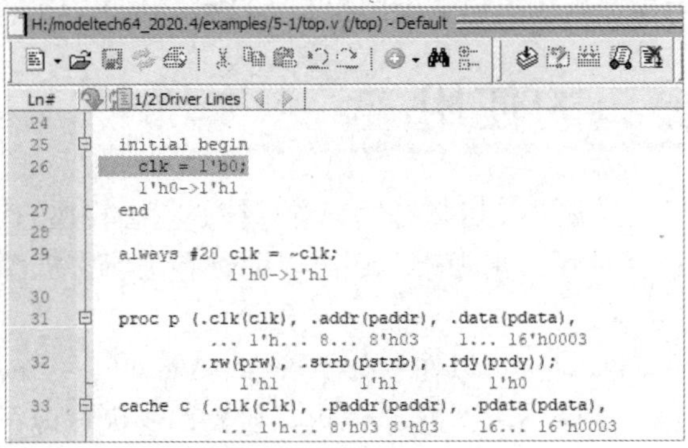

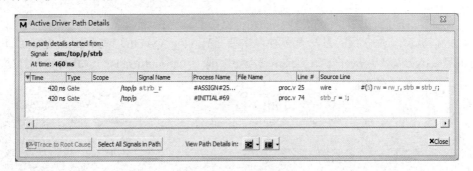

图 5-115　显示驱动变化

显示了驱动信息之后，在命令窗口中也会有对应的提示信息，信息是以列表的方式给出的，方便设计者保存和管理，信息格式如下：

```
# ================================================
# *PARTIAL* causality trace results for signal "sim:/top/c/clk":
#
#   Time | Type | Scope | Signal | Source File
#   ------- | ------ | -------- | --------- | ------------------------
# 2520 ns | Gate | /top | clk  | top.v:29
```

如果想要观察多个驱动信息，那么可以调用图 5-116 所示的驱动路径列表，在列表中可以显示设计者需要观察的多个信号，每个信号都列出了时间、类型、层次、信号名称、进程名称、所在文件、所处代码行和源文件显示。可以选中需要观察的信号，并单击图 5-116 中正下方的两个按钮，用来显示在原理图窗口或波形窗口中。

图 5-116　驱动路径列表

原理图窗口与数据流窗口操作很类似，其他内容就不重复介绍了。最后强调一点，原理图窗口必须使用优化后的设计，可以使用以下代码来进行仿真，即先进行优化，再使用-debugdb 命令来激活原理图窗口。

```
vopt +acc top -o top_opt
vsim -debugdb top_opt
```

另外，原理图窗口中要观察的数据或信号必须在之前的仿真中被记录下来，对于一些比较大的设计，想要把所有信号都添加到波形窗口或数据流窗口是不现实的，这样仿真器工作起来占用的资源相当大，可以在仿真开始前使用命令"log -r /*"来添加当前所有可记录的信号到 log 文件，这样再调用原理图窗口就不用担心无法显示信号了。

5.8 状态机窗口的使用

在 HDL 建模的时候，经常会使用状态机来进行核心状态转换的设计，ModelSim 也提供了状态机的检验方法，除了使用波形观察，还可以通过有限状态机窗口来直观查看程序中包含的状态机。

状态机窗口默认为关闭状态，可以在软件中选择"View"→"FSM List"选项来显示，该窗口显示在标签页区域，如图 5-117 所示。可以看到，该区域现在显示的是没有状态机的状态，空白处会有提示信息，提醒用户因某些原因无法显示状态机。这点与原理图窗口类似，状态机窗口必须使用命令行来激活，否则是看不到信号的。

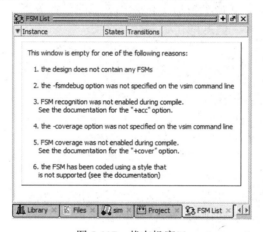

图 5-117 状态机窗口

启动状态机窗口命令行的方法有多种，主要是在 vlog（vcom）或 vopt 命令后添加选项，可以采用"+cover"、"+cover=f"、"-fsmverbose"或"-fsmmultitrans"这几种附加命令选项，如可以使用以下方式来激活：

```
vlog *.v
vopt  +cover  top -o opt_top
```

或者：

```
vlog  +cover=f  xxx.v  yyy.v
vlog  top.v
vopt  top  -o  opt_top
```

或者：

```
vcom  xxx.vhdl  yyy.vhdl
vcom  top.vhdl
vopt  +cover=f -fsmverbose -fsmmultitrans top -o opt_top
```

最后在仿真时，启动仿真需要加入"-fsmdebug"选项，而且必须是启动优化后的仿真文件，不能直接仿真原始的模块，例如：

```
vsim -fsmdebug opt_top
```

此时会正常启动仿真；在"FSM List"标签内就会出现设计中的状态机，如图 5-118 所示，如果有多个状态机，那么都会在这里显示出来。选中所要观察的状态机，右键菜单如图 5-119 所示，主要使用的是"View FSM"和"Add to xxx"这两类命令。

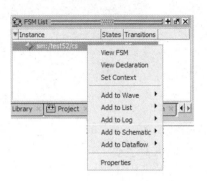

图 5-118　状态机名称显示　　　　　　　图 5-119　右键菜单

在选择"View FSM"命令后，会在右侧的 MDI 窗口中出现图 5-120 所示的状态转换图，会把设计中能够被软件识别的状态和转换关系显示出来，同时右上角有时间显示，可以在仿真中配合波形窗口使用。在选择"Add to Wave"命令后，会把状态机作为一个整体添加到波形窗口中，如图 5-121 所示。在 sim 标签中添加了状态机信号，作为对比可以看到，sim 标签中添加的状态机信号显示与常规信号无异，但是在 FSM 标签添加的状态机会以 s1 等状态直接显示，方便用户观察。如果添加到列表、原理图等窗口，那么效果与添加到波形窗口的效果类似，这里不再一一列举。

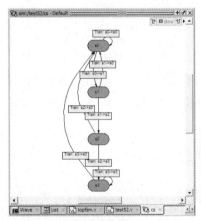

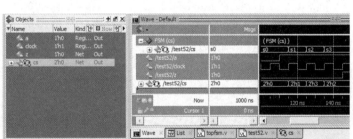

图 5-120　状态转换图　　　　　　　图 5-121　波形窗口显示

在运行仿真后，可以结合显示的状态机和波形共同观察仿真结果，这对检测状态机的转换是非常方便的。可以在波形窗口中选择一个状态，在状态机窗口里就会出现对应的显示，如图 5-122 所示。图中的光标位置显示在 s0 状态和 s1 状态之间，在状态机中会以黄色显示前一状态，绿色显示当前状态，借以体现状态的变化。同时在状态机的右上角，会有当前仿真时间的显示，均为 115ns。

图 5-122　联合观察

如果要继续观察状态机的转换，那么可以单击状态机右上角时间旁边的小箭头，可以向前或向后观察状态变化，如单击右侧箭头，状态机继续运行，会进入 s2 状态，波形窗口和状态机窗口都会做出相应的显示改变，如图 5-123 所示。利用快捷按钮和菜单栏也能运行到下一个状态或上一个状态，可以选择使用。

图 5-123　状态转换

在状态机窗口中还有其他选项功能，这里不再赘述，留待读者自行摸索。总体来说，ModelSim 观察状态机的功能并不是很强，比起后文的 FPGA 开发工具中自带的状态机功能弱了一些，但是在观察状态转换时，如一般联合波形观察，还是十分方便的。最后强调一下，状态机窗口必须使用命令选项来激活，务必牢记。

5.9　ModelSim 的剖析工具

ModelSim 的剖析工具联合了一个统计抽样的剖析器和一个存储分配剖析器，可以统计实例完成的进程和存储器分配的数据。它能够快速确定设计中的存储器是如何分配的，并且可以轻松找到设计仿真中哪个区域可以进行性能改良。性能剖析可以使用在设计的任何层次中，如算法级、RTL 级和门级。另外，在 ASIC 和 FPGA 的设计流程中，性能剖析是一个很重要的部分，可以利用性能剖析得到更好的收益。

5.9.1　运行性能剖析和存储器剖析

剖析工具中的性能剖析和存储器剖析是两个相对独立的部分，可以各自独立使用。性能剖析是附加于仿真流程之外的，需要运行性能剖析的时候不需要更改仿真流程。运行性能剖析需要先运行文件的编译，编译通过后可以通过三种方式来启动性能剖析。

第一种方式是在主界面的菜单栏中选择"Tools"→"Profile"→"Performance"选项来启动性能剖析；第二种方式是在命令窗口中输入"profile on"命令来启动性能剖析；第三种方式是直接单击快捷工具栏中的按钮，如图 5-124 所示。图中左侧标有"p"的按钮就是性能剖析按钮，右侧标有"m"的按钮是存储器剖析按钮。两个按钮在仿真开始的时候默认状态都是处于凸起状态，表示该功能未启动，直接单击标有"p"的按钮使之处于凹陷（选中）

图 5-124　快捷工具栏

状态即可启动该功能。同时，如果用前两种方式启动性能剖析，那么快捷工具栏中的"p"按钮也会处于凹陷状态，三种方式的效果是相同的。

存储器剖析的启动方式有四种。第一种方式是在菜单栏中选择"Tools"→"Profile"→"Memory"选项进行启动；第二种方式是在命令窗口中输入"profile on -m"命令来启动；第三种方式是直接单击图 5-124 中标有"m"的按钮来启动存储器剖析；第四种方式是在开始仿真的菜单栏中选中存储器剖析选项，如图 5-125 所示，勾选"Enable memory profiling"复选框再启动仿真即可。这四种方式都会使快捷工具栏中标有"m"的按钮处于凹陷状态。

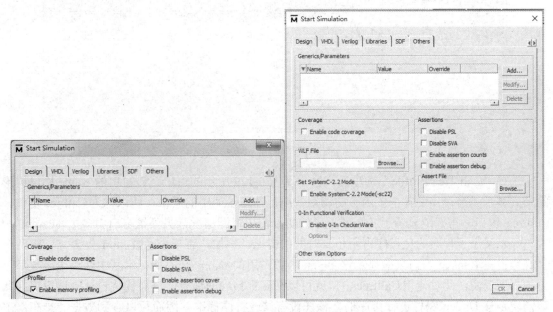

图 5-125　启动存储器剖析

5.9.2　查看性能剖析结果

在单独启动性能剖析器后，运行仿真，在仿真中断或结束时会出现以下提示信息：

```
# Profiling
# Profiling paused, 1510 samples taken
```

该提示信息表明获取了 1510 个采样信息。同时，在 ModelSim 主窗口最下方的状态栏里也会有相应的显示，如图 5-126 所示，显示的采样信息是相同的。

性能剖析与波形、列表等窗口不同，不能在仿真的时候同时显示窗口，需要手动开启。在需要查看分析信息的时候可以在菜单栏中选择"View"→"Profile"选项，会出现下拉菜单，如图 5-127 所示，在下拉菜单中有五个选项，可以调出五个窗口来查看不同的信息。

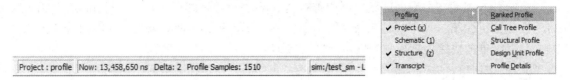

Profiling	Ranked Profile
Project (x) ✓	Call Tree Profile
Schematic (1)	Structural Profile
Structure (z) ✓	Design Unit Profile
Transcript ✓	Profile Details

| Project : profile | Now: 13,458,650 ns | Delta: 2 | Profile Samples: 1510 | sim:/test_sm - L |

图 5-126　状态栏显示　　　　　　　　　　　　　图 5-127　Profiling 子菜单

选择"Ranked Profile"选项后，会出现图 5-128 所示的 Ranked 窗口，在 Ranked 窗口中显示每个函数或实例的性能统计分布结果和存储器分配剖析结果。在默认情况下，这一栏的结果是按照"In(%)"一栏的数值从大到小排列的，也可以选择其他栏的信息作为排序的标准。例如，图 5-128 中就是以 Name 栏作为排序标准的（注意，圆圈标示的位置，哪栏有▽符号就以哪栏排序，这在前面章节中介绍过）。显示信息中默认为蓝色字体，如果出现了红色字体，那么表示此进程或实例占用了 5%以上的仿真时间。

（Ranked 窗口界面）

▼Name	Under(raw)	In(raw)	Under(%)	In(%)
ZwDeviceIoControlFile	18	18	1.2%	1.2%
write	106	1	7.0%	0.1%
vsnprintf_l	20	0	1.3%	0.0%
vsnprintf	20	0	1.3%	0.0%
vcwprintf_s	20	19	1.3%	1.3%
test_sm.v: 106	674	417	44.6%	27.6%
test_sm.v:75	16	16	1.1%	1.1%
test_sm.v	71	68	4.7%	4.5%
TclCopyChannel	29	25	1.9%	1.7%
open_s	84	0	5.6%	0.0%

图 5-128　Ranked 窗口

选择"Call Tree Profile"选项后，会出现图 5-129 所示的窗口，该窗口的 Name 栏以树形的形式显示当前设计中各个子函数的调用情况，体现了调用的层次，所以称为 Calltree 窗口。Calltree 窗口非常好地显示了各个子程序的实际占用资源情况，另外该窗口中多了%Parent 一栏，显示某个子程序的父程序占用仿真时间的情况。例如，有一个函数 sum 包含 A、B 两个子函数，在 Ranked 窗口只能显示这个 sun 函数占用的资源，却不能标示其中两个子函数哪个更加占用资源，此时使用 Calltree 窗口就可以得到更精确的信息，进而优化设计。该窗口的默认情况是按 Under(%)栏进行排序的，该图没有修改排序标准，因而可以看到数据的排布，由于是默认情况，所以在 Under(%)栏没有▽符号显示。与 Ranked 窗口一样，如果数值超过了一定比率，该数值所在行就会显示为红色字体。注意：红色显示只能在底层的函数中显示。例如，一个子函数占用资源超过 8%，该子函数所在行会显示为红色，但是其父函数所在行（父函数占用资源必超过 8%）会显示为正常。

选择"Structural Profile"选项后，会出现 Structural 窗口，如图 5-130 所示，该窗口是一个层次结构的显示窗口，显示了设计中各个层次模块的资源占用情况，其层次显示信息与 sim 标签中的层次显示信息相似。此窗口资源占用情况的显示标准与前两个窗口是一样的，只是改变了排布的形式而已，即以结构模块的形式给出。

选择"Design Unit Profile"选项后，会出现图 5-131 所示的窗口，这个窗口显示的内容和 Structural 窗口显示的内容相似，但是这里是按照设计单元进行划分和显示的，所以看起来更具有直观性和层次感。

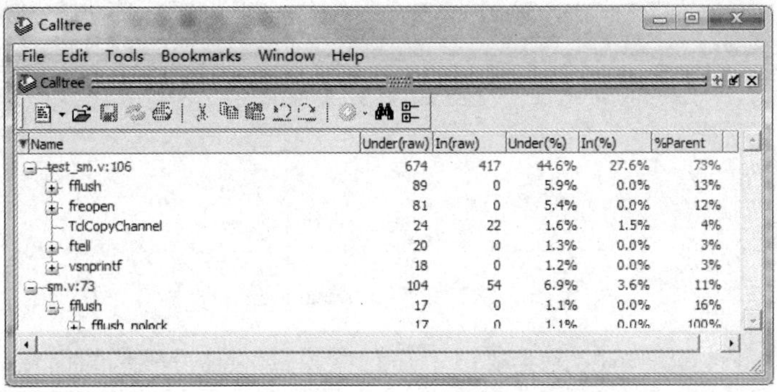

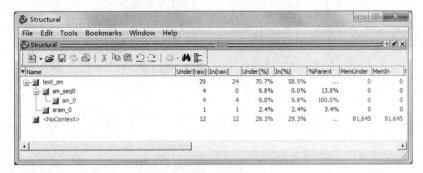

图 5-129　Calltree 窗口

图 5-130　Structural 窗口

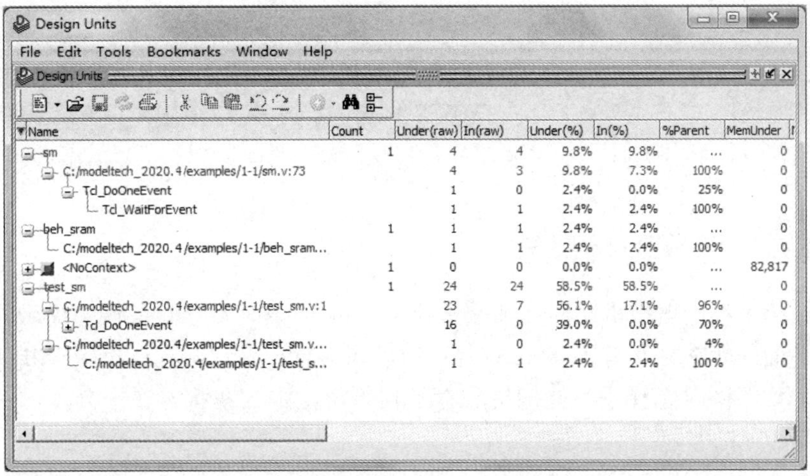

图 5-131　Design Units 窗口

　　选择"Profile Details"选项后，会显示 Profile 细节窗口，此时调出的窗口并没有具体信息。如果想要查看 Profile 上述四个窗口中某对象的细节，则可以选中此对象，在右键菜单中选择"Function Usage"选项（在 Structural 窗口中是"Instance Usage"选项），此时对象的详细信息就会显示在 Profile Details 窗口中，选中实例的时候，显示信息包括包含的子模块和资源占用情况，如图 5-132 所示。

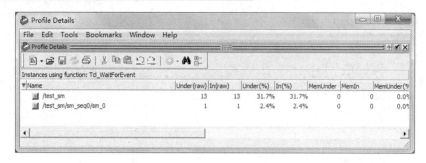

图 5-132　Profile Details 窗口

　　上述五个窗口是性能剖析的查看窗口，在这些窗口中双击显示的信息，都会跳转到对应的源文件代码行，与数据流、原理图等窗口相同，Structural 窗口和 Design Units 窗口在 64 位系统下不支持，使用时请留意。有时候窗口中显示的内容比较多，而且利用剖析工具的主要目的是判断哪些进程和实例占用了较多的仿真时间，有时候一些占用了1%或2%仿真时间的选项完全可以忽视，这时就可以使用过滤选项。在快捷工具栏中可以找到图 5-133 所示的过滤工具，填写数值后单击右侧的按钮就可以刷新显示过滤后的信息，图 5-134 就是使用 3% 过滤之后的显示图。

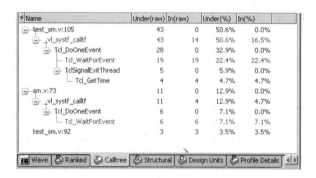

图 5-133　过滤工具

图 5-134　使用 3%过滤之后的显示图

5.9.3　查看存储器剖析报告

　　如果只选择了存储器剖析功能，那么在执行 run 命令时不会有任何的提示信息。执行完仿真后，主界面的状态栏会有图 5-135 所示的显示信息，显示仿真过程中一共使用的存储器容量。另外，如果同时选择了性能剖析和存储器剖析，那么在状态栏中会显示对应的两个信息，位置不变。

图 5-135　状态栏显示信息

　　查看存储器的剖析报告可以通过选择"View"→"Profile"选项，这时不需要显示细节信息，因为存储器剖析的时候在 Profile Details 窗口中是没有显示的，在 Ranked 窗口中也仅仅是显示一行信息，即显示程序执行中调用的存储器容量，如图 5-136 所示。

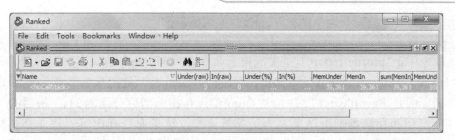

图 5-136　查看存储器剖析报告

5.9.4　保存结果

在性能剖析和存储器剖析结束后，可以保存剖析报告结果。在菜单栏中选择"Tools"→"Profile"→"Profile Report"选项，会出现图 5-137 所示的窗口。该窗口分为 Type（类型）、Performance/Memory data（性能/存储器数据）、Cutoff percent（剪切比）、Output（输出）四个区域。Type 区域选择报告显示的类型，可以选择 Call Tree 或 Ranked 或 Structural，还可以细化到选择调用与被调用的函数（Callers and Callees）、指向实例的函数（Function to instance）或相同定义的实例（Instances using same definition）。在 Performance/Memory data 区域可以选择保存的剖析数据，在此提供了几种不同的组合方式，默认情况是全选形式，就是保存所有收集的数据，但是选择后就变为只能单选。Cutoff percent 区域指定一个百分比数值，大于或等于该百分比的数据信息会被保存，默认是 Default(0%)，即全部保存。在 Output 区域选择输出位置，选择"Write to transcript"选项会把报告输出到命令窗口中，选择"Write to file"选项会以文件形式保存，默认的名称是"profile.out"。如果勾选了"View file"复选框，那么写出的报告会在确定输出后以文本形式直接显示出来。

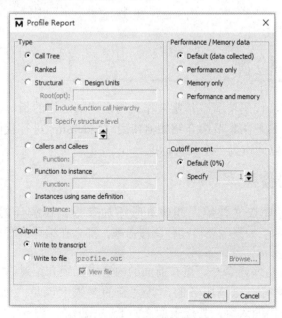

图 5-137　剖析报告窗口

除了使用菜单栏，还可以使用命令行形式保存。命令行形式的参数较多，这里不详细给出所有的参数，只是给一个简单的例子，命令语句如下：

```
profile report -calltree -file profile.out -cutoff 3 -p -m
```

在该命令中，"profile report"是生成报告命令，"-calltree"是保存类型参数，还可以设置为"-ranked"或"-structural"等参数，"-file profile.out"是把报告数据写到指定的文件中，这里指定的是"profile.out"文件，"-cutoff 3"是指剪切百分比为3%，最后的"-p -m"是保存性能剖析和存储器剖析结果。为了尽量详细，这条命令列出了一些非必要参数（如"-cutoff 3 -p -m"）。其实命令行参数与剖析报告窗口的选项基本是对应的，了解了窗口中各选项的含义再看命令行的参数就没有什么理解障碍了。当然，这条命令也能完全说明该命令使用到的参数，更加具体的命令参数可以查看 ModelSim 自带的帮助文件。该命令生成的报告如图 5-138 所示。

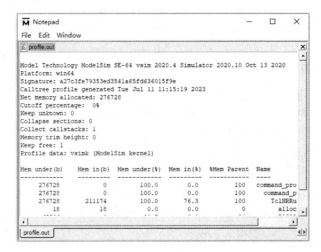

图 5-138　生成的报告

5.10　覆盖率检测

在进行单元测试时，代码覆盖率常常被作为衡量测试好坏的指标。本书姑且不讨论这种衡量的标准是否精确，只是在本节中介绍如何使用 ModelSim 进行代码覆盖率的测量，并查看和输出代码覆盖率，以此作为一个评价标准。

5.10.1　启用代码覆盖率

启用代码覆盖率需要在文件编译和仿真时添加参数。在编译的时候，需要加入参数"-cover"，以 Verilog 为例，如果需要启动代码覆盖率，那么在编译的时候需要输入以下语句：

```
vlog -cover bcest filename.v
```

在该语句中，vlog 是编译命令，这在前面的内容中已经介绍过。"-cover"是命令参数，表示该编译是为代码覆盖率检测服务的，其完整的参数应该是"-cover <stat>"命令中的 bcest，bcest 是 stat 位置中的内容，其代表意义如下。

- b：收集分支统计数据，即分支覆盖检测。该检测方式判断程序中每个判定的分支是否都被测试到了，这个分支可能由 if-else 或 case 等语句引起。

- c：收集条件统计数据，即条件覆盖检测。该检测方式判断程序中每个分支的可能性是否被测试，每个分支语句可能为真，也可能为假，使用分支检测时只检测是否实现该分支语句，不考虑该分支语句的可能状态，所以该检测方式是分支覆盖检测的延伸。
- e：收集表达式统计数据，即表达式覆盖检测。该检测方式用来分析赋值语句右侧的表达式，类似于条件覆盖检测。
- s：收集语句统计数据，即语句覆盖检测。这是最常用也是最常见的一种覆盖方式，就是度量被测代码中每个可执行语句是否被执行到了，只统计能够执行的代码被执行了多少行。
- t：收集开关统计数据，即开关覆盖检测。该检测方式统计一个逻辑节点从一个状态到另一个状态的转变次数。

需要进行哪方面的检测，就可以输入该检测对应的字母。例如，给出的语句就执行除表达式检测外的其他四种检测。可以根据自己的实际需要进行选择。除了使用"-cover"选项，还有另外一种方式，即使用"+cover"选项，命令如下：

```
vlog +cover=bcest filename.v
```

使用"+cover"选项的时候后面需要加上等号，然后赋予上述五种检测的字母，这种方式也是 Mentor 官方给出的标准语法，目前这两种方式都可以被使用。

除了使用上述命令行形式，还可以使用窗口选项来完成同样的功能操作。在第 3 章中曾经涉及 Coverage 标签，当时没有具体说明。该标签内包含的选项如图 5-139 所示，包含的选项与上述的参数是对应的，在 Source code coverage(+cover) 区域包含了分支、条件、语句、表达式四种覆盖检测，开关覆盖检测在 Toggle coverage(+cover) 区域被细分为 0/1 和 0/1/Z 检测，0/1 检测是默认逻辑节点只有 0 值和 1 值，检测是否覆盖到这两个值，0/1/Z 检测是默认节点有 0、1、Z 三种状态。Optimization level(-coveropt) 区域给出了四种优化级别，分别进行以下操作：第一级，关闭所有影响代码覆盖率报告的选项；第二级，在数据更迭的时候如果能借助时序进程来获得较大性能提升，则可以进行优化，此时会导致覆盖率统计的计数总量降低；第三级，在第二级的基础上允许移动一些语句，也允许常量传递和 VHDL 子程序的插入；第四级，在第三级的基础上允许几乎所有的优化，如改变区域代码、移除无用信号、优化 Verilog 单元门和表达式、识别 VHDL 触发器

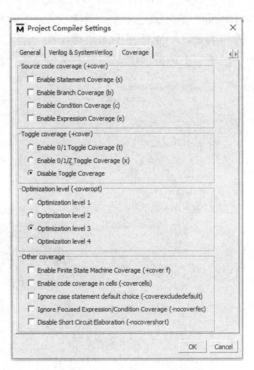

图 5-139　Coverage 标签

等。在 Other coverage 区域可以设置一些杂项，如启动有限状态机覆盖、禁用 case 语句中的 default 检测等。选中需要进行的检测，单击"OK"按钮之后，就可以执行正常的编译而不需

要使用上述参数了。

编译之后需要启动仿真，启动带有代码覆盖率的仿真有两种方法，第一种方法是在菜单栏中选择"Start"→"Start Simulation"选项启动开始仿真窗口，在窗口的 Others 标签中勾选 Coverage 区域的"Enable code coverage"复选框来激活代码覆盖率的检测，如图 5-140 所示。

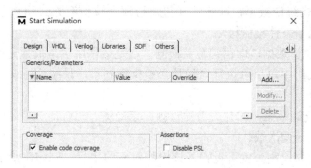

图 5-140　激活代码覆盖率的检测

第二种方法是直接使用 vsim 命令，在命令窗口中输入以下命令：

```
vsim -coverage design_name
```

命令中的"-coverage"是仿真参数，表示启动了代码覆盖率检测，其他部分和常规仿真一样。按以上两种方式启动仿真之后，ModelSim 就会改变版式排布，如果在菜单栏中选择"Layout"选项就会看到其中的"Coverage"区域已经被选择，此时按激活代码覆盖率的版式排布版面，其整体视图如图 5-141 所示。该图未截取软件界面最下方的命令窗口，其中左侧的区域是多标签区域，右侧的区域是主要的覆盖率显示部分。

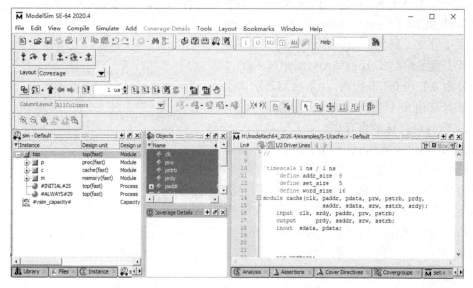

图 5-141　带代码覆盖率的整体视图

整体视图不利于观察细节，所以把这个大图划分为小的部分来依次介绍。

首先是多标签区域，相比正常仿真会多出一个 Instance 标签，同时在 Files 和 sim 标签中的显示栏会发生变化，为了查看方便，这里把所有的标签都变成了浮动窗口，如图 5-142 所示。该区域的显示与常规仿真相比会有两个不同。在 sim 和 Files 标签中会出现 Stmt Count 等栏，这些栏用来统计代码覆盖率计算时的语句。举例来说，Stmt Count 是该单元包含的总语句数，后面的 Stmt Hits 是命中的语句数，并且有一个百分比显示的数据，在图中显示为 0%，这是因为该语句开始仿真，代码还没有执行，故没有命中，全部语句都是未命中状态，覆盖率为零值，最后还有一个 Stmt Graph 栏来显示柱状图，其他的覆盖率也有对应的显示栏。其次，Instance 标签出现了，这个标签页中出现的是本仿真中所有能识别出来的设计实例，即层次化的模块，以及能识别的函数任务等具有模块输入与输出性质的部分，该窗口包含的栏数较多，所有启动的代码覆盖率都会在此窗口显示。

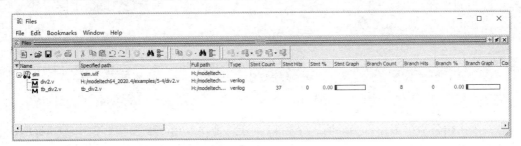

（a）文件窗口

（b）结构窗口（sim 标签）

（c）实例覆盖窗口

图 5-142　多标签区域显示

整体视图右侧部分的显示内容如图 5-143 所示。该区域左侧是覆盖率细节窗口，由于没有开始仿真，所以是空白区域。右侧是多个窗口的合并，图中显示的是代码覆盖率分析窗口，默认显示的是语句覆盖率分析，可以在图中窗口右上角部分单击按钮来切换要查看的覆盖率种类，如图 5-144 所示。

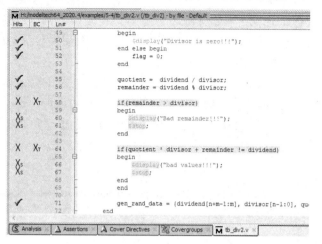

图 5-143　代码覆盖率显示部分　　　　　图 5-144　切换显示

　　另外，代码覆盖率显示部分还有三个窗口，分别是 Assertions 窗口、Cover Directives 窗口和 Covergroups 窗口。Assertions 窗口用来判断断言语句的覆盖率情况；Cover Directives 窗口用来显示覆盖指令的累加和，有百分比和图形两种显示方式；Covergroups 窗口用来显示多种覆盖率的加权平均值。这三个窗口一般在 Systemverilog 断言语句时使用较多，如图 5-145 所示。

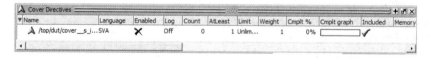

（a）Assertions 窗口

（b）Cover Directives 窗口

（c）Covergroups 窗口

图 5-145　覆盖率的三个窗口

5.10.2　覆盖率的查看

在运行代码覆盖率时，ModelSim 会自动记录各个窗口中的命中数据，在仿真中断或停止的时候更新当前窗口的显示。运行一段时间仿真后，各个窗口都会发生一些变化，下面依次介绍。

开始仍然是 Workspace 区域的 sim 标签和 Files 标签。sim 标签中的显示如图 5-146 所示。先前的 Stmts hit 值为 0，运行一段仿真后，在此段仿真中命中语句的条数就会显示在该行，同时 Stmt %一栏的显示也会更新，用当前的命中语句数除以整个语句数，此时得到一个百分比的数值，同时在随后的 Stmt graph 一栏中以图形的形式显示出来。如果覆盖率低于 50%时就会显示红色图形，覆盖率在 50%～90%时就会显示黄色图形，覆盖率在高于或等于 90%时就会显示绿色图形。该标签中有一个覆盖率是 100%的模块，模块名称是 UDATAPATH，一些简单单元的代码覆盖率为 100%都是很正常的，在随后的实例化覆盖窗口中会看到更多此类的情况。

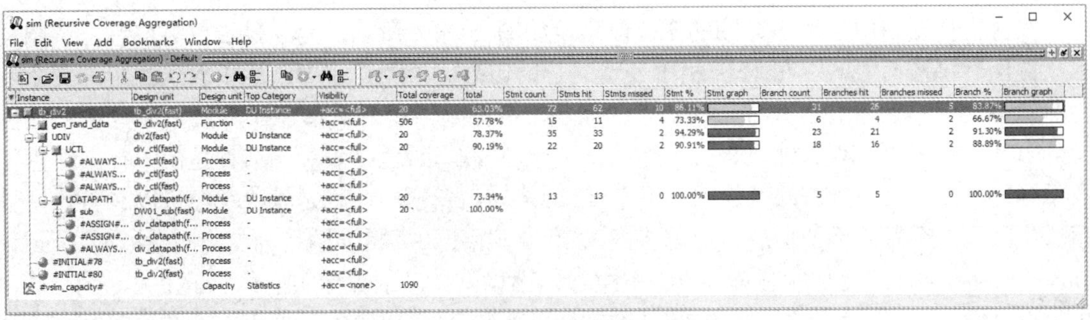

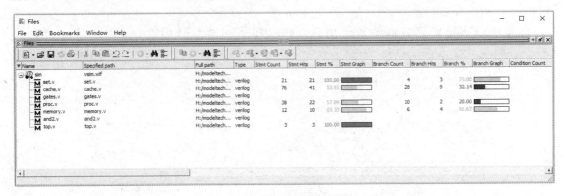

图 5-146　sim 标签中的显示

Files 标签中的显示如图 5-147 所示，该标签中的显示与 sim 标签中的显示类似，也是在仿真中统计了命中语句，再算出命中的百分比。注意这里的 top.v 文件的代码覆盖率达到了 100%！但这只是一个测试文件，测试文件由于其自身的特点，达到 100%的代码覆盖率也很简单，尤其是达到图 5-147 所示的 100%的语句覆盖率，那就更加简单了。因为在不出意外的情况下，测试文件的每个语句肯定都是要被执行的。

图 5-147　Files 标签中的显示

实例化窗口的覆盖率显示如图 5-148 所示。该标签中的显示与 sim 标签和 Files 标签中的显示类似，这里对每种覆盖率按照总语句数、命中的语句数、未命中的语句数、命中率（百分比形式）、图形显示五栏来显示。

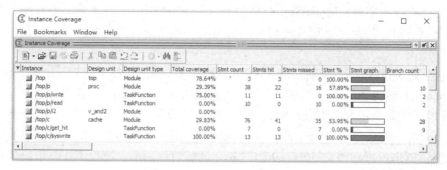

图 5-148　实例化窗口的覆盖率显示

如果选择了实例化窗口中的某个实例，那么源文件窗口会发生变化，会跳转到该语句对应的文件行，方便设计者观察。

在源文件窗口中显示了详细的命中信息，如图 5-149 所示，为了显示更多信息，该图是多次截图后拼接而成的。在 Hits 栏中表示的是语句命中检测，在 BC 栏中表示的是分支命中检测。源文件窗口中会有九种命中状态的显示，分别是绿色√、红色×、绿色大写 E、红色 X_T、红色 X_F、红色 X_C、红色 X_E、红色 X_B 和红色 X_S。绿色√表示当前行是命中行。红色×表示当前行是非命中行。绿色大写 E 代表 Exclusion，表示当前行是排除行，可以在当前排除窗口中找到这个行表示的信息。红色 X_T 和红色 X_F 用于 BC 栏，因为分支检测会检测 True 和 False 两种状态，这两种状态哪种没有被执行，哪种就会以下角标的形式显示出来。图 5-149 中的 X_T 就表示该行没有被执行的 True 状态。红色 X_C 表示该行的条件语句没有被覆盖执行。红色 X_E 表示该行的表达式语句没有被覆盖执行。红色 X_B 表示该行的分支语句没有被覆盖执行。红色 X_S 表示该行的语句没有被覆盖执行。如果把鼠标移动到某行代码上，那么在该行代码的命中状态显示部分还会出现命中的数值，如图 5-149 中的第 417 行和第 420 行。第 417 行的状态是命中状态，鼠标移至该行在原来√位置会出现 51，表示该行命中 51 次。第 420 行的状态是未命中和未命中 True 情况，鼠标移至该行会显示该行共执行 140 次，但没有一次的结果为 True，140 次全部为 False，所以这 140 次中没有一次是命中的，则 Hits 栏显示未命中，BC 栏显示缺少 True 状态。

如果想要直接看到具体的数值信息，那么可以在菜单栏中选择"Tools"→"Code Coverage"→"Show Coverage Numbers"选项来显示，选中此选项后会出现图 5-150，可以看到所有的命中情况都以实际数值形式展示出来。

图 5-149　源文件窗口显示

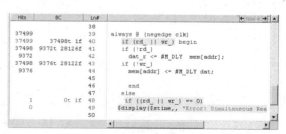

图 5-150　显示数值

5.10.1 节中介绍的五种覆盖率检测，只有开关覆盖检测不能用上面的方法观察到，观察开关覆盖率主要借助对象窗口。

由于代码覆盖率仿真的默认对象窗口是不显示的，所以需要在菜单栏中选择"View"→"Objects"选项显示出对象窗口，得到图 5-151 所示的显示。此时在对象窗口中会详细显示各个信号的变化状态，由于没有使用 Z 的信号变化，所以显示的时候把与 Z 值有关的信号变化都去除了。观察图 5-151 中第一行的 into 信号，在 1H→0L 栏显示 11，表示该信号从 1 值变化到 0 值变化了 11 次，在 0L→Z 栏显示 0，表示该信号从 0 值变化到 1 值没有发生过，开关覆盖率是 34.38%，这些信息都会在对象窗口中显示出来。

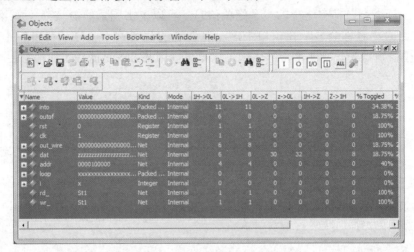

图 5-151　对象窗口显示开关覆盖率

还有一种方式来查看各种覆盖率的情况，只是没有上述这些窗口富有整体性，只能一个一个地查看信号，这种方式使用的是细节窗口，如图 5-152 所示。在分析窗口或源代码窗口中选择想要观察的代码行，就会在细节窗口中显示此行语句的覆盖率信息，包括实例出现的名称、行数、信号名称、节点数、对应语句和详细变化情况。如果有未命中的情况，那么会在这个窗口中显示对应信息。

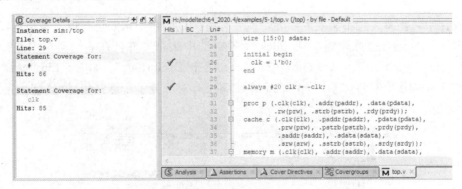

图 5-152　细节窗口显示

5.10.3　覆盖率检测的过滤

在实例化覆盖窗口中使用右键菜单，在其中选择"Set filter"命令可以进行过滤设置，会弹出图 5-153 所示的过滤选项对话框。该对话框分为三个区域：Filter Method（过滤方式）、Code Coverage Type（代码覆盖类型）和 Threshold Level（阈值）。过滤方式区域中可以选择阈值以上的信号或阈值以下的信号，代码覆盖类型区域中可以选择想要过滤掉的覆盖方式，阈值区域中可以指定一个百分比作为过滤的参考，ModelSim 会识别为百分比形式。例如，图 5-153 中的数值 100，ModelSim 就会自动识别为 100%，需要其他数值的时候可以左右拖动滑块来选择。

　　除了使用过滤选项对话框，也可以使用实例化覆盖窗口中的栏选项来过滤指定的信息栏，如图 5-154 所示。在窗口的左上角单击下拉按钮就会出现一个长条的选项栏，前面其实已经介绍过，每个窗口都有这样的一个配置信息，可以单击图示的箭头符号弹出该选项框。选项框中勾选的栏名称会显示在窗口中，没有勾选的栏名称不会显示在窗口中，前面已介绍，实例化覆盖窗口中包含非常多的选项，这里可以用此方式过滤指定的信息栏。

图 5-153　过滤选项对话框　　　　　　　图 5-154　过滤指定的信息栏

　　在设计中可能有一些不重要的部分，或者有时测试平台不需要进行覆盖率检测，这时就可以对某些文件进行排除设置。在 Files 标签中选中某个文件，在右键菜单中选择 "Code Coverage" → "Exclude Selected File" 或 "Cancel File Exclusions"，如图 5-155 所示，就可以把选中的文件排除或取消排除，同时在命令窗口会有对应提示，这些信息可以在随后介绍的报告中保存。

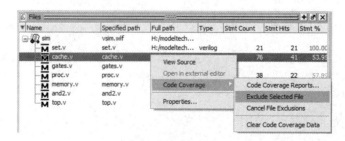

图 5-155　排除文件

5.10.4　覆盖信息报告

观察仿真结果后，可以保存此次覆盖率检测的报告，最常使用的方式是直接在 sim 标签或实例化覆盖窗口中使用右键菜单，弹出图 5-156 所示的窗口。

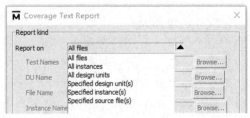

图 5-156　输出代码覆盖率窗口

选中图 5-156 中的对应命令，或者直接在菜单栏中选择"Tools"→"Coverage Report"→"Text"选项，会出现图 5-157 所示的对话框，该对话框中最上方的 Report on 选项是指定要保存的对象，单击可展开下拉菜单，如图 5-158 所示，功能如下。

图 5-157　覆盖率报告对话框

图 5-158　Report on 选项

- All files：为当前设计中的所有文件保存文本报告。
- All instances：为所有的实例保存文本报告。
- All design units：为所有的设计单元保存文本报告。
- Specified design unit(s)：为一个指定的设计单元保存文本报告。
- Specified instance(s)：为指定的实例保存文本报告。
- Specified source file(s)：为设计文件中某个指定的源文件保存文本报告。

在覆盖率报告对话框中间的 Coverage Type 区域选择要保存为何种覆盖率信息，这是一个可复选的区域，可以选择保存多种覆盖率信息，之前介绍的各种覆盖率都可以在这里找到，勾选需要保存的覆盖率类型，该类型的覆盖率报告就会保存到文件中。Verbosity 区域中可以设置一些杂项，默认保存所有实例窗口中设计文件的覆盖率，可以在 Details 中自行指定，也可以选择 Total Coverage 选项保存所有的覆盖率。

在覆盖率报告对话框的 Output Mode 区域中有 XML Format 复选框，勾选后会产生一个 XML 格式的报告，如图 5-159 所示。

图 5-159　XML 格式的覆盖率报告

在覆盖率报告对话框最下方的 Report Pathname 区域可以指定报告的名称，还可以指定一个新的保存路径（默认路径依然是 ModelSim 的 example 文件夹）。Append to file 选项是把新的报告附加到原有文件中，如果该文件不存在则创建一个。不选择此选项时，如果新保存的文件和旧的文件重名，则会覆盖旧的文件。

最后，在覆盖率报告对话框左下角还有一个 Advanced Options 按钮，单击它后会打开图 5-160 所示的高级选项对话框，这里也是覆盖率的一些选项。在 Filter 区域可以过滤报告信息，默认选择 None 选项，即不过滤，可以选择 Zero coverage only 选项来识别出覆盖率为零的信息，或者选择 Range 选项来指定某个范围。Covergroup Samples 中也是一个筛选，可以选择其中的五个选项，分别筛选出大于某个比率或在某个比率之间的报告信息。最下方是一些杂项，来设置一些子范围、控制精度等。选择好各个选项后，单击"OK"按钮就会在指定文件夹中生成一个文本报告。

除了使用该选项窗口，还可以在菜单栏中选择"Tools"→"Coverage save"选项，会出现图 5-161 所示的对话框，这种保存方式可以输出 UCDB 文件。

图 5-160　高级选项对话框　　　　图 5-161　输出 UCDB 文件对话框

　　覆盖率报告有两种输出格式，一种是在菜单栏中选择"Tools"→"Coverage Report"→"HTML"选项，出现图 5-162 所示的对话框，会生成一个网页文件报告。另一种是选择"Tools"→"Coverage Report"→"Exclusions"选项，出现图 5-163 所示的对话框，会把排除报告的信息记录下来，输出排除报告信息如图 5-164 所示。

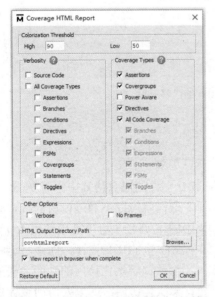

图 5-162　输出 HTML 格式报告对话框　　　　图 5-163　输出排除报告对话框

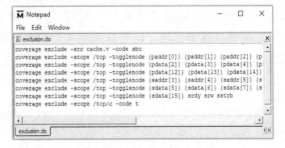

图 5-164　输出排除报告信息

另外，要保存报告也可以在命令窗口中使用 coverage report 命令。例如，最简单的保存命令如下：

```
coverage report -output cover.txt
```

该命令中的 coverage report 是起始命令，-output 是命令参数，表示按文件保存，相当于 All files，cover.txt 是输出的文件名。该命令执行后保存一个名为"cover.txt"的报告，图 5-165 是该报告的内容，这里只保存了每个文件的语句覆盖和分支覆盖，且只保留了总语句数、命中语句数和命中率。如果需要保存其他的信息则需要添加命令参数，具体的参数很繁杂，这里不介绍。命令参数设置的功能与上文中所述的覆盖率报告窗口中的选项功能是相同的，可以查看 ModelSim 的命令手册，与覆盖率报告窗口中的内容对照学习。

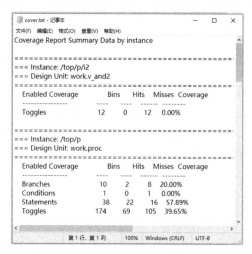

图 5-165　cover.txt 的内容

5.11　信号探测

信号探测主要用在 VHDL 文件或 Verilog 与 VHDL 文件的混合仿真中。若熟悉 Verilog 语言则应该知道，在 Verilog 语言中提供了层次化访问，这样就可以不通过模块的接口来访问不同层次的对象。例如，访问 top 模块下的 A 子模块中的 a 信号，可以直接使用 top.A.a 来访问。但是在 VHDL 语言中没有这种层次化访问，如果混合了 VHDL 设计，而碰巧这种访问要穿过该 VHDL 设计或是操纵 VHDL 设计中的对象，那么这种层次化访问的功能会失效。

出现上述这种情况的原因就是 VHDL 语言不允许层次化访问，如果要访问设计内部的层次信号，就必须在全局包（global package）中定义信号，使用这些定义的全局信号来访问各个层次，但是这样又面临一个问题，就是在改变要访问信号的时候必须修改全局信号。这时，使用信号探测就能很好地解决这个问题，信号探测功能可以很好地解决在 VHDL 和混合仿真中对层次对象的监视、驱动、赋值和释放问题。

使用信号探测时需要注意一点，如果是 VHDL 设计，那么在 VHDL 文件前需要加上以下两行语句：

```
library modelsim_lib;
use modelsim_lib.util.all;
```

这是因为信号探测功能是 ModelSim 附带的一个功能，也可以说是工具，主要就是为仿真和测试文件中的测试信号服务的。在 VHDL 语言中是没有这种层次标准的，只能借助 ModelSim 的层次识别。由于 ModelSim 仿真时必须先编译，编译过后就会形成一个层次化的结构，这样使用层次化访问就是很简单的过程。信号探测时用到的过程语句（见表 5-4）与系统任务同一行中的功能是相同的，只是由于语言不同，语句形式就不同而已。必须再次声明，使用信号探测功能写出的测试文件只能在 ModelSim 中使用，使用其他的工具软件是会报错的。

表 5-4　信号探测语句

VHDL	Verilog	VHDL	Verilog
disable_signal_spy	$disable_signal_spy	init_signal_spy	$init_signal_spy
enable_signal_spy	$enable_signal_spy	signal_force	$signal_force
init_signal_driver	$init_signal_driver	signal_release	$signal_release

下面简单解释一下各语句的作用，由于同一行语句的功能相同，所以只解释 VHDL 中各进程语句的功能。

（1）disable_signal_spy。

disable_signal_spy 的完整形式如下：

```
disable_signal_spy (src_object, dest_object, verbose)
```

用于禁止与之关联的 init_signal_spy 语句，在 disable_signal_spy 和 init_signal_spy 之间的联系是通过该语句中 src_object 和 dest_object 两个参数建立的。这两个参数都是必需的，需要给出一个完整的层次名称，这会在后面的语句介绍中给出一个简单的例子来说明，verbose 是一个可选的参数，可以是 0 或 1，用来指定是否输出一个信息报告，默认的是 0，不输出信息报告，指定为 1 的时候输出信息报告。

（2）enable_signal_spy。

enable_signal_spy 的完整形式如下：

```
enable_signal_spy (src_object, dest_object, verbose)
```

其功能与 disable_signal_spy 的功能相反，其激活某个与之关联的 init_signal_spy 语句，也取决于 src_object 和 dest_object 两个参数，verbose 参数的功能与 disable_signal_spy 中 verbose 参数的功能相同。

（3）init_signal_driver。

init_signal_driver 可以驱动 VHDL 信号或 verbose 线网的值到一个已知的 VHDL 信号或 Verilog 信号中，这就允许从 VHDL 的内部层次中驱动任意层次的信号值，实现与 Verilog 层次调用相同的功能。

本条语句的完整形式如下：

```
init_signal_driver(src_object, dest_object, delay, delay_type, verbose)
```

src_object、dest_object 和 verbose 这三个参数与 disable_signal_spy 和 enable_signal_spy 中的相同。delay 是延迟信息，指定一个时间延迟，该延迟可以是惯性延迟或传输延迟，是可选项，如果不指定延迟就是 0。delay_type 是延迟的类型，可以是 mti_inertial 或 mti_transport，默认情况下是 mti_inertial。

举一个简单的例子，在某 VHDL 代码中有以下语句：

```
init_signal_driver("/top/clk0", "/top/mydesign/unit_a/clk", 100 ps,
```

```
mti_transport, 1);
```

本条语句表示把 top 模块中的 clk0 信号与 top 层次下的/top/mydesign/unit_a/clk 信号相匹配，延迟的时间是 100ps，延迟的方式是传输延迟，同时会显示信息报告。

（4）init_signal_spy。

init_signal_spy 可以把某个 VHDL 信号或 Verilog 寄存器（或线网）的值映射到一个已有的 VHDL 信号或 Verilog 寄存器（或线网）。使用本条语句只是赋值给某个信号，而不是驱动或强制赋值，如果驱动或强制赋值到这个信号上，则使用 init_signal_spy 得到的信号值会被废除，转而使用驱动或强制输出的值。

本条语句的完整形式如下：

```
init_signal_spy(src_object, dest_object, verbose, control_state)
```

仅有第四个参数 control_state 未解释过，该参数是可选项，有-1、0、1 可以选择。默认值是-1，表示不可以激活或禁用，映射数值也是不允许的；值为 0 的时候表示开启激活和禁用，初始时禁用映射值；值为 1 时表示开启激活和禁用，并在初始时激活映射值。例如，有以下语句：

```
init_signal_spy("/top/mydesign/unit_a/sig_a", "/top/top_sig_a", 1, 1);
```

本条语句表示把/top/mydesign/unit_a/sig_a 的信号值映射到/top/top_sig_a 信号，同时输出信息报告，开启映射值，并在初始状态激活该语句。

（5）signal_force。

signal_force 的功能是强制赋值给某个指定的 VHDL 信号或 Verilog 寄存器（或线网）。其完整的语句形式如下：

```
signal_force (dest_object, value, rel_time, force_type, cancel_period,
              verbose)
```

参数 dest_object 和 verbose 已经介绍过了，参数 value 是强制赋予的值，rel_time 是从当前仿真时间到强制输出时间之间的延迟值，force_type 是强制赋值的类型，可以是 default、deposit、drive 或 freeze 类型，cancel_period 是取消强制赋值的时间间隔，指定某个时间长度，在该时间之后取消强制赋值。signal_force 的简单形式如下：

```
signal_force("/top/mydesign/unit_a/reset","1", 100 ns, freeze, 1 ms, 1);
```

本条语句的功能就是把/top/mydesign/unit_a/reset 信号赋值为 1，延迟 100ns，强制输出状态是 freeze，在强制赋值 1ms 后取消强制赋值（此时由其他语句接管该信号控制权），同时显示信息报告。

（6）signal_release。

signal_release 用来释放强制的信号。其完整形式如下：

```
signal_release( dest_object, verbose )
```

本条语句的形式也比较简单，就是指定某个信号，取消强制赋值。针对上述的 signal_force 语句，可以使用以下语句取消强制赋值：

```
signal_release ("/top/mydesign/unit_a/reset ", 1);
```

5.12　采用 JobSpy 控制批处理仿真

在本节中会介绍使用 JobSpy 来控制成批的仿真，这个工具在仿真时间较长的时候可以把该仿真送入 JobSpy 管理平台，在后台继续仿真。

5.12.1　JobSpy 功能与流程

在实际的测试过程中，设计者往往要同时进行多个仿真，即把多个仿真做一个批次来处理。这时就需要使用 JobSpy 功能来管理批量的仿真。JobSpy 的功能主要有以下几点。

- 检测一个仿真，观察它运行了多长时间。
- 检查设计的内部信号，确定设计的功能是否正确，而不需要停止该仿真。
- 挂起一个仿真工作，释放 license 以提供给更重要的工作，可以稍后重启挂起的仿真。
- 为运行批量的任务设置一个任务断点，稍后可以继续运行。如果运行仿真的工作站被迫中断仿真，那么可以利用保存的断点文件重启这些仿真。

可以看到，JobSpy 实际是一个非常好的管理工具，可以控制仿真中应有的操作，并且提供了中断方案，可以最大限度地保存用户的仿真结果。这一点尤其对于一些需要长时间仿真的用户有很多益处，可以脱离效率低下的监控工作，转而做其他事情，且不用担心仿真的数据会丢失，可以提高测试效率。

使用 JobSpy 管理批量的仿真一般分为以下几个步骤。

- 设置环境变量 JOBSPY_DAEMON。
- 启动 JobSpy deamon。
- 启动一个或多个仿真。
- 使用命令行或图形操作窗口管理仿真。

第一步中环境变量的设置是必须的，环境变量 JOBSPY_DAEMON 指明了端口和用户名，设置了后台程序。当一个仿真开始的时候，deamon 会打开指定的端口并且记录端口数目、用户名称和工作路径。设置环境变量的语句如下所示：

```
JOBSPY_DAEMON=<port_NUMBER>@<host>
```

举例来说，可以使用以下语句：

```
JOBSPY_DAEMON=1010@hero
```

对于 Unix 用户来说，可以设置在启动文件中，这样无论哪个用户启动 ModelSim 都可以使用这个环境变量。对于 Windows 用户，可以在系统变量中添加该变量，变量名为 JOBSPY_DAEMON，变量的值为 1010@hero，保存即可，所有用户都可以使用该变量。

5.12.2　运行 JobSpy

设置好环境变量后，就可以按 5.12.1 节中的仿真步骤启动。可以先查看菜单栏中的"Tools"→"JobSpy"→"JobSpy Settings"选项窗口，如图 5-166 所示。该窗口显示了 JobSpy 的设置信息，包括先前设置的环境变量 JOBSPY_DAEMON 的值，后台程序的运行状态和更新设置。

选择菜单栏中的"Tools"→"JobSpy"→"Daemon"→"Start Daemon"选项启动后台程序，再选择"Tools"→"JobSpy"→"JobSpy Job Manager"选项来打开 JobSpy 管理器，可以进行批处理管理，如图 5-167 所示。

在 JobSpy Job Manager 窗口中，JobID 是数值，按从小到大依次递增，每个仿真的 ID 是不同的。Job Type 标志着仿真的类型，如 Verbose 仿真的时候类型就是 mti。Status 标志着仿真的状态，运行时是 Running，停止时是 ready。User 是用户名，这个用户名是当前系统平台的用户名称。Host 是主用户名称，这是设置环境变量的时候指定的。其他的一些栏的信息与仿真并无过多的联系，只是显示当前仿真的附属状态，这里就不一一介绍了。

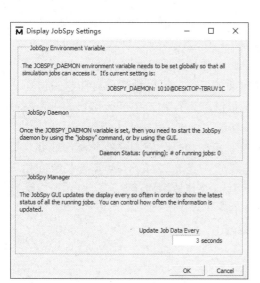

图 5-166　JobSpy 设置窗口

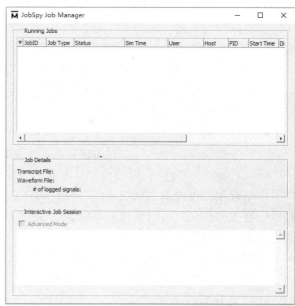

图 5-167　JobSpy Job Manager 窗口

在 JobSpy Job Manager 窗口中可以使用右键菜单来选择操作，该菜单如图 5-168 所示。

其常用的命令如下。

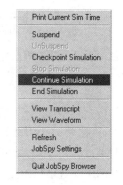

- Suspend：挂起并释放 license。由于 ModelSim 中的仿真是需要 license 的，使用此命令可以挂起某个正在进行的仿真，并释放出该仿真占用的 license，供其他仿真使用，在其他仿真结束后，可以使用该命令下方的 UnSuspend 命令取消挂起状态，让先前的仿真继续运行。
- Stop/Continue/End Simulation：常规的仿真操作，使用的时候和正常的仿真相同。
- View Waveform：显示波形命令。当仿真还在运行，想查看仿真结果的时候可以使用此命令。

图 5-168　右键菜单

JobSpy 是管理仿真的工具，所以只是介绍了一些基本的知识和常用的命令，其实质还是与前面章节中介绍的仿真相同，只是改变了一种形式，同时出现了多个仿真，且用一个软件来管理。就类似使用单个文本处理数据和使用 Excel 处理数据一样，只是方便统一调配。

5.13　综合实例

使用 ModelSim 进行仿真分析是电子设计的一个重要步骤，以下将给出三个具体的实例来说明在 ModelSim 仿真分析中如何使用上述的各种分析方法。有几个问题需要事先说明：第一，本节给出的实例全部是采用 Verilog 语言编写的，但是分析方法都是互通的，给出的分析方法大多是可移植的；第二，实例的顺序并不是按照设计的规模由小到大排列的，而是根据使用到的分析手段的多少按从少到多排列的；第三，实例中侧重仿真结果的分析，如建立工程、添加文件等步骤只进行简要说明，重点从仿真部分开始。

实例 5-1　三分频时钟的分析

在三分频时钟电路分析时，会用到波形窗口和数据流窗口。波形窗口用来观察波形，因为数据比较简单，使用波形窗口更加直观。数据流窗口用来分析设计的连通性和追踪信号，在 5.6 节中介绍的只是一个局部，三分频时钟电路规模小，可以分析整个电路。

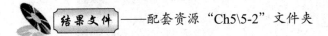——配套资源"Ch5\5-2"文件夹

——配套资源"AVI\5-2.mp4"

（1）仿真前的准备。

仿真前的准备是指仿真前的步骤。在本实例中，使用到的文件有两个，一个是三分频时钟的设计单元，另一个是测试单元，这两个文件都可以在配套资源中找到。Project Name 为"chapter5_2"，Project Location 为"H:/modeltech64_2020.4/examples/chapter5"，Default Library Name 为"chapter5"。把文件添加到工程中，编译通过，可以进行仿真，如图 5-169 所示。divclk3.v 是设计文件，tb_divclk3.v 是测试文件。

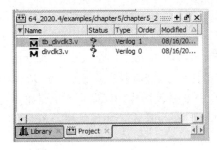

图 5-169　工程参数及包含文件

简单描述一下三分频时钟的作用。三分频是分频器的一种，用来对时钟信号进行分频处理，把快的时钟分频成较慢的时钟。例如，一个周期为 10ns 的时钟经过二分频会得到一个周期为 20ns 的时钟，经过本实例中的三分频电路就会得到一个周期为 30ns 的时钟。下面就运行仿真，使用波形窗口和数据流窗口来分析该设计的正确性。

（2）波形分析。

在命令窗口中依次输入以下指令：

```
vlog tb_divclk3.v divclk3.v
vopt +acc tb_divclk3 -o tbdiv3_opt
vsim -debugdb tbdiv3_opt
log -r /*
```

启动仿真后，把需要观察的波形信号添加到波形窗口中。在多标签区域里的 sim 标签中可以看到本实例的结构，顶层是测试单元 tb_divclk3，设计单元 divclk3 在顶层模块中被实例化成一个名为"u_divclk3"的模块。只需要观察输入时钟、输出时钟和复位信号即可，顶层

模块 tb_divclk3 恰巧仅有这三个信号可观察。这时有两种方式添加信号：一是在 sim 标签中选中模块 tb_divclk3，在右键菜单中选择"Add Wave"选项，这种方法是添加该单元的全部信号到波形窗口中；二是在 sim 标签中选中模块 tb_divclk3，在 Objects 窗口中就会出现该单元包含的可观察信号，选择需要的信号，使用右键菜单添加到波形窗口中即可。添加信号后如图 5-170 所示。

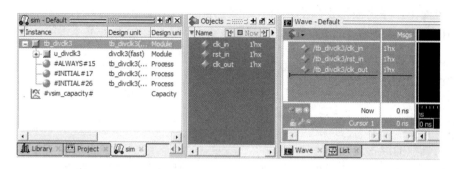

图 5-170　添加信号后

在本实例的代码中包含$stop 命令，所以在运行指定时间后仿真会自动停止，直接在命令窗口中输入"run -all"命令执行仿真，在命令窗口中很快会出现以下提示：

```
# ** Note: $stop    : tb_divclk3.v(30)
#    Time: 100 us  Iteration: 0  Instance: /tb_divclk3
# Break in Module tb_divclk3 at tb_divclk3.v line 30
```

这时仿真已经运行完毕，在波形窗口中可以得到仿真的波形图，调整到合适的大小可以得到图 5-171 所示的波形。ModelSim 波形窗口默认是一个光标，可以在快捷工具栏中找到插入光标按钮（Insert Cursor），插入一个新的光标，利用两个光标来截取某段时间的长度，在两个光标之间会显示具体时间。在图 5-171 中可以看到，输出信号 clk_out 的高电平持续时间是 300ns，恰好是输入信号 clk_in 时钟周期的 1.5 倍，即在该 300ns 的时间单位内 clk_in 经过了三次电平的转变。clk_out 的低电平持续时间与高电平持续时间相同，所以 clk_out 一个时钟周期是 600ns，clk_in 一个时钟周期是 200ns，是 clk_out 一个时钟周期的三分之一，所以该电路实现的功能是正确的，即它的功能的仿真是正确的。在第 6 章会介绍时序仿真，功能仿真正确并不代表时序仿真一定正确。

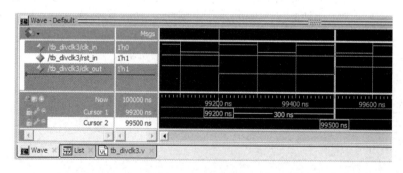

图 5-171　仿真波形

由于本实例代码简单，波形也简单，直接查看波形就可以知道是否正确。分析只是指读时间长度而已。

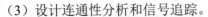

（3）设计连通性分析和信号追踪。

设计连通性分析和信号追踪需要用到数据流窗口，前面说过添加的方式也有两种：在 sim 标签中使用右键菜单选择"Add Dataflow"选项或直接双击仿真波形。这里采用第一种方式添加，选中顶层模块 tb_divclk3 添加到数据流窗口，得到图 5-172 所示视图。

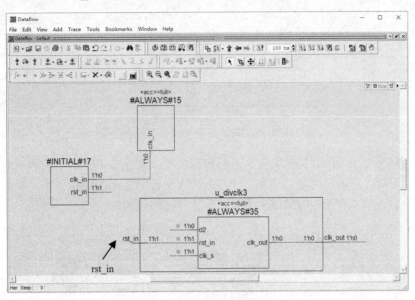

图 5-172　顶层模块的视图

在选项设置中已经开启了层次显示，所以在图中显示了长方形的灰色框名为 u_divclk3。要注意图中有两个方框不是层次化表示中的分界，而是进程类型。在图中可能无法分辨，在实际的数据流窗口中，所有的层次边界都是灰色的，所有的进程都是浅蓝色的，可以观看配套视频，加入色彩后会更容易理解，本书为了印刷清晰，已经在 ModelSim 中对原有配色进行了调整。

前面已经介绍在顶层模块 tb_divclk3 中有三个信号可供观察，在数据流窗口中也可以看出来。在图中有三条加粗的线，如果用颜色显示就是三条红色的线。这三条线就是三个可观察信号 clk_in、clk_out 和 rst_in。由于顶层的测试模块没有输入/输出端口，所以也就没有向外的连线。

根据前面介绍的内容，只要双击某个未连接的线，就会出现与该线连接的单元。用数据流窗口中的描述方式，就是双击某个信号，会出现该信号对应的进程。在连通性检测的过程中，数据流窗口会自动排布各个单元的位置。例如，双击 rst_in 这个信号后，图 5-172 的显示就会变化，如图 5-173 所示，rst_in 用箭头标示出。

图 5-173 中的粗线就是 rst_in 信号的延伸，它接入到了下一个层次中，也就是设计单元中，这也是设计希望看到的。在设计单元 u_divclk3 中。rst_in 接到了三个进程单元。在层次边界的上方显示着"u_divclk3"，鼠标停留在名字上方就会显示"Name：/tb_divclk3/u_divclk3"，这是该设计单元的实例化名称，在名字的下方显示着"chapter5.divclk3"，这是实例化单元 my_divclk3 在本实例设计库中的访问路径和名称。层次边界内就是所有 my_divclk3 包含的进程，rst_in 信号已经连接在了各个信号的输入端，且没有悬空状态，在本实例中这个信号就被认为是一个连通的信号。

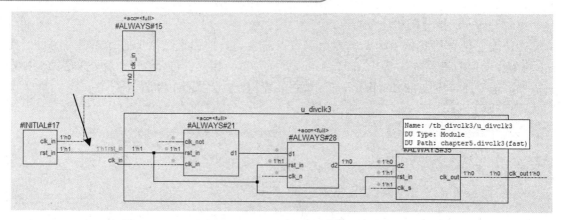

图 5-173　双击 rst_in 信号线后的模块视图

此时也可以观察 u_divclk3 模块内的语句构成情况，如图 5-174 所示，可以看到该模块内部包含三个 ALWAYS 语句，还能看到三个 ALWAYS 语句之间的连接关系，以及每个语句在源代码中的位置，双击某个 ALWAYS 块可以查看对应的代码。

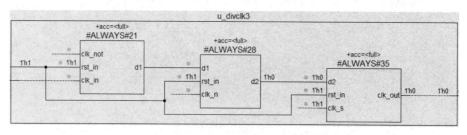

图 5-174　u_divclk3 模块内的语句构成情况

接下来双击 clk_in 信号线，连接有 clk_in 的信号。这两个最基本的信号就连接到了各自对应的进程中，然后寻找这两个信号的次生信号，也就是以这两个信号作为输入得到的输出信号。理论上来讲，所有的输入信号连接到某一进程，从该进程输出一个输出信号作为下一个进程的输入信号，一层一层地传递，直到最后的输出信号，这样连接下来的设计就是连通性的。整体视图如图 5-175 所示，该图可以看出整个设计的基本结构，可以与设计原图（见图 5-176）进行比较。

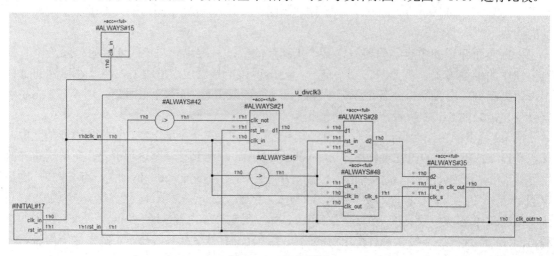

图 5-175　整体视图

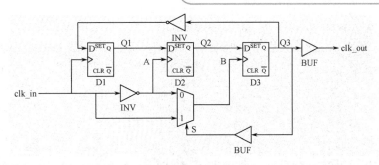

图 5-176 设计原图

得到整体视图之后可以进行信号追踪，从最后的输出端 clk_out 开始跟踪信号，观察信号是否正常。跟踪信号需要打开波形窗口查看波形，打开方式在前文中已经介绍，选择菜单栏中的"View"→"Show Wave"选项，在数据流窗口下方会出现波形窗口。在数据流窗口中选中 clk_out 信号，找到该信号对应的最后一个模块，选中该模块。右数第二个进程的输出是clk_out，所以要选择该进程单元，选中该单元之后可以在下方的波形窗口中查看单元的输入/输出列表。选中该单元，再单击"clk_out"端口，之后在菜单栏中选择"Trace"→"Trace event set"选项，clk_out 作为输出端的模块就会被标记出来（红色状态），同时 clk_out 信号线变为绿色，在下方的波形窗口中，选中单元的输入信号变为高亮状态，即选中状态，留作下一步追踪时用，如图 5-177 所示。连接所有模块后整个窗口变得很大，所以分别截下了数据流和波形两个图形。总体来说，本步的作用就是找到 clk_out 信号作为输出端的单元，标记该单元为红色，clk_out 信号变为浅绿色，该单元的所有输入端在数据流窗口中无显示，在波形窗口中显示为选中状态（白底）。

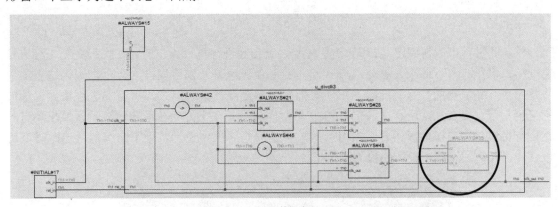

（a）数据流

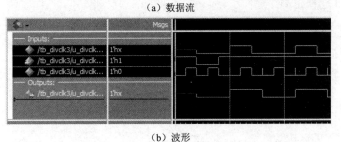

（b）波形

图 5-177 最后一级输出

继续执行"Trace event set"命令，得到图 5-178 所示的输出显示。这一步是以上一次波形窗口中选中的 clk_in、clk_out 和 rst_in 信号为输入端，查找匹配的进程单元，同时执行与上一步一样的操作。注意：这一步中有一个匹配单元的输入端是 rst_in，也就是顶层输入的信号，这时只标记到该层次的边界位置，图形中不清楚的地方推荐看视频讲解，里面有详细的说明。

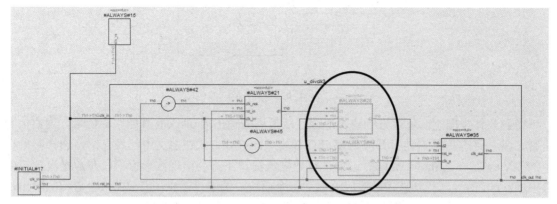

（a）数据流

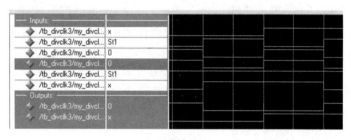

（b）波形

图 5-178　第二级信号追踪

重复此过程可以得到图 5-179，都是按照以上步骤进行执行操作的。在执行完第二级信号追踪后，再执行 "Trace event set" 命令会得到和第三级信号追踪同样的显示，因为这里的信号是一个互相嵌套的信号，此时由于所有的信号都已经被标记出来，所有的进程单元也都被标记出来了。换言之，所有进程单元的输入/输出信号都在下方的波形窗口显示区域出现过。在执行每级信号追踪的时候，观察对应的波形信号是否工作正常，到第四级信号追踪时就可以认为已经完成了整个设计的检测了。

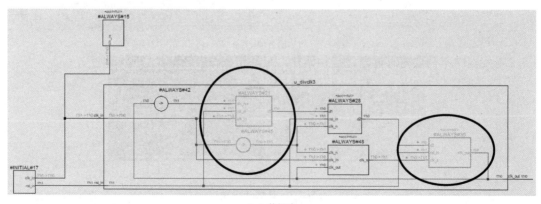

（a）数据流

图 5-179　第三级信号追踪

（b）波形

图 5-179　第三级信号追踪（续）

可以使用原理图窗口来查看顶层设计，在 sim 标签中使用右键菜单把顶层模块添加为 Full 模式，可得到图 5-180 所示的原理图，双击之后可以得到图 5-181 所示的整体结构图，显示的内容与原理图的内容基本相同，只是符号改变了。

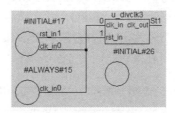

图 5-180　原理图

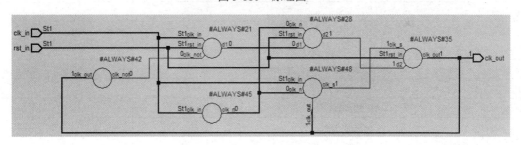

图 5-181　整体结构图

实例 5-2　同步 FIFO 的仿真分析

在本实例中会用到波形窗口和存储器窗口，波形窗口用来观察波形输出，存储器窗口用来查看 FIFO 内部的数据。因为 FIFO 本身是一个存储器结构的设计单元，所以要用到存储器窗口。本实例中不需要对存储器进行初始化，只是用来查看数据并与波形对照比较。

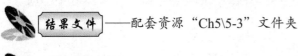

结果文件——配套资源"Ch5\5-3"文件夹

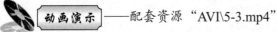

动画演示——配套资源"AVI\5-3.mp4"

1. 仿真前准备

本次仿真设置工程名为 chapter5_3，其他设置如实例 5-1。添加的文件有 6 个，其中

fifo_syn_top.v 是设计顶层文件，fifo_top_tb.v 是测试文件，如图 5-182 所示。

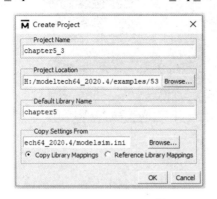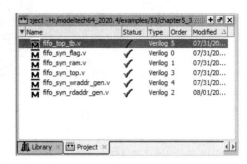

图 5-182　工程参数和包含文件

介绍一下本实例中 FIFO 的功能。本实例用 16×8 双口 RAM 实现一个同步先进先出（FIFO）队列设计。由写使能端控制该数据流的写入 FIFO，并由读使能端控制 FIFO 中数据的读出。写入和读出的操作由时钟的上升沿触发。当 FIFO 的数据满和空的时候分别设置相应的高电平加以指示。设计顶层模块的端口列表和功能如表 5-5 所示。

表 5-5　设计顶层模块的端口列表和功能

信 号 名 称	I/O	功 能 描 述	源/目标	备　　注
rst	In	全局复位（低电平有效）	引脚	
clk	In	全局时钟	引脚	频率：10MHz; 占空比：50%
wr_en	In	写使能	引脚	—
rd_en	In	读使能	引脚	—
data_in[7:0]	In	数据输入端	引脚	—
data_out[7:0]	Out	数据输出端	引脚	—
empty	Out	空指示信号	引脚	为高时表示 FIFO 空
full	Out	满指示信号	引脚	为高时表示 FIFO 满

除了顶层设计单元文件，其他文件中的均为子模块，其包含的功能如下。
- 存储器模块（RAM）——用于存放及输出数据，对应文件 fifo_syn_ram.v。
- 地址模块（rd_addr_gen）——用于读地址的产生，对应文件 fifo_syn_rdaddr_gen.v。
- 写地址模块（wr_addr_gen）——用于写地址的产生，对应文件 fifo_syn_wraddr_gen.v。
- 标志模块（flag_gen）——用于产生 FIFO 当前的空满状态，对应文件 fifo_syn_flag.v。

各个模块工作状态如下。

（1）RAM 模块。

本实例中的 FIFO 采用 16×8 双口 RAM，以循环读写的方式实现。
- 根据 rd_addr_gen 模块产生的读地址，在读使能（rd_en）为高电平的时候，将 RAM 的 rd_addr[3:0]地址中的对应单元的数据在时钟上升沿到来的时候，读出到 data_out[7:0]中。
- 根据 wr_addr_gen 产生的写地址和在写使能（wr_en）为高电平的时候，将输入数据（data_in[7:0]）在时钟上升沿到来的时候，写入 wr_addr[3:0]地址对应的单元。

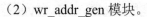

（2）wr_addr_gen 模块。

wr_addr_gen 模块用于产生 FIFO 写数据时所用的地址。由于 16 个 RAM 单元可以用 4 位地址线寻址，因此本模块用 4 位计数器（wr_addr[3:0]）实现写地址的产生。

- 在复位时（rst=0），写地址值为 0。
- 如果 FIFO 未满（~full）且写使能（wr_en）有效，则 wr_addr[3:0]加 1；否则不变。

（3）rd_addr_gen 模块。

rd_addr_gen 模块用于产生 FIFO 读数据时所用的地址。由于 16 个 RAM 单元可以用 4 位地址线寻址，因此本模块用 4 位计数器（rd_addr[3:0]）实现读地址的产生。

- 在复位时（rst=0），读地址值为 0。
- 如果 FIFO 未空（~empty）且读使能（rd_en）有效，则 rd_addr[3:0]加 1；否则不变。

（4）flag_gen 模块。

flag_gen 模块产生 FIFO 空满标志。本模块设计并不用读写地址判定 FIFO 是否空满。设计一个计数器，该计数器（pt_cnt）用于指示当前周期 FIFO 中的数据个数。由于 FIFO 中最多只有 16 个数据，因此采用 5 位计数器来指示 FIFO 中的数据个数。具体计算如下。

- 复位的时候，pt_cnt=0。
- 如果 wr_en 和 rd_en 同时有效，那么 pt_cnt 不加也不减，表示同时对 FIFO 进行读写操作的时候，FIFO 中的数据个数不变。
- 如果 wr_en 有效且 full=0，则 pt_cnt+1，表示写操作且 FIFO 未满的时候，FIFO 中的数据个数增加了 1。
- 如果 rd_en 有效且 empty=0，则 pt_cnt-1，表示读操作且 FIFO 未满的时候，FIFO 中的数据个数减少了 1。
- 如果 pt_cnt=0 的时候，则表示 FIFO 空，需要设置 empty=1；如果 pt_cnt=16 的时候，则表示 FIFO 现在已经满，需要设置 full=1。

2．波形分析

使用"vsim -novopt fifo_top_tb"命令运行仿真，添加激励文件中的各个信号到波形窗口中，如图 5-183 所示，添加方式不再重复。注意这里要添加的不只是顶层模块，还要添加 myfifo 模块中的 empty 和 full 用来观察内部 RAM 是否已满。

图 5-183 添加观察信号

本实例中没有设置中断命令，需要使用 run Xns 的命令执行，X 可以是任意值，通常使用

100ns。使用该方式还可以结合存储器窗口进行对照，这将在稍后介绍。输入 run 1000ns 运行仿真 1000ns 得到波形，如图 5-184 所示，由于页面所限，只截取前 400ns。

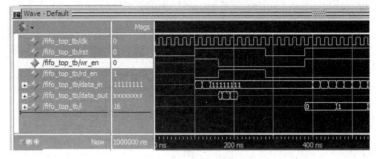

图 5-184　同步 FIFO 仿真波形图

这是整个 FIFO 顶层的仿真波形，如果把 FIFO 内部看成黑盒子，那么这个波形是全部能看到的输入和输出。先分析这个顶层的波形。时钟信号 clk 和复位信号 rst 不必多说，主要看剩下的四个信号 wr_en、rd_en、data_in 和 data_out 工作是否正常。根据前面的描述，wr_en 是写使能，rd_en 是读使能，均为高电平有效。在 0～100ns 时间内，rst=0，进行清零操作。此时 FIFO 中没有数据，所以也没有输出。从 100ns 开始，rst 变为 1，写使能 wr_en 变为 1，读使能 rd_en 变为 0，FIFO 开始写入数据，即把 data_in 的数据存入 RAM 中。经过几个周期之后，写使能 wr_en 变为 0，读使能 rd_en 变为 1，FIFO 开始送出数据。由于在前一个写入数据阶段只写入了三个数据，所以 FIFO 中也只有三个数据。FIFO 的功能不是一直存储，而是送出数据后就删除该数据，所以在读出三个数据之后 empty 变为高电平。图 5-185 给出了读写部分的局部波形，并采用十六进制数据显示，可以看到读入和写出的数据完全相同。

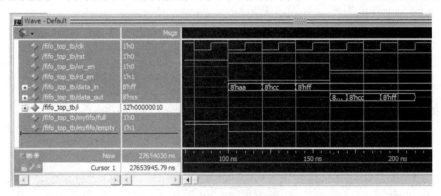

图 5-185　局部波形

整体的读取及标志到此基本算是确定了，唯一没有确定功能的是满标志 full，于是继续运行，上图截取部分之后，wr_en 一直是高电平，也就是一直向 FIFO 中写入数据。一直写到 FIFO 存满时，full 标志位输出高电平，如图 5-186 所示。

到此为止，整个 FIFO 的功能验证无误，从仿真波形图上分析所有的输出都是正常的。当然，在这种情况下也不能确保子模块功能一定正常，可能还有一些隐藏的错误在其中，可以继续添加子单元中的端口来分析子单元的功能情况，其过程与上述过程相同，这里就不再介绍了。

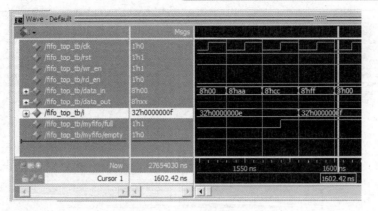

图 5-186 分析 full 标志位

3. 存储器与波形对照比较

前面说过，FIFO 不是 RAM，它存取数据的时候是一个写入送出的过程。虽然波形上的信号都是正确的，但是实际存储器中数据是如何操作的，在波形图中是无法看出的。说得严重一些，波形图是完全可以掩盖真实问题的。例如，full 和 empty，这是 FIFO 中两个最重要的标志，但是采用单独计数的方式同样可以达到与上述波形图一样的效果。或者 FIFO 只能读入数据，但是读出数据的时候内部的数据不能清空，只能读数，但不能送走这个数据。这时，可以使用存储器窗口来观察 FIFO 中数据的写入和送出，确定 FIFO 的功能是否正确。

为了让存储器窗口中的数据有一个比较，上述的过程依然保留，只是多加了存储器窗口的使用。在 ModelSim 仿真的时候，存储器标签会自动出现在 Workspace 区域，在标签内选中本实例使用的存储区，单击鼠标右键选择菜单中的"View Contents"选项，调出存储器窗口。由于在仿真初始，所有数据均为未知状态 X，如图 5-187 所示。

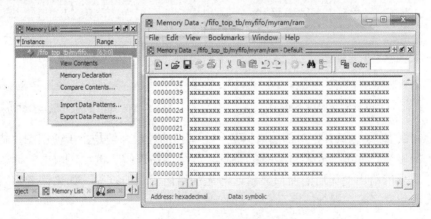

图 5-187 存储器数据

从图 5-187 中可以看到本实例中使用的 RAM 范围是 63～0，在存储器中的地址也是按降序排列的，从十六进制数 3f（等于十进制数 63）一直排到 00，共显示 64 个数据。为观察存储器内部的变化，把运行仿真的时间调整到 10ns，即采用 run 10ns 的命令来执行，因为一次仿真时间过长容易错过时间点。图 5-188 就是 FIFO 在读取数据时存储器窗口的显示。

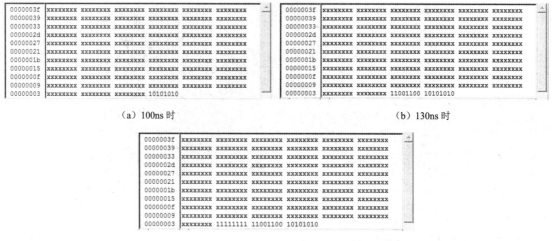

（a）100ns 时　　　　　　　　　　　　　　　　　（b）130ns 时

（c）150ns 时

图 5-188　FIFO 在读取数据时存储器窗口的显示

可见读入数据的时候是完全正常的，读出数据是读入数据的相反过程，由于是先进先出的，写入的数据按从小到大的地址分配，读出数据时也按从小到大的地址分配。将图 5-188 中的（a）、（b）、（c）顺序改为（c）、（b）、（a）就是变化过程，这里就不再重复给出了。下面给出运行到 empty 状态和 full 状态时存储器窗口的显示，如图 5-189 和图 5-190 所示。

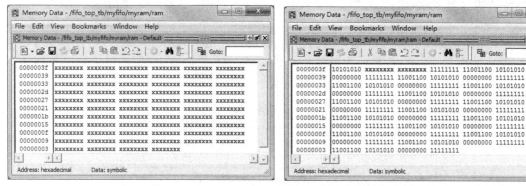

图 5-189　empty 状态（取自 300ns）　　　　　　　　图 5-190　full 状态（取自 1650ns）

利用存储器窗口观察 FIFO 内部的数据是一个有趣的过程，但是由于使用图片描述的方式太不直观，很多变化的细节要通过视频的讲解才能更容易理解。例如，数据的读入和写出，用图片的方式只能给出变化后的窗口显示，却无法给出变化的过程。如果读者感兴趣，那么推荐读者查看配套视频，视频的演示会更加生动。

实例 5-3　基 2 的 SRT 除法器仿真分析

在本实例中，可以使用波形窗口，但是由于浮点除法运算的复杂性，使用波形窗口并不能很好地验证数据，只是作为功能是否能实现的参考。在本实例中会使用到虚拟函数的功能，还会用到一个较高级的测试平台来实现仿真结果的对比。

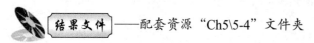

结果文件——配套资源"Ch5\5-4"文件夹

——配套资源 "AVI\5-4.mp4"

（1）仿真前准备。

本实例中使用的设置如图 5-191 所示，除了工程名改为 chapter5_4，其余均不变。载入的设计文件有 div2.v 和 tb_div2.v，其中 div2.v 是设计文件，tb_div2.v 是测试文件。

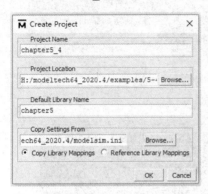
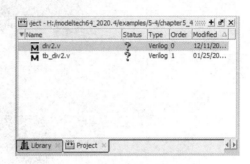

图 5-191　工程参数和包含文件

传统的除法器采用恢复余数算法或不恢复余数算法，但是这两种算法的运算速度较低，每次循环仅能产生一位商数字，需要较多的循环次数才能达到需要的指标。在每次循环时，恢复余数算法都需要将被除数或部分余数与除数进行比较，如果除数较大，还需要将部分余数恢复到上一次循环的数值。不恢复余数算法虽然不需要将部分余数恢复到原来的数值，但是商的数字集会出现负值，最后需要额外的加法器，将商的正数部分与负数部分相减。SRT 算法是不恢复余数算法的扩展，具备了不恢复复算法的优点，而且每次循环可产生 $\log_2 r$ 位结果（r 为基数），大大减少了循环的次数。本实例中使用的就是这种算法，除法运算相信读者都很熟悉，无论何种算法，最后的结果都是相近的，只是本实例中使用的这种算法更适合电路设计而已。

（2）波形分析。

每种情况都是可以使用波形窗口分析数据的，在本章的所有例子中都没有使用列表窗口，完全是因为它不够直观。其实早已介绍过，这两者在数据上并没有什么差异，只是个人使用习惯而已。运行本实例中的仿真波形分析时，不添加顶层单元，先添加实例化单元 UDIV，顶层激励留在稍后讲解。添加设计单元中的全部信号得到图 5-192 所示信号。

由于除法运算耗费周期较长，需要的仿真时间比较长，使用 run 2000ns 命令执行一段时间的仿真，得到图 5-193 所示的波形图。在波形图中 A 是被除数、B 是除数、D 是商值、R 是余数，这是四个主要的数值，剩余的值都是标志信号和使能信号。oK 信号为高电平时表示数据运算完毕，可以输出运算结果，同时表示现在设计单元内没有数据运算，可以输入数据。err 为高电平时表示出现错误。invalid 为高电平时表示输入了一个无效的数值，如出现除数是 0 的情况。carry 为高电平时表示有进位输入。load 为高电平时表示数据载入计算。run 为高电平时表示设计内部正在运算。从图 5-193 中可以看到，初始时刻 load 为高电平，表示载入一个数据，随后 load 转为低电平，同时 run 由低电平转为高电平，内部运算开始，一直运算到迭代结束，run 变为低电平。同时 oK 输出高电平，此时可读取数据。run 为低电平后，内部没有数据运算，此时可载入新数据，载入时 load 输出一个高电平脉冲，然后重复以上步骤。

图 5-192　观察信号

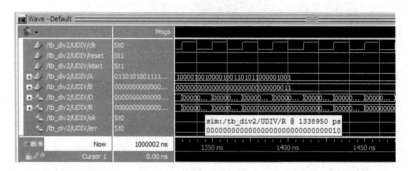

图 5-193　除法器仿真波形图

图 5-194 与图 5-193 是相似的，只是改变了一些设置，并截取了数值输出的位置。首先把 A、B、D、R 四个值改成了十六进制显示，二进制显示的时候数据过长。然后使用光标选中 oK 信号的上升沿，即运算结束的位置，此时的输出数据是最终的运算数据。使用光标后在显示栏里会出现光标处的数据值，可以看到当被除数是 32'h8484d609 且除数是 32'h3 时，得到的结果是十六进制数 2c2c47585555。这里需要说明一下，商的位数比除数和被除数多了 16 位，这是出于精度考虑，有更多的位数就可以表示更高的精度，这里多出的后 16 位是作为小数点后的数据存在的。这个位数的选择不必纠结，因为是利用 ModelSim 来分析这个设计的，而不是来评价这个设计的合理性。只要它在描述设计者的设计初衷，就可以使用仿真结果来分析它实现的程度。而对于本实例中的数据，可以使用电脑自带的科学计算器来运算结果，经验证显示结果是正确的，只是多了一些扩展的位而已。

这里可以再验证一些数据。因为不可能找一些过大的数据来分析，若数据过大，则结果不是一眼能看出的，要确定这个结果是否正确还需要借助其他工具。如图 5-195 所示，这里找的除数为 2，对于除数为 2 的情况，波形显示的十六进制数 A 是 b2c28465，D 是 596142328000，也无法判断正误，这时需要把基数调回到二进制显示，因为对于二进制数来说，除以 2 的过程就是整个数据右移一位的过程。切换基数后可以看到 A 和 D 确实满足除法运算。这也说明在仿真分析过程中，应该根据不同的需要选择适合的仿真条件，达到事半功倍的效果。

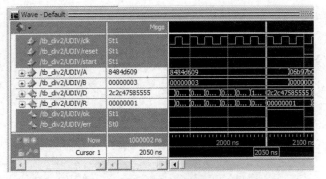

图 5-194 分析数据

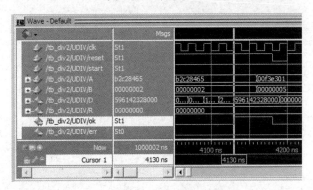

图 5-195 二进制数的除法结果

其他的情况这里就不逐一介绍了,感兴趣的读者可以使用配套的源文件进行验证。

(3)借助虚拟函数分析。

虚拟函数可以虚拟地实现某些基本功能,如两个信号的逻辑运算等。这里只是提及,在本实例中并不能使用虚拟函数,因为涉及的运算太过复杂。但是可以举一个类似的例子。例如,在计算两个浮点数的乘除法时,浮点数的第一位是符号位,符号位执行的运算是一个同或操作,可以利用虚拟函数来验证两个数符号位运算的正确性。假设 a_sign 和 b_sign 是两个符号位,可以使用下面的语句生成一个虚拟信号 fpmul_sign。

```
virtual function { /fpmul/a_sign nxor /fpmul/b_sign } fpmul_sign
```

这个信号的值就是正确的值,把这个值和实际的运算结果相比较就可以知道运算是否正确。虚拟函数应用的范围比较受限,这里只做简单介绍。

(4)一个较高级的测试平台。

本实例中重点要说明的是测试平台的重要性。一个好的测试平台可以让设计者事半功倍。例如,对于本节的例子,要验证非规则数的除法运算结果是否正确,需要借助计算器等工具来得到运算结果,非常耗费人力,而使用一个较高级的测试平台可以直接运算数据并验证是否与结果相符。本实例中使用的测试平台包含了这样一个函数,其函数代码如下:

```
function [n+n+(n+m)+(n)-1:0] gen_rand_data;
    input integer i;
    reg [n+m-1:0] dividend;
    reg [n+m-1:0] divisor;
    reg [n+m-1:0] quotient;
    reg [n+m-1:0] remainder;
```

```
        integer k;
        integer flag;

begin
    k = (i/4) % 32 + 1;
    flag = 1;

    while(flag)
    begin
    dividend = {{$random}, {m{1'b0}}};
    divisor = {{m{1'b0}}, {$random}};

    divisor = divisor % ( 2 << k);

    if(divisor == {(n+m){1'b0}})
    begin
        $display("Divisor is zero!!!");
    end else begin
        flag = 0;
    end

    quotient = dividend / divisor;
    remainder = dividend % divisor;

    if(remainder > divisor)
    begin
        $display("Bad remainder!!!");
        $stop;
    end

    if(quotient * divisor + remainder != dividend)
    begin
        $display("bad values!!!");
        $stop;
    end
    end

    gen_rand_data = {dividend[n+m-1:m], divisor[n-1:0], quotient,
                remainder[n-1:0]};
    end
endfunction
```

这个函数实现的功能是生成一个数据，这个数据不是一个单纯的随机数，而是一个长串数字，包含两部分：一部分是除法器单元的输入数据，即被除数和除数；另一部分是该被除数和除数的运算结果，即使用软件计算的商和余数（代码中的 quotient 和 remainder）。输入数据进入除法器单元得到一个输出结果，再把这个数据结果和软件计算的结果相比较，可利用下面的语句：

```
        if(quotient!=D || remainder!=R)
            begin
                $display("BAD RESULT!!!");
                $display("result: quotient=48'b%b,remainder=32'b%b",D,R);
                $stop;
            end
```

这样一来，当两个计算结果不同时，就会自动输出提示信息，同时输出正确的结果。对于其他的情况，如除数是零或余数大于被除数的情况都会输出提示信息，不需要自己分析波形。可以比较两个计算结果，判断是误差还是错误。使用本实例的测试文件，在仿真过程中，ModelSim 的命令窗口会出现以下的提示信息：

```
# i= 675, dividend=32'h646601c8, divisor=32'h00000225;
#        quotient=48'h002ed0e81dd7, remainder=32'h000001ec
# BAD RESULT!!! result: quotient=48'h002ed0e81dd7, remainder=32'h000001ed
# i= 676, dividend=32'ha46c4848, divisor=32'h000003e3;
#        quotient=48'h002a4dc5ecf5, remainder=32'h000003c1
```

这样，如果出现几个错误数据，则可以认为是误差，当出现多个错误数据时，就说明设计单元出现了问题，需要重新编写。

（5）使用波形比较。

使用高级测试平台需要有扎实的代码功底，有些初学者不能很好地使用这些语言自带的功能，因此可以使用 ModelSim 中的波形比较来完成这个任务。使用波形比较进行分析的步骤如下。

- 使用自己的设计文件生成一个仿真结果，保存为.wlf 文件。
- 移走设计文件，使用最简单的语言生成一个正确的结果，编写的端口名称要和先前的设计文件相同，且顶层模块名称也相同。
- 比较波形，利用标志信号比较输出数据。

下面简单演示上述的过程，先使用本实例中的两个文件生成一个仿真结果，仿真波形图去除一些无用的信号，只保留四个运算数据和一个标志信号。得到的波形如图 5-196 所示。记下数据，保存名为 my_design_out 的 WLF 文件。

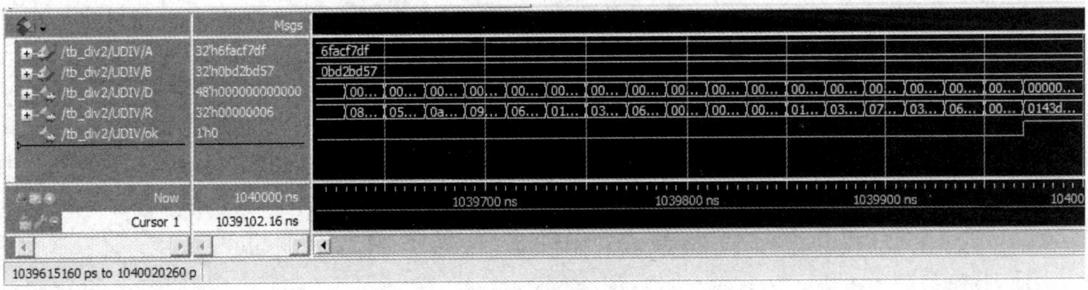

图 5-196　要保存的波形文件

保存波形文件后移动设计文件到一个安全的位置，仿照原有文件新建一个层次名和端口名都相同的文件。在配套的源文件中有一个 wave_test.v 文件，内部是编写好的一个简单文件，就是采用 D=A/B 和 R=A%B 写成的，这个代码是不可以综合的，只有测试的价值，功能与测试平台的功能相同，就是要使用波形比较验证计算结果是否与先前的仿真结果相同。添加同样的信号运行仿真得到图 5-197 所示的结果。

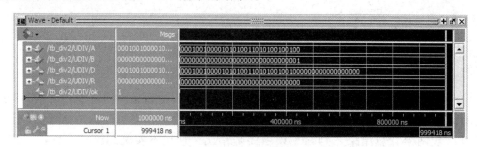

图 5-197　比较波形

文件 wave_test.v 的代码比较简单，波形中所有的数据都是恒定值，由于先前的设计单元仿真中只有一个输出结果，所以这里也没有给多余的数据，仅验证一个数值即可。得到仿真波形后选择开始的波形进行比较，在菜单栏中选择"Tools"→"Waveform Compare"→"Start Comparison"选项启动波形比较，指定参考的波形文件为先前保存的 my_design_out.wlf，如图 5-198 所示，在下方区域默认选择的是使用当前的仿真波形，如果需要对其他波形进行比较，那么可以勾选"Specify Dataset"复选框，进一步指定比较波形文件。单击"OK"按钮后，继续在菜单栏中选择"Tools"→"Waveform Compare"→"Add"→"Compare bu Signal"选项，在图 5-199 所示的对话框中添加波形比较，注意添加的信号名称和数量一定要保证完全相同，否则无法比较。

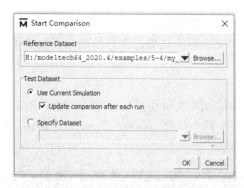

图 5-198　指定比较波形文件

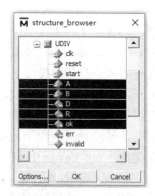

图 5-199　选定比较信号

添加信号后得到图 5-200 所示的波形，上面为当前仿真波形，下方为先前设计运行得到的波形，看起来完全不同，如何比较呢？先运行波形比较，看到结果后再说明。在菜单栏中选择"Tools"→"Waveform Compare"→"Run Comparison"选项运行波形比较，可以得到图 5-201 所示的波形。

看到波形比较结果，应该基本明白利用仿真的标志信号找到数据的比较时间，再比较该时间的数据的思路了。在本实例中，ok 信号是一个标志信号，ok 为高电平的时候输出数据，所以在简易文件中就始终输出一个高电平 ok 用来匹配 ok 的高电平输出。当两个 ok 信号都是高电平时，即 match（匹配）的时候，该段时间的数据是最终的设计输出结果，这时比较设计的输出结果和简易文件的输出结果，如图 5-201 中的光标处，得到的结果同样是 match，所以原设计文件中的运算过程是正确的。

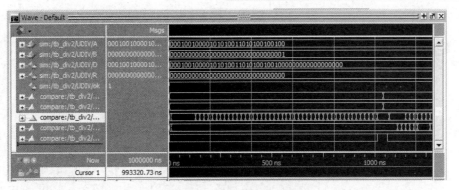

图 5-200　待比较的两个波形

这里只举了一个数据的例子，还可以推广到多个数据的情况。使用多个数据时要注意时间的安排，本实例中运算一次的时间大概是 1000ns，所以可以在前面使用的简易文件中添加延时，第一个数据稳定 1500ns，之后每隔 1000ns 变化一次数据，而 ok 一直保持高电平。由于简易文件中的运算是立刻完成的，只需要保证得到运算结果的时间在 ok 信号匹配之前即可。

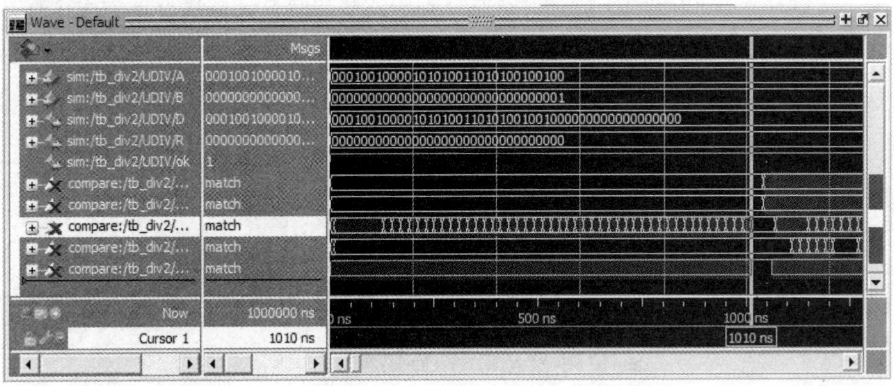

图 5-201　波形比较结果

当然，使用这种方法验证结果的步骤比较麻烦，在没有其他手段可以借助的时候可以使用此类方法，或者当设计者手中有同类的成型例子时可以使用。例如，现在有一个成型的除法器模块，就完全可以以成型的除法器作为参考，使用波形比较来分析设计的正确性。如果没有成型的例子，还是使用测试平台的方式更加方便，也是最值得推荐的方式。

第6章

ModelSim 的协同仿真

6

ModelSim 自身是一款非常好的仿真软件，但是在有些方面还略显不足，如调试、复杂计算等。但是 ModelSim 可以和其他软件连接，进行协同仿真，弥补这些不足之处。在本章中将介绍 ModelSim 与 Debussy 和 MATLAB 两款软件进行协同仿真的方法。每款软件都有它自身的优势，只有充分利用这些优势，才能更好地完成仿真。

 本章内容

- ❯ Debussy 的特点
- ❯ Debussy 的配置方法
- ❯ 使用 Debussy 分析 HDL 设计
- ❯ MATLAB 的配置方法
- ❯ 使用 MATLAB 协同仿真
- ❯ 使用 Simulink 协同仿真

 本章案例

- ❯ 利用 Debussy 与 ModelSim 协同仿真
- ❯ 利用 MATLAB 与 ModelSim 协同仿真
- ❯ 利用 Simulink 与 ModelSim 协同仿真
- ❯ 使用 cosimWizard 进行协同仿真

6.1 ModelSim 与 Debussy 的协同仿真

ModelSim 虽然有数据流功能，但是对数据的追踪能力有限，尤其是在追踪多个信号变化和信号多次翻转变化时，另外，在界面上并不十分直观。Debussy 软件可以在一定限度上弥补这些不足，可以通过对生成的波形文件进行追踪，进而调试设计。

6.1.1 Debussy 工具介绍

Debussy 软件是由 NOVA Software，Inc（思源科技）开发的一款 HDL 代码分析和调试工具，它的主要用处不是进行仿真模拟，本身也没有仿真功能，而是用来对仿真结果进行信号追踪和观测的，可以查找设计中可能出现的错误，并对发生这些错误的信号进行溯源。

在 Debussy 软件的内部并没有集成仿真器，需要借助外部仿真器的仿真结果，它几乎可以连接所有主流的仿真器进行 HDL 代码的仿真观察，如 NC-Verilog、VCS、ModelSim 等。在 Debussy5.0 之后的版本中集成了代码风格分析的功能，可以帮助设计者更改自身代码编写的风格问题，由此可以进一步看出该款软件的定位就是针对调试功能的。

最初的 Debussy 软件支持的平台有很多，包括 Linux、Hp、IBM、Solaris 和 Windows，但是随后不再支持 Windows 平台了，之后被 Synopsys 公司收购并主打 Linux 平台，软件也更名为 Verdi。目前在 Windows 平台中能使用的最高版本是 Debussy 5.4v9，也是本书中采用的版本。由于本书基于 Windows 操作系统，其他平台中的协同仿真方式就不再介绍了，具体情况可以参照 Debussy 软件自带的 Linking 手册进行设置。

Debussy 软件的内部构架和接口设置如图 6-1 所示。图中的 CLDB 和 FSDB 是 Debussy 内部功能需要的两个文件平台，在此基础上可以执行各项基本功能。其中没有经过 HDL Simulator 的源文件代码对应着 CLDB 格式，经过 HDL Simulator 后生成的 VCD 文件和采用 Debussy 自带的 PLI 接口生成的文件对应着 FSDB 格式。本节主要介绍 ModelSim 与 Debussy 的协同仿真，采用的文件格式就是 FSDB 格式，仿真的方式是使用 ModelSim 利用 Debussy 自带的 PLI 接口生成需要的 FSDB 格式文件，再在 Debussy 中进行分析。

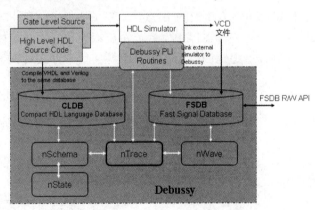

图 6-1　Debussy 软件的内部构架和接口设置

Debussy 有四个主要的功能 nTrace、nWave、nSchema 和 nState，功能总结如下。

- nTrace：源代码分析和浏览工具。
- nWave：通用的波形分析工具。
- nSchema：针对调试的具有层次化原理图显示的调试工具。
- nState：观察有限状态机并进行分析的工具。

图 6-2 所示为 Debussy 主界面。Debussy 主界面与 ModelSim 主界面有些类似，由菜单栏、快捷工具栏、层次浏览窗口、源文件窗口和信息窗口构成。

层次浏览窗口显示的是设计文件的层级关系，即图 6-2 中的 A 区域。Debussy 中采用的是导入文件的命令，在导入过程中就会直接编译导入的文件，在层次浏览窗口中显示的是导入文件的整体层次结构，其清晰的截图如图 6-3 所示。这里会显示每个层次的名称，除了顶层，每个子模块都有两个名称，如"mac（ac）"，第一个名称是顶层模块中实例化引用的名称，括号内的名称是源文件中定义的功能模块的名称，这样看起来十分清晰。回想 ModelSim 中的 sim 标签和源文件窗口，都是只能显示一个名称，如果文件较多，那么会很容易把实例化名称和原始模块名称混淆，造成错误。

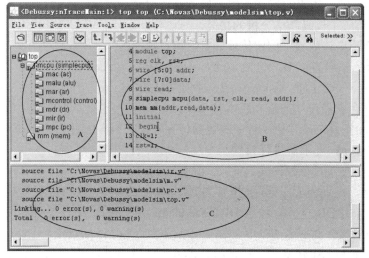

图 6-2　Debussy 主界面　　　　　　　　　图 6-3　层次浏览窗口

　　源文件窗口显示源代码，即图 6-2 中的 B 区域，图 6-4 是放大的源文件窗口。在层次浏览窗口中双击某层级模块，在源文件窗口中就会显示出该模块对应的原始文件。这里除了可以进行编辑工作，还是观察信号追踪的窗口，可以在源文件中直接观察信号的变化，这将在实例中介绍。

　　信息窗口显示各种提示信息，是图 6-2 中的 C 区域，图 6-5 是放大的信息窗口，显示的是载入的文件名称和载入文件后的编译结果，在 Debussy 中进行的其他操作也会在这个窗口中显示出来。

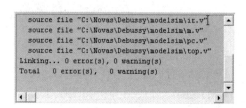

图 6-4　源文件窗口　　　　　　　　　图 6-5　信息窗口

　　针对 Debussy 的四个主要功能，这里给出观察的窗口和该功能的具体描述。Debussy 的第一个功能是 nTrace，即信号追踪，可以观察的窗口是主界面中的源文件窗口。当信号追踪的时候，在源文件窗口的代码中会出现各种变化符号，如图 6-6 所示。每个信号、寄存器、线网等都会在该对象的名称下方显示出变化的状态。例如，图中圆圈标示的信号当前状态就是一个上升沿，利用这种观察方法来追踪信号的变化，可以在源代码中直接分析各个信号是否按照预期的设计目标工作，比起利用 ModelSim 中波形和数据流窗口要简洁直观得多。这种方式也会在随后的实例中进行介绍。

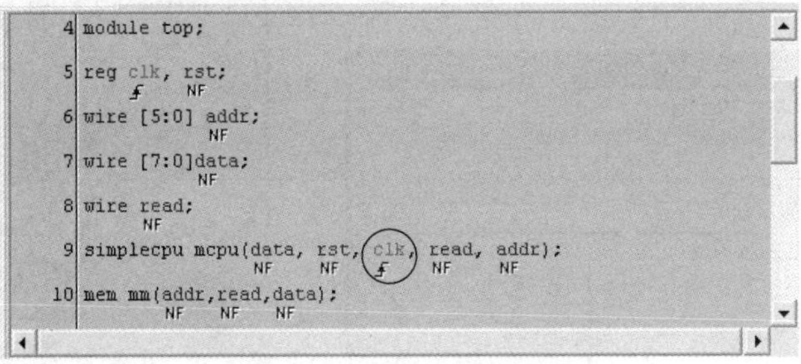

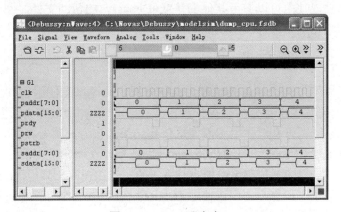

图 6-6　nTrace 观察窗口

Debussy 的第二个功能是 nWave，需要启动波形观察窗口，在波形窗口中才能观察波形，如图 6-7 所示，该窗口和 ModelSim 的波形界面相似（应该说，功能相近的工具软件界面大多相似，这样也可以方便从一款软件过渡到另一款软件）。该窗口共有三个显示栏，最左侧一栏显示的是信号的名称和位宽，第二栏显示的是光标处信号的值，最右侧面积较大的一栏显示的是波形。波形窗口的文件导入和信号选择将会在后面的实例中进行介绍，具体使用到的命令到时也会介绍，此处只给出整体视图，不对该窗口的具体命令进行解释。

图 6-7　nWave 观察窗口

Debussy 的第三个功能是 nSchema，需要启动层次化视图窗口，如图 6-8 所示。窗口中占有绝大部分面积的是整个设计的层次显示，可以看到整体的视图，这个整体的视图功能与 ModelSim 的数据流窗口有几分相似，但也不是完全相同。ModelSim 的数据流窗口注重的是数据的流向，而比较忽视层次概念的体现。在 Debussy 的层次化视图窗口中，可以清晰地看到整个设计的整体架构，需要查看某个子层次的内部信息时，只需要双击这一层次对应的结构，就可以进入该层次模块的内部。如果选中的是底层的模块，就会弹出一个该底层模块对应的源代码框。

Debussy 的最后一个功能 nState，它是用来观察有限状态机的。进行过 HDL 设计的人都知道，有限状态机是设计时序单元的重要组成部分，如果设计中出现了状态机，那么在 ModelSim 仿真环境中可以说是无能为力的，只能观察状态机信号的变化。在 Debussy 中，可以使用状态机窗口来查看设计中出现的状态机。状态机观察窗口如图 6-9 所示，该窗口中采用流程图的方式显示状态机的变化情况。

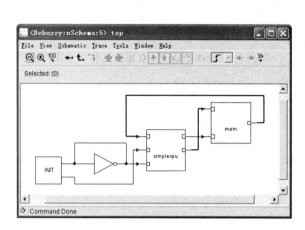

图 6-8　nSchema 观察窗口　　　　　　图 6-9　状态机观察窗口

　　Debussy 的四个主要功能观察窗口已经一一介绍，由于篇幅所限，这里无法像介绍 ModelSim 一样详细地介绍菜单、快捷工具栏等功能，只能在后面的实例中对涉及的操作进行简单介绍，其他的功能使用可以参考其他书籍或 Debussy 的帮助文件，由于功能比较明确，读者也可以自行摸索相应菜单选项的功能。

6.1.2　Debussy 配置方式

　　Debussy 可以调用仿真工具直接进行仿真和分析，还可以先使用仿真工具生成需要的文件，再在 Debussy 工具中进行分析。第一种方式在 Debussy 中被称为交互方式（Interactive Mode），可以实时地控制仿真，并用图形调试仿真结果。该方式需要在 Debussy 中选择仿真工具。在菜单栏中选择"Tools"→"Preferences"选项，在弹出的对话框中选择 Simulation 标签，在 Simulator 一栏的下拉菜单中指定仿真工具，选中仿真工具后，Executable 栏就会变成 ModelSim 中使用的 vsim 命令，即可使用 Debussy 调用 ModelSim 命令进行仿真，如图 6-10 所示。

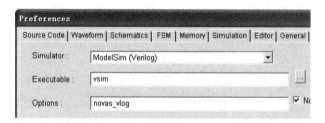

图 6-10　指定仿真工具

　　交互方式使用的并不多，一般情况下最常使用的是第二种方式，利用 ModelSim 进行仿真，生成结果文件，再联合 Debussy 对该文件进行分析。这种方式在 Debussy 中被称为后处理方式（Post Processing）。本章要介绍的是这种后处理方式。后处理方式可以输入Debussy 的文件格式，包括 VCD 文件和 FSDB 文件，FSDB 文件是 Debussy 内部支持的正统文件，如果读入的是 VCD 文件，那么 Debussy 会在载入的时候自动转化为 FSDB 文件。VCD 文件的实质也是记录波形信号的文件，所以这种转换并不会带来精度或数据上的缺失。有关 VCD 文件的介绍安排在第 8 章，因为这两种文件格式都会转化成 FSDB 格式，所以本章就直接生成 FSDB 文件来使用，读者可以自己动手尝试使用 VCD 文件进行后处理，过程是一样的。

　　后处理方式主要利用的是 HDL 中的 PLI/FLI 接口知识，利用 Debussy 自带的 PLI/FLI 接口，向 ModelSim 中添加一系列系统任务，利用这些系统任务监控并记录仿真波形数据，保存到以".fsdb"为后缀的文件中。

　　使用 Debussy 自带的 PLI 程序需要进行系统配置，简单来说需要进行以下四步操作。

- 向 ModelSim 的 win32 文件夹中添加链接库文件（".dll"文件）。
- 修改 ModelSim 的配置信息（modelsim.ini）。
- 在设计中添加 Debussy 提供的 HDL 文件。
- 在测试平台中添加系统函数。

　　第一步，添加".dll"文件。Debussy 没有自带的仿真器，因为 HDL 仿真器一般都会支持 PLI/FLI 接口，它提供了一些接驳到仿真器的 PLI 程序。在 Debussy 的安装目录下会有多个 PLI 文件夹（默认情况下是在"C:\Novas\Debussy\share\PLI"路径下），如图 6-11 所示。在该文件夹中提供了多个版本的 PLI/FLI 程序，选择对应版本的".dll"文件添加到 ModelSim 的 win32 文件夹即可。了解 PLI/FLI 知识的读者应该明白，这一过程是使 Debussy 自带的系统函数能够在 ModelSim 仿真中生效，这个文件夹中包含了从 HDL 代码到 C 代码的链接。

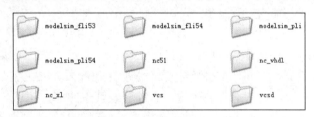

图 6-11　Debussy 提供的 PLI 文件夹

　　在 PLI 文件夹中有多个与 ModelSim 有关的文件夹，这些文件夹是针对不同版本、不同平台或 Verilog/VHDL 设置的，具体的区别如图 6-12 所示。例如，第一个文件夹 modelsim_fli 中包含的 FLI 适用于 Verilog/VHDL 语言，支持的版本是 UNIX 或 Windows NT，支持的 ModelSim 版本是 ModelSim EE 5.2 版。其他文件夹的类似信息也可以得到。这里添加的是 modelsim_fli54 文件夹中的文件，因为该文件夹提供的 FLI 针对 Verilog/VHDL 语言，且支持 ModelSim 5.4 以上的版本。图 6-12 中前两个文件夹中的 FLI 支持的 ModelSim 版本与本书不符，后两个文件夹中提供的 PLI 只能用于 Verilog 文件，综合来看，modelsim_fli54 中提供的 FLI 是最好的选择。

　　确定了文件夹，把路径"C:\Novas\Debussy\share\PLI\modelsim_fli54\WINNT"下包含的 novas_fli.dll 文件复制到安装目录的 win32 文件夹中，复制文件后即可完成第一步操作。这里需要说明一点，由于版本问题，64 位的 ModelSim 不支持 Debussy 的相关函数调用，也就是说二者不能直接进行仿真交互，所以本节内容针对的设置是面向 32 位操作系统的，故所有文件夹都采用了 win32 这一名称。如果使用了 64 位的 ModelSim，与 Debussy 的协同仿真会在实例中给出，这样也方便不同版本的读者使用。

```
+===+==================+===============+=================================+
|   | modelsim_fli     | Verilog/VHDL  | 1. ModelTech ModelSim EE/PLUS   |
|   | (FLI)            |               | 2. 5.2                          |
|   |                  |               | 3. Unix/NT                      |
|   |                  |               | 4. Unix/NT                      |
|   +------------------+---------------+---------------------------------+
| M | modelsim_fli53   | Verilog/VHDL  | 1. ModelTech ModelSim EE/PLUS   |
| o | (FLI)            |               | 2. 5.3                          |
| d |                  |               | 3. Unix/NT/LINUX                |
| e |                  |               | 4. Unix/NT/LINUX                |
| l +------------------+---------------+---------------------------------+
|   | modelsim_fli54   | Verilog/VHDL  | 1. ModelTech ModelSim EE/PLUS   |
| T | (FLI)            |               | 2. 5.4 or later                 |
| e |                  |               | 3. Unix/NT/LINUX/LINUXIA64/     |
| c |                  |               |    LINUXAMD64                   |
| h |                  |               | 4. Unix/NT/LINUX/LINUXIA64/     |
|   |                  |               |    LINUXAMD64                   |
|   +------------------+---------------+---------------------------------+
|   | modelsim_pli     | Verilog       | 1. ModelTech ModelSim EE/PLUS   |
|   | (PLI)            |               | 2. 5.2 or later                 |
|   |                  |               | 3. Unix/NT/LINUX                |
|   |                  |               | 4. Unix/NT/LINUX                |
|   +------------------+---------------+---------------------------------+
|   | modelsim_pli54   | Verilog       | 1. ModelTech ModelSim EE/PLUS   |
|   | (PLI)            |               | 2. 5.4 or later                 |
|   |                  |               | 3. Unix/NT/LINUX/LINUXIA64/     |
|   |                  |               |    LINUXAMD64                   |
|   |                  |               | 4. Unix/NT/LINUX/LINUXIA64/     |
|   |                  |               |    LINUXAMD64                   |
+===+==================+===============+=================================+
```

图 6-12　不同文件夹对应的语言、平台和版本

第二步，修改 modelsim.ini 文件。经过了前 5 章的学习，在建立工程文件的时候应该会看到图 6-13 所示的信息框，这里是要为本工程提供一个 modelsim.ini 的配置文件。在默认情况下，这里使用的是"H:\modeltech64_2020.4\modelsim.ini"，还可以找到"H:\modeltech64_2020.4\examples\modelsim.ini"文件，

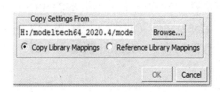

图 6-13　选择初始化文件

这两个文件都可以被选择。".ini"文件指定了工程初始化配置，在之前的实例中都没有接触过，所以就没有介绍。当使用到 PLI 的时候，必须修改其中的部分信息。

ModelSim 默认的 modelsim.ini 文件是只读模式，修改的时候先要取消只读模式。在文件中找到图 6-14 所示的代码，修改成图 6-15 所示的代码。在修改之前推荐把原始的 modelsim.ini 文件做一个备份，这也是一个良好的个人习惯。

```
422 ; List of dynamically loaded objects for Verilog PLI applications
423 ; Veriuser = veriuser.sl
```

图 6-14　原始代码

```
422 ; List of dynamically loaded objects for Verilog PLI applications
423 Veriuser =novas_fli.dll
```

图 6-15　修改后的代码

修改后的代码已经有很详细的描述，是为 Verilog 的 PLI 申请指定一个动态载入对象，这里需要指定成在第一步中复制到 ModelSim 的 win32 文件夹中的".dll"文件。保存修改后的 modelsim.ini 文件，第二步操作完成，记得把文件改回只读模式，防止误操作。

第三步，添加 Debussy 提供的 HDL 文件。在第一步选中的文件夹中，有一个与".dll"文件对应的 HDL 文件，名为"novas.vhd"，该文件内包含了系统函数的声明，这主要是在 VHDL 文件或混合仿真的时候使用。在进行混合仿真的时候，需要把这个文件连同设计中包

含的文件一同添加到工程中，编译的时候 ModelSim 就会自动寻找该文件中声明的系统函数，进而找到第二步中的修改文件和第一步中的文件，这样在 novas.vhd 文件中定义的系统函数就被 ModelSim 识别了。

第四步，在测试平台中添加系统函数。前三步是为整个仿真生成文件做准备，第四步中添加系统函数是利用设置好的函数来生成 FSDB 文件。在测试平台中添加的系统函数如下：

```
$fsdbDumpfile("filename.fsdb");
$fsdbDumpvars;
```

第一条命令添加的系统函数是打开一个 FSDB 文件，这个文件如果不存在，就在当前工程目录下新建一个，filename 可以任意指定，一般采用有意义的名字。第二条命令是记录仿真过程中的所有仿真信息，保存到打开的 FSDB 文件中。

$fsdbDumpfile 和$fsdbDumpvars 函数都是在第三步添加的 HDL 文件中声明的，如图 6-16 所示标示出了该 HDL 文件中对这两个新建系统函数的声明。

```
procedure fsdbDumpfile(
             file_name      : IN string);
attribute foreign of fsdbDumpfile : procedure is "fliparseTraceInit ./novas_fli.dll";

procedure fsdbDumpvars(
             depth          : IN integer;
             region_name    : IN string);
attribute foreign of fsdbDumpvars : procedure is "fliparsePartial ./novas_fli.dll";
```

图 6-16　novas.vhd 文件中的声明

以上四个步骤，第一步和第二步是在新建工程前就要完成的，因为在建立工程的时候就会读入 ".ini" 文件的信息，如果在建立工程之后修改 ".ini" 文件就不会对当前的工程造成影响，当前的工程会一直使用保存在工程文件夹中的 ".ini" 文件。第三步和第四步是在工程建立之后进行的操作，是为了使用新建的系统函数，这两步只要在仿真前完成即可。

如果只是进行纯粹的 Verilog 仿真，那么第三步可以省略，在 Win7 的 32 位系统下测试并未出现问题，但在 XP 系统下却不能省略。如果出现了缺失和错误，那么在文件编译的时候不会出现提示，但是使用 vsim 启动仿真时，在命令窗口会出现以下信息提示：

```
# ** Warning: (vsim-PLI-3003) H:/Modeltech64_2020.4/examples/tb_divclk3.v(29):
#       [TOFD] - System task or function '$fsdbDumpfile' is not defined.
#       Region: /tb_divclk3
# ** Warning: (vsim-PLI-3003) H:/Modeltech64_2020.4/examples/tb_divclk3.v(30):
#       [TOFD] - System task or function '$fsdbDumpvars' is not defined.
#       Region: /tb_divclk3
```

这里提示系统函数$fsdbDumpfile 和$fsdbDumpvars 是未被定义的。如果在仿真的过程中出现了这种提示，那么要按上述的四个步骤查找在哪里出现了问题。

由于 ModelSim 的版本众多，可能有的用户并不会使用 modelsim_fli54 文件夹，而是使用 modelsim_pli 文件夹中的文件，这都是可以的。每个文件夹中都只有一个 ".dll" 文件，把这个 ".dll" 文件复制到 ModelSim 的 win64 文件夹即可，要注意 ".ini" 文件设置的时候，赋值的是哪个文件，就要把打开的对象指向哪个文件，即

```
Veriuser =filename_copied.dll
```

第三步和第四步不需要更改，这样就可以使用其他文件夹中提供的文件进行仿真了。如果要使用其他软件，那么可以查看 Debussy 中相关的链接说明文件。

实例 6-1　利用 Debussy 与 ModelSim 协同仿真

在进行本实例之前，".dll" 文件的复制和 ".ini" 文件修改都已经做完，不再涉及这两步。本实例采用一个计数器来完成 ModelSim 和 Debussy 的协同仿真。本实例中使用到的文件包括 counter.v 和 tb_counter.v，是一个纯 Verilog 的设计，两个文件都在配套资源中给出，只需要事先设置 6.1.2 节中的第一步和第二步即可。再次强调一下，本实例中先使用 $fsdbDumpfile 函数来生成 ".fsdb" 文件，这是在 32 位系统下进行的，如果使用的是 64 位系统，则按本实例最后所给的方式生成 ".vcd" 文件，再进行转换即可。此外，Linux 系统下的 Verdi 软件功能十分强大，也推荐有能力的读者在虚拟机或服务器上来尝试。

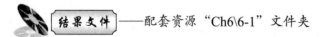　结果文件——配套资源 "Ch6\6-1" 文件夹

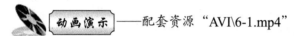　动画演示——配套资源 "AVI\6-1.mp4"

先建立一个工程，本章的工程默认库文件名设置为 "chapter6"，工程路径设置为 "H:/modeltech64_2020.4/examples/6-1"，工程命名为 "chapter6_1"，如图 6-17 所示。

如果读者使用的是 32 位的 ModelSim 版本，则可以按以下步骤进行。

建立工程后把本实例中使用到的两个文件添加到工程中，编译这些文件，如图 6-18 所示。counter.v 是设计单元，tb_counter.v 是顶层的测试文件。在顶层测试文件中包含以下代码：

```
initial
begin
  $fsdbDumpfile("counter.fsdb");
    $fsdbDumpvars;
    #1000 ;
    $stop;
end
```

该代码的功能是生成 counter.fsdb 文件并记录，之后运行 1000 个时间单位，然后中止仿真，这期间的仿真信息都会被保存在 counter.fsdb 中。

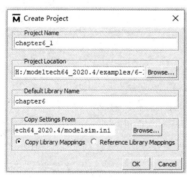

图 6-17　工程设置

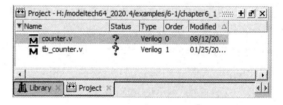

图 6-18　编译使用到的文件

编译文件之后使用命令 "vsim -pli novas_fli.dll -novopt chapter6.tb_counter" 启动仿真，想要使用优化命令也可以参照前几章的例子，这里的 "-pli novas_fli.dll" 指示了 PLI 链接文件。向波形观察窗口添加顶层模块 tb_counter 的全部（四个）信号，如图 6-19 所示。

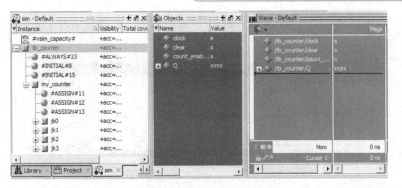

图 6-19　启动仿真并添加信号

同时，在命令窗口中会出现以下提示信息：

```
# Loading H:/modeltech_2020.4/win32/novas_fli.dll
```

此行信息表示 win32 目录下的 novas_fli.dll 文件载入成功。

添加信号之后在命令窗口中输入 run -all 命令，由于测试平台指定了时间长度和停止函数，这里的 run 命令不需要设置时间长度，仿真波形如图 6-20 所示。

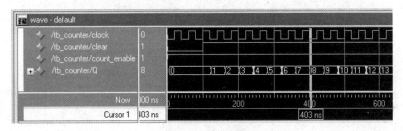

图 6-20　仿真波形

在运行仿真的过程中，命令窗口还会输出以下提示信息：

```
# Novas FSDB Dumper for ModelSim 5.4 (FLI), Release 5.4v9 (Win95/NT)
  05/04/2005
# Copyright (C) 1996 - 2004 by Novas Software, Inc.
# *Novas* Create FSDB file 'counter.fsdb'
```

该提示信息标志着创建 FSDB 文件成功，这时在本实例的工程文件夹"H:\modeltech _2020.4\examples\chapter6"中就会生成一个 counter.fsdb 文件。到这步为止，ModelSim 的使用结束，生成的 counter.fsdb 文件就可以导入 Debussy 中进行分析了，还要注意，此时生成的 FSDB 文件不是最终的文件，ModelSim 会生成若干个与 FSDB 文件相关的文件，要使用 "Simulate"→"End Simulation"选项结束仿真，这些文件才会汇集成最终需要的文件。

启动 Debussy，在菜单栏中选择"File"→"Import Design"选项或选择工具栏中的导入文件命令向 Debussy 中导入设计文件，如图 6-21 所示。导入设计文件是为了追踪信号，如果只是查看波形，那么可以不导入设计文件。

　　（a）　　　　　　　　　　（b）

图 6-21　导入设计文件

选择导入设计文件命令后会出现图 6-22 所示的对话框，在该对话框中可以向 Debussy 中导入设计文件。

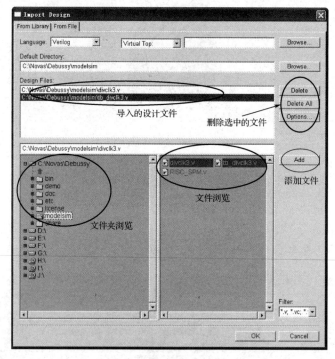

图 6-22　导入设计文件对话框

导入设计文件对话框中的主要部分都在图 6-22 中给出了标示。在文件夹浏览区域中可以选择目标文件所在的文件夹，选中文件夹后，该文件夹包含的内容就会显示在右侧的文件浏览区域，对于出现的文件夹，也可以使用双击进入该文件夹。需要返回上层目录的时候，在文件夹浏览区域中单击向上的蓝色箭头即可。在文件浏览区域可以选择需要导入 Debussy 的文件，选中后，Debussy 默认显示是绿色底色，这时单击 "Add" 按钮，选中的文件就会出现在导入的设计文件区域。该区域中会显示要导入文件的绝对路径名。在右侧的文件中，用 "Delete" 按钮可以删除已添加的文件。选择所有需要导入的文件后，单击右下角的 "OK" 按钮，选中的文件就添加到 Debussy 中了。

添加文件后，向 Debussy 导入 ModelSim 生成的 FSDB 文件，选择菜单栏中的 "Tools" →"New Waveform" 选项或用快捷工具栏中的新波形命令，如图 6-23 所示。

选择新波形命令后会出现波形窗口，由于没有输入数据，在波形窗口中没有任何信号显示。在波形窗口中选择 "File" → "Open" 选项或用菜单栏中的打开命令添加 FSDB 文件，如图 6-24 所示。

图 6-23　新波形命令　　　　　　　　　　图 6-24　打开 FSDB 文件

选择打开命令后，到本实例的工程目录下找到 ModelSim 生成的 FSDB 文件，如图 6-25 所示，指定文件后单击"OK"按钮，文件就添加到了波形窗口中。但是，此时波形窗口的显示依然为空，这是因为还没有指定要观察的信号。

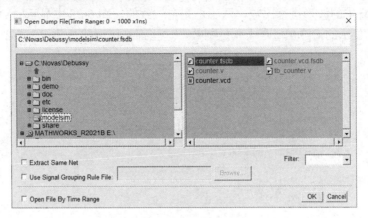

图 6-25　指定 FSDB 文件

添加信号，可以在菜单栏中选择"Signal"→"Get Signals"或直接使用波形窗口中的快捷工具，如图 6-26 所示。

选中以上命令后会出现图 6-27 所示的 Get Signals 窗口，该窗口左侧区域是层次化显示，所有设计都会显示在这个区域内，选中某层次名，就会在中间的区域内显示出该层次包含的内容，一个层次下可能包含模块或端口，模块显示在中间区域的上方，端口显示在中间区域的下方（圆圈处），右侧的区域显示已经添加的信号名。添加信号的时候，在图中圆圈处的信号选择区域可以选择信号。如果选择了上方的模块，那么不会像 ModelSim 一样添加整个模块的信号，而是会进入该模块的层次内部。在信号选择区域内单击可选中信号，这里支持多选，即逐个单击信号就会选中点过的信号，而不需要借助键盘的 Ctrl 或 Shift 键。选中信号后单击"Apply"按钮，就会添加到右侧的已选信号区域，同时在波形窗口中就会出现选中信号的波形图。选择顶层模块中的所有信号，添加到波形窗口中，操作完成后单击"OK"按钮退出本窗口。

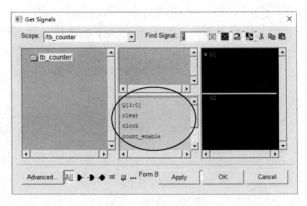

图 6-26　添加信号　　　　　　　　　　图 6-27　Get Signals 窗口

添加信号后，波形窗口就会显示波形信息，利用窗口中的放大缩小工具把波形调整至合适的范围，如图 6-28 所示。图中标记的三个位置（圆圈处），第一个标记位置写有 520 数值的是当前光标所在时间，光标在图中信号 Q[3:0]的 a 值处，第二个标记位置写有 0 数值的是当前标记的时间点，由于没有标记时间点，这里显示的是初始值 0，第三个标记位置是三个缩放工具，分别是缩小二分之一、放大两倍、缩放至填满当前窗口。在 Debussy 中显示的波形可以和图 6-20 中的波形进行比较，两者是完全一致的。图 6-28 中显示的 Q[3:0]值是十进制数，Debussy 中显示的 Q[3:0]值是十六进制数，这些都是可调的，其代表数值都是相同的。

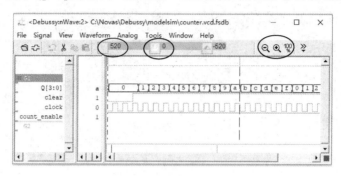

图 6-28　显示波形

借助波形和源文件就可以使用 Debussy 中的 nTrace 功能，在 Debussy 的主界面菜单栏中选择 "Source" → "Active Annotation" 命令，在源文件中就会显示当前时刻的数值变化情况，如图 6-29 所示。可以看到此时 counter 模块中的数值变化，Q 值从 a 向 b 变化，时钟信号 clock 为低电平 0，清零信号 clear 和 count_enable 都是高电平 1，这与波形图中的显示都是相同的。除了图中的显示，由于生成 FSDB 文件记录了仿真中的全部信息，模块内部的信号变化也被记录在内。例如，图 6-29 中 counter 模块内部信号 a1、a2、a3 的变化情况也会显示出来。这样就可以详细观察模块内部信号是否按照设计的要求在工作。显示的模块遵循以下原则。

- 1 位信号，不变化时显示数值，变化时显示上升沿或下降沿。
- 多位信号，不变化时显示数值（按设置的进制显示），变化时显示 "a->b"。

如果在波形窗口中观察到某个问题，则需要查找这个问题引起的原因，可以双击该信号，Debussy 会自动跳转到源文件中对应的位置。例如，在波形中双击 Q 值变化的位置，就会直接跳转到图 6-30 所示的源文件位置，被选中的信号 q 是波形 Q 的组成部分，Q 值的变化是因为 q 的变化而改变的，根据 Debussy 的定位，就可以找到波形产生变化的原始位置。

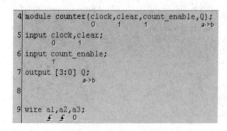

图 6-29　查看信号变化

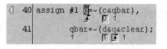

图 6-30　追踪信号

除了在源文件中可以查看信号变化，还可以利用 nSchema 功能，打开层级显示窗口来查看信号变化。先利用整体视图的功能来查看整个设计的层次，再对设计的结构有一个直观的了解。选择菜单栏中的 "Tools" → "New Schematic" → "Current Scope" 选项，可以查看当前源文件窗口中显示的模块层次。这里打开设计文件 counter.v，利用该功能观察模块 counter 的整体结构，得到的整体结构图如图 6-31 所示。这里很清晰地显示出了 counter 内部包含的模块。如果需要进一步观察子模块的细节，那么可以双击图中显示的模块单元。例如，双击其中的方块模块，会出现图 6-32 所示的子模块结构图。

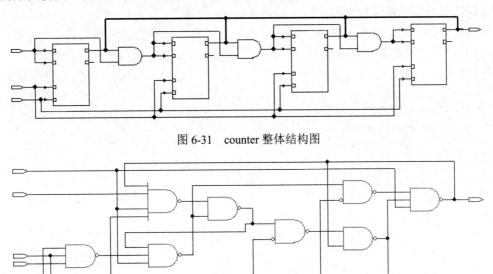

图 6-31　counter 整体结构图

图 6-32　子模块结构图

利用 nSchema 功能，主要是追踪信号的变化，在 nSchema 窗口中选择菜单栏中的"Schematic"→"Active Annotation"命令，打开活动标注。这样在图 6-31 的基础上就会出现每个端口的信息显示，显示的方式也和源文件窗口中显示的方式一样，采用数值、边沿和箭头指示来表示信号状态。图 6-33 是对本实例中整体设计的观察。标有 INIT 的方框是初始化模块，提供测试中需要的向量，标有 counter 的方框是图 6-31 给出的计数器模块，这里显示的是顶层模块，双击此模块可以看到图 6-31 所示的图形。

在图 6-33 中有两个圆圈标注，小的圆圈标注中有三个箭头符号，从左至右依次是后退、向上和向下，这是用来选择层次的，向上可以观察上一层次，向下可以观察指定模块的子层次，后退是返回上一步操作打开的层次结构。大的圆圈标注是调试的时候控制变化的有关命令。首先由 By 指定变化的边沿，这里指定的是上升沿或下降沿，在 By 后的下拉菜单中可以看到显示，在边沿处有向上和向下两个箭头。这里还可以根据需要在下拉菜单中选择上升沿或下降沿。

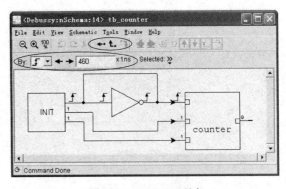

图 6-33　nSchema 观察

图 6-33 中左右两个箭头标示前进或后退至某个由 By 指定的边沿处，这里单击前进按钮就会根据边沿的变化沿仿真时间向前进行。这里要注意，By 指定的边沿是时钟信号的变化沿，除了时钟信号，每次其他信号发生变化都会显示在该窗口中，而不需要特殊的指定。使用这个

窗口可以方便地对当前仿真结果进行分析，选中时钟触发沿来观察每个边沿各个信号的跳变情况，比波形图更加直观形象。图 6-33 中显示的"460"是当前信号值对应的仿真时间。可以近似认为这个窗口中显示的图像是把波形窗口和源文件窗口进行了融合，nSchema 功能是 nTrace 功能的一个更直观的表示，可以观察窗口中的显示来分析设计的正确性。这方面更加详细地说明和操作请查看配套的视频演示。

如果读者使用的是 64 位的 ModelSim 版本，那么由于不能调用相关的接口函数，所以 Debussy 自带的系统函数不能继续使用。此时可以采用 vcd 文件进行替代，步骤如下。

正常启动 ModelSim，在建立工程、添加文件后，先把 tb_counter.v 中的下列代码删除。

```
initial
begin
  $fsdbDumpfile("counter.fsdb");
    $fsdbDumpvars;
    #1000 ;
    $stop;
end
```

然后进行编译文件，无误后，在命令窗口中依次输入以下命令：

```
vsim -vopt chapter6.tb_counter -voptargs=+acc
vcd file counter.vcd
vcd add /tb_counter/*
run 1000
quit -sim
```

仿真过程中可以调用各个窗口进行查看，但对最终结果没有影响，以上 5 行命令执行完毕后，会在工程目录中生成一个名为"counter.vcd"的文件，该 vcd 文件记录了仿真过程中的波形信息，与 FSDB 文件功能相同。

随后在 Debussy 的操作过程中，打开 FSDB 文件时，将右下角"Filter"中的*.fsdb 删除，就能看到 counter.vcd 文件，如图 6-34 所示。单击"OK"按钮后，Debussy 会自动将 vcd 文件转为 FSDB 文件，如图 6-35 所示，之后的操作步骤就与从图 6-25 开始的步骤完全相同了。

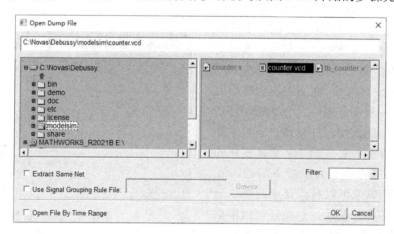

图 6-34　选中 VCD 文件

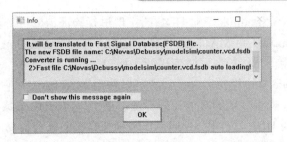

图 6-35　自动转化信息

6.2　ModelSim 与 MATLAB 的协同仿真

ModelSim 提供了与 MATLAB 的接口命令，并可以利用 MATLAB 强大的运算和显示能力，为 ModelSim 中的设计文件提供测试平台和观察平台。本节将介绍如何使用 MATLAB/Simulink 与 ModelSim 进行协同仿真。

Link for ModelSim 是一个把 MATLAB/Simulink 和针对 FPGA 及 ASIC 的硬件设计流程无缝连接起来的联合仿真的接口扩展模块。它提供一个快速的双向连接，将 MATLAB/Simulink 和硬件描述语言仿真器 ModelSim 连接起来，使二者之间直接的联合仿真成为可能，并且能更高效地在 MATLAB/Simulink 中验证 ModelSim 的寄存器传输级（RTL）模型。传统的 Simulink 系统级设计和其仿真环境支持 M 语言、C/C++，以及 Simulink 模块。而通过添加 HDL 到 MATLAB/Simulink 中，扩展了 MATLAB/Simulink 的并行运行能力、直接性能力，以及混合语言编程的能力。这使得 Link for ModelSim 模块缩小了算法和系统设计同硬件实现之间的巨大鸿沟。

Link for ModelSim 模块具有以下特点。

- 连接 ModelSim 到 MATLAB 和 Simulink 上是双向的，可进行联合仿真、验证、可视化。
- 支持 ModelSim 的 PE 和 SE 版本。
- 支持 MATLAB/Simulink 和 ModelSim 之间的用户可选通信模式。
- 提供共享存储器获得更快的系统性能，同时提供 TCP/IP 套接字加强多样性。
- 提供联合仿真的 Simulink 模块的库文件。
- 可以把输出测试结果转成 VCD（Value Change Dump）文件格式。
- 支持多个并行的 ModelSim 实例，以及支持在 Simulink 和 MATLAB 函数中的多个硬件描述实体。
- 提供在 MATLAB 环境下与硬件描述语言交互式或批处理模式来进行联合仿真、调试、测试，以及验证工作。

使用 Link for ModelSim 模块可以建立一个有效的环境来进行联合仿真、器件建模、分析和可视化，并进行以下开发。

- 可以在 MATLAB/Simulink 中针对 HDL 实体开发软件测试基准（test bench）。
- 可以在 Simulink 中对包含在大规模系统模型的 HDL 模型进行开发和仿真。
- 可以生成测试向量，进行测试、调试，以及同 MATLAB/Simulink 下的规范原型进行 HDL 代码验证。
- 提供在 MATLAB/Simulink 下对 HDL 行为级的建模能力。

- 可以在 MATLAB/Simulink 下对 HDL 的实现进行验证、分析、可视化。

Link for ModelSim 模块中 MATLAB 与 ModelSim 接口和 Simulink 与 ModelSim 接口都是独立的，可以单独使用一个接口或同时使用两个接口。

使用 Link for ModelSim 模块后，设计者可以使用 MATLAB 和它提供的工具箱。例如，设计和仿真信号处理，或者其他的数值计算算法，还可以用 HDL 来取代算法和系统设计中的器件模型，并直接完成 HDL 器件和 MATLAB 中剩余算法的联合仿真。

图 6-36 显示了在 MATLAB 和 ModelSim 中的接口关系。把在 MATLAB 中获得的测试基准代码输入 VHDL 实体中，并把经过 ModelSim 的输出，输入 MATLAB 函数中。

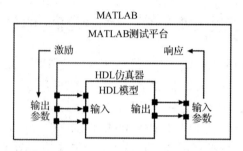

图 6-36　在 MATLAB 和 ModelSim 中的接口关系

使用 MATLAB 为 ModelSim 提供测试平台步骤如下。

- 启动 MATLAB 应用程序，调用 ModelSim。
- 在 ModelSim 中创建并编译 HDL 设计单元。
- 启动仿真。
- 在 MATLAB 中编译测试平台。
- 运行仿真并观察结果。

利用 Simulink 与 ModelSim 进行协同仿真时，设计者可以通过 Simulink 和相关的 Blockset 创建一个关于信号处理方面或通信系统方面的系统级设计，也可以把 HDL 器件合并到设计中，或者用 HDL 模块取代相应的子系统，并借此创建软件测试基准来验证设计单元。图 6-37 所示为利用 ModelSim 与 Simulink 协同仿真。

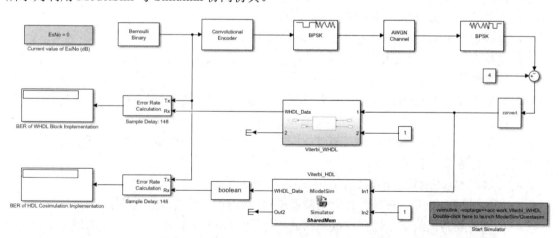

图 6-37　利用 ModelSim 与 Simulink 协同仿真

ModelSim 与 Simulink 协同仿真的工作流程如下。

- 启动 MATLAB 应用程序，启动 Simulink。
- 创建 Simulink 模块并指定配置。
- 启动 ModelSim，创建并编译 HDL 设计单元。
- 运行仿真并观察结果。

MATLAB 主界面如图 6-38 所示，可以分为四个主体部分：工作区、详细信息、命令行窗口和当前文件夹。图 6-38 中正中央的窗口就是命令行窗口，这是 MATLAB 的主要窗口，在这里输入各种 MATLAB 的执行命令，命令执行后的提示信息也会出现在这个窗口中。命令行窗口右侧是工作区，显示使用到的文件或变量信息。命令行窗口的左侧上方是当前文件夹，可以看到当前所处的文件夹及文件夹包含的所有文件，下方是详细信息，可以查看文件信息。在整个界面的正上方是 MATLAB 的菜单栏和快捷工具栏，与其他软件的布局结构是一样的。本书不对 MATLAB 的命令、菜单等进行详细介绍，仅对使用到的功能进行讲解，关于 MATLAB 的具体使用可以参见其他书籍。

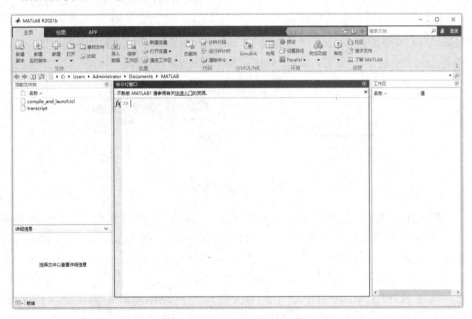

图 6-38　MATLAB 主界面

使用 Link for ModelSim 时需要注意 MATLAB 版本号问题，由于各种版本号的支持关系及国际政策等，因此本章使用 MATLAB R2021b 版本，关于版本号的对应问题可以参见官方网站的说明。

实例 6-2　利用 MATLAB 与 ModelSim 协同仿真

结果文件——配套资源"Ch6\6-2"文件夹

动画演示——配套资源"AVI\6-2.mp4"

启动 MATLAB 后，会出现默认界面。本书使用的软件安装在"C:\Program Files\MATLAB\ R2021b"下，故显示的默认文件夹也是此文件夹。为方便管理，建立一个工作文件夹 mywork，把当前的工作路径设置为此文件夹，并把本实例中使用到的文件复制进去。

首先要为 ModelSim 启动后台端口，在 MATLAB 命令窗口中输入以下命令：

```
hdldaemon('status')
```

此命令的功能是显示 HDL 后台程序的运行状态，如果没有打开，则会有以下提示信息：

```
HDLDaemon is NOT running
```

此时要打开该后台程序，使用的命令如下：

```
hdldaemon('socket', 0)
```

打开后台程序后，会有以下显示：

```
HDLDaemon socket server is running on port 49187 with 0 connections
```

此时再输入前面的状态显示命令 hdldaemon('status')，显示的信息就会是"HDLDaemon socket server is running on port 49187 with 0 connections"，而不是显示未运行。这个信息表示端口 49187 是随机打开的，每次都不相同，要记住这个端口，在后面的仿真中还要用到。

开启 MATLAB 的后台服务后就可以启动 ModelSim 了，再次确认一下工作路径和文件。可以看到图 6-39 所示的内容，工作路径为"C:\Program Files\MATLAB\R2021b\mywork"，包含的文件是 modsimrand.v、modsimrand.vhd 和 modsimrand_plot.m。

图 6-39　　指定当前文件夹

在 MATLAB 中输入命令 vsim，MATLAB 会按照先前配置的 ModelSim 路径打开 ModelSim。同时在工作文件夹下生成了一个名为"compile_and_launch.tcl"的文件，这个文件是为链接 ModelSim 并配置相关信息生成的，在 ModelSim 启动后会在命令窗口中出现以下提示：

```
# do compile_and_launch.tcl
```

注意，此时打开的 ModelSim 是不包含工程的，且 ModelSim 的工作文件夹也会指向 MATLAB 的工作文件夹，此时可以在 ModelSim 中查看文件夹中的 Verilog 文件，如图 6-40 所示输入命令 ls，应该看到包含图中的 4 个文件。如果不是这些文件，那么说明打开了一个错误的路径，需要在 ModelSim 中把工作路径调至与 MATLAB 的工作路径一致。

```
# do compile_and_launch.tcl
ModelSim> ls
# compile_and_launch.tcl  modsimrand.v  modsimrand.vhd  modsimrand_plot.m  transcript
ModelSim>
```

图 6-40　查看文件

确认文件无误后，在命令行中输入以下命令：

```
vlib work
vmap work work
```

这两条命令前面都介绍过，表示建立了 work 库并进行映射。运行结束后可以看到图 6-41

244

所示的提示信息。

```
ModelSim> vlib work
ModelSim> vmap work work
# Model Technology ModelSim SE-64 vmap 10.4 Lib Mapping Utility 2014.12 Dec  3 2014
# vmap -modelsim_quiet work work
# Copying C:/modeltech64_10.4/win64/../modelsim.ini to modelsim.ini
# Modifying modelsim.ini
# ** Warning: Copied C:/modeltech64_10.4/win64/../modelsim.ini to modelsim.ini.
#            Updated modelsim.ini.

ModelSim>
```

图 6-41　提示信息

此时可以查看本实例中使用到的 modsimrand.vhd 文件，在命令行中输入"edit modsimrand.vhd"，即可打开该文件，可以看到以下端口声明部分：

```
ENTITY modsimrand IS
PORT (
  clk   : IN std_logic ;
  clk_en : IN std_logic ;
  reset  : IN std_logic ;
  dout   : OUT std_logic_vector (31 downto 0) );
END modsimrand ;
```

这 4 个端口就是本实例中要查看的端口，其中前 3 个端口是输入信号，最后一个端口是输出信号。接下来编译设计文件，输入：

```
vcom modsimrand.vhd
```

如果想要编译 Verilog 文件，则需要使用 vlog 命令，其他的流程都是一致的，就不一一列举了。执行 vcom 命令后，在 ModelSim 窗口中会出现以下编译信息：

```
# Model Technology ModelSim SE-64 vcom 10.4Compiler 2014.12 Dec3 2014
# Start time: 21:23:07 on Aug 21,2018
# vcom -reportprogress 300 modsimrand.vhd
# -- Loading package STANDARD
# -- Loading package TEXTIO
# -- Loading package std_logic_1164
# -- Loading package NUMERIC_STD
# -- Compiling entity modsimrand
# -- Compiling architecture behavioral of modsimrand
# End time: 21:23:07 on Aug 21,2018, Elapsed time: 0:00:00
# Errors: 0, Warnings: 0
```

同时，在 work 库中也会有编译成功的器件，如图 6-42 所示。

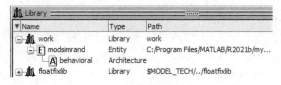

图 6-42　编译成功

编译成功后，在 ModelSim 中使用以下命令启动仿真：

```
vsimmatlab modsimrand
```

此命令会启动协同仿真，ModelSim 会显示以下信息：

```
# vsim modsimrand -foreign "matlabclient {C:/Program Files/MATLAB/R2021b/
toolbox/edalink/extensions/modelsim/windows64/liblfmhdlc_gcc450vc12.dll} "
# Start time: 20:14:56 on Jul 11,2023
# ** Note: (vsim-3812) Design is being optimized...
# Loading std.standard
# Loading std.textio(body)
# Loading ieee.std_logic_1164(body)
# Loading ieee.numeric_std(body)
# Loading work.modsimrand(behavioral)#1
#   Loading   C:/Program   Files/MATLAB/R2021b/toolbox/edalink/extensions/
modelsim/windows64/liblfmhdlc_gcc450vc12.dll
```

接着继续在 ModelSim 命令窗口中输入以下命令：

```
matlabtb modsimrand -mfunc modsimrand_plot -rising /modsimrand/clk
-socket 49187
```

在该命令中，"matlabtb modsimrand" 使用 MATLAB 对 HDL 实例 modsimrand 进行测试，类似于便携测试平台；参数 " -mfunc modsimrand_plot" 是调用 MATLAB 中的函数 modsimrand_plot，该函数在另一个文件 modsimrand_plot.m 中被定义（见图 6-43）；参数 "-rising /modsimrand/clk" 是指定上升沿作为跳变条件，类似于 Verilog 语言中的 "posedge clk"；参数 "-socket 49187" 是链接到 MATLAB 打开的端口上，这个端口一定要符合前面 MATLAB 打开的端口，否则 ModelSim 会报错。

图 6-43　函数 modsimrand_plot 的定义

运行该命令后，要指定设计中的时钟信号和使能信号，这些信号在之前的实例中都是有输入的，但是此实例中没有测试平台，所以输入命令如下：

```
force /modsimrand/clk 0 0 ns, 1 5 ns -repeat 10 ns
force /modsimrand/clk_en 1
force /modsimrand/reset 1 0, 0 50 ns
```

第一条命令是建立 clk 信号，"0 0 ns" 表示在 0 时刻信号值为 0，"1 5 ns" 表示在 5ns 时刻信号值为 1，"-repeat 10 ns" 表示取前 10ns 进行循环，这样就生成了一个周期为 10ns 的时钟信号。第二条命令是生成一个始终为 1 值的常量信号。第三条命令是生成一个初始值为 1，在 50ns 之后变为 0 值的 reset 信号。

在 ModelSim 中设置好这些命令后，ModelSim 就可以运行仿真了。此时可以观察 MATLAB，使用 hdldaemon('status') 命令，会有以下信息：

```
HDLDaemon socket server is running on port 49187 with 1 connection
```

这条信息表示的是已经有一个进程连接到了 49187 端口，MATLAB 与 ModelSim 链接成功，在 ModelSim 中输入 "run 50000" 执行整个仿真。仿真前可以在 ModelSim 中把设计单元中的全部端口添加到波形窗口中，与 MATLAB 进行对比。

运行仿真后，波形窗口的显示如图 6-44 所示，这里的 dout 输出设计内部的数据，而这些内部数据是由 MATLAB 中指定的函数来完成赋值的。

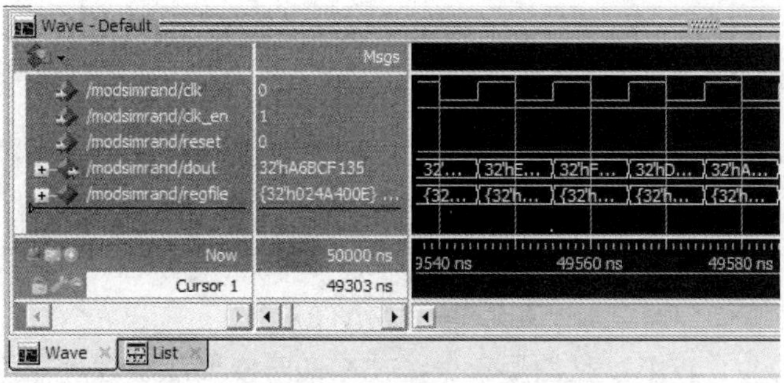

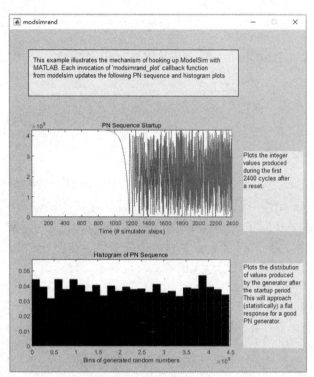

图 6-44　ModelSim 显示波形

与此同时，在 MATLAB 中会根据输出的数据绘图，如图 6-45 所示。整个仿真共采集了前 2400 个时钟周期，第一个图形显示每个周期的具体数值，横轴对应周期，纵轴对应数据。第二个图形显示每个数值出现的比例，以纵轴的百分比显示，横轴显示的是数据，按从小到大的顺序排列。

图 6-45　MATLAB 根据输出的数据绘图

可以根据自己的需要编写合适的 MATLAB 脚本来测试设计单元。运行完仿真后，退出 ModelSim，MATLAB 刚建立起来的链接就会断开，此时显示进程连接数从 1 变成 0。命令如下：

```
>> hdldaemon('status')
HDLDaemon socket server is running on port 49187 with 0 connections
Server Error Log: Last Entry: Socket connection was closed by the other
                  side
```

如果不再继续仿真，就要断开刚刚打开的 socket，在 MATLAB 中输入以下命令：

```
hdldaemon('kill')
```

会出现以下提示信息：

```
HDLDaemon server was shutdown
```

此时再查看 HDLDaemon 状态，就会发现仿真已经关闭了，命令如下：

```
HDLDaemon is NOT running
```

到此，本实例所有操作已完成，可以退出 MATLAB。

本实例中给出的命令较多，且图形较少，使用的时候要注意检查输入的命令是否正确，而且要注意输入的命令顺序，需要注意以下几点。

- 启动 MATLAB 的 HDL 后台进程后方可启动 ModelSim。
- 要在 MATLAB 命令行中启动 ModelSim，这样 ModelSim 的工作路径会和 MATLAB 的工作路径相同。
- 使用的仿真命令是"vsimmatlab modsimrand"。
- 使用"matlabtb"命令时要注意端口的吻合。
- 确认 MATLAB 开始的 HDL 后台进程被链接，再运行仿真。

实例 6-3 利用 Simulink 与 ModelSim 协同仿真

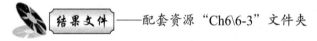

结果文件——配套资源"Ch6\6-3"文件夹

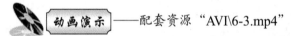

动画演示——配套资源"AVI\6-3.mp4"

Simulink 与 ModelSim 进行协同仿真的时候使用图形化界面比较多。首先要建立一个 HDL 模型，在 ModelSim 中把工作路径指向 MATLAB 的工作路径，如实例 6-2 一样，工作路径为"C:\Program Files\MATLAB\R2021b\mywork"，建立一个 VHDL 文件，输入以下代码，并保存为 inverter.vhd，也可以直接把配套资源中的文件复制到工作路径。此文件描述了一个反相器，每次在时钟信号上升沿的时候把输入信号做取反输出，代码如下：

```
LIBRARY ieee;
USE ieee.std_logic_1164.ALL;
ENTITY inverter IS PORT (
  sin : IN  std_logic_vector(7 DOWNTO 0);
  sout: OUT std_logic_vector(7 DOWNTO 0);
  clk : IN  std_logic
);
END inverter;
LIBRARY ieee;
USE ieee.std_logic_1164.ALL;
ARCHITECTURE behavioral OF inverter IS
BEGIN
  PROCESS(clk)
  BEGIN
    IF (clk'EVENT AND clk = '1') THEN
      sout <= NOT sin;
```

```
        END IF;
    END PROCESS;
END behavioral;
```

建立文件后，在 ModelSim 中输入以下命令：

```
vlib work
vmap work work
vcom inverter.vhd
```

编译成功后，ModelSim 会显示以下编译信息：

```
Model Technology ModelSim SE-64 vcom 10.4 Compiler 2014.12 Dec  3 2014
# Start time: 22:37:06 on Aug 21,2018
# vcom -reportprogress 300 inverter.vhd
# -- Loading package STANDARD
# -- Loading package TEXTIO
# -- Loading package std_logic_1164
# -- Compiling entity inverter
# -- Compiling architecture behavioral of inverter
# End time: 22:37:06 on Aug 21,2018, Elapsed time: 0:00:00
# Errors: 0, Warnings: 0
```

接下来启动 Simulink，可以直接单击 MATLAB 快捷工具栏中的按钮来启动。在 Simulink 中新建一个空白模型，然后启动 Simulink 的库浏览器，如图 6-46 所示。

图 6-46　Simulink 的库浏览器

在库浏览器左侧标签内有各种常用的库信息，在其中的 Sinks 库中选择 Display 器件，使用右键菜单中的"向模型 untitled 添加模块(A)"的命令，将其添加到新的模型图中，如果已经命名，则会改成相应名称，如图 6-47 和图 6-48 所示。

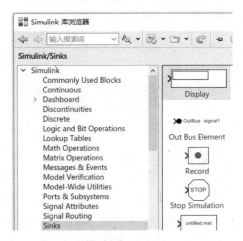

图 6-47　Sinks 库中的 Display 器件

图 6-48　添加到新的模型图中

添加 Display 器件后，还需要添加 Sources 库中的 Constant 器件和 HDL Verifier 库中的 For Use with Mentor Graphics ModelSim 子库的 HDL Cosimulation 器件，把这两个器件也添加到模型图中，这两个器件的位置如图 6-49 所示。

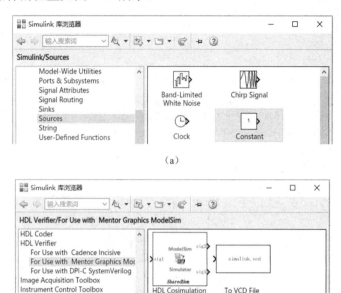

（a）

（b）

图 6-49　添加其他器件

添加这三个器件之后，在模型图中会出现这三个器件模型，把这三个器件模型按图 6-50 所示的位置进行简单排布。左侧 Constant 器件模型的作用是产生常量值，右侧的 Display 器件模型是用来观测输出信号的，中间的 HDL Cosimulation 器件模型是 ModelSim 的联合仿真模型，可以看到模型中显示有"ModelSim"的字样。

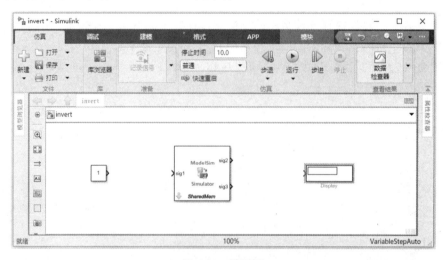

图 6-50　模型图

接下来需要对器件进行配置，双击 Constant 器件模型，会弹出图 6-51 所示的设置对话框，在此可以设置 Constant 参数，把常量值随意指定一个值，这里设为 156，把采样时间设为 10。

　　赋值后单击"信号属性"标签，在该标签中找到"输出数据类型"，用来指定输出的数据类型，这里在下拉菜单中选择"uint8"，输出的是 8 位的无符号整型数，为刚才建立的 VHDL模型提供输入，所以位宽要匹配。选择后单击"确定"按钮，对 Constant 器件的设置就完成了，如图 6-52 所示。

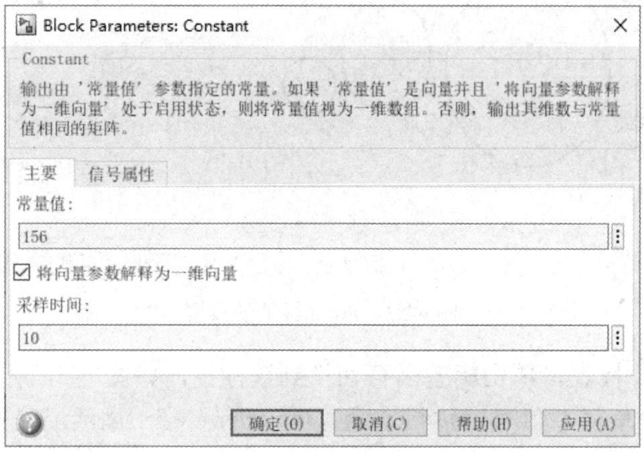

图 6-51　设置 Constant 对话框

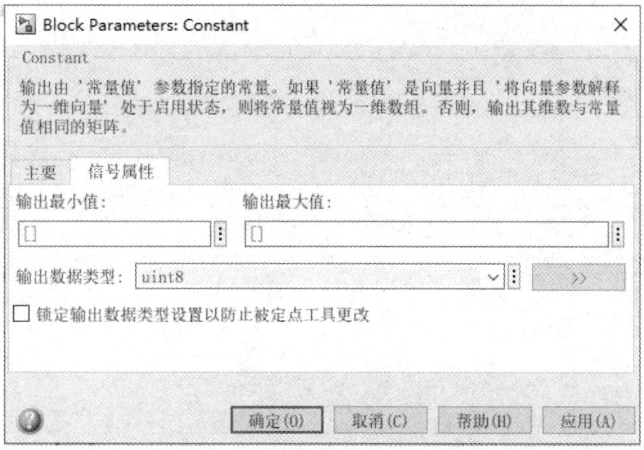

图 6-52　设置信号宽度对话框

　　接下来设置 HDL Cosimulation 器件，双击该器件模型后出现图 6-53 所示的对话框。这个模型主要的功能是把工程中建立的模型链接到 Simulink 模型图中，所以输入和输出的信号要与模型中的信号一致。这里的选项比较复杂，共有五个标签。先设置 Ports 标签中的选项。这里一共要修改三个位置，都已经在图中标注（圆圈处）。第一个标注处是设置 HDL 端口的名称，这里设置为设计文件的输入和输出端口，双击名称区域进入编辑状态，分别输入"/inverter/sin"和"/inverter/sout"，注意，这里的层次名称和端口名称一定要与设计文件中的层次名称和端口名称相同！第二个标注处是设置输入/输出端口，根据文件中端口类型在下拉菜单中选择"Input"或"Output"。第三个标注处是把输出信号的时间设置为 10。另外，库中默认的 HDL Cosimulation 模型有三个端口，这里只用到两个，多余的端口需要单击"Delete"按钮删除，如果遇到端口不够的时候，则可以单击"New"按钮来添加端口。

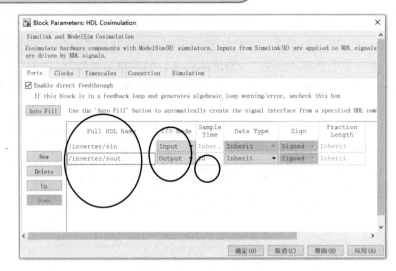

图 6-53　Ports 标签的设置

随后设置 Clocks 标签，单击标签名可切换到该标签，如图 6-54 所示。单击"New"按钮生成一个新的时钟信号，信号名称指定为"/inverter/clk"，激活沿设置为"Rising"，周期设置为"10"。

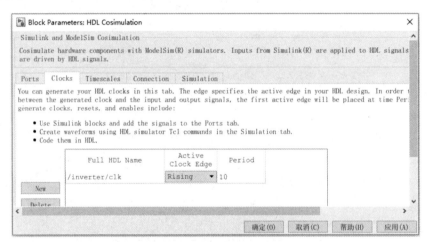

图 6-54　Clocks 标签的设置

Timescales 标签用来设置 Simulink 中时间和 ModelSim 中时间的对应关系，这里保持默认设置就可以，可以保证和仿真器中的时间标记一致，如图 6-55 所示。如果需要与其他的时间对应，则可以在下拉菜单中选择对应的时间刻度，这样可以加快或放缓 Simulink 中的实际仿真速度。

Connection 标签的设置如图 6-56 所示。需要设置图示的两个位置，第一个是选择连接模型，这里选择 Full Simulation。第二个是选择连接方式和端口，默认为 memory 形式，这里选择 Socket 和端口 4449，这个功能类似于 MATLAB 打开后台端口的功能，只是 MATLAB 中打开的后台端口是随机的，这里可以自由指定。端口 4449 是默认的端口，这里不做更改。

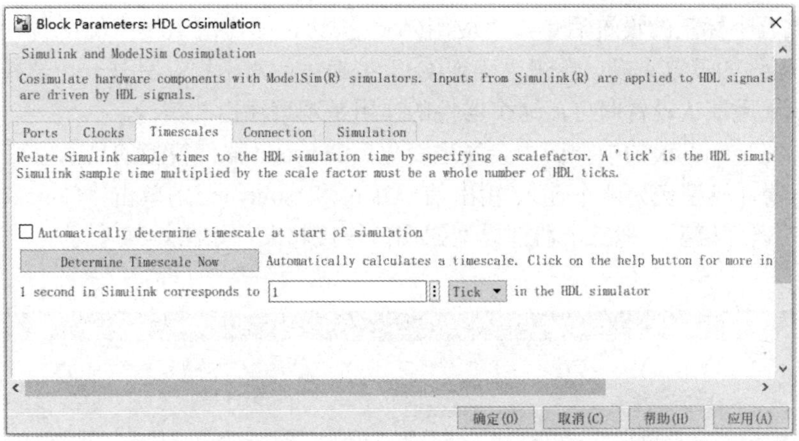

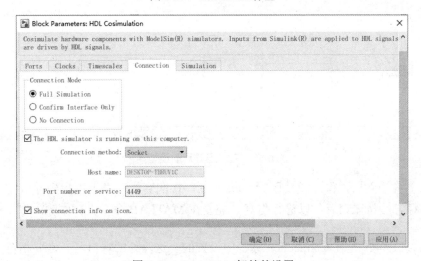

图 6-55　Timescales 标签

图 6-56　Connection 标签的设置

最后需要设置的是 Simulation 标签，如图 6-57 所示。这里分别在 Pre-simulation Tcl commands 栏和 Post-simulation Tcl commands 栏中输入以下信息，注意使用英文字符：

```
echo "Running in Simulink."
echo "Done"
```

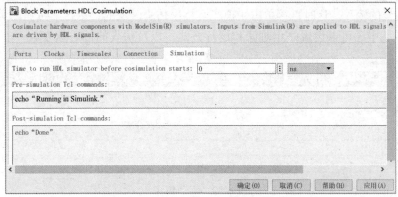

图 6-57　Simulation 标签的设置

完成以上五个标签的设置后单击"应用(A)"按钮，即完成该模型的配置，此时对 HDL Cosimulation 器件的设置完成，单击"确定(O)"按钮关闭对话框。另外一个器件 Display 不需要进行设置，采用默认设置即可，这个器件的作用是观察输出的信号。

设置后，在 Simulink 的模型图中会发生变化，Constant 器件模型的显示值变为 156，HDL Cosimulation 器件模型变为两个输入/输出信号 sin 和 sout，分别单击"Constant"和"HDL Cosimulation"器件模型，把三个器件模型的端口连接起来，如图 6-58 所示。

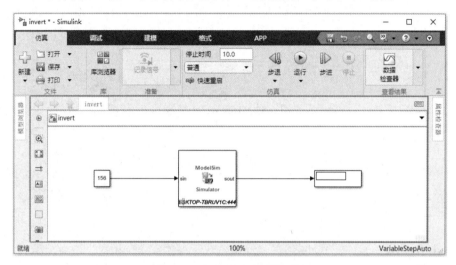

图 6-58　完成配置后的模型图

做好以上各步之后，保存模块图为 invert.slx，在配套资源中可以找到并对比一下，看看设置是否一样。确认无误后可以进行仿真，需要在 MATLAB 命令窗口中输入以下命令：

```
vsim('socketsimulink', 4449)
```

这里的端口 4449 是在 Connection 标签中设置的，这两处的端口名一定要相符。执行该命令后会自动调用 ModelSim，并使用该端口提供的后台程序运行 ModelSim。ModelSim 启动后在命令行中输入以下命令：

```
vsimulink work.inverter
add wave /inverter/*
```

因为在本实例开始的时候已经在工作路径中建立了 work 库，并编译通过了 VHDL 设计，所以这里直接进行仿真就可以了。完成这两条命令后 ModelSim 会启动与 Simulink 的协同仿真，并等待信号的输入，这时直接单击快捷工具栏中仿真区域的"运行"按钮即可，如图 6-59 所示。在该区域中还可以设置停止时间和运行方式，以及仿真的推进速度。

图 6-59　启动仿真

启动仿真后，Simulink 会按照先前的配置进行仿真，同时所有选项变为灰色不可选，等待片刻仿真结束后，在 ModelSim 的波形窗口中会显示波形。由于设置的时钟周期是 10，每次运行仿真会执行 10 个时间单位长度，图 6-60 是执行一次仿真的输出波形，因为执行的是一个反相器，所以以二进制形式显示比较直观，可以看到在 clk 上升沿来临的时候 sout 的输出值与 sin 的输入值正好相反。

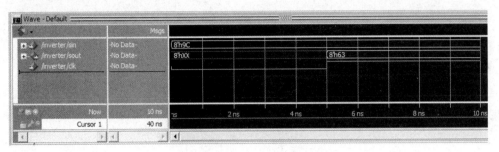

图 6-60　输出波形

运行仿真后，模型图中的显示也会发生变化，如图 6-61 所示，这里 Constant 器件模型的输入数据是 156，经过模型中的反相器后输出的数据是 99，这都是 8 位二进制数的无符号显示形式，99 的二进制数表示就是图 6-60 中的 8'h63。

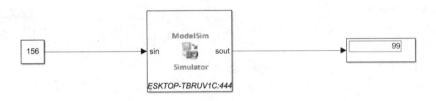

图 6-61　模型图中的显示 1

双击 Constant 器件模型，修改模型中的值，这里进行一个比较，把 Constant 器件模型中的参数设置为 99，再次执行仿真，输入的仿真波形如图 6-62 所示。这里把 sin 和 sout 显示两遍，上方显示的是二进制数，下方显示的是无符号十进制数。

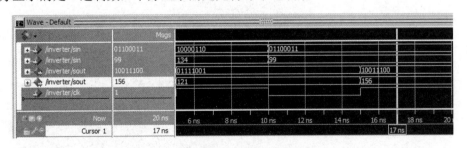

图 6-62　多次运行仿真波形显示

这时，模型图中的显示会与波形图中的无符号数显示相同，如图 6-63 所示。

使用 Simulink 和 ModelSim 进行协同仿真，重点是设置 HDL Cosimulation 中的标签选项。在进行仿真时一定要按照给出的参数进行设置。实例中给出的只是最简单的模型和操作，复杂的模型和操作与此类似，参考实现即可。

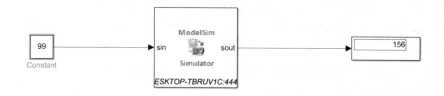

图 6-63　模型图中的显示 2

实例 6-4　使用 cosimWizard 进行协同仿真

结果文件——配套资源"Ch6\6-4"文件夹

动画演示——配套资源"AVI\6-4.mp4"

除了上述的协同仿真方法，MATLAB 和 Simulink 还提供了比较直观的 cosimWizard 命令来配置协同仿真，本实例将介绍此命令的使用方式。

先要建立一个工作目录，由于在仿真过程中生成的文件比较繁杂，最好用一个文件夹来存放这些文件。建立文件夹 mywork，并把工作路径指向此文件夹，如图 6-64 所示。

在 MATLAB 命令行中输入"cosimWizard"命令并按回车键，等待一会就会出现图 6-65 所示的界面，即联合仿真向导界面就打开了。这个向导界面提供了图形化的操作界面，更加直观。

图 6-64　工作路径

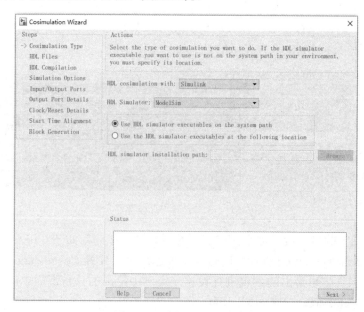

图 6-65　联合仿真向导界面

第一步，设置联合仿真的类型和仿真器，在"HDL cosimulation with"下拉菜单中选择"Simulink"选项，在"HDL Simulator"下拉菜单中选择"ModelSim"选项，然后配置仿真器的路径，如果 ModelSim 安装在默认的系统路径下，则直接保持第一个选项可以找到 ModelSim，单击"Next"按钮就可以继续。如果找不到仿真器，则单击"Next"按钮时，在下方 Status 中会显示图 6-66 所示的错误信息，这时勾选"Use the HDL simulator executables at the following location"复选框，在路径中选择 ModelSim 的 win64 文件夹就可以进入下一步。

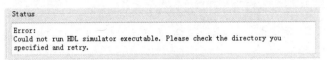

图 6-66　错误信息

第二步，添加 HDL 文件，单击"Add"按钮可以选择要添加的文件，把 Verilog 文件添加进去，会自动识别"File Type"，也可以通过下拉菜单来选择，如图 6-67 所示。

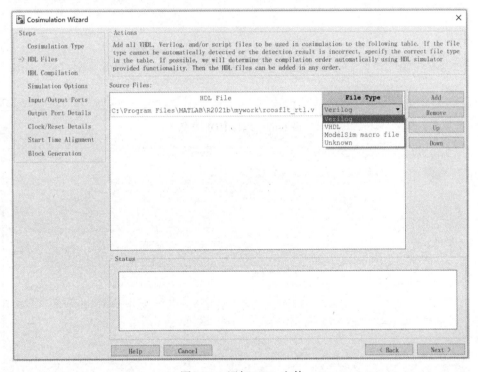

图 6-67　添加 HDL 文件

第三步，编译 HDL 文件，在"Compilation Commands"区域会有默认的编译命令，采用的是 ModelSim 的命令语句，如图 6-68 所示。此时单击"Next"按钮就会开始编译第二步中添加的设计文件，如果无误就会进入下一步，如果有错误就会在 Status 区域显示错误信息，但此处不能进行代码调试，所以要保证代码的正确性，才能进行联合仿真。

第四步，选择要仿真的模型，在模型名称一栏中通过下拉菜单来选择联合仿真的模块名称，此实例中仅一个模块，故不需要选择，"Connection method"下拉菜单中保持默认"Socket"选项，如图 6-69 所示，单击"Next"按钮之后就会在后台启动 ModelSim，并执行仿真操作，如图 6-70 所示。

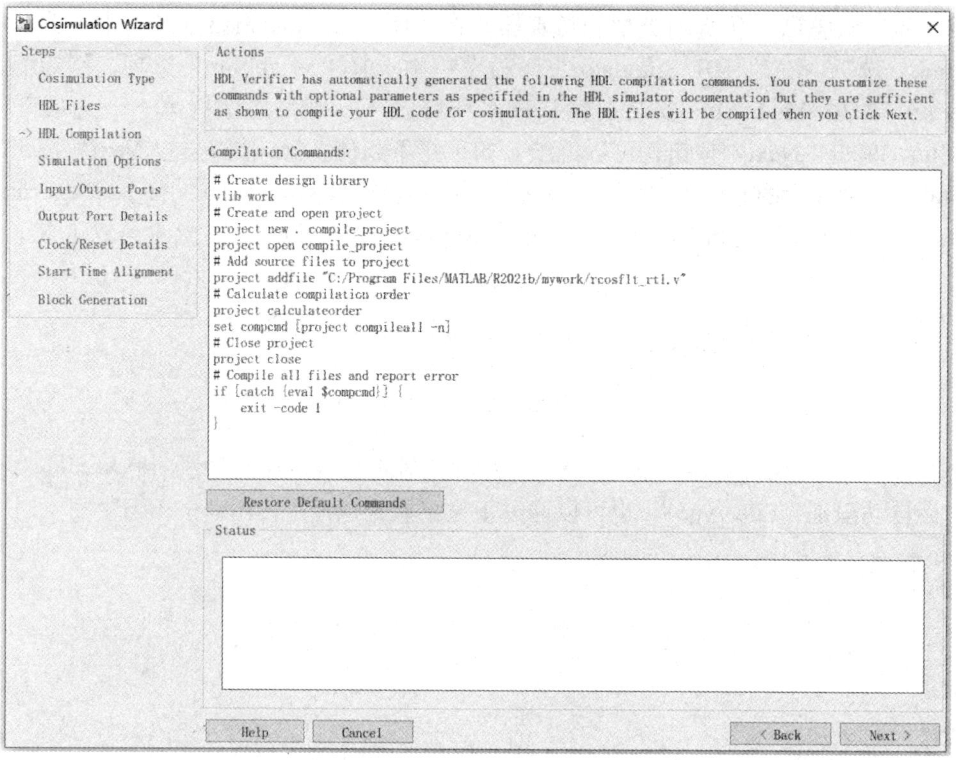

Cosimulation Wizard ×

Steps
- Cosimulation Type
- HDL Files
- -> HDL Compilation
- Simulation Options
- Input/Output Ports
- Output Port Details
- Clock/Reset Details
- Start Time Alignment
- Block Generation

Actions

HDL Verifier has automatically generated the following HDL compilation commands. You can customize these commands with optional parameters as specified in the HDL simulator documentation but they are sufficient as shown to compile your HDL code for cosimulation. The HDL files will be compiled when you click Next.

Compilation Commands:

```
# Create design library
vlib work
# Create and open project
project new . compile_project
project open compile_project
# Add source files to project
project addfile "C:/Program Files/MATLAB/R2021b/mywork/rcosflt_rtl.v"
# Calculate compilation order
project calculateorder
set compcmd [project compileall -n]
# Close project
project close
# Compile all files and report error
if {catch {eval $compcmd}} {
    exit -code 1
}
```

Restore Default Commands

Status

Help   Cancel   < Back   Next >

图 6-68　编译 HDL 文件

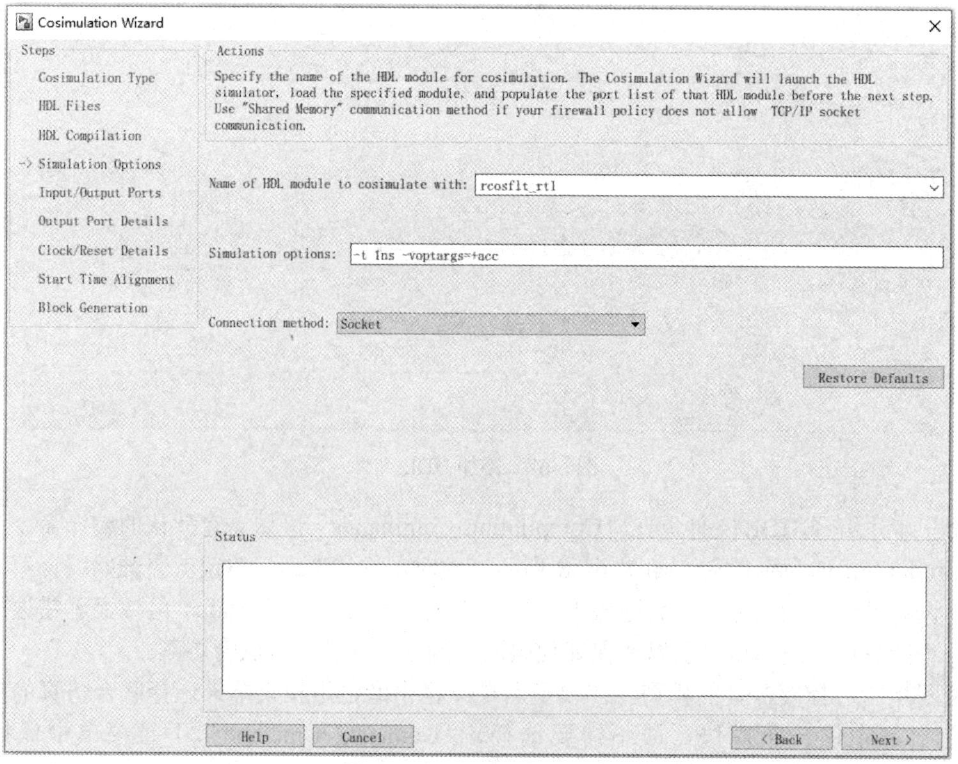

Cosimulation Wizard ×

Steps
- Cosimulation Type
- HDL Files
- HDL Compilation
- -> Simulation Options
- Input/Output Ports
- Output Port Details
- Clock/Reset Details
- Start Time Alignment
- Block Generation

Actions

Specify the name of the HDL module for cosimulation. The Cosimulation Wizard will launch the HDL simulator, load the specified module, and populate the port list of that HDL module before the next step. Use "Shared Memory" communication method if your firewall policy does not allow TCP/IP socket communication.

Name of HDL module to cosimulate with: rcosflt_rtl

Simulation options: -t 1ns -voptargs=+acc

Connection method: Socket

Restore Defaults

Status

Help   Cancel   < Back   Next >

图 6-69　仿真模型设置

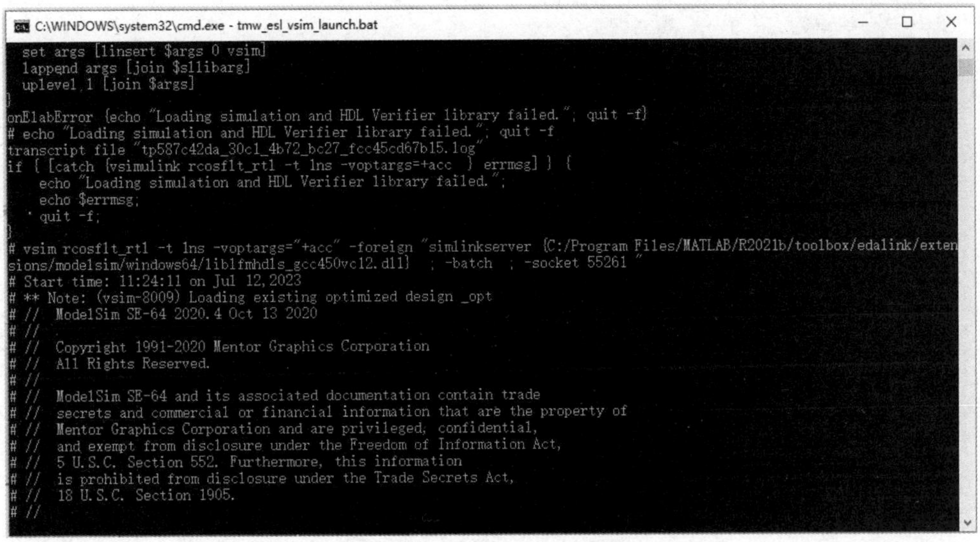

图 6-70　ModelSim 后台运行

第五步，如果一切无误，就会进入第五步，即输入/输出端口声明，这里不需要进行修改，直接保持默认设置即可，如图 6-71 所示。也可以仔细查看一下向导默认识别出来的端口与设计代码是否匹配，如果不匹配，则可以重新调试代码，或者通过名称后面的端口类型下拉菜单来选择 Input、Output、Clock、Reset 类型，单击"Next"按钮进入下一步。

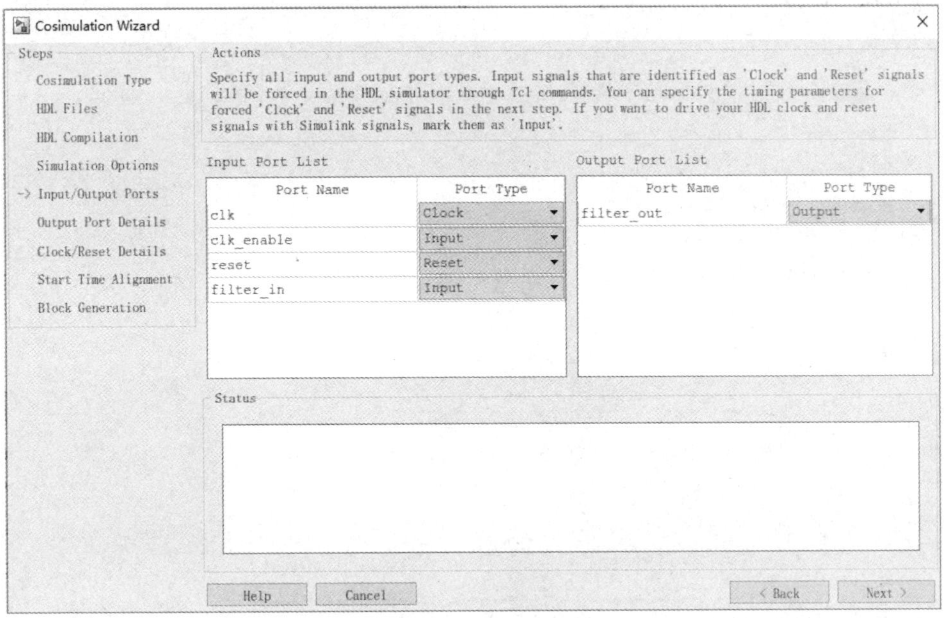

图 6-71　输入/输出端口

第六步，设置输出端口细节。"Sample Time"项设置为-1，保持和 Simulink 模型一样的时间设置，在"Fraction Length"项中输入 29，设置输出长度，这个长度是 HDL 模型中的声明长度，要与代码中保持一致，设置完成后如图 6-72 所示，单击"Next"按钮进入下一步。

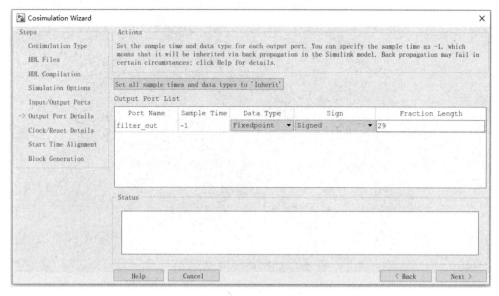

图 6-72　输出端口细节

第七步，设置时钟和复位信号，把 Clocks 的周期长度设置为 20，把 Resets 的使能时间设置为 15，如图 6-73 所示。单击"Next"按钮就会出现设置好的时钟和复位信号波形图，如图 6-74 所示，确认无误后就可以进入最后一步了。

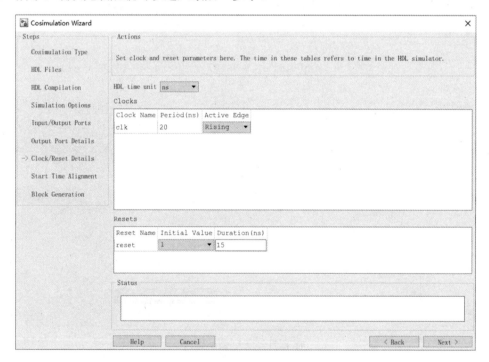

图 6-73　设置时钟和复位信号

最后一步，生成 Simulink 模型，如图 6-75 所示，勾选"Automatically determine timescale at start of simulation"复选框，单击"Finish"按钮，Simulink 就会自动生成 HDL 文件的 Simulink 模型，稍等片刻就会出现图 6-76 所示的模块图。

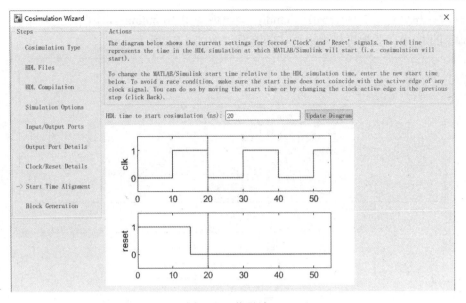

图 6-74 信号波形

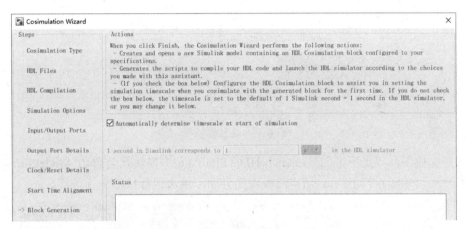

图 6-75 生成 Simulink 模型

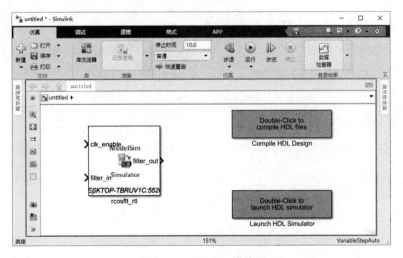

图 6-76 Simulink 模块图

此时，打开另一个文件 rcosflt_tb.mdl，会出现一个 Simulink 模块图，把刚刚得到的三个模块复制到此图中，并把可仿真模型按图连接，如图 6-77 所示。

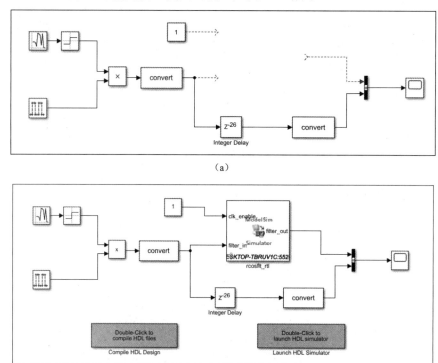

（a）

（b）

图 6-77　连接模块图

连接好模块图，双击下方的"Launch HDL Simulator"模块就会启动 ModelSim，并添加待观察的波形，如图 6-78 所示。切换回模块图界面，单击运行按钮进行仿真。

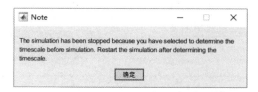

图 6-78　启动 ModelSim

直接运行仿真，会出现图 6-79 所示的提示框，因为还没有设置 timescale，单击"确定"按钮后就会出现图6-80所示的设置，把其中的clk一栏修改为1s，单击"OK"按钮重新开始仿真。

图 6-79　提示信息

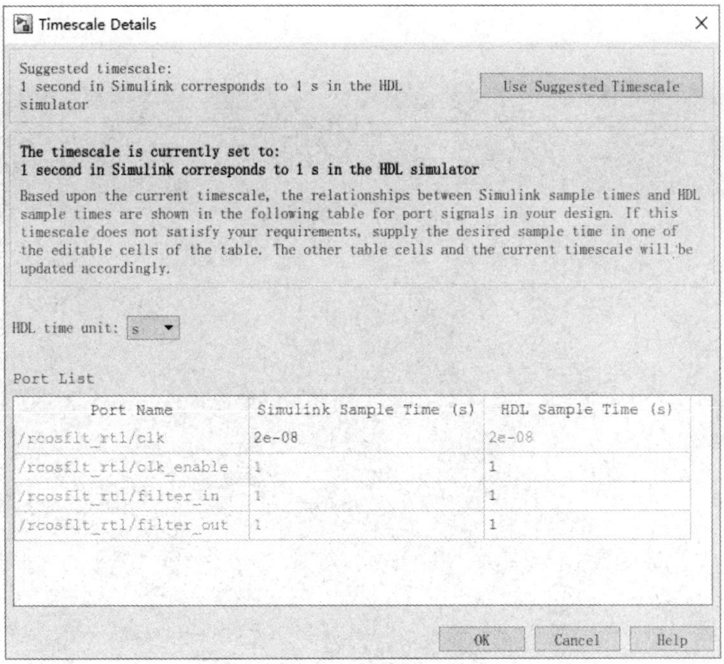

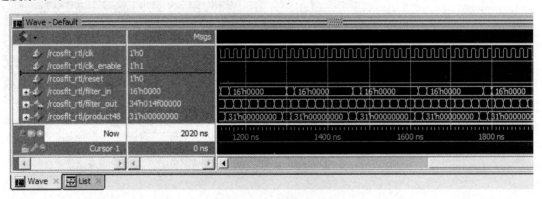

图 6-80　时间刻度选项

运行仿真后，ModelSim 的波形窗口出现了仿真结果，如图 6-81 所示。这一步骤调用系统资源会较多，等待时间可能会根据硬件配置不同发生变化，注意 Simulink 界面下方的仿真进度条即可。

图 6-81　仿真波形图

同时，在 Simulink 模块图中可以观察结果，双击模块图中的 Scope 器件，会出现图 6-82 所示的波形，选择快捷工具栏中的按钮，把波形自动缩放至填满窗口，就可以观察最后的仿真结果了。

在 ModelSim 中也可以显示类似的波形，在图 6-83 显示的波形图中选中输出信号，在右键菜单中选择"Format"→"Analog（automatic）"选项，就会把该信号输出变为模拟输出，得到一个模拟信号结果，如图 6-83 所示，可以与图 6-82 的波形进行对照比较。

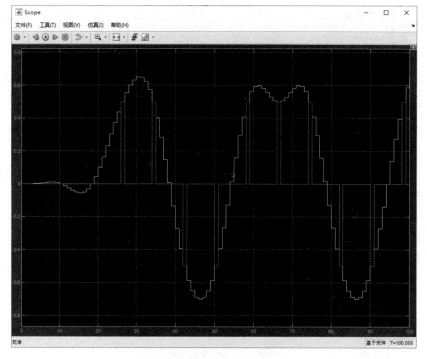

图 6-82　Scope 器件显示波形

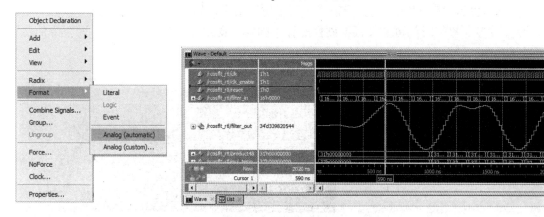

图 6-83　模拟信号显示

第 7 章

ModelSim 对不同公司器件的后仿真

7

后仿真又称为时序仿真，是利用 SDF 文件对原有设计进行时序标注，继而进行仿真的方式。后仿真在一定程度上可以反映设计的时序性能，更加接近设计的实际工作情况。前几章中所做的仿真被称为前仿真，也被称为功能仿真，主要是验证功能是否符合设计要求。

ModelSim 本身并不能生成后仿真需要的 SDF 文件，但是由于 ModelSim 对多数 FPGA 厂商的支持，使其可以利用其他 FPGA 工具生成的 SDF 文件进行时序仿真。本章中以主流的 Intel 公司和 Xilinx 公司的工具为例，介绍 ModelSim 如何对这些公司的器件进行后仿真。

 本章内容

➤ Intel 器件时序仿真流程
➤ AMD 器件时序仿真流程
➤ Lattice 器件时序仿真流程

 本章案例

➤ 直接采用 Quartus Prime Lite 调用 ModelSim 进行后仿真
➤ 使用 ModelSim 对 Quartus Prime 生成的文件进行后仿真
➤ 使用 ModelSim 对 VIVADO 生成的文件进行后仿真
➤ 使用 VIVADO 直接调用 ModelSim 进行后仿真
➤ 使用 Diamond 调用 ModelSim 进行后仿真
➤ 使用 ModelSim 对 Diamond 生成的文件进行后仿真

7.1　ModelSim 对 Intel 器件的后仿真

原 Altera 公司的 FPGA/CPLD 器件占据了大量的市场，后来 Altera 公司被 Intel 公司收购，正式改头换面。很多学校和公司都使用该公司的产品进行设计和开发，如何利用 ModelSim 对 Intel 器件进行后仿真也是很多初学者面临的问题，由于采用的设置方式不同，加之对两种软件提供的功能不是非常了解，往往会出现不能进行后仿真的情况。在本节中将详细介绍如何使用 ModelSim 对 Intel 器件进行后仿真。

7.1.1 Quartus Prime 简介

Intel 公司提供的开发工具名为 Quartus Prime，该开发工具提供了完整的多平台支持，可以在个人计算机或工作站上使用，可以轻易地满足不同设计者的设计环境要求。Quartus 工具软件随着 Intel 公司的器件升级而进行不断更新，每个版本都会带来一些新的特性，更新的速度也是比较快的，该软件具有以下特性。

- 可利用原理图、结构框图、Verilog、VHDL、AHDL 完成电路设计描述。
- 功能强大的逻辑综合工具。
- 提供电路功能仿真和时序逻辑仿真工具。
- 设计的定时/时序分析与关键路径延时分析。
- 更快的 TimeQuest 时序分析器，更快地逼近时序，缩短编译时间，减少存储器资源占用，并且方便从 Intel 标准时序分析器进行转换，从而提高效能。
- 新的编译时间向导，在设计流程中建立缩短编译时间的设置，提高了效能。
- 新的系统源和探测编辑器，设计人员可以在运行期间驱动器件激励，采用内部节点，缩短验证时间。
- 扩展综合，新的文本编辑器、新的 HDL 模板，以及双端口 RAM 更迅速地完成设计输入。
- 更新并行闪存装入，闪存编程时间缩短一半，为闪存器件提供突发模式支持，更迅速地配置器件。
- 提高可用性，使用高级 Quartus Prime 消息控制台，简化设计过程，加速停止过程。
- 自动通告，通过 Quartus Prime 桌面下载新软件和服务包，实现自动通告。
- 多处理器支持，支持多处理器计算机在编译时进行并行处理，从而缩短编译时间。Quartus Prime 软件首次实现了由 FPGA 供应商提供的多处理器支持，发挥了多核处理器的优势。
- 分离窗口支持，Quartus Prime 软件的 GUI 用户可以在桌面上独立移动各个工具窗口，方便设计分析和管理。
- 芯片规划器，新的集成平面规划器和芯片编辑器进行详细的设计平面分析和工程更改单（ECO）编辑。
- 高级 I/O 时序，支持设计人员在 Quartus Prime 软件中输入电路板走线参数，实现更精确的 I/O 分析，更迅速地达到时序逼近。
- 引脚规划改进，从引脚规划器结果中自动建立顶层设计文件，实现更彻底的 I/O 分析，加速实现电路板设计。

这些功能都是针对 FPGA/CPLD 开发的，此外，Quartus Prime 软件还可以支持多种 EDA 工具，包括多种综合软件、仿真软件等。Quartus Prime 中包含了 Intel 公司推出的多个 FPGA 系列的器件信息，它的强大之处在于把整个 FPGA 开发流程中所有的步骤都集成到了一个开发平台 Quartus Prime 中，但部分功能不够专业，如 Quartus Prime 中综合工具就可以使用其他综合软件来辅助，而在仿真工具方面，早期版本的 Quartus 还自带仿真工具，但后期被舍弃，采用 ModelSim 的专供版本来进行仿真，在安装软件过程中也可以看到相应的工具安装选项。所以本节中只是利用 Quartus Prime 来生成后仿真文件。

Quartus Prime 总体来说是一款非常强大的软件，本章利用 Quartus Prime 对一个设计进行操作，包括综合、布局布线、时序分析、生成设计的网表文件（Netlist）和 SDF 文件，本书中涉及的也只是这几个部分的基本操作，未涉及的功能有很多，关于 Quartus Prime 其他功能的使用方式，可以参考其他的书籍，本章无须全面介绍。

Quartus Prime 的整体视图如图 7-1 所示，按图中的标示可以分为菜单栏、快捷工具栏、工程区、任务区、信息区和观察区。菜单栏中包含各种菜单命令，这些命令中与本节后仿真有关的命令会在后面使用的时候给出。快捷工具栏提供了一些菜单命令的快捷操作按钮，与菜单命令一样，本书也只会对接触到的工具进行介绍。工程区显示的内容类似 ModelSim 中的 Workspace 区域，这里可以显示设计的层次、包含的设计文件和设计单元，分别在 Hierarchy 标签、Files 标签和 Design Units 标签中显示，这三个标签中的内容会结合实例介绍。任务区显示的内容包括当前的设计需要进行哪些操作步骤，这些操作的进程如何，运行时间花费了多久，操作是否成功等，所有当前工程运行过的操作都会显示在这里，如果对工程中的文件或设置进行了修改，那么已进行的操作会变为未进行状态。信息区显示了 Quartus Prime 运行中的信息，类似于 ModelSim 的 Transcript 区域。例如，在源文件分析过程中的错误和警告信息都会显示在此处，还有其他的一些提示信息也会出现在这个区域。这个信息区还提供了多个分类显示，如应该熟悉的四种警告状态 info、Warning、Critical Warning 和 Error 就可以分别在不同的标签中显示出来，方便区分和查找，在实例中也会解释涉及的提示信息。观察区用来显示各种可观察的文件。例如，可以在此区域内观察源文件、波形文件、层次化显示，还可以打开各种工具设置。例如，打开仿真器设置、打开时序分析设置、打开端口设置等。这个区域与 ModelSim 的 MDI 区域也是非常相似的，只是显示的功能有所不同而已。IP 目录部分可以提供 Intel 所包含的各类 IP 核，可以根据使用者的需求在此区域内快速查找到。

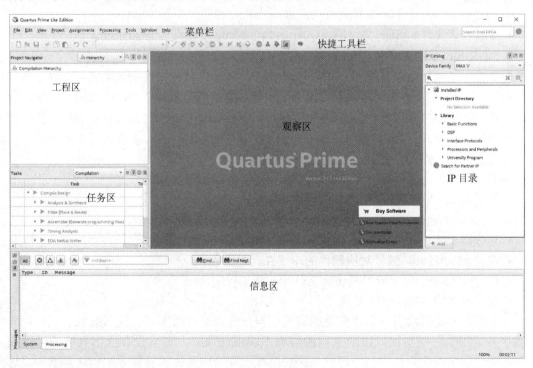

图 7-1　Quartus Prime 的整体视图

7.1.2　ModelSim 对 Intel 器件的后仿真流程

Quartus Prime 现在分为三个版本：Pro 版、Standard 版和 Lite 版。其中 Standard 版和 Lite 版操作界面和流程是基本一致的，只是各自支持的器件族有所不同，而 Pro 版的操作界面和流程与另外两个版本有很大不同，读者使用时要注意区分自己使用的版本。

Quartus Prime Lite 版针对小型设计是免费使用的，所以本书中的实例采用 Quartus Prime Lite 21.1 版进行演示，Quartus Prime Standard 版的操作流程也是完全一致的，直接参考后续实例即可。Quartus Prime Pro 版的仿真流程比较特殊，会放在 7.1.3 节中进行解释说明，使用该版本的读者可以参考。

Quartus Prime Lite 与 ModelSim 进行后仿真的方法有两种：一种是直接使用 Quartus Prime Lite 调用 ModelSim 进行后仿真；另一种是使用 Quartus Prime Lite 生成 ModelSim 进行后仿真需要的文件，再使用 ModelSim 进行后仿真。这两种后仿真的实际效果都是一样的，只是采用的步骤和设置有所不同。

第一种方法采用 Quartus Prime Lite 调用 ModelSim 时，需要设置好 ModelSim 的路径。因为此时 Quartus Prime Lite 需要按指定的路径调用 ModelSim 软件。采用这种方法的时候还要注意 ModelSim 的 license 问题，如果 license 达到上限则是无法启动 ModelSim 的。例如，计算机的 license 仅能支持一个 ModelSim。如果打开 ModelSim 的时候再使用 Quartus Prime Lite 调用 ModelSim 则会产生错误。

使用第一种方法进行后仿真的流程可以归纳为以下几步。

- 在 Quartus Prime Lite 中创建工程并按向导进行设置。
- 指定 ModelSim 仿真的 Testbench。
- 在 Quartus Prime Lite 中执行综合、布局布线、时序分析等步骤。
- 生成网表文件和 SDF 文件后，Quartus Prime Lite 自动调用 ModelSim。
- ModelSim 自动完成仿真功能。

第二种方法是分段操作的，先使用 Quartus Prime Lite 软件得到所需的相应文件，再使用 ModelSim 进行后仿真。这时 ModelSim 不是被调用的，而是设计者自行启动的，这里就会有一个问题。在第一种方法中，Quartus Prime Lite 调用 ModelSim 的时候会把需要的库文件同时加载到 ModelSim 中，但是在第二种方法中这些库文件是没有的，需要设计者自己指定，如果没有库文件的支持，那么整个设计显然是无法仿真的。

使用第二种方法进行后仿真的流程可以归纳为以下几步。

- 在 Quartus Prime Lite 中创建工程并按向导进行设置。
- 在 Quartus Prime Lite 中执行综合、布局布线、时序分析等步骤。
- 生成网表文件和 SDF 文件后，退出 Quartus Prime Lite。
- 启动 ModelSim，编译对应器件的库文件。
- 把 Quartus Prime 生成的后仿真文件添加到工程中。
- 编译添加的文件，进行仿真。

以上两种方法有两步的描述都是相同的，但是设置上有所不同，随后的综合、布局布线等操作的显示也有所不同。由于空洞的解释不能很好理解，这里没有给出具体的设置和显示，在随后的实例中，按实例中两种不同的流程步骤给出具体的设置方法和注意事项，这样让读者更容易理解和掌握。

实例 7-1　直接采用 Quartus Prime Lite 调用 ModelSim 进行后仿真

本实例采用第一种方法进行后仿真，使用到的文件和演示动画如下所示。这里按照 7.1.2 节中给出的步骤进行操作。由于没有对 Quartus Prime Lite 的系统学习，为了便于理解，这里给出的命令操作和提示会比较详细。

 **结果文件**——配套资源 "Ch7\7-1" 文件夹

 **动画演示**——配套资源 "AVI\7-1.mp4"

（1）在 Quartus Prime Lite 中创建工程并按向导进行设置。

启动 Quartus Prime Lite 软件，选择菜单栏中的 "File" → "New Project Wizard" 选项，打开一个新的工程向导，如图 7-2 所示。

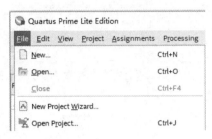

图 7-2　新建工程向导

执行该命令后，会出现工程向导对话框，这个工程向导有很多步骤，第一步出现的是介绍，如图 7-3 所示。这个对话框中介绍了本工程向导如何建立一个新的工程，用项目编号的形式给出了包含的步骤：工程名和目录、顶层设计名称、工程文件和库、目标器件设定、EDA 工具的选择。第一步是介绍页面，不需要选择，可以单击 "Next" 按钮进入下一步，如果不想在以后新建工程的过程中看到这个页面，那么可以把左下角的 "Don't show me this introduction again" 复选框勾选上。

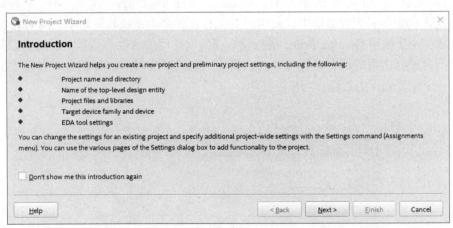

图 7-3　工程向导：介绍

进入向导的下一步是设置工程的目录、工程名和顶层模块，如图 7-4 所示。在第一栏中指定当前工程使用的目标文件夹，这里在默认目录下建立一个名为 mywork 的文件夹，用来存放本章的实例，即目标路径为 C:/intelFPGA_lite/21.1/quartus/mywork。在第二栏中指定工程的名称，在此栏中输入的工程名会被 ModelSim 默认为顶层模块名，如图 7-4 所示，在第二栏中输入工程名为 "fpadd"，在第三栏中就会同步显示 "fpadd"。这里需要注意，Quartus Prime 对工程名没有特别的要求，但是对第三栏中的顶层设计单元是有要求的，图中也说得很详

细，这个顶层设计单元的名称必须和设计文件中的顶层单元名称相同，否则在用 Quartus Prime 进行分析的时候就会提示找不到设计单元。为了避免错误，一般都采用和顶层设计单元相同的工程名称，即图 7-4 所示的样式。如果比较熟练，那么可以指定不同的工程名和顶层设计单元名称。设置好这三个参数后，单击 "Next" 按钮进入下一步设置。

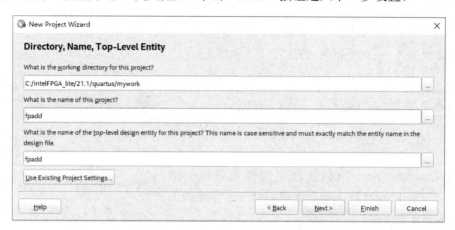

图 7-4　工程向导：目录、工程名和顶层模块

如果多次使用了同样的设置，那么可以使用图 7-4 中左下角的 "Use Existing Project Settings" 按钮，单击此按钮会出现图 7-5 所示的对话框，在这里有两个选择，可以选择指定的工程设置或最后一次打开的工程设置。最后一次打开的工程设置会直接显示在对话框中，并且该信息可以被修改。指定的工程设置显示为空白，需要单击浏览按钮进行指定。在这里还可以选择 "Copy settings from specified project as default settings" 选项，把当前指定的工程设置作为默认设置复制到对话框中。使用已有工程设置其实是比较实用的，可以根据使用情况进行选取。由于使用 Quartus Prime 进行设计开发时使用的器件一般都是固定的，所以设置也大多相同，选择实用的已有设置可以大大简化工程的建立时间，并减少可能发生的错误，可以保存一个配置无误的工程作为模板使用。

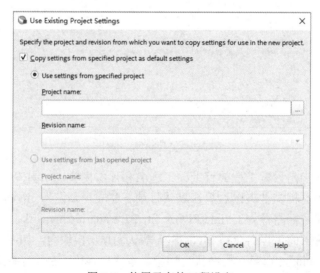

图 7-5　使用已有的工程设定

单击 "OK" 按钮进入图 7-6 所示界面，这里直接建立一个空工程即可。

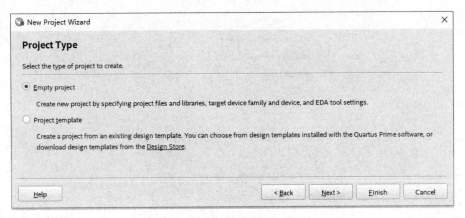

图 7-6　建立空工程

之后需要指定添加的文件，如图 7-7 所示。首先要单击图中 "File name" 空白栏后的按钮浏览文件夹来添加需要的文件，单击此按钮后会自动打开前一步中设置的工程目录。这时把 Ch7\7-1 中的除了 tb_fpadd.v 的源文件复制到该目录中，同时选中这些文件，选中的文件名就会显示在 File Name 一栏。单击 "Add" 按钮后这些文件就会被添加到工程中，图中中间区域就是添加后的文件。如果有未定义的库文件，也可以单击对话框下面的 "User Libraries" 按钮，会出现图 7-8 所示的对话框，在这个对话框中可以指定全局库或工作库，使用过 ModelSim 之后，这些库的作用应该不会陌生。添加文件并配置库文件后单击 "Next" 按钮进入下一步。

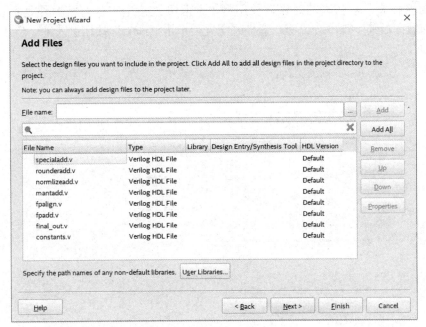

图 7-7　工程向导：添加文件

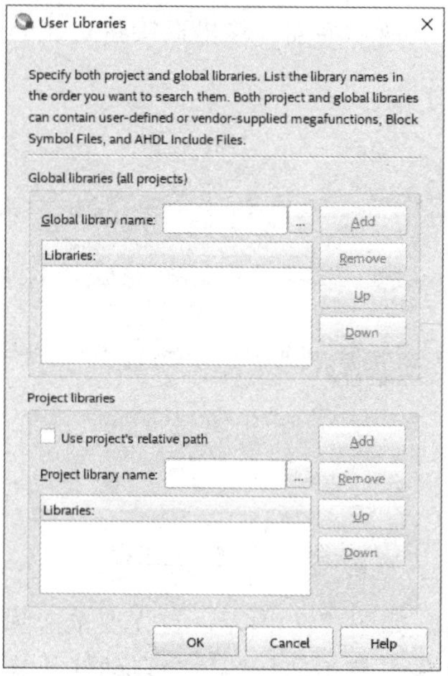

图 7-8　指定用户库

　　添加文件后，要指定使用的 FPGA 器件，如图 7-9 所示。如图中标示的位置，这里选择器件族"MAX V"，选择"Specific device selected in 'Available devices' list"选项，然后选择其中的器件即可，无论选择哪个具体器件都不会影响后续的仿真步骤。由于器件库比较大，所以现在 Quartus 具备软件和器件库分离的方式，可以选择下载完全版，其中包含完整的软件和器件库，可以只下载软件，然后需要使用哪个类型的器件就要到官网下载对应的库文件。要记住选择的器件族，后仿真的时候需要用到，而且要注意一点，有些器件是不支持后仿真的，相关选项在后续步骤中会说明。选择好配置后单击"Next"按钮进入下一步。

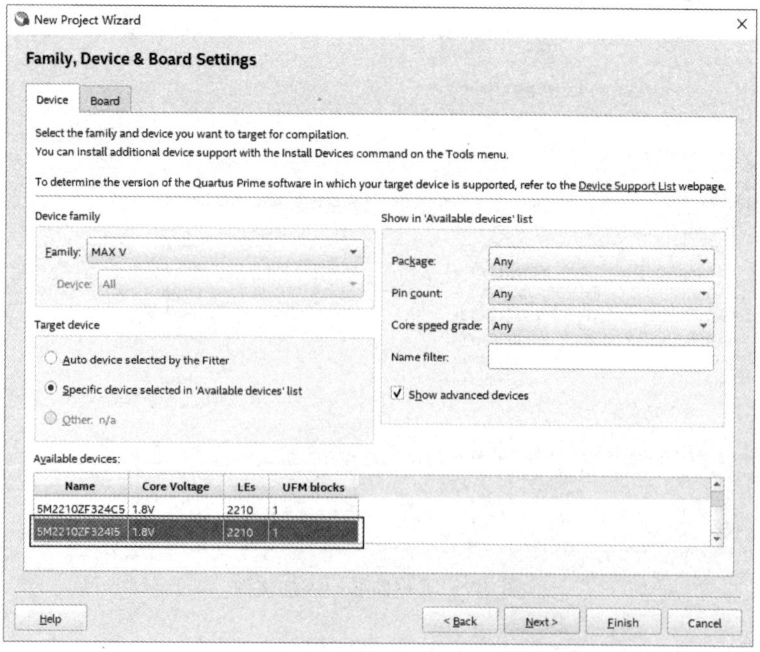

图 7-9　工程向导：选择器件

　　在这步中需要指定 EDA 工具，这里可以指定使用的 EDA 工具，分别是综合工具、仿真工具、形式验证工具和板级工具。本章使用到的是仿真工具（见图 7-10），在 Simulation 一行的"Tool Name"下拉菜单中选择工具"ModelSim"，根据文件的需要选择文件形式"Format(s)"一栏为"Verilog HDL"。特别要注意，在本流程中要勾选"Run gate-level simulation automatically after compilation"复选框，这个复选框会在编译后直接运行门级仿真，即运行后仿真。设置好 EDA 工具后单击"Next"按钮进入最后一步。

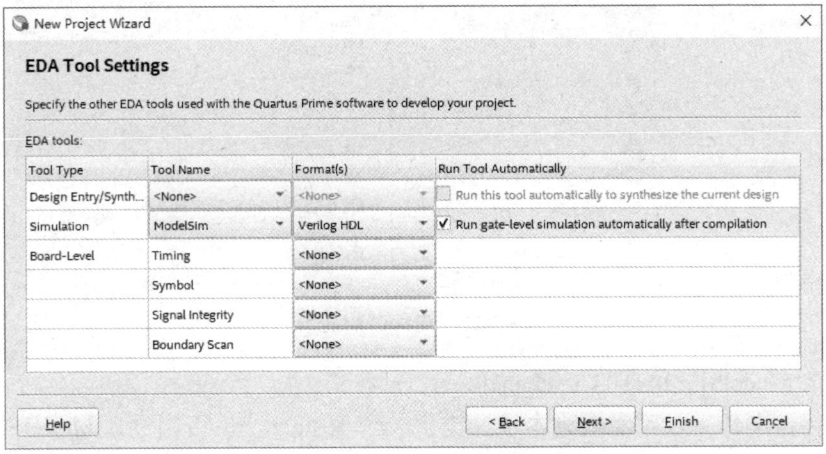

图 7-10　工程向导：指定仿真工具

　　最后一步是前面所有设置的一个摘要，如图 7-11 所示。这里可以查看前面设置的所有项目，如果与预想的不同，那么可以单击"Back"按钮返回上一步进行修改。确认无误后单击"Finish"按钮结束工程向导。

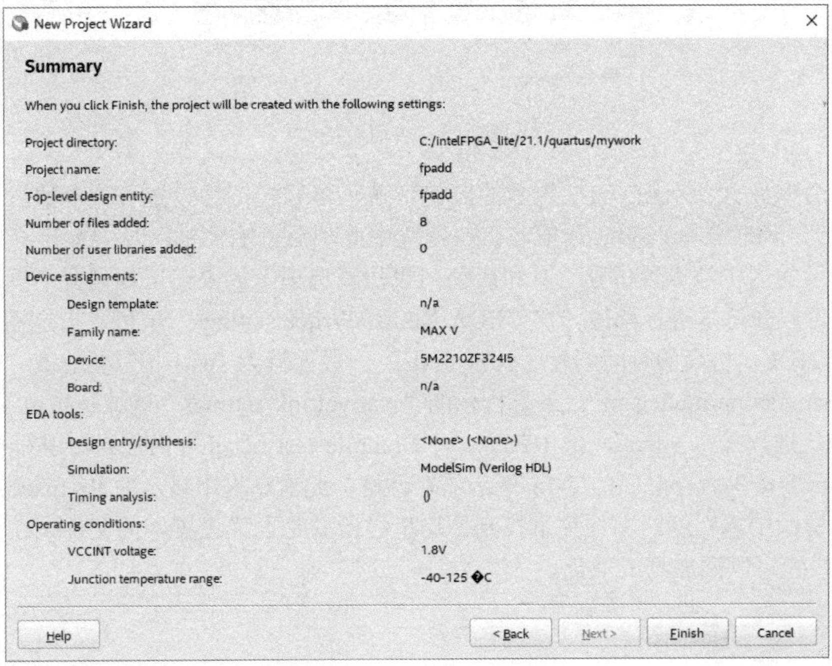

图 7-11　工程向导：确定设置

单击"Finish"按钮结束向导后，工程区的显示会发生变化，如图 7-12 所示。在层次界面中显示的是顶层设计单元的名称"fpadd"，名称上方的"MAX V：5M2210ZF324I5"表示选择 MAX V 器件族的对应型号器件。在工程区中可以选择切换标签来显示不同界面，在文件界面中显示所有添加的设计文件，这些文件被划分在器件设计文件夹中，在设计单元标签中没有更多可说明的显示。

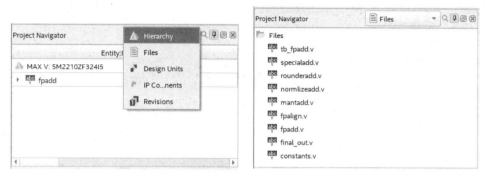

图 7-12　工程区的显示

（2）指定 ModelSim 仿真的 Testbench。

若想进行自动仿真，则需要为本设计提供一个 Testbench。否则进入 ModelSim 后会陷入等待状态，而不能充分发挥 Quartus Prime 的功能。由于工程向导中设置的仿真选项很简单，这里需要再次启动详细的设置，选择菜单栏中的"Assignments"→"Settings"命令，如图 7-13 所示。

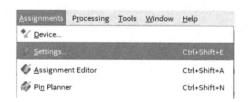

图 7-13　启动设置

运行该命令后会显示图 7-14 所示的窗口，这里可以详细地设置各项参数，其中"EDA Tool Settings"下的 Simulation 选项，在左侧选中此项后，右侧的区域会显示详细的参数设置。上方标示的区域是设置仿真工具和启动门级仿真选项，如果在工程设置中没有修改仿真工具，那么可以在这里进行修改。在"EDA Netlist Writer settings"中可以指定输出的网表格式是 Verilog HDL，仿真的时间刻度（Time scale）一般保持为 1ps，不需要修改，输出的目标文件夹是"simulation/modelsim"。下方标示的"NativeLink settings"区域是指定 Test Benches 的位置，默认选项是"None"，选中第二项"Compile test bench"可以进行其他指定。单击"Test Benches"按钮后会出现图 7-15 所示的对话框，此对话框中显示的 tb_fpadd.v 测试文件可以在配套资源中本实例的文件夹里找到。这里显示的是已经设置好的文件，在此窗口中单击"New"按钮可以添加测试平台。

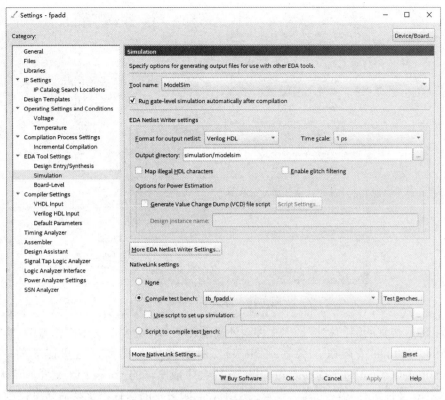

图 7-14　设置链接文件

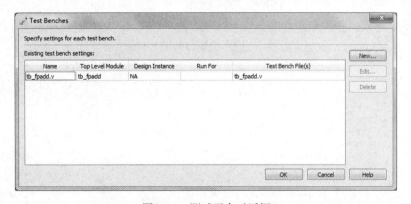

图 7-15　测试平台对话框

　　单击"New"按钮后会出现图 7-16 所示的对话框，这是设置的关键对话框。图中标示了两部分，第一部分有三栏需要填写，要在"Test bench name"一栏中填写测试平台名称"tb_fpadd.v"，在"Top level module in test bench"一栏中填写测试平台的顶层模块名称"tb_fpadd"。第二部分里可以指定运行仿真时的终止条件，这里选择第一个选项"Run simulation until all vector stimuli are used"，即所有的仿真向量运行结束时终止仿真。第二个选项是指定一个具体的时间，当仿真运行到指定时间后会终止仿真，可以在自己使用的时候根据需要设置。设置这两处之后还要在下方的区域添加测试文件，添加方式与工程中添加文件的方式相同，单击"Add"按钮选择添加 tb_fpadd.v 文件。设置好所述的几项之后单击"OK"按钮，指定 Testbench 的步骤就结束了。

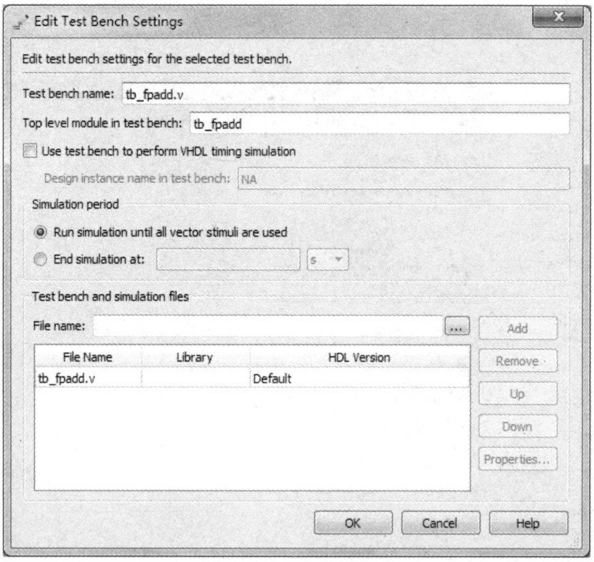

图 7-16　测试平台设置

　　为了生成后仿真所需的标准延迟文件，还需要在图 7-14 中单击中间位置的"More EDA Netlist Writer Settings"按钮，会看到图 7-17 所示的更多设置，这里需要将"Generate functional simulation netlist"选项改为 Off，这样会生成所需的.vo 和.sdo 文件，默认值是 On 时只能生成.vo 文件进行功能仿真。设置为 Off 后，如果有的器件不支持后仿真，则会在生成网表的时候报告错误信息，很容易观察。

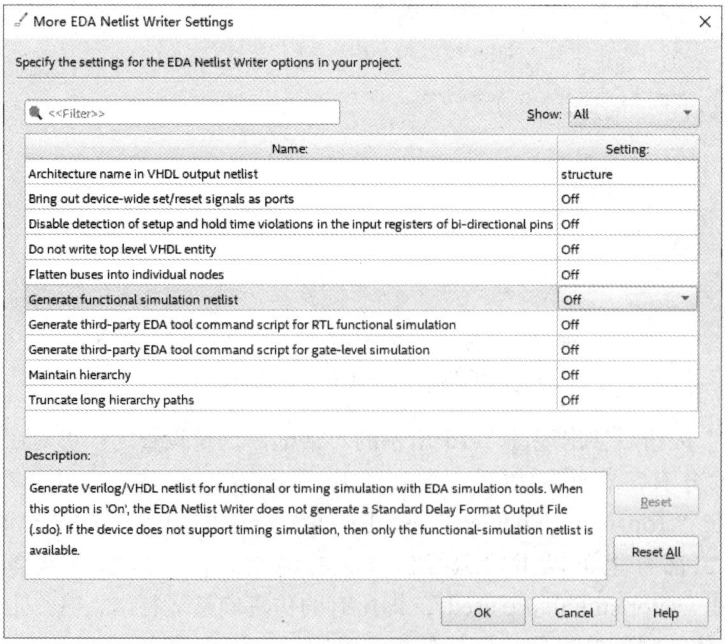

图 7-17　.sdo 文件设置

　　设置了测试平台和标准延迟文件，还需要指定 ModelSim 的安装路径，否则 Quartus Prime Lite 无法调用 ModelSim，选择菜单栏中的"Tools"→"Options"选项，如图 7-18 所示。选中此命令后，会出现图 7-19 所示的对话框，在左侧选中"EDA Tool Options"选项，在右侧区域就会显示 EDA 工具，选择其中的 ModelSim 一行，把路径信息设置为"H:/modeltech64_2020.4/win64"，即"ModelSim.exe"所在的文件夹，读者可以根据个人安装的情况进行修改，之后单击"OK"按钮确认设置。

图 7-18　启动工具配置	图 7-19　配置 ModelSim 路径

（3）在 Quartus Prime Lite 中执行综合、布局布线、时序分析等步骤。

启动 Quartus Prime Lite 的各项功能有不同的用处，在菜单栏中也可以分别进行操作，每项功能都可以做大篇幅的解释，这里采用一种比较"偷懒"的方式，在工具栏中选择 Start Compilation 按钮，单击此按钮后会自动完成后仿真需要的全部步骤，如图 7-20 所示。

单击"Start Compilation"按钮后，在 Quartus Prime Lite 的状态区会显示要进行的操作状态，如图 7-21 所示。在该图中显示了五个步骤：Analysis&Synthesis、Fitter(Place&Route)、Assembler(Generate programming)、TimeQuest Timing Analysis、EDA Netlist Writer，这里不去关心前四个步骤，这些步骤是为最后的仿真做准备的。与 EDA 工具有关的是最后两个操作的运行状态。EDA Netlist Writer 是生成 EDA 工具需要的网表文件，生成的文件后缀为".vo"，同时生成的文件还有一个后缀为".sdo"的 SDF 文件，这两个文件都是后仿真的必需文件。执行此步操作之后，Quartus Prime Lite 会自动调用指定的 EDA 软件进行门级仿真，这里指定的是 ModelSim，就会启动 ModelSim 进行仿真。

图 7-20　启动编译

图 7-21　需要进行的操作

在进行分析和综合后，工程区的显示会发生变化，如图 7-22 所示。层级标签中会显示整个设计的设计层次，可以单击前面的箭头来展开设计层次，而设计单元标签中会显示全部的设计单元，还有该单元对应的 HDL 类型。

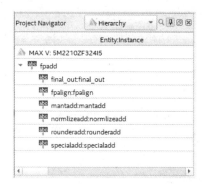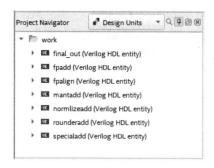

图 7-22　工程区的显示变化

随着 Quartus Prime 中操作的进行，任务区显示的各条命令会显示完成状态和运行时间，如图 7-23（a）所示。在图 7-23（b）所示的 EDA Netlist Writer 功能完成到最后时，会进入第（4）步。

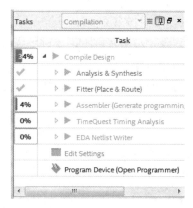

（a）运行中　　　　　　　　　　　　　（b）启动仿真工具

图 7-23　Quartus Prime Lite 功能完成状态

（4）生成网表文件和 SDF 文件后，直接调用 ModelSim。

生成网表文件和 SDF 文件后并没有明显的提示信息，只是在 Quartus Prime Lite 的信息区会看到显示以下文字提示（Quartus Prime Lite 中生成的 SDF 文件以 ".sdo" 为后缀）。

```
Info: ************************************************************
Info: Running Quartus Prime EDA Netlist Writer
    Info: Version 21.1.0 Build 842 10/21/2021 SJ Lite Edition
    Info: Processing started: Thu Jul 20 17:34:39 2023
    Info: Command: quartus_eda --read_settings_files=off --write_settings_files=off
fpadd -c fpadd
    Warning (18236): Number of processors has not been specified which may cause
overloading on shared machines.  Set the global assignment NUM_PARALLEL_PROCESSORS
in your QSF to an appropriate value for best performance.
    Info (204018): Generated files "fpadd.vo" and "fpadd_v.sdo" in directory
"C:/intelFPGA_lite/21.1/quartus/mywork/simulation/modelsim/" for EDA simulation tool
    Info: Quartus Prime EDA Netlist Writer was successful. 0 errors, 1 warning
```

```
    Info: Peak virtual memory: 4629 megabytes
    Info: Processing ended: Thu Jul 20 17:34:40 2023
    Info: Elapsed time: 00:00:01
    Info: Total CPU time (on all processors): 00:00:01
```

以上信息中显示了 EDA Netlist Writer 的完成情况，表示文件 fpadd.vo 和 fpadd_v.sdo 已经成功生成，此时会继续出现以下的提示信息：

```
    Info: *********************************************************************
    Info: Running Quartus Prime Shell
        Info: Version 21.1.0 Build 842 10/21/2021 SJ Lite Edition
        Info: Processing started: Thu Jul 20 17:34:41 2023
    Info: Command: quartus_sh -t c:/intelfpga_lite/21.1/quartus/common/tcl/
internal/nativelink/qnativesim.tcl --block_on_gui fpadd fpadd
        Info: Quartus(args): --block_on_gui fpadd fpadd
    Info: Info: Start Nativelink Simulation process
    Info: Info: Starting NativeLink simulation with ModelSim software
    Info: Info: Generated ModelSim script file C:/intelFPGA_lite/21.1/quartus/
mywork/simulation/modelsim/fpadd_run_msim_gate_verilog.do
```

输出这些信息后，ModelSim 就会被启动，而 Quartus Prime Lite 中的状态显示区域 "EDA Netlist Writer" 会显示绿色对号表示完成，同时总体进度状态会保持在图 7-23（b）中的 83%，这一状态会在仿真成功结束后变为 100%。

如果前面的步骤没有设置 ModelSim 的安装路径或路径不正确，那么 Quartus Prime 无法链接 ModelSim 软件，会出现以下提示，其中斜体字部分提示找不到仿真工具，这时就要查找 EDA 工具设置。

```
    Info: Info: Starting NativeLink simulation with ModelSim software
    Error: Error: Can't launch the ModelSim software -- the path to the
        location of the executables for the ModelSim software were not
        specified or the executables were not found at specified path.
    Error: Error: You can specify the path in the EDA Tool Options page of
        the Options dialog box or using the Tcl command set_user_option.
    Error: Can't launch the ModelSim software -- the path to the location
        of the executables for the ModelSim software were not specified
        or the executables were not found at specified path.
    Error: Error: NativeLink simulation flow was NOT successful
```

（5）ModelSim 自动完成仿真功能。

在第一种方法中，启动 ModelSim 后的工作完全由第（4）步中的 fpadd_run_msim_gate_verilog.do 来执行，所有的编译、信号添加、仿真等原本需要手工操作的命令都会在这个 Do 文件中，该 Do 文件中包含的信息如下：

```
transcript on
if ![file isdirectory verilog_libs] {
    file mkdir verilog_libs
}
vlib verilog_libs/maxv_ver
vmap maxv_ver ./verilog_libs/maxv_ver
vlog -vlog01compat -work maxv_ver {c:/intelfpga_lite/21.1/quartus/eda/
sim_lib/maxv_atoms.v}
```

```
        if {[file exists gate_work]} {
            vdel -lib gate_work -all
        }
        vlib gate_work
        vmap work gate_work
        vlog -vlog01compat -work work +incdir+. {fpadd.vo}
        vlog -vlog01compat -work work +incdir+C:/intelFPGA_lite/21.1/quartus/mywork
{C:/intelFPGA_lite/21.1/quartus/mywork/tb_fpadd.v}
        vsim -t 1ps +transport_int_delays +transport_path_delays -L maxv_ver -L
gate_work -L work -voptargs="+acc" tb_fpadd
        add wave *
        view structure
        view signals
        run -all
```

整个的运行过程除了少数 tcl 语句，全都是 ModelSim 中使用到的命令行形式。首先建立了一个 maxv_ver 的库文件，用来支持对 MAX V 器件族的仿真，然后建立了工程库，把预先设置好的测试平台和在 Quartus Prime Lite 中刚刚得到的设计优化文件进行编译和仿真，然后添加波形，运行仿真，之后等待操作。简而言之，就是按照 Do 文件中的命令依次执行，直至执行到 run -all 命令，最后停止，得到的波形显示如图 7-24 所示。

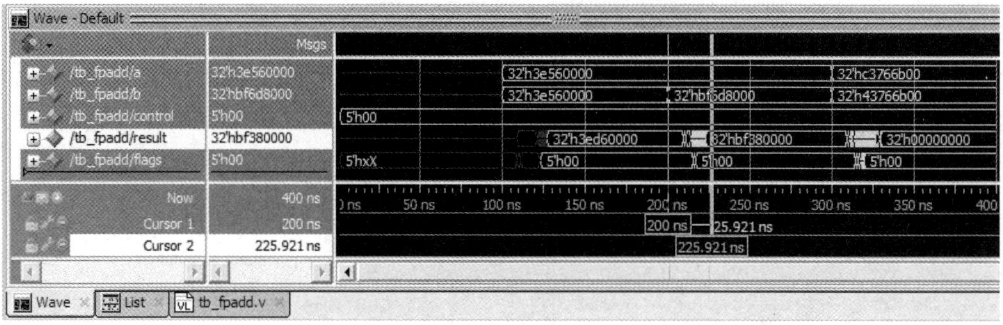

图 7-24　波形显示

如果对前几章的仿真波形有了深入认识，就会明白后仿真与前几章的仿真不同。前面的仿真波形中，如果输入信号发生了变化，那么输出的波形会马上发生变化，因为之前进行的仿真都是功能仿真，没有时序的信息，只是按照程序的代码依次执行。而在后仿真中，每条代码程序都要耗费一定的时间，这样从输入信号变化到输出信号变化就需要一定的时间。在图 7-24 中标示出了两个光标，一个是输入信号发生变化的位置，对应的时间点是 200ns；另一个是输出信号发生变化的位置，对应的时间点是 225.921ns，从输入信号到输出信号结果相差了 25.921ns，这就是本实例中浮点加法器的实际工作时间。当然，在实际的器件中工作时间可能与这个时间还不相同，但是与这个时间是比较接近的。

注意观察会发现，输入信号发生变化后，输出信号 result 会发生多次波动，在图 7-24 中的表现就是一段浓密的信号。如果把图中两个光标的波形放大得到图 7-25 所示的波形，就会看出细节上的变化，这也是后仿真特有的，因为本实例是一个组合逻辑器件，注定内部会发生一系列的变化，只有当信号稳定后的输出才是最终的输出，而中间状态只是运算过程中的副产品。

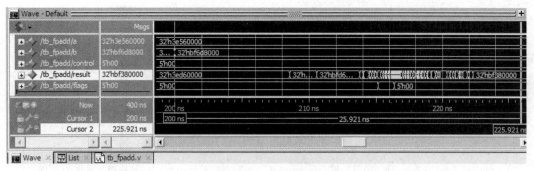

图 7-25　放大的细节显示

观察仿真波形后就可以关闭 ModelSim 了。关闭 ModelSim 后，在 Quartus Prime Lite 中状态显示区的完成情况会显示为 100%，同时在 Time 一栏中会显示完成该功能消耗的具体时间，如图 7-26 所示。

Tasks		Compilation ▾	≡ ⊞ ⊕ ⊗
		Task	Time
✓	▾ ▶	Compile Design	00:09:39
✓	▸ ▶	Analysis & Synthesis	00:00:14
✓	▸ ▶	Fitter (Place & Route)	00:00:04
✓	▸ ▶	Assembler (Generate programming files)	00:00:01
✓	▸ ▶	Timing Analysis	00:00:03
✓	▸ ▶	EDA Netlist Writer	00:00:02
	🖿	Edit Settings	
	⬦	Program Device (Open Programmer)	

图 7-26　状态区显示

同时，在信息显示栏中会有以下提示信息：

```
    Info: Info: NativeLink simulation flow was successful
    Info:  Info:  For  messages  from  NativeLink  scripts,  check  the  file
C:/intelFPGA_lite/21.1/quartus/mywork/fpadd_nativelink_simulation.rpt
    Info (23030): Evaluation of Tcl script c:/intelfpga_lite/21.1/quartus/
common/tcl/internal/nativelink/qnativesim.tcl was successful
    Info: Quartus Prime Shell was successful. 0 errors, 1 warning
        Info: Peak virtual memory: 4684 megabytes
        Info: Processing ended: Thu Jul 20 17:43:55 2023
        Info: Elapsed time: 00:09:14
        Info: Total CPU time (on all processors): 00:00:28
    Info (293000): Quartus Prime Full Compilation was successful. 0 errors, 26
warnings
```

此时表示当前的功能完全完成，没有错误（error）。产生 26 个 warnings 的原因是多种多样的，由于 Quartus Prime Lite 是针对 FPGA 的，有些实际器件中出现的正常问题也会被报 warning，这里不必深究，只要没有 error 即可认为本实例顺利完成。由于第（5）步中 ModelSim 的功能是自动完成的，可以观看配套资源中附带的视频演示来查看细节的内容。

如果忘记勾选"Run gate-level simulation automatically after compilation"复选框，也可以在 Quartus Prime Lite 的菜单栏里启动后仿真，选择"Tools"→"Run Simulation Tool"→

"Gate Level Simulation" 选项可以启动后仿真，如图 7-27 所示。

随后会看到仿真模型选择，根据综合设置和器件情况可以选择不同的延迟模型，如图 7-28 所示。

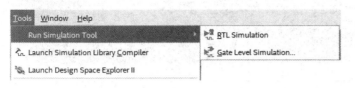 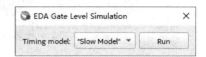

图 7-27　菜单栏操作　　　　　　　　　　　　　图 7-28　延迟模型选择

单击"Run"按钮后，则进行后仿真，在信息栏中显示以下信息：

```
    Info (22036): Successfully launched NativeLink simulation (quartus_sh -t
"c:/intelfpga_lite/21.1/quartus/common/tcl/internal/nativelink/qnativesim.tcl"   -
gate_netlist "fpadd.vo" -gate_timing_file "fpadd_v.sdo" "fpadd" "fpadd")
    Info (22036): For messages from NativeLink execution see the NativeLink log
file C:/intelFPGA_lite/21.1/quartus/mywork/fpadd_nativelink_simulation.rpt
```

随后就会启动 ModelSim 进行后仿真，与前文相同，不再赘述。

最后，再次强调第一种方法中需要格外注意的地方如下。

- 在工程向导或设置窗口中选中仿真工具为 ModelSim，并指定语言类型（Verilog/VHDL）。
- 勾选"Run gate-level simulation automatically after compilation"复选框，编辑结束后软件会自动启动 ModelSim 进行仿真。
- 在设置窗口中指定 Testbench，并设置好各层名称，否则无法自动仿真。
- 设置"Generate functional simulation netlist"为 Off，否则不会生成 .sdo 文件。
- 在 EDA 工具设置中选中 ModelSim 的安装路径，否则无法链接。

实例 7-2　使用 ModelSim 对 Quartus Prime 生成的文件进行后仿真

本实例采用第二种方法进行后仿真，使用到的文件和演示视频见配套资源文件。这里也按照 7.1.2 节中给出的步骤进行操作，与第一种方法相同的步骤这里会略去，只强调和第一种方法不同的地方。源文件中的网表文件和 SDF 文件都是利用 Quartus Prime Lite 生成的，这里直接附在配套资源中，方便不具备 Quartus Prime Lite 开发环境的读者进行仿真实例操作。

——配套资源"Ch7\7-2"文件夹

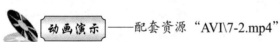——配套资源"AVI\7-2.mp4"

（1）在 Quartus Prime Lite 中创建工程并按向导进行设置。

这一步的操作和第一种方法中的操作基本相同，可以按照第一种方法中给出的详细过程来操作。只是在图 7-10 所示的步骤中，取消勾选"Run gate-level simulation automatically after compilation"复选框，不允许 Quartus Prime Lite 自动调用门级仿真，或者在图 7-14 的设置中取消勾选该复选框，如图 7-29 所示。

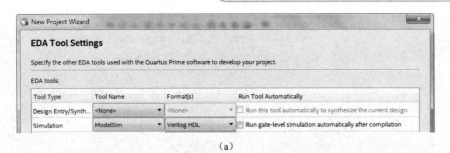

（a）

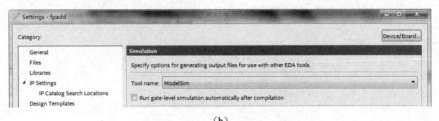

（b）

图 7-29　取消自动运行门级仿真

由于不需要 Quartus Prime Lite 启动仿真，因此这里就不需要设置 Testbench 的参数，即第一种方法中第（2）步的参数可以不用设置，只需要更改上述的仿真选项即可。本步的其他操作和第一种方法的第（1）步是完全一样的，参考实例 7-1 的操作步骤即可，记得修改"Generate functional simulation netlist"为 Off。

（2）在 Quartus Prime Lite 中执行综合、布局布线、时序分析等步骤。

这一步与第一种方法的第（3）步基本相同，也是在工具栏中单击"Start Compilation"按钮，运行全部的编译。由于在第（1）步中取消了门级仿真，所以状态区显示的功能操作将减少，如图 7-30 所示。

除此之外，其他的显示和操作与第一种方法的第（3）步没有区别，单击"Start Compilation"按钮后只需要等待 Quartus Prime Lite 完成操作即可。

（3）生成网表文件和 SDF 文件后，退出 Quartus Prime Lite。

第（2）步操作完成后需等待一段时间，Quartus Prime Lite 会根据选中功能完成相应的处理进程。同时，状态栏中原有的显示发生了变化，所有功能完成度变为 100%，如图 7-31 所示。

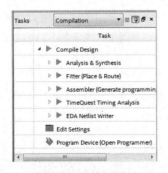

图 7-30　状态区显示

图 7-31　全部完成

后仿真中需要的文件也成功生成，有以下提示信息：

```
Info: ************************************************************
Info: Running Quartus Prime EDA Netlist Writer
```

```
        Info: Version 21.1.0 Build 842 10/21/2021 SJ Lite Edition
        Info: Processing started: Thu Jul 20 17:59:04 2023
    Info: Command: quartus_eda --read_settings_files=off --write_settings_files=off
fpadd -c fpadd
    Warning (18236): Number of processors has not been specified which may cause
overloading on shared machines.  Set the global assignment NUM_PARALLEL_PROCESSORS
in your QSF to an appropriate value for best performance.
    Info (204018): Generated files "fpadd.vo" and "fpadd_v.sdo" in directory
"C:/intelFPGA_lite/21.1/quartus/mywork/simulation/modelsim/" for EDA simulation tool
    Info: Quartus Prime EDA Netlist Writer was successful. 0 errors, 1 warning
        Info: Peak virtual memory: 4629 megabytes
        Info: Processing ended: Thu Jul 20 17:59:05 2023
        Info: Elapsed time: 00:00:01
        Info: Total CPU time (on all processors): 00:00:01
    Info (293000): Quartus Prime Full Compilation was successful. 0 errors, 25
warnings
```

提示信息中一些不重要的信息已经进行删除处理，记下信息中两个文件名字和输出文件目录，就可以关闭软件。第二种方法中对 Quartus Prime Lite 的使用到此为止，接下来转为使用 ModelSim。生成.vo 和.sdo 文件的文件夹 C:/intelFPGA_lite/21.1/quartus/mywork/simulation/modelsim/ 是可以更改的，但一般都不会修改，采用默认的路径，让生成的文件存放在 Quartus Prime Lite 目录下 simulation 文件夹中，并以指定的仿真器名称命名文件夹。本实例中使用的是 ModelSim，如果使用的是 VCS，那么生成的文件就会保存在名为"VCS"的文件夹中，以此类推，方便分类查找。

（4）启动 ModelSim，编译对应器件的库文件。

启动 ModelSim 后，将工作路径修改为 H:/modeltech64_2020.4/examples/7-2 文件夹，选择菜单栏中的"File"→"New"→"Library"选项，新建一个库文件，名为"MAXV"，如图 7-32 所示。

图 7-32　建立 MAXV 库

或者采用命令行的方式，输入以下命令，效果是相同的：

```
vlib MAXV
vmap MAXV MAXV
```

建立库后，在 Workspace 区域的 Library 标签中就会出现新的库，但是内部没有任何文件，此时需要把 Intel 提供的器件库编译到新建的库中。编译库的时候推荐建立一个新的文件夹。例如，此实例中就新建了一个文件夹来存放 Intel 生成的库文件，这样比较便于管理。选择菜单栏中的"Compile"→"Compile"命令会出现图 7-33 所示的对话框，指定库名为 MAXV（千万不要弄错！），查找范围指向新建的文件夹，编译图中指定的"maxv_atoms.v"，就会生成库文件。

图 7-33　编译指定文件

或者采用命令行的方式，输入以下命令：

```
vlog -work MAXV H:/modeltech64_2020.4/examples/7-2/maxv_atoms.v
```

编译通过后就会在 MAXV 库中看到包含的单元，如图 7-34 所示。

Name	Type	Path
MAXV	Library	MAXV
maxv_and1	Module	H:/modeltech64_2020.4/examples/7-2/maxv_atoms.v
maxv_and16	Module	H:/modeltech64_2020.4/examples/7-2/maxv_atoms.v
maxv_asynch_lc...	Module	H:/modeltech64_2020.4/examples/7-2/maxv_atoms.v
maxv_b17mux2...	Module	H:/modeltech64_2020.4/examples/7-2/maxv_atoms.v
maxv_b5mux21	Module	H:/modeltech64_2020.4/examples/7-2/maxv_atoms.v
maxv_bmux21	Module	H:/modeltech64_2020.4/examples/7-2/maxv_atoms.v
maxv_crcblock	Module	H:/modeltech64_2020.4/examples/7-2/maxv_atoms.v
maxv_dffe	Module	H:/modeltech64_2020.4/examples/7-2/maxv_atoms.v
maxv_io	Module	H:/modeltech64_2020.4/examples/7-2/maxv_atoms.v
maxv_jtag	Module	H:/modeltech64_2020.4/examples/7-2/maxv_atoms.v
maxv_lcell	Module	H:/modeltech64_2020.4/examples/7-2/maxv_atoms.v
maxv_lcell_regis...	Module	H:/modeltech64_2020.4/examples/7-2/maxv_atoms.v

图 7-34　添加的库单元

这里需要做一个解释，说明为什么要添加库文件和如何指定器件库文件。首先本书读者应该具备基本的 HDL 基础，使用 HDL 的时候可以有类似于"and my_and（out,in1,in2）"的实例化语句，这里的 and 单元是不需要设计者编写的，直接调用即可。这是因为仿真工具中都含有标准的库文件，库文件中包含这些基本单元的定义。现在，使用 Quartus Prime Lite 进行编译后，生成的网表文件 fpadd.vo 中采用的是 Intel 提供的器件名称。例如，标准库中的 and 门，这里对应的就可能是 maxv_and 门，这样编译网表文件进行仿真时，仿真工具中没有这个新单元的模型，就会报错。Quartus Prime Lite 软件中提供了这些单元的模型库，把这些器件库文件添加到仿真器的库中就可以正常进行仿真。

如何指定器件库文件呢？Quartus Prime Lite 安装的时候会自动带有这些器件的模型文件，采用 Verilog/VHDL 编写，默认存放在 C:/intelFPGA_lite/21.1/quartus/eda/sim_lib，这里包含多个器件的 HDL 模型，根据工程设置中指定的器件族来选择对应的文件。本实例中选择的器件族是 MAXV，采用的语言是 Verilog 语言，所以就选择 maxv_atoms.v 文件，如果是 VHDL 语言，那么选择其中的 maxv_atoms.vhd 和 maxv_components.vhd 这两个文件，如果是其他器件，那么选择其中与器件族对应的前缀名称即可。把选中的模型文件复制到指定的文件夹中进行编译，就会成功添加该文件中包含的模型单元，如同前面所做的工作一样。另外，有些设计还会使用到文件夹中的 altera_primitives.v 文件，也可以一并编译入库，这个文件中有一些全局性的模型，如果不编译则可能会出现问题。当然，如果感觉麻烦也可以不编译这个文件，仿真中提示某些实例没有定义的时候再进行添加。假如实在不想编译新库，也可以在每个设计中直接添加对应器件库文件，这样在工程编译时也会得到相应的器件模型。

编译库文件之后，就可以在设计中调用这个库进行仿真了。这里还有一种不需要建立库就可以进行仿真的简易方式，将会在下一步中介绍。

（5）把 Quartus Prime Lite 生成的后仿真文件添加到工程中。

在 这 一 步 中 建 立 一 个 新 的 工 程 ， 名 为 "chapter7_2"， 工 程 路 径 为 H:/modeltech64_2020.4/examples/7-2，默认库名称为 "chapter7"，如图 7-35 所示。

把在 Quartus Prime Lite 中生成的 fpadd.vo 和 fpadd_v.sdo 文件添加到工程中，同时加入测试文件 tb_fpadd.v，如图 7-36 所示。

图 7-35　新建工程

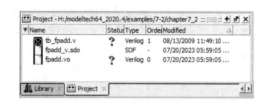

图 7-36　添加到工程中的文件

这里介绍一种不需要建立库的方式。建立库文件比较烦琐，且初学者容易出错，这里提供一种简略版的方式，就是不建立库，而是把器件模型文件 maxv_atoms.v 添加到工程中，因为该文件也是一个 HDL 模型，可以进行编译，在工程中对这个文件进行编译后，所有的器件模型就会出现在本工程的工作库中，这样就相当于变相地添加了一个库，但又省去了一些操作。采用建库的方式比较容易出现错误，尤其是初学者，使用直接添加文件的方式一般不会出现错误，可以根据情况进行选择。

一般来说，如果长期使用某个器件库，还是推荐使用建立库文件的方式，否则每次进行仿真的时候都要编译一次库文件，十分消耗时间。这种方式也比较符合实际的工作情况，因为实际设计中通常都是长期地使用某个固定的 FPGA 器件，建立一个该器件的器件库可以一劳永逸。直接添加文件的方式对于初学者比较容易理解，可以作为入门的方式。

（6）编译添加的文件，进行仿真。

添加到工程的文件中，fpadd_v.sdo 是不需要编译的，只要编译网表文件 fpadd.vo 和测试文件 tb_fpadd.v 即可。实际操作的时候可以发现 fpadd.vo 文件的编译时间较长，这是该文件较大的缘故。有兴趣的读者可以打开该文件查看内容，本书不对网表文件的内部信息展开讨论。

编译通过后进行仿真，采用建立库的方式进行仿真，需要在仿真中指定使用到的库文件，在菜单栏中选择 "Simulate" → "Start Simulation" 选项，在出现的窗口中选择 Libraries

标签，单击"Add"按钮，把前面生成的 MAXV 库添加到仿真中，如图 7-37 所示，这个步骤在第 3 章的多单元库仿真中也曾使用过，目的是把之前建好的库文件和当前仿真的文件做一个链接。在本书的实例中为了简洁起见，每章的实例都是一个单独的文件夹，每次的工程都隶属于不同的工作路径，这样一方面文件较少，介绍简单，且不容易产生错误；另一方面也是不同文件夹中的库无法直接使用，都需要采用多单元库的形式来链接访问。如果设计者在一个目录下既建立库又建立工程，那么不需要使用多单元库。以此实例为例，在先前建立库的时候如果直接把工作路径转移到工程路径 H:/modeltech64_2020.4/examples/7-2/中，则不需要使用 Libraries 标签进行设置。

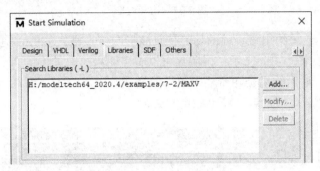

图 7-37　添加库文件

这步操作也可以使用命令行形式，命令如下所示：

```
vsim -gui chapter7.tb_fpadd -L H:/modeltech64_2020.4/examples/7-2/MAXV -voptargs=+acc
```

这里用到参数"-L"指定库，随后的"H:/modeltech64_2020.4/examples/7-2/MAXV"是仿真库所在的路径，读者使用时请注意自己编译后库文件的位置。其中的"chapter7.tb_fpadd"是要仿真的设计单元。运行此命令后可以启动仿真，启动仿真后会有以下的提示信息，这也是后仿真的标志。

```
# Loading work.tb_fpadd(fast)
# Loading work.fpadd(fast)
# ............
# Loading instances from fpadd_v.sdo
# Loading timing data from fpadd_v.sdo
# ** Note: (vsim-3587) SDF Backannotation Successfully Completed.
#          Time: 0 ps    Iteration: 0    Instance: /tb_fpadd    File:
H:/modeltech64_2020.4/examples/7-2/tb_fpadd.v
```

后仿真中用到的 SDF 文件一直没有说明，这部分的内容会在第 9 章中介绍，这里只需要知道该文件中包含了延迟信息即可。出现此提示信息即表示时序信息被载入，后仿真已经被启动，当前时间点为 0ps。随后添加观察的信号到波形窗口中，再输入命令"run -all"运行全部的仿真，可得到图 7-38 所示波形。这个波形与第一种方法中的图 7-24 相同。有时两个时间是有区别的，因为每次 Quartus Prime Lite 生成的布局布线情况和延迟信息并不是完全一样的，这种误差一般较小，可以忽略。

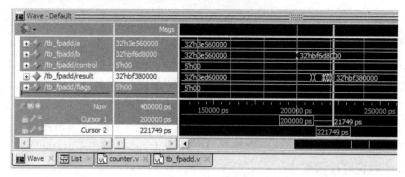

图 7-38　仿真波形

为做一个对比，这里给出该设计的功能仿真波形图，a、b、control 是输入信号，result、flags 是输出信号，如图 7-39 所示，很明显可以看出两种仿真的不同点在于输出结果的一个"延迟"。功能仿真中输出结果是随着输入信号的变化立刻改变的，而在后仿真中输出信号会有一定时间的内部处理过程，最后输出稳定的结果。

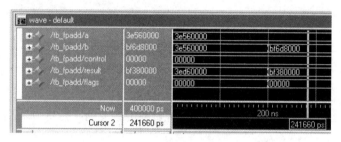

图 7-39　功能仿真波形

第二种方法使用的比较普遍，这样可以使两个软件分工明确，Quartus Prime 直接生成网表和 SDF 文件，ModelSim 利用这些文件进行后仿真。同时，由于不需要调用 ModelSim，可以简化 Quartus Prime 中的设置。而且使用第二种方法不需要每次都编译库文件。第一种方法中没有指出哪一步编译了库文件，实际上在启动 ModelSim 进行仿真的时候就自动进行了编译，这样每次编译库文件比较浪费资源，使用第二种方法建立库就可以节省这一步。

最后，再次强调第二种方法中需要格外注意的地方，如下。

- 在工程向导或设置窗口中选中仿真工具为 ModelSim，并指定语言类型（Verilog 或 VHDL）。
- 取消勾选"Run gate-level simulation automatically after compilation"复选框。
- 设置"Generate functional simulation netlist"为 Off。
- 在 ModelSim 中建立选中器件的仿真编译库。
- 如果没有建立器件库，则需要把 Quartus Prime 自带的模型文件添加到工程中。
- 使用 Quartus Prime 生成的.vo 文件和.sdo 文件进行仿真，.vo 是网表文件，.sdo 是 SDF 文件，文件的具体内容可以暂时不深究。

7.1.3　Quartus Prime Pro 后仿真设置

Quartus Prime Pro 版本的操作与 Lite 和 Standard 版本不同，取消了设置中的"Run gate-level simulation automatically after compilation"复选框，也取消了图 7-27 中的"Run Simulation

Tool"功能，也就是说，无法使用 Quartus Prime Pro 版本直接调用 ModelSim 进行后仿真，这无疑给需要使用的设计者造成了一定困难。

Intel 的官方文档也给出了使用 Quartus Prime Pro 和 ModelSim 联合仿真的示例，读者可以从官方网站查阅。但是该示例采用的流程是使用 Quartus Prime Pro 生成 Do 文件，然后由设计者来修改 Do 文件中关于 ModelSim 的编译命令，使该 Do 文件适用于当前设计，然后切换到 ModelSim 中执行该 Do 文件，再进行仿真。整个过程相当烦琐，且需要 ModelSim 命令行操作较为熟练。

综合以上情况，本书给出一个非官方流程的后仿真过程，其基本流程与实例 7-2 相符，依然是生成.vo 和.sdo 文件，然后由 ModelSim 仿真，只不过软件版本不同，设置部分稍做修改即可，即在实例 7-2 的操作流程基础上，修改 SDO 选项即可。

Quartus Prime Pro 的 Settings 页面设置选项与前例不同，如图 7-40 所示，需要勾选"Run EDA Netlist Writer during compilation"复选框，指明 Simulation 中的 Tool name 是 ModelSim，选择输出格式为 Verilog HDL，然后单击"More Settings"按钮进入图 7-41 所示的更多设置界面。

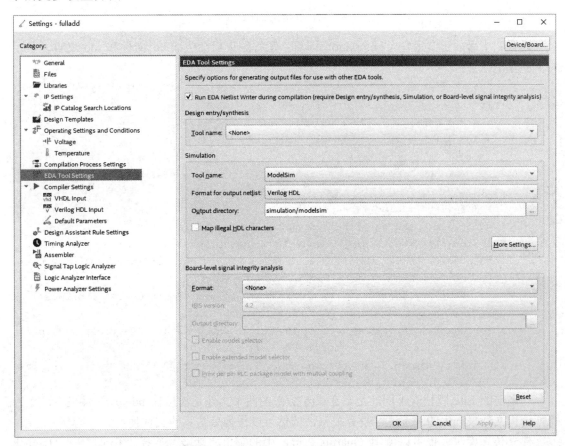

图 7-40　Settings 页面

选择其中的"Enable SDO Generation for Power Estimation"选项，设置为 On，表示激活 SDO 文件的输出功能，下方描述中也可以看到，该功能只支持在 ModelSim 中产生 Verilog 输出格式仿真。开启后单击"OK"按钮即可完成 Settings 的设置。

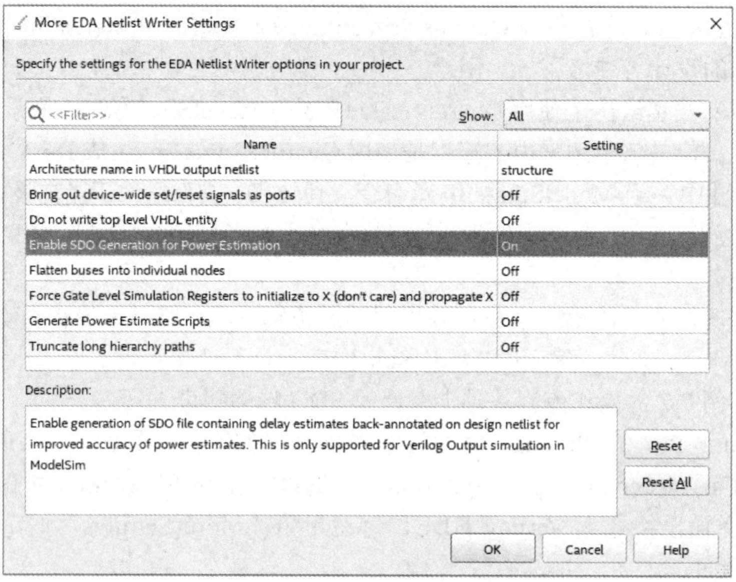

图 7-41 启动 SDO 选项

设置完毕后，正常运行 Compilation 即可，运行结束后会生成.vo 文件和.sdo 文件，显示如下的输出信息：

```
Info: **********************************************************************
Info: Running Quartus Prime EDA Netlist Writer
    Info: Version 20.2.0 Build 50 06/11/2020 SC Pro Edition
    Info: Processing started: Thu Jul 20 18:33:59 2023
    Info: System process ID: 5808
Info: Command: quartus_eda --read_settings_files=on --write_settings_files=off
fulladd -c fulladd
Info(16677): Loading final database.
Info(16734): Loading "final" snapshot for partition "root_partition".
Info(16678): Successfully loaded final database: elapsed time is 00:00:03.
Info(204019): Generated file fpadd_v.sdo in folder "C:/intelFPGA_pro/20.2/
mytest/simulation/modelsim/power/" for EDA simulation tool
Info(204019): Generated file fpadd.vo in folder "C:/intelFPGA_pro/20.2/
mytest/simulation/modelsim/power/" for EDA simulation tool
Info: Quartus Prime EDA Netlist Writer was successful. 0 errors, 0 warnings
    Info: Peak virtual memory: 898 megabytes
    Info: Processing ended: Thu Jul 20 18:34:04 2023
    Info: Elapsed time: 00:00:05
```

与之前的 Lite 版稍有不同的是，在 Pro 版中的两个文件是输出在 power 文件夹中，作为功耗分析文件来产生的。不过并没有关系，依然可以作为后仿真的文件使用。

建立仿真库时，也可以使用 Quartus Prime 中的菜单栏功能，选择"Tools"→"Launch Simulation Library Compiler"功能即可，如图 7-42 所示。这个功能在 Pro、Standard 和 Lite 三个版本中都有，即在实例 7-2 中也可以使用此功能。

图 7-42　发起仿真库编译

　　图 7-43 是弹出的编译仿真库窗口，这里需要指定仿真工具名称为 ModelSim，执行路径设置为 "H:/modeltech64_2020.4/win64"。在 "Library families" 中选择需要编译的库文件，"Library Language" 里选择 Verilog，再指明输出库文件的路径，这里设置为 "H:/modeltech64_2020.4/examples/7-2"，然后单击下方的 "Start Compilation" 按钮进行库的编译。该功能时间稍长，等待一段时间后会出现图 7-44 所示的提示框，表明库文件编译结束。

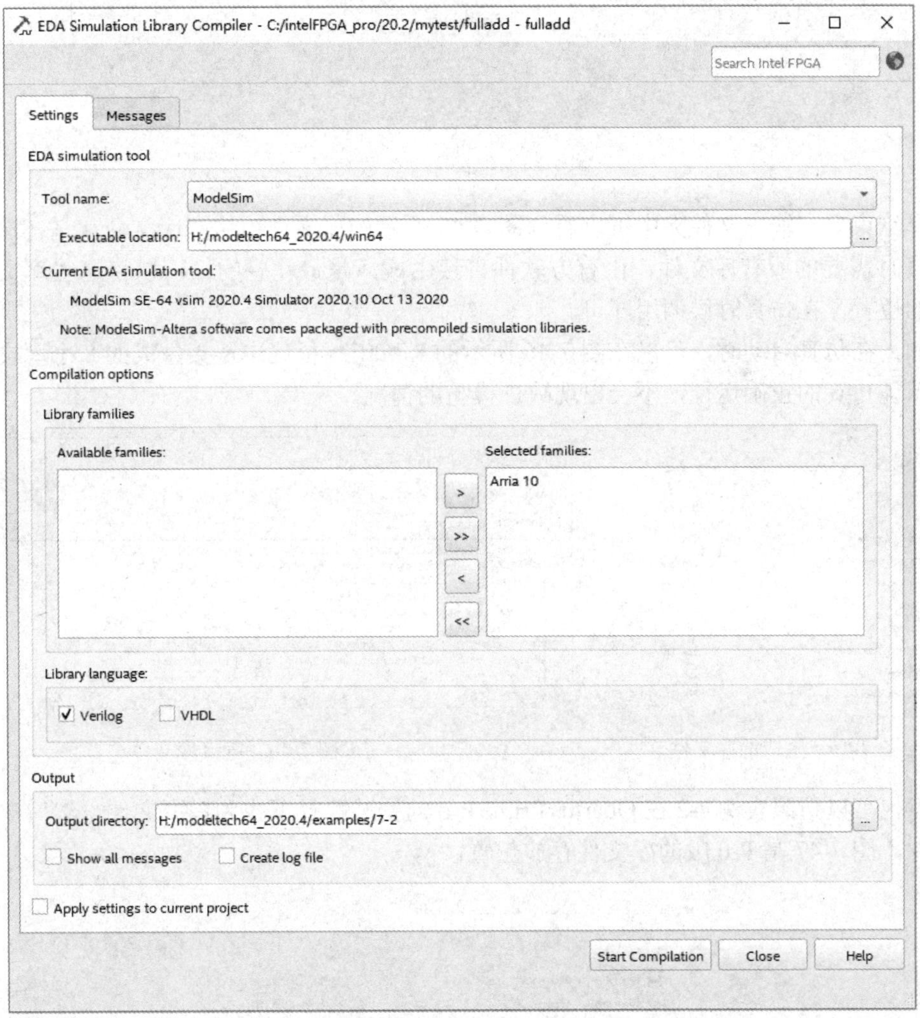

图 7-43　编译仿真库窗口

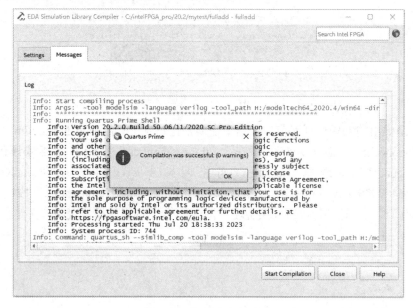

图 7-44　编译库文件成功

编译结束后在输出文件夹中可以看到图 7-45 所示的库文件。这些库文件就是在选中的器件族仿真时需要的所有库文件，由官方软件直接生成，是最完整的。可以将这些库文件保存到固定的位置，在仿真时候调用即可。

例如，在仿真启动时，可以在图 7-46 所示的 Libraries 标签中链接生成的 8 个库文件，此举可以保证仿真的正确运行，不会出现缺失模型的情况。

图 7-45　生成的库文件　　　　　　　　　　图 7-46　链接库文件

当然也可以仿照实例 7-2 在 Quartus Prime Pro 的安装路径下找到模型文件，然后建立单独的库文件，图 7-47 是 Pro 版的库文件存放位置。

图 7-47　库文件存放位置

7.2　ModelSim 对 AMD 器件的后仿真

当使用到 AMD 器件的时候，就必须使用 AMD 公司提供的软件进行编译和后仿真。AMD 器件使用的范围也很广泛，这一节将对 AMD 器件的后仿真进行介绍。

7.2.1　VIVADO 简介

VIVADO 设计套装是原 Xilinx 公司为本公司器件开发的设计工具，后 Xilinx 公司被 AMD 公司收购，所有产品都转移到 AMD 产品线，但依然保留原 logo。使用 AMD 公司的 FPGA 时，VIVADO 是必备的工具软件。VIVADO 设计套装可以完成 FPGA 的开发全流程，包括设计的输入、仿真分析、综合、布局布线等。

早先的软件是 ISE 设计套装，版本更新也比较频繁，在 2013 年更新到 14.3 版本之后，VIVADO 设计套装就接过了交接棒，VIVADO 支持的芯片范围相对受限，更多的支持都出现在 VIVADO 设计套装中。二者相较来说，基本操作没有特别大的差异，参考本书中的操作步骤仿照运行即可。

VIVADO 代表了对整个设计流程的彻底改写和重新思考，并且被评论家描述为"精心构思，紧密集成，快速，可扩展，可维护，直观"，足可见业界对其的认可。

很多读者依然使用的是 VIVADO 的各种版本，对此可以不必过多担心，VIVADO 设计套装的升级，更多是在内涵上，所以其操作界面和使用方法，很好地秉承于 VIVADO，所以使用过 VIVADO 的读者很容易就能在 VIVADO 软件中找到熟悉的操作选项。

本章中使用的版本是 Vivado 2021.2 版本，读者可以使用 Web 版本，操作是完全相同的。该版本 VIVADO 软件打开后的操作界面如图 7-48 所示。

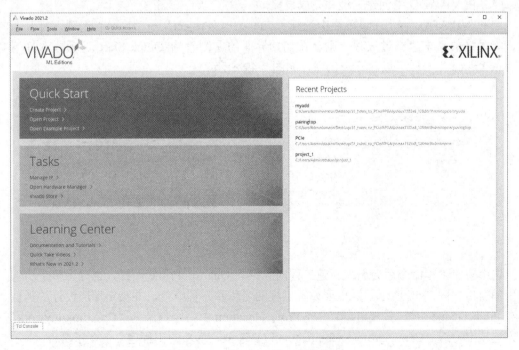

图 7-48　Vivado 2021.2 操作界面

7.2.2 ModelSim 对 AMD 器件的后仿真流程

VIVADO 的后仿真流程可以分为两种：第一种是先使用 VIVADO 生成后仿真需要的文件，再启动 ModelSim 进行仿真；第二种是使用 VIVADO 启动 ModelSim 进行仿真。第一种流程是独立操作的，没有限制；第二种流程有版本兼容性的问题。例如，VIVADO 只能启动 ModelSim 6.4 以上的版本，所以第二种流程稍有一些局限性。

第一种流程与 Intel 的流程相似，这里归纳为 6 个步骤，会在后面的实例中详细讲解。

- 在 VIVADO 中创建工程并完成设置。
- 在 VIVADO 中执行编译区的综合、布线等功能。
- 生成布线后仿真模型，退出 VIVADO。
- 启动 ModelSim 软件，编译 Xilinx 库文件。
- 把 VIVADO 生成的后仿真文件添加到工程。
- 编译添加的文件，进行后仿真。

实例 7-3 使用 ModelSim 对 VIVADO 生成的文件进行后仿真

由于 WebPACK 器件受限制，现以一个简单的全加器为例来介绍如何使用 VIVADO 进行后仿真，操作流程按照 7.2.2 节归纳的步骤进行。

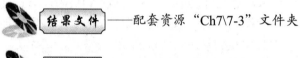

结果文件——配套资源"Ch7\7-3"文件夹

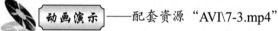

动画演示——配套资源"AVI\7-3.mp4"

（1）在 VIVADO 中创建工程并完成设置。

启动 VIVADO 后，在菜单栏中选择"File"→"Project"→"New"选项，打开新的工程，如果之前从未建立过工程，则会在初始界面的左侧看到 Quick Start 选项，选择下方的"Create Project"一样可以建立新工程，如图 7-49 所示。

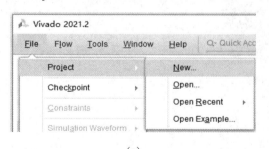
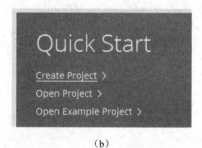

(a)　　　　　　　　　　(b)

图 7-49 新建工程

选中新建工程命令后会出现新建工程向导，同 Quartus Prime 一样，也分为多个步骤，第一步的窗口如图 7-50 所示。这里要设置工程的名称和工程路径，并指定顶层设计的类型。这里在 Project name 中填写"fulladd"，在 Project location 中指定目录为"C:/Xilinx/mywork"，在下方选项中勾选"Create project subdirectory"复选框，为新的工程建立一个子文件夹。

图 7-50　指定工程名

接下来选择工程类型，这里选择"RTL Project"，可以建立设计文件并运行 RTL 仿真，如图 7-51 所示，下方四个工程类型不在此介绍。

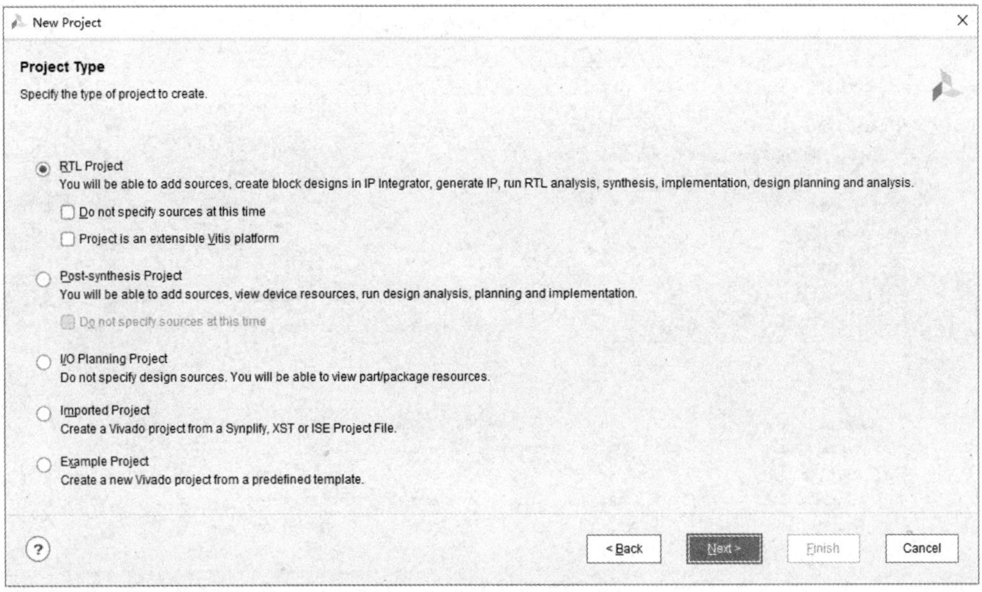

图 7-51　选择工程类型

单击"Next"按钮指定设计文件，如果在图 7-51 中选择了"Do not specify source at this time"，则会跳过此界面。设计文件在运行过程中随时可以添加，并不需要一开始就添加完毕。由于本实例中用的是已有的设计文件，可以在此步将设计文件添加到工程中，如图 7-52 所示，也可以建立空白工程，在后面的步骤中添加文件。单击"Next"按钮后加入 Constraints file 界面，由于没有相关文件，该界面未给出。

然后是器件选择，出现的窗口如图 7-53 所示。在窗口的上半部分选择需要的器件族及引脚等封装限制进行过滤，还可以单击"Boards"选项，选择不同的开发板，下方选择具体的芯片型号。由于没有固定的器件可供使用，这里随意选择即可，本实例中选择的是 Artix-7 器件族的 xc7a12tcpg238-3 芯片。

图 7-52　添加设计文件

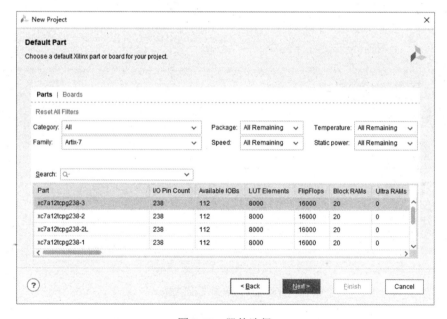

图 7-53　器件选择

　　最后一步是工程设置的概要，供用户确认，如图 7-54 所示。如果有问题则可以单击 "Cancel" 按钮取消操作，如果没有问题则单击 "Finish" 按钮完成工程，需要等待片刻，以待软件初始化。

　　建立工程后在 VIVADO 的界面中会出现与工程相关的各项信息，如果这之后还有文件需要添加进工程，则可以有两种方法：一是在中间的层次页面中单击 "+" 号，会弹出添加文件的选项信息，按照提示进行添加即可；二是在菜单栏中选择 "File" → "Add Sources" 命令，效果和第一种方法一样，如图 7-55 和图 7-56 所示。在添加文件窗口中选择第二项 "Add

7

Chapter

or create design sources"选项，添加文件，如图 7-57 所示。

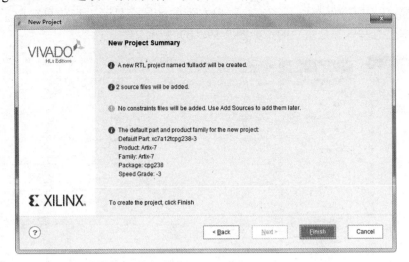

图 7-54　工程概要

图 7-55　单击加号

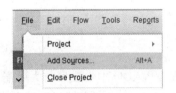

图 7-56　菜单选项

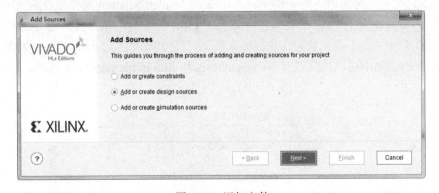

图 7-57　添加文件

　　成功添加文件后，在 VIVADO 窗口左侧的层次显示区域会出现本设计中包含的模块，如图 7-58 所示。这里显示的是"fulladd（fulladd.v）"，括号内显示的是文件名，括号外显示的是该文件中包含的模块名，本实例比较简单，只包含一个模块。如果继续加入文件，那么软件会根据文件之间的层次关系，把最高层次的模块名称显示在此处。

图 7-58　层次显示

在层次显示的左侧有进程显示，如图 7-59（a）所示。进程名称前方的箭头表示可以展开，这里已经把各项进程都展开了。在窗口右侧的区域会显示进程信息，由于没有开始编译，所以这些信息基本都是空白的，如图 7-59（b）所示。

（a）进程显示　　　　　　　　　　　　　　　　　（b）整体显示

图 7-59　显示信息

（2）在 VIVADO 中生成后仿真所需文件。

在 VIVADO 中运行进程有三种方式，第一种是在界面左侧的 Flow 窗口单击相应进程，如图 7-60（a）所示，特别地，Run Synthesis 和 Run Implementation 两个操作前方有绿色的按钮，直接单击即可；第二种是在菜单栏中选择"Flow"菜单，在下拉选项中选中需要的操作，如图 7-60（b）所示；第三种是在快捷操作栏上，直接单击绿色的运行按钮，如图 7-60（c）所示，在弹出的选项中可以快速选择 Run Synthesis 和 Run Implementation 选项。

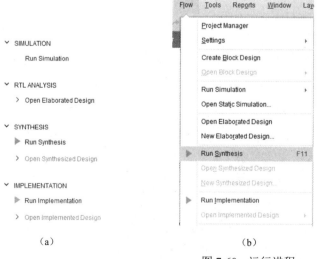

（a）　　　　　　　　　　　　　　　（b）　　　　　　　　　　　　　　　（c）

图 7-60　运行进程

本实例中直接采用第一种方式，在运行前可以看到，相应的 Open 操作都是灰色的，表示还没有任何文件生成。SYNTHESIS 和 IMPLEMENTATION 运行后都可以进行后仿真，这里选择更加完整的 IMPLEMENTATION 操作，单击"Run"按钮运行，会出现图 7-61 所示的提示，直接单击"OK"按钮让软件自动运行并等待一段时间后，当"Open Implemented Design"变黑色时，该步骤即运行完毕，同时，窗口中会弹出提示信息，表示运行结束，此时可以查看设计或报告，如图 7-62 和图 7-63 所示。

图 7-61　运行开始

图 7-62　运行结束

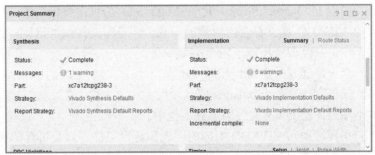

图 7-63　生成报告

新版的 VIVADO 内置了仿真工具，仿真效果不错，出于某些原因，并不单独提供生成后仿真网表的功能，更多地鼓励直接调用 ModelSim 进行联合仿真。但是，也可以通过一些方法得到所需文件，可以直接在仿真中单击"Run Simulation"按钮，选择最后一项"Run Post-Implementation Timing Simulation"启动仿真，如图 7-64 所示，由于没有更改默认设计，此时会启动 VIVADO 内置仿真工具，同时会输出相应文件，等到内置仿真器启动时，在 Tcl 窗口中会出现以下信息：

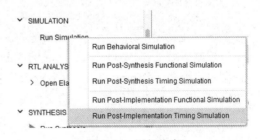

图 7-64　运行仿真

```
    INFO: [Vivado 12-5682] Launching post-implementation timing simulation in
'C:/Xilinx/mywork/fulladd/fulladd.sim/sim_1/impl/timing/xsim'
    INFO: [SIM-utils-51] Simulation object is 'sim_1'
    INFO: [SIM-utils-72] Using boost library from 'F:/Xilinx/Vivado/2021.2/
tps/boost_1_72_0'
    INFO: [SIM-utils-31] Writing simulation netlist file for design 'impl_1'...
    INFO: [SIM-utils-32] write_verilog -mode timesim -nolib -sdf_anno true -
force -file "C:/Xilinx/mywork/fulladd/fulladd.sim/sim_1/impl/timing/xsim/
```

```
tb_fulladd_time_impl.v"
        INFO: [SIM-utils-34] Writing SDF file...
        INFO: [SIM-utils-35] write_sdf -mode timesim -process_corner slow -force -
file "C:/Xilinx/mywork/fulladd/fulladd.sim/sim_1/impl/timing/xsim/
tb_fulladd_time_impl.sdf"
        INFO: [SIM-utils-36] Netlist generated:C:/Xilinx/mywork/fulladd/
fulladd.sim/sim_1/impl/timing/xsim/tb_fulladd_time_impl.v
        INFO: [SIM-utils-37] SDF generated:C:/Xilinx/mywork/fulladd/fulladd.sim/
sim_1/impl/timing/xsim/tb_fulladd_time_impl.sdf
        INFO: [SIM-utils-54] Inspecting design source files for 'tb_fulladd' in
fileset 'sim_1'...
```

其中的 fulladd_time_impl.v 和 fulladd_time_impl.sdf 就是所需要的网表文件和延迟信息文件，只需要去对应的目录中复制即可。至此，VIVADO 所做的工作结束，可以关闭 VIVADO，转至 ModelSim 进行操作。

（3）启动 ModelSim，编译 Xilinx 库文件，运行仿真。

类似于 Quartus Prime，运行 ModelSim 仿真需要相应的器件库，相较于以前的版本，新版的 VIVADO 库文件会比较烦琐一些，一旦库文件添加错误，就会导致仿真失败。例如，本实例中，共需要经历以下四个主要步骤。

第一，建立一个 simprims_ver 库。

第二，建立一个 unisims 库。

第三，将 glbl.v 文件添加到工程中。

第四，加入 VIVADO 生成的网表和延迟文件，以及仿真测试文件，运行仿真。

首先启动 ModelSim，选择"File"→"New"→"Library"选项建立新的库，命名为"simprims_ver"，如图 7-65 所示，名字非固定，可以自己更改。

或者采用命令行的方式，输入以下命令，效果是相同的。

```
vlib simprims_ver
vmap simprims_ver simprims_ver
```

建立库后，在 Workspace 区域的 Library 标签中就会出现名为"simprims_ver"的库，选择菜单栏中的"Compile"→"Compile"命令会出现图 7-66 所示的对话框，指定库名并找到前面复制的文件夹，选择全部的文件编译到库中。

图 7-65　建立新库

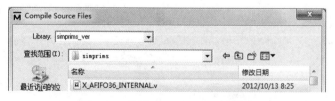

图 7-66　编译 simprims_ver 文件夹

也可以在命令行中输入以下命令：

```
vlog -work simprims_ver F:/Xilinx/Vivado/2021.2/ids_lite/ISE/Verilog/
src/simprims/*
```

这里请注意文件的路径名，由于版本更迭的问题，库文件会存在于多个文件夹中，其中的内容并不相同，请注意分辨，上述命令行中的路径，在图 7-66 中也选择相同路径。编译成功后，在库中会显示全部的子单元，如图 7-67 所示。

接下来编译 unisims 库，方法相似，只是路径会发生变化，在编译时输入下列命令：

```
vlog -work unisims F:/Xilinx/Vivado/2021.2/data/verilog/src/unisims/*
```

编译好两个库后，新建一个工程，工程名为"chapter7_3"，工程所在目录指向"H:/modeltech64_2020.4/examples/chapter7"，库名为"chapter7"，如图 7-68 所示。

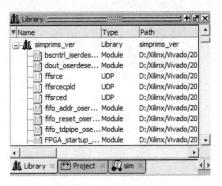

图 7-67　生成的库文件

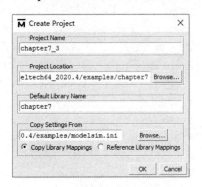

图 7-68　新建工程

建立工程后，把 VIVADO 生成的 fulladd_time_impl.v 和 fulladd_time_impl.sdf 及测试文件 tb_fulladd.v 都添加到工程中。额外地，还需要将"F:\Xilinx\Vivado\2021.2\data\verilog\src"目录下的 glbl.v 文件一并添加至工程。库和设计相关文件设置完成，就可以编译并进行仿真了，图 7-69 是编译之后的结果，这里的两个.v 文件是可以编译的，延迟文件同样是不可以编译的。仿真时也同 Quartus Prime 中的仿真一样，也需要在 Start Simulation 窗口的库标签中指定使用的库文件，这里需要添加两个库 simprims_ver 和 unisims，如图 7-70 所示。

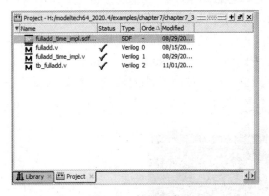

图 7-69　编译文件

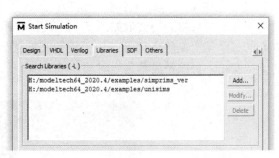

图 7-70　仿真中使用到的库

另外，要注意 VIVADO 生成的网表文件中是否指定了 SDF 文件，如果指定的 SDF 文件路径有问题，则需要修改指定的路径。主要是把网表文件中函数$sdf_annotate 指向正确的 SDF 路径，示例如下（注意反斜线）：

```
initial $sdf_annotate("H:/modeltech64_10.4/examples/chapter7/fulladd_
```

```
                                    time_impl.sdf ");
```
或
```
       initial $sdf_annotate("fulladd_time_impl.sdf ");
```

还有一个问题，VIVADO 在生成网表文件的时候，不是严格按照设计者提供的端口顺序生成的。例如，有一个模块 module（a,b），可能生成网表文件后就变为了 module（b,a），在仿真之前一定要仔细检查，避免出错。确认文件无误后使用菜单栏启动仿真（链接 VIVADO 的库），或者输入以下命令：

```
   vsim -gui -voptargs=+acc -L simprims_ver -L unisims work.tb_fulladd work.glbl
```

此时，ModelSim 就会启动仿真并载入需要的文件，可以在 ModelSim 的命令窗口中看到以下提示信息：

```
# ** Note: (vsim-3813) Design is being optimized due to module recompilation...
# Loading work.glbl(fast)
# Loading work.tb_fulladd(fast)
# Loading work.fulladd(fast)
# Loading H:/modeltech64_2020.4/examples/chapter7/unisims.IBUF(fast)
# Loading H:/modeltech64_2020.4/examples/chapter7/unisims.OBUF(fast)
# Loading H:/modeltech64_2020.4/examples/chapter7/unisims.LUT3(fast)
# Loading H:/modeltech64_2020.4/examples/chapter7/unisims.LUT3(fast__1)
# Loading instances from fulladd_time_impl.sdf
# Loading timing data from fulladd_time_impl.sdf
```

这些信息只是命令窗口中信息的一部分，这里表示载入了 unisims 这个库中的一些设计单元，如载入一些缓冲及 LUT 等，这些都是 HDL 描述中最基本的门电路，比较容易理解。在命令窗口信息的最后会有以下提示：

```
# Loading instances from fulladd_time_impl.sdf
# Loading timing data from fulladd_time_impl.sdf
# ** Note: (vsim-3587) SDF Backannotation Successfully Completed.
#   Time: 0 ps Iteration: 0  Instance: /tb_fulladd
    File: H:/modeltech64_2020.4/examples/chapter7/tb_fulladd.v
```

这时表示仿真已经成功启动了，如果未能启动，则可以查看错误提示进行修改，再重新按照上述步骤操作。启动仿真后添加顶层模块的全部信号到波形窗口，使用"run -all"完成全部仿真，最后得到的波形如图 7-71 所示。波形中的前两个信号 sum 和 c_out 是输出信号，下方的三个信号是输入信号，由于设计文件代码简单，没有截取多次的跳变，只是取了其中的一次变化，目的是显示延迟时间。

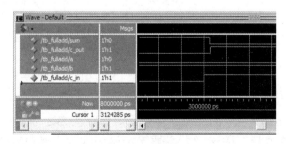

图 7-71　后仿真波形

同样，作为对比，给出的功能仿真波形如图 7-72 所示，观察时间位置相同。

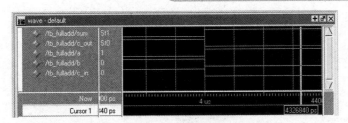

图 7-72　功能仿真波形

最后，强调使用 VIVADO 进行后仿真需要注意的以下几点事项。

- 先使用 VIVADO 生成仿真所需的网表文件和延迟文件。
- 在后仿真前要根据需要建立库文件。
- 注意 VIVADO 生成的网表文件，修改 SDF 调用和端口的排布。
- VIVADO 生成的网表文件是.v 后缀，SDF 文件是.sdf 后缀，注意与其余工具软件生成文件后缀的区别。
- 使用 ModelSim 仿真时要指定 VIVADO 的库文件。

实例 7-4　使用 VIVADO 直接调用 ModelSim 进行后仿真

使用 VIVADO 直接调用 ModelSim 的方法很多，可以通过设置环境变量、改变配置文件等方式来完成直接调用，这里采用一个比较简单的方法，主要通过 VIVADO 的配套软件来完成，多数为图形化操作界面，理解起来比较容易。

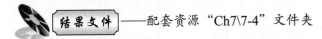——配套资源"Ch7\7-4"文件夹

——配套资源"AVI\7-4.mp4"

本实例依然要使用 VIVADO 软件建立工程并编译文件，由于此步骤和实例 7-3 完全一致，故在本实例中不再给出，读者可以按照实例 7-3 的操作完成工程建立和编译，在运行仿真之前的步骤结束后，实例 7-3 直接调用 VIVADO 内置仿真器仿真，本实例则开始以下步骤。

（1）设置仿真工具。

在 VIVADO 的菜单栏中选择"Flow"→"Settings"→"Simulation Settings"选项，启动仿真器设置，如图 7-73 所示，或者在"Tools"→"Settings"中调出设置窗口，默认选择的是 General 栏，单击切换至 Simulation 栏即可。两种方法均可以得到图 7-74 所示的界面。

图 7-73　仿真器设置

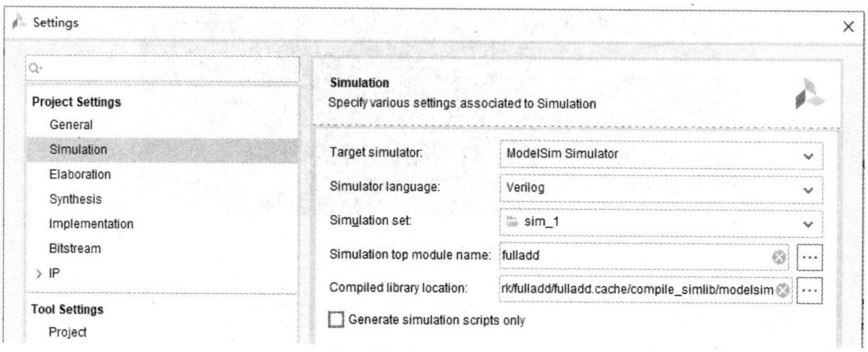

图 7-74 设置界面

在设置界面中，主要修改的是仿真器名称，在"Target simulator"一栏中单击下拉按钮，切换到 ModelSim Simulator，其他选项在本实例中可以保持不变。如果是其他设计，则可以修改仿真的语言、切换仿真的顶层设计名、更改编译库文件的位置。

仿真器设置下方有很多可选项，本实例中需要切换到第三个标签"Simulation"中，其中"modelsim.simulate.runtime"默认为 1 000ns，要根据测试文件设置合适的仿真时间，测试平台的主要代码如下：

```
begin
        a=0;b=0;c_in=0;
    #1000 a=0;b=0;c_in=1;
    #1000 a=0;b=1;c_in=0;
    #1000 a=0;b=1;c_in=1;
    #1000 a=1;b=0;c_in=0;
    #1000 a=1;b=0;c_in=1;
    #1000 a=1;b=1;c_in=0;
    #1000 a=1;b=1;c_in=1;
    #1000 $stop;
end
```

整个仿真共运行了 8 000ns，所以可以把仿真时间设置得比 8 000ns 长一些，这里直接修改为 10 000ns，如图 7-75 所示。

图 7-75 修改仿真时间

修改设置后单击"OK"按钮保存即可，然后就可以编译仿真库文件。

（2）编译仿真库。

在菜单栏中选择"Tools"→"Compile Simulation Libraries"选项，可以启动仿真库的编译，如图 7-76 所示。仿真库选项设置如图 7-77 所示，Language 和 Library 可以继续保留 All，把下方的仿真工具路径修改为本地有效路径。例如 H:/modeltech64_2020.4/win64，编译库文件地址放置在之前设置好的默认路径中，本实例是 C:/Xilinx/mywork/fulladd/fulladd.cache/compile_simlib/modelsim，在器件族 Family 中，需要进行一些筛选，由于本实例使用的是 Artix-7 系列的芯片，所以把其他器件族全部取消，只保留 Artix-7 这一项，如图 7-78 所示，这样可以大大减少编译库文件所需要的时间。

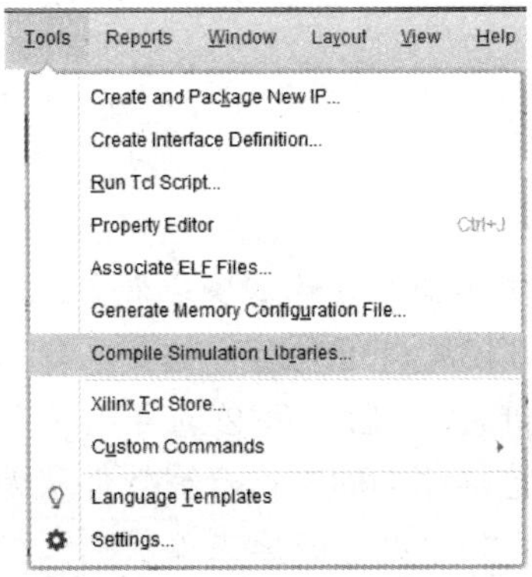

图 7-76　编译仿真库 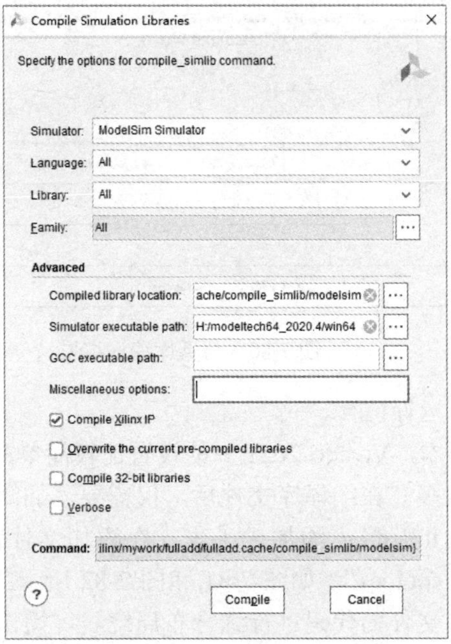　　　　　图 7-77　仿真库选项设置 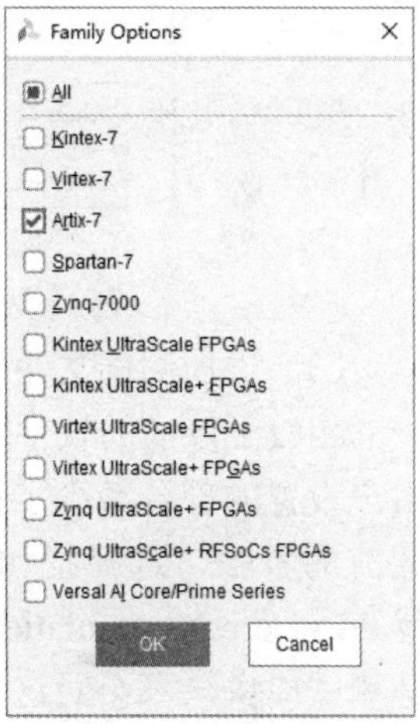　　　　图 7-78　器件族选项

设置完毕后，单击"OK"按钮，即会进入编译工作中，VIVADO 在编译库文件过程中需要较大资源的占用，同时会消耗很长时间。例如，本实例中只保留了 Artix-7 器件，整个编译过程持续时间很久，在操作过程中要尤其注意，不要进行其余的操作，以免中断库文件的编译。在编译中，也可以看到一些信息显示，如图 7-79 所示，进度条上会显示当前正在编译的库，Tcl 窗口里也会显示对应的操作命令，可以帮助用户确认编译进程。

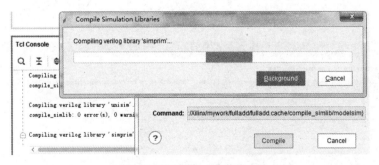

图 7-79　编译库文件运行中

当库文件编译成功后，会生成最终的报告，如图 7-80 所示。有个别文件可能会编译出错，只要不是使用到的单元，对设计就没有影响。至此，库文件已经生成，即使在信息栏中显示库文件编译失败，也只是表明库文件中有几个单元未能编译成功，但是其他的单元，已

经写进了库文件中，可以使用库了。

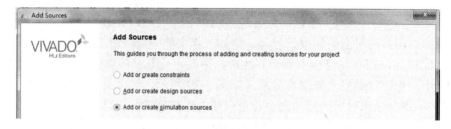

图 7-80　仿真库编译结果

（3）添加测试文件，运行仿真。

相较于以前的软件版本，Vivado 2021.2 的设置比较简单，更多地由软件本身负责完成，用户设置的部分减少了很多。在编译库文件后，仅需要添加测试模块就可以运行仿真。参考之前的步骤，选择把 tb_fulladd.v 添加进工程，在添加文件窗口出现后，务必选择第三项"Add or create simulation sources"，如图 7-81 和图 7-82 所示。这样添加的文件会被软件认为是测试模块，不会对这个文件的代码进行综合布局绕线等操作，如果误选成第二项，则该测试模块也被视为顶层设计单元，进入综合流程，导致错误的发生。

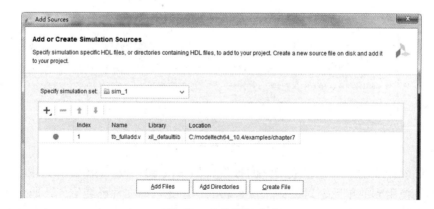

图 7-81　添加仿真文件

图 7-82　文件添加成功

添加成功后，就可以在图 7-83 的界面中看到，设计文件显示的是 fulladd，仿真文件显示的是 tb_fulladd，此时按图 7-84 的显示，选择运行时序仿真即可。

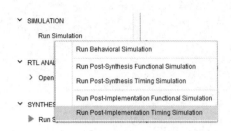

图 7-83　显示信息　　　　　　　　　图 7-84　运行时序仿真

VIVADO 会自动完成编译所需的过程，也可以在 Implementation 选项下先完成编译再来执行时序仿真。VIVADO 会在信息窗口中出现以下提示信息：

```
INFO: [SIM-utils-31] Writing simulation netlist file for design 'impl_1'...
INFO: [SIM-utils-32] write_verilog -mode timesim -nolib -sdf_anno true -force -file "C:/Xilinx/mywork/fulladd/fulladd.sim/sim_1/impl/timing/modelsim/tb_fulladd_time_impl.v"
INFO: [SIM-utils-34] Writing SDF file...
INFO: [SIM-utils-35] write_sdf -mode timesim -process_corner slow -force -file "C:/Xilinx/mywork/fulladd/fulladd.sim/sim_1/impl/timing/modelsim/tb_fulladd_time_impl.sdf"
INFO: [SIM-utils-36] Netlist generated:C:/Xilinx/mywork/fulladd/fulladd.sim/sim_1/impl/timing/modelsim/tb_fulladd_time_impl.v
INFO: [SIM-utils-37] SDF generated:C:/Xilinx/mywork/fulladd/fulladd.sim/sim_1/impl/timing/modelsim/tb_fulladd_time_impl.sdf
INFO: [USF-modelsim-7] Finding pre-compiled libraries...
INFO: [USF-modelsim-11] File 'C:/Xilinx/mywork/fulladd/fulladd.cache/compile_simlib/modelsim/modelsim.ini' copied to run dir:'C:/Xilinx/mywork/fulladd/fulladd.sim/sim_1/impl/timing/modelsim'
INFO: [SIM-utils-54] Inspecting design source files for 'tb_fulladd' in fileset 'sim_1'...
INFO: [USF-ModelSim-2] ModelSim::Compile design
INFO: [USF-ModelSim-15] Creating automatic 'do' files...
INFO: [USF-ModelSim-69] Executing 'COMPILE and ANALYZE' step in 'C:/Xilinx/mywork/fulladd/fulladd.sim/sim_1/impl/timing/modelsim'
Reading pref.tcl
# 2020.4
# do {tb_fulladd_compile.do}
# Model Technology ModelSim SE-64 vmap 2020.4 Lib Mapping Utility 2020.10 Oct 13 2020
# vmap xil_defaultlib modelsim_lib/msim/xil_defaultlib
# Modifying modelsim.ini
# Model Technology ModelSim SE-64 vlog 2020.4 Compiler 2020.10 Oct 13 2020
# Start time: 15:28:57 on Jul 15,2023
# vlog -incr -mfcu -work xil_defaultlib tb_fulladd_time_impl.v ../../../../../../tb_fulladd.v
```

```
# -- Compiling module fulladd
# -- Compiling module glbl
# -- Compiling module tb_fulladd
#
# Top level modules:
#    glbl
#    tb_fulladd
# End time: 15:28:58 on Jul 15,2023, Elapsed time: 0:00:01
# Errors: 0, Warnings: 0
.........................
```

　　如果出错就会有提示，一般来说，出现任何警告信息，ModelSim 都不能正常仿真。连接成功后，ModelSim 就会被启动，同时默认执行仿真设置中自动生成的 Do 文件，在 VIVADO 的工程路径中以"文件名+do 后缀"的形式出现，本实例中会生成 tb_fulladd_compile.do、tb_fulladd_simulate.do 和 tb_fulladd_wave.do。tb_fulladd_compile.do 文件的部分内容如下：

```
#####################################################################
vlib modelsim_lib/work
vlib modelsim_lib/msim

vlib modelsim_lib/msim/xil_defaultlib

vmap xil_defaultlib modelsim_lib/msim/xil_defaultlib

vlog -incr -mfcu -work xil_defaultlib \
"tb_fulladd_time_impl.v" \
"../../../../../../tb_fulladd.v" \
```

　　其余文件也均可查看相应命令，各行命令相信读者已经不陌生。

　　ModelSim 执行这些文件后就会自动添加信号并仿真，最后运行 10 000ns，波形窗口中就会显示仿真波形，如图 7-85 所示。

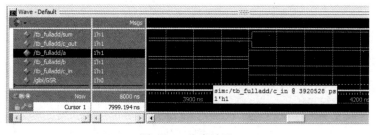

图 7-85　仿真波形

7.3　ModelSim 对 Lattice 器件的后仿真

　　莱迪思（Lattice）半导体公司提供业界最广范围的现场可编程门阵列（FPGA）、可编程逻辑器件（PLD）及其相关软件，包括现场可编程系统芯片（FPSC）、复杂的可编程逻辑器件（CPLD）、可编程混合信号产品和可编程数字互连器件。其产品具有一定的市场占有率，本节介绍 Lattice 器件的后仿真流程。

7.3.1　Diamond 简介

　　Diamond 开发软件是 Lattice 公司的配套工具，目前更新的版本是 Diamond 3.12 版本，本节使用的也是这个版本，在其官方网站上可以申请到免费的 License 文件并使用，安装后打开 Diamond 软件的主界面如图 7-86 所示。如果是刚刚启动的，则会在正中区域出现工程选项，可以新建或打开一个工程。

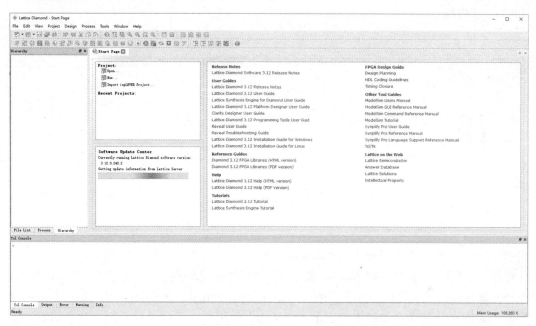

图 7-86　Diamond 主界面

　　Lattice 公司还有其他软件可以进行后仿真，这里就不一一列举了，仅以 Diamond 为例，操作的过程大多类似，这里对 Diamond 的使用也不进行更详细的说明，仅对使用到的部分进行介绍，如需更详细的操作方法介绍可以参考软件配套的用户手册。

7.3.2　后仿真流程

　　与前两种软件一样，Diamond 的后仿真流程也分为两种：一种是在 Diamond 软件中直接调用 ModelSim，另一种是先用 Diamond 生成 ModelSim 需要的文件，再用 ModelSim 进行后仿真，下面依次介绍这两种流程。

实例 7-5　使用 Diamond 调用 ModelSim 进行后仿真

　　本节中使用的是一个 16 位的超前进位加法器，采用的方法是使用 Diamond 直接调用 ModelSim 进行仿真。

结果文件——配套资源"Ch7\7-5"文件夹

动画演示——配套资源"AVI\7-5.mp4"

（1）添加创建工程并编译。

在 Diamond 的界面中直接选择新建工程，或者选择"File"→"New"→"Project"选项，可以看到新建工程向导，首先是欢迎界面，如图 7-87 所示，直接单击"Next"按钮即可出现图 7-88 所示的界面，这里要填写工程名称和实例名称，本节中的实例顶层模块为 cla16，所以在 Project 中的 Name 一栏填写"cla16"，Implementation 中的 Name 一栏也改为"cla16"，保持这两个名称一致，再把工作路径指向一个新建的 mywork 文件夹，单击"Next"按钮继续。

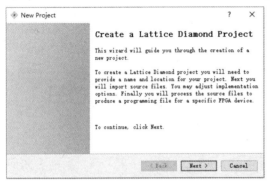 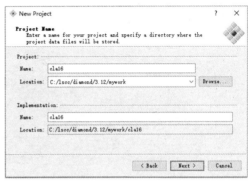

图 7-87 欢迎界面　　　　　　　　　图 7-88 工程名称和路径

接下来添加源文件，单击"Add Source"按钮浏览文件夹，把本实例中需要的三个设计文件添加到工程中，如图 7-89 所示。这三个文件已经被复制到了刚刚指定的工作路径中，如果设计文件在别处，也可以选择下方的"Copy source to implementation directory"复选框把文件复制到工作文件夹内，添加文件后单击"Next"按钮进入选择器件界面，这里随意选择一个器件即可，如图 7-90 中选择了 LatticeXP 系列的 LFXP10E。选择后单击"Next"按钮来确认整个工程中设置好的信息，如图 7-91 所示，确认无误后，单击"Finish"按钮就可以完成工程创建。

图 7-89 添加源文件　　　　　　　　　图 7-90 选择器件

　　建立工程之后，在软件左侧部分的 File List 标签和 Process 标签就会出现显示。File List 标签显示目前工作路径下包含的各类文件，Process 标签显示目前可以完成的进程，如图 7-92 所示。由于是新工程，因此进程中的所有部分都是灰色显示的。

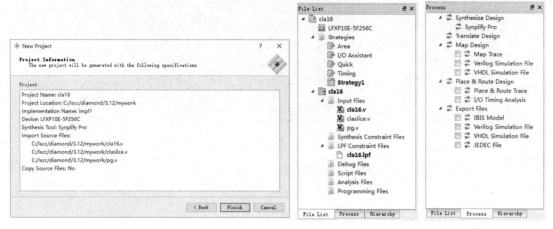

图 7-91　确认信息　　　　　　　　图 7-92　文件和进程标签

　　由于需要的是后仿真即时序仿真，此时可以直接双击其中的"Verilog Simulation File"进程，Diamond 就会把生成 Verilog 仿真模型所需的所有进程都完成，这种操作比较"傻瓜"，本实例中就直接采用此方式。注意进程中有两个地方可以生成 Verilog 仿真模型，在 Map Design 和 Export Files 中各有一个，要选择的是 Export Files 下的进程。

　　双击"Verilog Simulation File"进程之后，Process 中所需的进程会自动运行，运行结束后，所有运行完毕的进程都会有所显示，如果无误就会显示绿色的对号，如图 7-93 所示。同时，在输出窗口（与 ModelSim 命令窗口同位置）会有以下输出信息：

图 7-93　进程运行完毕

```
Writing Verilog netlist to file cla16_cla16_vo.vo
Writing SDF timing to file cla16_cla16_vo.sdf
```

这两个文件大家应该不会陌生，就是仿真需要使用到的网表文件和延迟信息。

　　（2）配置仿真器并运行仿真。

　　要想在 Diamond 中直接启动 ModelSim，还需要指定 ModelSim 的工作路径，在菜单栏中选择"Tools"→"Options"选项，启动图 7-94 所示的对话框，在 Directories 选项中设置 ModelSim 的路径，指示为"H:\modeltech64_2020.4\win64"。

　　接下来可以启动仿真向导，在菜单中选择"Tools"→"Simulation Wizard"选项启动仿真向导，欢迎信息如图 7-95 所示，没有可选信息，直接进入下一步，会出现图 7-96 所示的界面，用来设置工程名和仿真器，这里的工程名是仿真工程，与 Diamond 刚刚建立的设计工程名可以不一样，本实例中命名为"cosim"，工程路径默认为工作路径，在仿真器中选择 ModelSim。如果此前没有设置 ModelSim 的路径，这里就只能看到 Active-HDL 选项，可以返回修改。

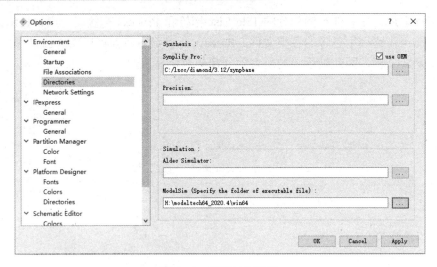

图 7-94　设置工具路径

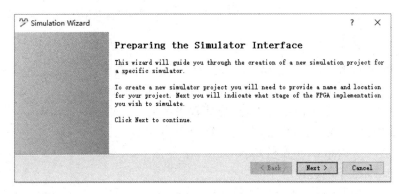

图 7-95　欢迎信息

图 7-96　设置工程名和仿真器

　　继续设置，可以看到图 7-97 所示界面，在上方区域可以选择要仿真的类型，第一种是 RTL，即功能仿真，第二种此时应该为灰色，是布局后的仿真，第三种是布局绕线后的仿真。选择第三种仿真，在下方可以选择 Language（语言）种类，这里默认为"Verilog"。单击"Next"按钮可以看到添加仿真文件界面，如图 7-98 所示，默认把刚才生成的.vo 文件和.sdf 文件都添加进去，这里单击界面中的加号按钮来添加文件，把测试文件也添加进去。

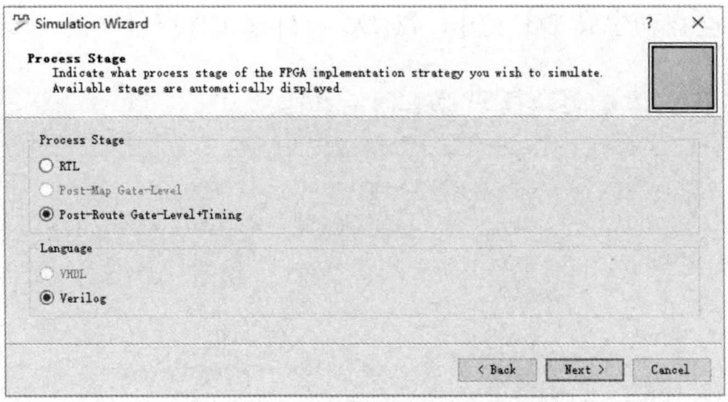

图 7-97　选择仿真类型

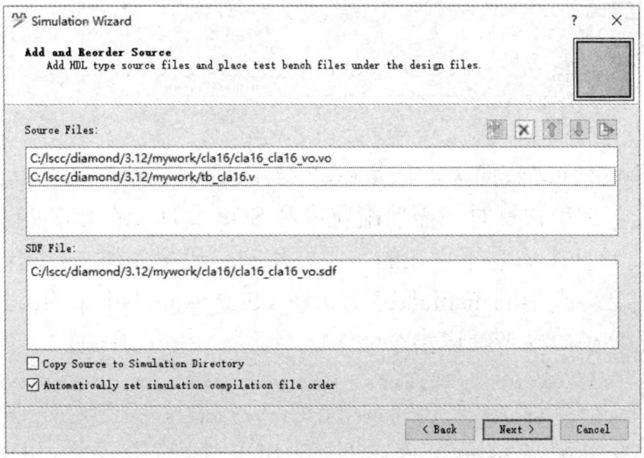

图 7-98　添加仿真文件界面

最后是确认信息，如图 7-99 所示，勾选左下角的"Run simulator"复选框，单击"Finish"按钮就可以启动 ModelSim。ModelSim 启动后会自动编译设计文件和测试文件，然后等待操作。如果同时勾选了下方的"Add top-level signals to waveform display"和"Run simulation"复选框，则会启动仿真并运行。但是由于库文件没有编译，所以本实例中不直接仿真。

图 7-99　确认信息

Diamond 软件会自动生成 Do 文件，该 Do 文件在工作路径下的 cosim 文件夹中，后缀为.mdo，内容如下：

```
if {![file exists "C:/lscc/diamond/3.12/mywork/cosim/cosim.mpf"]} {
    project new "C:/lscc/diamond/3.12/mywork/cosim" cosim
    project addfile "C:/lscc/diamond/3.12/mywork/cla16/cla16_cla16_vo.vo"
    project addfile "C:/lscc/diamond/3.12/mywork/tb_cla16.v"
    vlib work
    vdel -lib work -all
    vlib work
    vlog +incdir+C:/lscc/diamond/3.12/mywork/cla16 -work work "C:/lscc/
diamond/3.12/mywork/cla16/cla16_cla16_vo.vo"
    vlog +incdir+C:/lscc/diamond/3.12/mywork -work work "C:/lscc/diamond/
3.12/mywork/tb_cla16.v"
} else {
    project open "C:/lscc/diamond/3.12/mywork/cosim/cosim"
    project compileoutofdate
}
```

可以看到这个 Do 文件比较简单，只是启动 ModelSim 并编译文件，并不继续运行，需要用户手动来操作仿真。启动仿真时还需要配置库和 SDF 文件。在图 7-99 中就可以看到，仿真库有两个 pmi 和 xp，这两个库是不存在的，需要用户自己事先建立，这两个模型库的 Verilog 文件在 Diamond 安装文件夹中的 diamond/3.12/cae_library/simulation/Verilog/目录下可以找到。建立的方法就不再重复了，参考编译指令如下：

```
vlog -work pmi C:/lscc/diamond/3.12/cae_library/simulation/Verilog/pmi/*
vlog -work xp C:/lscc/diamond/3.12/cae_library/simulation/Verilog/xp/*
```

在仿真的库标签中配置这两个库，并在 SDF 标签中添加 SDF 文件和作用范围 /tb_cla16/my_cla，如图 7-100～图 7-102 所示。

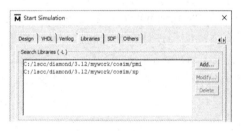

图 7-100　链接库

图 7-101　添加 SDF 文件

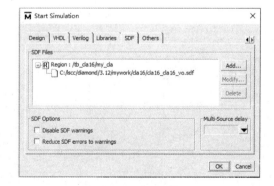

图 7-102　链接 SDF 文件

配置好这些信息后，运行仿真并执行 run 1 000ns 命令，就可以得到图 7-103 所示的波形图，可以看到 a 和 b 的输入值都延迟一段时间才得到输出值 sum。

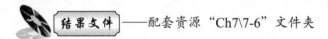
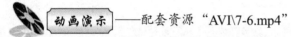

图 7-103　仿真波形

实例 7-6　使用 ModelSim 对 Diamond 生成的文件进行后仿真

本实例中使用的依然是实例 7-5 中的 16 位超前进位加法器，采用的方法是先使用 Diamond 生成后仿真所需的文件，然后使用 ModelSim 进行后仿真。

结果文件——配套资源"Ch7\7-6"文件夹

动画演示——配套资源"AVI\7-6.mp4"

（1）用 Diamond 生成后仿真所需文件。

本实例先生成.vo 和 SDF 文件，操作流程和实例 7-5 中的第（1）步一样，可参考之前的内容，本实例中不再重复。编译结束之后，会生成.vo 和 SDF 文件，可以在工作路径的 cla16 文件夹中找到它们，也可以直接使用配套资源中的文件。把这两个文件复制到 ModelSim 的工作路径下备用。

（2）使用 ModelSim 进行后仿真。

先要建立一个器件库，使用 ModelSim 的新建库命令，生成一个名为"Lattice"的器件库，如图 7-104 所示。找到 Lattice 对应的器件库模型文件，在 C:/lscc/ diamond/3.12/cae_library/simulation/verilog/xp 路径下，把这个文件夹中的所有 Verilog 文件都编译到库中，注意选择库的名称，不要编译到默认的 work 库里，以免 work 库中模块过多产生混乱，如图 7-105 所示。

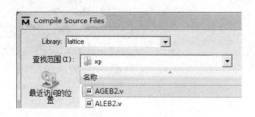

图 7-104　新建库　　　　　　　　　图 7-105　编译器件库

编译结束后就可以在 Library 标签中看到库的内容，如图 7-106 所示。还要把生成的 SDF 文件链接到设计里，这里采用修改代码的方式，打开.vo 文件，在其中添加以下代码：

```
initial $sdf_annotate("C:/lscc/diamond/3.12/mywork/cosim/cla16_
                      cla16_vo.sdf");
```

或者确认 SDF 文件和.vo 文件都在工作路径下，也可以输入：

```
initial $sdf_annotate("cla16_cla16_vo.sdf");
```

这样，在仿真.vo 文件的时候，采用这个系统函数就可以直接找到对应的 SDF 文件，两条语句中一条是绝对路径，另一条是相对路径。改完.vo 文件后，启动仿真，在 Libraries 标签页中指向刚刚生成的 lattice 库，如图 7-107 所示。

确认设置后启动仿真，ModelSim 命令窗口有以下提示信息，只要是 SDF 文件成功载入了，运行的仿真就是后仿真。

```
Loading instances from C:/lscc/diamond/3.12/mywork/cla16/cla16_cla16_vo.sdf
# Loading timing data from C:/lscc/diamond/3.12/mywork/cla16/
cla16_cla16_vo.sdf
# ** Note: (vsim-3587) SDF Backannotation Successfully Completed.
#   Time: 0 ps  Iteration: 0  Instance: /tb_cla16 File: C:/lscc/diamond/
3.12/mywork/tb_cla16.v
```

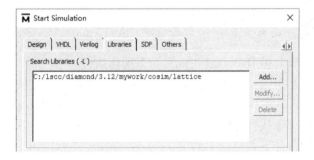

图 7-106　器件库　　　　　　　　　　图 7-107　链接器件库

最后运行仿真，生成图 7-108 所示的波形，与实例 7-5 相似。由于测试平台使用的是随机数的形式，所以测试输入会不一样。

图 7-108　时序仿真波形

第8章

ModelSim 的文件和脚本

8

本章补充介绍前面使用到的一些文件格式，如 SDF 文件、VCD 文件，并简单讲解 ModelSim 中的 Tcl 命令，在 ModelSim 中常用的 Do 文件就是用 Tcl 语言编写的。

此外，本书还对 Linux 系统下的 ModelSim 安装和使用进行了简单介绍，使读者在 Linux 系统中可顺利使用 ModelSim 及脚本进行配置、编译、仿真和波形查看。

 本章内容

- SDF 文件的编译和使用
- 使用 VCD 文件
- ModelSim 中的 Tcl 命令
- 宏的相关知识

 本章案例

- 使用 Do 文件运行仿真
- Linux 下简单的验证实例

8.1 SDF 文件

在第 7 章后仿真内容的介绍中，SDF 文件就已经出现了。SDF（Standard Delay Format，标准延迟格式）文件作为后仿真的必需文件，其内部包含着标准格式书写的延迟信息。在仿真过程中把这些信息标注到源文件中，就可以进行后仿真。

8.1.1 SDF 文件的指定和编译

在使用 SDF 文件前，需要指定使用到的 SDF 文件，可以从窗口选项中指定，也可以使用命令行形式指定。

使用窗口选项指定 SDF 文件是在开始仿真的时刻，在 Start Simulation 窗口的 SDF 标签中进行设置。该标签在 VHDL 仿真部分已经介绍过了。这里选择添加 SDF 文件（单击 SDF 标签中的"Add"按钮），在弹出的对话框中指定 SDF 文件和作用区域，如图 8-1 所示。需要注意的是，给出的 SDF 文件是一个路径名形式。例如，"H:/modeltech64_2020.4/examples/7-2/fpadd_v.sdo"（.sdo 是 Quartus 软件生成的 SDF 文件，仅后缀不同，功能就是 SDF 文件功能），Apply to Region 部分用来指定该 SDF 文件作用的设计层次，如"/tb_cla/my_cla"。而且 SDF 指定的实例名称一定要正确，如"my_divclk3"就是实例化的名称，而非原始文件的名称。如果不能确定正确的层次名称，则完全可以先正常启动仿真，再在 sim 标签所示结构中选择需要作用的层次区域，使用右键中的复制命令即可保存正确的层次名称。在对话框的右下角还要选择延迟类型，默认为典型延迟。

指定了 SDF 文件后，单击"OK"按钮即可看到在 SDF 标签中出现的显示，如图 8-2 所示，大写的 R 标志是作用区域，下方的子分支是调用的 SDF 文件。如果需要添加不同的 SDF 文件，则需要一一对这些文件进行指定，所有指定的 SDF 文件和作用区域都会在这里显示。

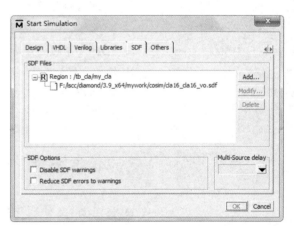

图 8-1　指定 SDF 文件和作用区域　　　　　　图 8-2　添加后的文件

使用命令行形式可以为实例指定 SDF 文件，命令参数的基本格式如下：

```
-sdfmin [<instance>=]<filename>
-sdftyp [<instance>=]<filename>
-sdfmax [<instance>=]<filename>
```

这里之所以有三种命令格式，是因为对应着三种不同的延迟值。在前面的内容中也曾介绍过，延迟时间是由最小延迟（-sdfmin）、典型延迟（-sdftyp）和最大延迟（-sdfmax）三个值构成的，在调用 SDF 文件的时候，需要人为指定使用哪种情况对应的值（使用窗口选项时可以在图 8-1 所示的对话框中选择 Delay 来指定）。最大延迟是设计性能最糟糕情况下的时序表现，典型延迟是设计性能普遍情况下的时序表现，最小延迟是设计性能最佳时的时序表现。该命令参数是在 vsim 命令引导下使用的，instance 是实例名称，filename 是文件名称，对以上两图中指定的 SDF 文件，使用命令行形式应输入以下命令：

```
vsim  -sdftyp  /tb_fpadd/my_fulladd  =  H:/modeltech64_2020.4/examples/7-
2/fpadd_v.sdo work.tb_fpadd
```

该命令中最后的"work.tb_fpadd"是仿真的模块名称，vsim 是仿真命令，中间部分是延迟类型的选择和 SDF 文件的指定，这里使用"-sdftyp"指定典型时间延迟。如果有多个 SDF 文件要指定，则可以使用多个"[<instance>=]<filename>"结构，每个等式间用空格隔开。

使用以上两种方式运行仿真，在仿真的时候 ModelSim 就会调用 SDF 文件进行后仿真，作为后仿真的标志，在 ModelSim 的命令窗口中会有以下提示信息：

```
# ** Note: (vsim-3587) SDF Backannotation Successfully Completed.
#   Time: 0 ps  Iteration: 0  Region: /tb_fpadd
File: H:/modeltech64_2020.4/examples/7-2/tb_fpadd.v
```

这个提示信息是功能仿真的时候没有的，出现了该提示信息即表示调用 SDF 文件后仿真被成功启动。

ModelSim 可以使用 sdfcom 命令编译 SDF 文件，基本命令格式如下：

```
sdfcom[-maxdelays][-mindelays][-typdelays]<source_file> <output_file>
```

该命令可以对一个已有的 SDF 文件进行编译，已有的 SDF 文件在<source_file>位置指定，在<output_file>位置指定输出的文件名。命令中的三个延迟信息和前面的三种延迟是相同的，要注意，如果使用 sdfcom 命令编译的 SDF 文件，指定了-maxdelays/-mindelays/-typdelays 延迟参数，那么在 vsim 中再次使用-sdfmin/-sdftyp/-sdfmax 命令就是无效的。sdfcom 命令会自动压缩原始的 SDF 文件，使用编译后的 SDF 文件进行后仿真可以加快加载速度。

SDF 文件格式是 Verilog 语言中最先被提出的，所以在 Verilog 语言中也支持 SDF 文件的标注，可以利用 Verilog 自带的系统函数$sdf_annotate 完成该功能。如下：

```
initial $sdf_annotate("fpadd_v.sdo");
```

使用 initial 模块添加该$sdf_annotate 函数，在函数内指定 SDF 文件名称，如果 Verilog 文件和 SDF 文件不在同一目录下，则可以给出 SDF 文件的绝对路径名称，为了避免出现 error，推荐把源文件和 SDF 文件放在同一个文件夹中。另外，使用该函数需要注意以下几点。

- $sdf_annotate()函数不能使用时间延迟，如下就是不允许的。

```
initial #10 $sdf_annotate(fpadd_v.sdo);
```

- $sdf_annotate()函数不能使用 if 语句，如下也是不允许的。

```
if (doSdf) $sdf_annotate(fpadd_v.sdo);
```

- 如果多个$sdf_annotate()函数同样重要，那么必须把这些$sdf_annotate()函数放在同一个 initial 块中。

该例子仅仅是一个最简单的$sdf_annotate 函数的使用，在后面 Verilog 的 SDF 文件中会给出完整的函数定义。

8.1.2　VHDL 的 SDF 文件

VHDL 的 SDF 文件仅作用在 VITAL 库单元。IEEE1076.4 VITAL ASIC 模型规范描述了库单元对 SDF 标注的支持。一般来说，不需要关心 SDF 文件内部的细节，只要提供的厂商给出了规范，说明可以使用 SDF 文件标注，就表示该厂商已经可以在指定的工具软件下兼容该 SDF 文件和 VITAL 库单元，只需要按照提供的例子使用即可。

一个 SDF 文件包含设计中的延迟信息和时序约束，在 VHDL 文件中，每个 SDF 文件中的时序约束都会映射到一个 VITAL 模型规范中指定的参数名称上，标注信息定位到模型根据 SDF 文件中的时序值进行更新。如果在标注信息中找不到这些库单元或命名参数就会报错。表 8-1 所示为 SDF 结构及其对应参数。

表 8-1 SDF 结构及其对应参数

SDF 结构	匹配的 VHDL 参数名
(IOPATH a y (3))	tpd_a_y
(IOPATH (posedge clk) q (1) (2))	tpd_clk_q_posedge
(INTERCONNECT u1/y u2/a (5))	tipd_a
(SETUP d (posedge clk) (5))	tsetup_d_clk_noedge_posedge
(HOLD (negedge d) (posedge clk) (5))	thold_d_clk_negedge_posedge
(SETUPHOLD d clk (5) (5))	tsetup_d_clk & thold_d_clk
(WIDTH (COND (reset==1'b0) clk) (5))	tpw_clk_reset_eq_0

8.1.3 Verilog 的 SDF 文件

Verilog 设计能够使用命令行形式或直接在 Verilog 中使用$sdf_annotate 函数进行时序标注。使用命令行形式时，对设计文件的标注动作发生在设计被输入之后且在任何的仿真时间没有发生之前。使用$sdf_annotate 函数对设计文件进行标注的动作发生在该函数在 Verilog 源文件中被调用的时刻。由于$sdf_annotate 函数本身也是 Verilog 代码的一部分，所以它的执行也是按照 Verilog 文件的执行顺序进行的，只有在执行到该$sdf_annotate 函数所在的块时才能进行时序标注，这种方法也比命令行形式提供了更多的灵活性。$sdf_annotate 函数的完整定义如下：

```
$sdf_annotate(["<sdffile>"],[<instance>],["<config_file>"],["<log_file>"],
              ["<mtm_spec>"], ["<scale_factor>"], ["<scale_type>"]);
```

在 8.1.1 节中只给出了一个最简单的$sdf_annotate 函数使用的例子，即仅使用到了["<sdffile>"]参数部分，用来指定 SDF 文件。其他参数的定义如下。

- instance（实例）：用来指定被标注实例的层次化名称，在默认情况下（该参数缺失情况下），这个实例名称就是当前$sdf_annotate 函数所在的实例。
- config_file（配置文件）：指定了当前配置文件，也和 sdffile 部分一样，是一个字符串的形式，指定到一个文件。这个参数是保留参数，本书中使用的 ModelSim 版本并不支持，是被忽略的语法。
- log_file（日志文件）：指定了日志文件，在当前版本中同样是被忽略的。
- mtm_spec（延迟指定）：指定了延迟信息的选择，mtm_spec 即"minimum、typical、maximum delay specify"，指定三种延迟类型，这里也是字符串的形式，可以选择输入 minimum、typical、maximum 或 tool_control。最后的 tool_control 的意思是指根据命令行中的+mindelays、+typdelays 或+maxdelays（默认是+typdelays）来执行。这个参数是可选的。
- scale_factor（标度因子）：指定延迟的标度因子。这里使用的形式是"<min_mult>:<typ_mult>:<max_mult>"，每个因数都是实数，且与 SDF 文件中的 scale

数据相对应。

- scale_type（标度类型）：覆盖在 mtm_spec 参数中指定的延迟选择，如果两个参数都出现，则 mtm_spec 参数被废除。scale_type 参数也是字符串形式，可以出现的字符串包括 from_min、from_minimum、from_typ、from_typical、from_max、from_maximum 和 from_mtm。前六个字符串分别对应着最小、典型、最大三种延迟，最后的 from_mtm 以 mtm_spec 参数为准。默认情况下该参数的实际值就是 from_mtm，表示使用前面参数中定义的延迟类型。

使用该函数的时候要特别注意，除 instance 参数外，其他的参数都要使用 "" 符号来标注，否则编译的时候编译器会报错。结合上述的介绍，这里给出该函数的几个简单例子，第一个例子比较简单，命令如下：

```
$sdf_annotate("my_design.sdf", tb_top.cpu);
```

这里在 8.1.1 节例子的基础上添加了一个实例名称，当 Verilog 指定到该函数的时候，就自动为设计中的 tb_top.cpu 层次标注延迟信息，标注文件来源于 my_design.sdf。后面的几个参数由于没有使用，所以不需要列出，直接省略即可。

第二个 $sdf_annotate 的使用例子如下：

```
$sdf_annotate("my_design.sdf", tb_top.cpu, , , "tool_control");
```

这个例子在上例的基础上添加了 mtm_spec 参数的指定，这里给出的参数是 tool_control，即工具选择。由于在 mtm_spec 参数前面还有两个参数，这两个参数采用默认值，可以写也可以不写，如果不写，则需要用逗号隔开，两个逗号之间是一个参数，这里给出一个特别的例子，在最后的 scale_type 参数中给出值 from_mtm，在该参数之前的四个参数都是默认情况，如果不写出具体默认值，就会是以下的命令形式：

```
$sdf_annotate("my_design.sdf", tb_top.cpu, , , , , "from_mtm");
```

这里的参数设置，初学者往往会和 ModelSim 中的命令弄混，需要格外强调，$sdf_annotate 函数是 Verilog 中的函数，它的参数位置十分严格，不能更改位置，未给出的参数可以用逗号隔开，如果逗号出现在参数的末尾，则逗号可以省略，如给出的第一个例子也可以写成：

```
$sdf_annotate("my_design.sdf", tb_top.cpu, , , , ,);
```

但是由于逗号在末尾，可以把逗号全部省略而变成第一个例子的形式，这样的省略不会造成影响。但是第二个例子中的逗号就是不可省略的，否则会造成参数识别的错误。由于经常使用 ModelSim，在 ModelSim 中使用命令行形式时命令参数的位置是较随意的，可以先 a 后 b 或先 b 后 a，初学时容易把函数 $sdf_annotate 误认为和 ModelSim 类似，进而设置错参数。对此，只要在使用中明确 $sdf_annotate 函数属于 Verilog 语法，而不属于 Tcl 语言，即可明辨。

8.1.4　SDF 文件信息

现在给出 VHDL 和 Verilog 两种文件格式对应的 SDF 文件，由于文件较长，这里只给出一部分。VHDL 对应的 SDF 文件内容如下：

```
// This SDF file should be used for ModelSim (VHDL) only

(DELAYFILE
  (SDFVERSION "2.1")
```

```
(DESIGN "divclk3")
(DATE "08/09/2016 23:26:43")
(VENDOR "Altera")
(PROGRAM "Quartus II")
(VERSION "Version 12.1 04/30/2007 SJ Full Version")
(DIVIDER .)
(TIMESCALE 1 ps)

(CELL
  (CELLTYPE "stratixii_clkctrl")
  (INSTANCE \\clk_in\~clkctrl\\)
  (DELAY
    (ABSOLUTE
      (PORT inclk[0] (338:338:338) (343:343:343))
    )
  )
)
(CELL
  (CELLTYPE "stratixii_ena_reg")
  (INSTANCE \\clk_in\~clkctrl\\.extena0_reg)
  (DELAY
    (ABSOLUTE
      (PORT d (0:0:0) (0:0:0))
      (PORT clk (0:0:0) (0:0:0))
      (IOPATH (posedge clk) q (85:85:85) (85:85:85))
    )
  )
  (TIMINGCHECK
    (SETUP d (posedge clk) (49:49:49))
    (HOLD d (posedge clk) (49:49:49))
  )
)
......
//以下重复（CELL）形式直至文件结束
```

下面是 Verilog 对应的 SDF 文件内容：

```
// This SDF file should be used for ModelSim (Verilog) only

(DELAYFILE
  (SDFVERSION "2.1")
  (DESIGN "divclk3")
  (DATE "08/09/2009 21:42:21")
  (VENDOR "Altera")
  (PROGRAM "Quartus II")
  (VERSION "Version 7.1 Build 156 04/30/2007 SJ Full Version")
  (DIVIDER .)
  (TIMESCALE 1 ps)
```

```
(CELL
  (CELLTYPE "stratixii_clkctrl")
  (INSTANCE clk_in\~clkctrl)
  (DELAY
    (ABSOLUTE
      (PORT inclk[0] (338:338:338) (343:343:343))
    )
  )
)
(CELL
  (CELLTYPE "stratixii_ena_reg")
  (INSTANCE clk_in\~clkctrl.extena0_reg)
  (DELAY
    (ABSOLUTE
      (PORT d (0:0:0) (0:0:0))
      (PORT clk (0:0:0) (0:0:0))
      (IOPATH (posedge clk) q (85:85:85) (85:85:85))
    )
  )
  (TIMINGCHECK
    (SETUP d (posedge clk) (49:49:49))
    (HOLD d (posedge clk) (49:49:49))
  )
)
......
```
//以下重复（CELL）形式直至文件结束

　　这里的信息设计者一般不需要掌握，只需要能够使用即可。由于 SDF 文件是一个标准文件，也可以看到 VHDL 使用的 SDF 文件和 Verilog 使用的 SDF 文件在格式和形式上都没有差别，只是在实例的引用上出现了不同。例如，在两段代码中的第一个 CELL 单元对时钟单元的实例化引用，VHDL 对应的 SDF 文件是"(INSTANCE \\clk_in\~clkctrl\\)"，而 Verilog 对应的 SDF 文件是"(INSTANCE clk_in\~clkctrl)"，除这部分外，其他的文件内容都是相同的。

8.2　VCD 文件

　　VCD（Value Change Dump）文件在 IEEE 1364 标准中的定义，是一种 ASCII 码文件。该文件中包含了头信息、变量的定义和变量值的变化等信息。VCD 格式可以在 Verilog 设计中通用，并且可以在 Verilog 源代码中利用 VCD 系统任务生成 VCD 文件。ModelSim 提供了与这些系统任务等价的命令，使 VCD 文件也可以使用在 VHDL 设计中。ModelSim 的这些命令可以用在 VHDL、Verilog 和混合设计中。

8.2.1　创建一个 VCD 文件

　　在 ModelSim 中创建 VCD 文件有两种不同的流程，一种流程创建的是四态的 VCD 文件，包含的四种状态是 0、1、X 和 Z，不包含信号的强度信息；另一种流程提供扩展的 VCD 文件件，这种流程创建的文件中包括参数值的全部变化状态、强度信息和端口驱动数据。这两种流程都可以获得端口的驱动数据，下面依次介绍这两种流程。

第一种流程中，假设添加文件 tb_divclk3.v 和 divclk3.v，首先要把文件进行编译，编译之后可以在 ModelSim 中依次输入以下的命令来生成一个 VCD 文件：

```
vsim -VOptargs=+acc tb_divclk3
vcd file myvcdfile.vcd
vcd add /tb_divclk3/*
run -all
quit -sim
```

上述的命令中，vsim -VOptargs=+acc tb_divclk3 是仿真命令，需要启动仿真才能创建 VCD 文件；vcd file myvcdfile.vcd 命令用来打开一个 VCD 文件，这里创建的是一个 myvcdfile.vcd 的文件，如果文件夹中没有该文件，则会自动创建一个；vcd add /tb_divclk3/*用来添加信号值，添加的方式和仿真中添加信号的方式基本相同，只是需要使用 VCD 命令；run 用来运行仿真，产生信号变化；quit -sim 命令退出仿真，这里也可以使用 quit -f 命令，则会退出 ModelSim 界面。这时在工程中指定的文件夹里就会生成一个 myvcdfile.vcd 的文件，可以打开查看，其部分内容如图 8-3 所示。

第二种流程也采用第一种流程中的文件，在 ModelSim 命令行中依次输入以下命令可以得到一个全状态的 VCD 文件：

```
vsim -novopt tb_divclk3
vcd dumpports -file fullvcdfile.vcd /tb_divclk3/my_divclk3/*
run -all
quit -sim
```

这些命令中除了第二行，其他各行的功能和第一种流程中的功能一样。vcd dumpports -file fullvcdfile.vcd 是向文件 fullvcdfile.vcd 添加信号，后面的/tb_divclk3/my_divclk3/*指定了信号的名称。执行完上述命令后，打开工程文件夹，可以找到 fullvcdfile.vcd 文件，该文件信息如图 8-4 所示，可以看到存储的值有很大不同。

图 8-3　四态 VCD 文件信息

图 8-4　全状态 VCD 文件信息

除了这两种流程，还可以使用 Verilog 中自带的任务来创建一个 VCD 文件。由于这种流程不是本书重点介绍的内容，这里只进行简单的介绍，并不深入讨论。Verilog 中用于创建 VCD 文件的系统函数主要有以下几个。

- $dumpfile("filename.dump")：打开一个 VCD 文件并用于记录。

- $dumpvars()：选择要记录的信号。
- $dumpflush：将 VCD 数据保存到磁盘。
- $dumpoff：停止记录。
- $dumpon：重新开始记录。
- $dumplimit()：限制 VCD 文件的大小（以字节为单位）。
- $dumpall：记录所有指定的信号值。

举例来说，使用上述两个流程中的文件，可以在顶层的测试平台中使用以下的块结构来记录一个 VCD 文件：

```
initial begin
    $dumpfile("wave.dump");
    $dumpvars(0,tb_divclk3);
    #100000;
    $dumpflush;
    $stop;
end
```

使用了这个初始化语句块后，正常执行一个仿真，在退出仿真后，会在工程文件夹中找到文件 wave.dump，打开文件可观察到内部的信息，如图 8-5 所示。

图 8-5　使用 Verilog 函数生成的 VCD 文件

8.2.2　使用 VCD 作为激励

采用第二种流程保存好一个 VCD 文件后，可以使用该扩展格式的 VCD 文件重新进行仿真。使用 VCD 文件作为激励的一般过程包含以下两个步骤。

- 使用 vcd dumpports 命令创建一个 VCD 文件。
- 在 vsim 中使用-vcdstim 命令参数重新仿真设计单元，要注意使用该参数一定要对应先前 ModelSim 仿真时生成的 VCD 文件。

举一个简单的例子，依然使用 8.2.1 节中的文件 tb_divclk3.v 和 divclk3.v，依次在 ModelSim 中输入以下命令：

```
vsim -VOptargs=+acc tb_divclk3
vcd dumpports -file fullvcdfile.vcd /tb_divclk3/my_divclk3/*
run
quit -sim
```

这种流程生成了一个 VCD 文件，各条命令的含义已经介绍过了。如果要使用这个生成的全状态的 VCD 文件进行仿真，则可以输入以下命令：

```
vsim -VOptargs=+acc -vcdstim fullvcdfile.vcd divclk3
add wave /divclk3/*
run
```

第一条语句是使用 vsim -VOptargs=+acc -vcdstim fullvcdfile.vcd divclk3，指定 fullvcdfile.vcd 作为设计单元 divclk3 的激励文件；第二条语句是普通的添加观察信号的命令；第三条语句是运行仿真。依次执行上述命令之后，就可以重新运行仿真了。这里需要注意一个问题，就是设计单元名称和实例名称。例如，在这个例子中，顶层文件是 tb_divclk3.v，这是激励文件，设计文件是 divclk3.v，这个文件是实际的设计单元，在顶层模块中调用设计单元，实例化的名称是"my_divclk3"。所以在第一步生成全状态 VCD 文件的时候，指定添加到 VCD 文件中的信号名为"/tb_divclk3/my_divclk3/*"。但是在重新使用该 VCD 文件仿真的时候，由于仿真的文件不再是顶层的激励文件，而是直接仿真设计单元 divclk3，所以 vsim 命令中使用的是 vsim divclk3，而不是 vsim my_divclk3，用户要注意这点区别，否则 ModelSim 会报错误。

命令参数-vcdstim 还有另外一个功能，可以从 VCD 文件中提取输出值来代替实例化模块。举例来说，有一个顶层的模块 top，内部有三个实例化模块 A、B 和 C。可以按以下方式来代替实例。首先，要为所有要代替的实例分别创建一个 VCD 文件，依然要创建全状态的 VCD 文件，假设要代替所有的实例，可以使用以下命令：

```
vcd dumpports -vcdstim -file a.vcd /top/A/*
vcd dumpports -vcdstim -file b.vcd /top/B/*
vcd dumpports -vcdstim -file c.vcd /top/C/*
run 1000
```

这三条命令前面已经介绍过，接下来可以用刚生成的三个 VCD 文件来代替原有的设计文件，使用以下命令：

```
vsim top-vcdstim/top/A=a.vcd-vcdstim/top/B=b.vcd-vcdstim /top/C=c.vcd
```

这条命令中"vsim top"是仿真顶层模块，接下来的"-vcdstim <instance>=<filename>"的格式是指定替换的实例化模块。例如，命令中的"-vcdstim /top/A=a.vcd"就是利用 a.vcd 文件代替实例化模块 A。执行这条命令后就可以代替 top 模块中的三个实例化模块 A、B 和 C，进行正常的仿真。

8.2.3　VCD 任务

ModelSim 中的 VCD 命令与 IEEE 1364 VCD 系统任务的对应关系，如表 8-2 所示。

表 8-2　ModelSim 中的 VCD 命令与 IEEE 1364 VCD 系统任务的对应关系

VCD 命令	VCD 系统任务	VCD 命令	VCD 系统任务
vcd add	$dumpvars	vcd limit	$dumplimit
vcd checkpoint	$dumpall	vcd off	$dumpoff
vcd file	$dumpfile	vcd on	$dumpon
vcd flush	$dumpflush	—	—

ModelSim 同样支持扩展的 VCD 文件，表 8-3 给出了 ModelSim 中的 VCD dumpports 命令与 VCD 系统任务的对应关系。

表 8-3　VCD dumpports 命令与 VCD 系统任务的对应关系

VCD dumpports 命令	VCD 系统任务	VCD dumpports 命令	VCD 系统任务
vcd dumpports	$dumpports	vcd dumpportslimit	$dumpportslimit
vcd dumpportsall	$dumpportsall	vcd dumpportsoff	$dumpportsoff
vcd dumpportsflush	$dumpportsflush	vcd dumpportson	$dumpportson

ModelSim 还支持多 VCD 文件。这个功能是 IEEE 1364 功能的扩展，表 8-4 中列出了这些扩展任务，这些任务与表 8-2 中列出的任务基本相同，只是支持了多 VCD 文件的使用。例如，$fdumpfile 任务相比$dumpfile 任务可以调用多个 VCD 文件，如果使用$dumpfile 任务调用多个文件时 ModelSim 就会报错。

表 8-4　多 VCD 文件扩展

VCD 命令	VCD 系统任务	VCD 命令	VCD 系统任务
vcd add -file <filename>	$fdumpvars	vcd limit <filename>	$fdumplimit
vcd checkpoint <filename>	$fdumpall	vcd off <filename>	$fdumpoff
vcd files <filename>	$fdumpfile	vcd on <filename>	$fdumpon
vcd flush <filename>	$fdumpflush	—	—

在 ModelSim 中还提供了压缩 VCD 文件的功能，压缩格式是 gzip。系统函数的语法不能改变，所以只能指定输出文件名的扩展名称，如果指定了文件的后缀为 ".gz"，ModelSim 就会压缩输出的文件。

8.2.4　端口驱动数据

一些 ASIC 厂商的工具包可以读取提供了端口驱动细节参数的 VCD 文件。这些信息可以被使用，如用来驱动一个测试器。在 ModelSim 中使用 vcd dumpports 命令来创建一个捕获端口驱动数据的 VCD 文件。每次一个外部或内部的端口驱动改变了驱动值，一个新的数值变化就会被记录在 VCD 文件中，记录的格式如下：

```
p<state> <0 strength> <1 strength> <identifier_code>
```

在已知配置方式的情况下，驱动状态的信息如表 8-5 所示。

表 8-5　已知配置方式时的驱动状态

输入（测试装置）	输出（被测器件）	输入（测试装置）	输出（被测器件）
D low	L low	Z tri-state	T tri-state
U high	H high	d low（两个或更多驱动）	l low（两个或更多驱动）
N unknown	X unknown	u high（两个或更多驱动）	h high（两个或更多驱动）

在未知配置方式的情况下，驱动状态的信息如表 8-6 所示。

表 8-6　未知配置方式时的驱动状态

未知配置方式时
0 low（输入和输出驱动都是 low）
1 high（输入和输出驱动都是 high）
? unknown（输入和输出驱动均未知 unknown）
F three-state（输入和输出未连接）
A unknown（输入驱动 low，输出驱动 high）
a unknown（输入驱动 low，输出驱动未知 unknown）
B unknown（输入驱动 high，输出驱动 low）
b unknown（输入驱动 high，输出驱动未知 unknown）
C unknown（输入驱动未知 unknown，输出驱动 low）
c unknown（输入驱动未知 unknown，输出驱动 high）
f unknown（输入和输出是三态 three-state）

　　驱动的强度是指 0 和 1 信号的强度值，在 Verilog 中，强度值分为 8 个等级，从最低的 0 级到最高的 8 级。表 8-7 中给出了这些强度等级，并给出了 VHDL 中的对应关系。

表 8-7　驱动强度值

强　　　度	VHDL 中 std_logic 的映射值
0 highz	'Z'
1 small	无
2 medium	无
3 weak	无
4 large	无
5 pull	'W', 'H', 'L'
6 strong	'U', 'X', '0', '1'
7 supply	无

　　这里给出一个简单的示例，在表 8-8 中是一个驱动数值变化的例子，给出了详细的变化信息。

表 8-8　驱动数值变化

时　　间	输　入　值	输　出　值	输入强度（range）	输出强度（range）
0	0	0	7（strong）	7（strong）
100	0	0	6（strong）	7（strong）
200	0	0	5（strong）	7（strong）
300	0	0	4（weak）	7（strong）
400	1	0	6（strong）	7（strong）
500	1	1	5（strong）	4（weak）
600	1	1	4（weak）	4（weak）

　　输出的 VCD 文件内容如表 8-9 所示。

表 8-9　输出的 VCD 文件内容

带有强度范围的 VCD 文件	忽略强度范围的 VCD 文件
#0	#0
p0 7 0 <0	p0 7 0 <0
#100	#100
p0 7 0 <0	pL 7 0 <0
#200	#200
p0 7 0 <0	pL 7 0 <0
#300	#300
pL 7 0 <0	pL 7 0 <0
#400	#400
pB 7 0 <0	pL 7 0 <0
#500	#500
pU 0 5 <0	pU 0 5 <0
#600	#600
p1 0 4 <0	p1 0 4 <0

对 VCD 文件内部的信息，一般情况下不要求掌握具体的含义，只要能够在实际应用中正确使用即可。如果有兴趣和能力则可以深入研究该文件的内容编写模式，如果只是使用 VCD 文件进行存储和激励，在内容信息的意义上则完全可以不必纠结。

8.3　Tcl 和 Do 文件

Tcl 的全称是 Tool Command Language，它是当今 EDA 软件系统中普遍采用的一种脚本语言，ModelSim 软件中使用的也是 Tcl 语言。ModelSim 中的宏文件（Do 文件）也是一个简易的 Tcl 脚本。有关 Tcl 的用法完全可以另写一本书，这里只简单介绍一些 Tcl 语言的基本命令和语法，以及 ModelSim 中相关的 Tcl 命令。

8.3.1　Tcl 命令

本版本的 ModelSim 所使用的 Tcl 命令，如果需要详细的使用语法和手册，则可以在菜单栏中选择"Help"→"Tcl Man Pages"选项。该命令会调用图 8-6 所示的 Tcl 手册，该手册是一个超链接的形式，可以单击链接查看具体的命令和语法信息。

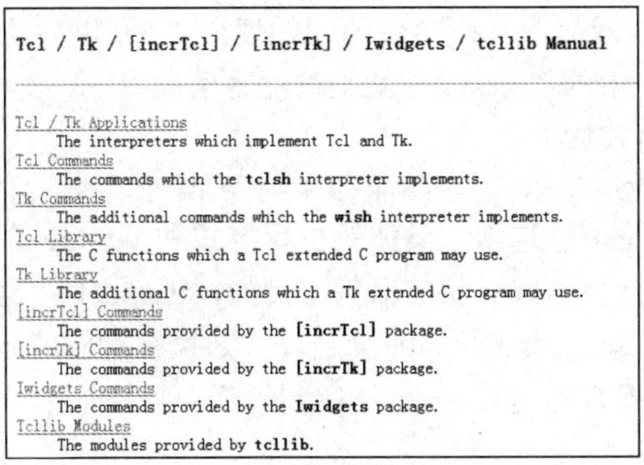

图 8-6　Tcl 手册

8.3.2　Tcl 语法

Tcl 语法有很多，这里总结一些常用的和具有普遍意义的语法规则，作为 Tcl 学习的一个引子。如果需要学习详细的 Tcl 命令，则可以阅读更加专业的书籍。

- 一个 Tcl 脚本可以包含一个或多个命令。命令之间必须用换行符或分号隔开，如"set a 01；set b 1"这样是合法的。Tcl 的每个命令由一个命令名和一些参数构成，命令的第一个词代表命令名，另外的词则是该命令对应的参数，单词之间必须用空格或 Tab 键隔开。

- Tcl 解释器对一个命令的求值分为分析和执行两步。在分析阶段，Tcl 解释器运用规则把命令分成一个个独立的部分，同时进行必要的置换；在执行阶段，Tcl 解释器会把第一个词当作命令名，并查看这个命令是否有定义，如果有定义就激活这个命令对应的 C/C++过程，并把剩余部分作为参数传递给该命令进行处理。

- Tcl 解释器对双引号""中的各种分隔符将不做处理（如空格、换行等），但是对$和()两种置换符会照常处理。而在花括号{}中，所有特殊字符都将成为普通字符，失去其特殊意义，Tcl 解释器不会对其做特殊处理。

- 变量置换由一个$符号标记，可以对一个赋值的变量取值。如果使用命令"set x 10；set y $x"，则 y 的值也会被赋予 10，这是因为在"set y $x"语句中$x 取值为 10，从而对 y 进行了赋值。

- 命令置换是由()括起来的 Tcl 命令及其参数，命令置换的简单例子如"set a (expr $b+10)"，这种命令方式会把()中的命令部分执行结果作为()外部命令部分的参数，即一个嵌套式的关系。在这个小例子中，"expr $b+10"先被执行，把该命令对应的运算结果返回给()外的命令，假设返回值也是 10，则命令就会变成"set a 10"。注意，()中必须是一个合法的 Tcl 脚本，最终的运行结果是最后一个命令的返回值。

- 反斜线置换使用符号"\"，功能类似于 Verilog 语言中的转义标识符，主要用于在单词符号中插入诸如换行符、空格、()符号、$符号等被 Tcl 解释器当成特殊符号对待的字符。例如，"set a back slash"命令会被报错，因为会把 back 和 slash 作为两个参数，从而不满足 set 的语法标准，这时修改命令为"set a back\slash"，虽然在反斜线后仍然有空格，但是此时由于加入了反斜线置换，Tcl 解释器不会认为这是一个空格，而把"back slash"作为一个整体赋值给 a。

- Tcl 中的注释符是"#"，这里的注释符用法和其他语言中注释符用法一样，需要在一行的开头使用，整行都会被注释掉，Tcl 解释器不会处理被注释的部分。另外，如果在同一行中使用"；"隔开命令，在命令的开始使用"#"也会注释掉该命令。例如，命令"set a 1；# set b 2"中的"set b 2"就是被注释的命令。

- Tcl if 命令语法的格式如下：

```
if expr1?then?body1 elseif expr2? then? body2 elseif …? else? bodyN?
```

命令中的"?"表示是可选选项，具体的执行方式和 Verilog 或 C 语言中的 if 语句类似，都是先判断表达式，再执行表达式对应的语句。例如，if expr1 就是一个判断，判断的条件必须是真（true）或是假（false），如果 expr1 满足真，则执行对应的 body1 部分，如果为假，则执行 elseif 语句部分（如果有的话）。一直执行到最后一条 elseif 分支或执行到表达式为真时为止。

- Tcl set 命令语法的格式如下：

```
set varName ?value?
```

命令中"？"同样表示可选选项。这个命令在前面已经使用到了，就是把 value 参数部分的值赋给 varName 指定的参数名。

8.3.3　ModelSim 的 Tcl 时序命令

ModelSim 中使用的命令都是 Tcl 命令，大多数在仿真中使用到的命令都已经随着前面的内容介绍到了。当然，由于 ModelSim 的命令数量庞大，不可能一一介绍，如果需要了解更详细的命令语法和使用方式，可以查询 ModelSim 自带的 cmds 手册（Command Reference）。

ModelSim 的时序命令主要提供了时间操作命令，包括转换命令（conversion）、关系命令（relation）和运算命令（arithmetic）。时间值可以包含单位，如果数值与单位之间没有空格就不需要引号，如果有空格就需要使用引号。例如，"10ns"和"10 ns"这些形式都是被允许的。所有的时间值都要转换成与当前时间刻度对应的 64 位整数形式，如果数值小于当前的时间刻度，则会被直接当成 0 处理，即被舍去。具体的命令形式和内容描述如表 8-10～表 8-12 所示。

表 8-10　转换命令

命　　令	描　　述
intToTime\<intHi32\>\<intLo32\>	把两个 32 位的数据转换成一个 64 位的数据（ModelSim 中的时间是 64 位整数形式）
RealToTim\<real\>	把一个实数转换成 64 位的整数形式
scaleTime\<time\>\<scaleFactor\>	返回 time 与标度因子 scaleFactor 的乘积值

表 8-11　关系命令

命　　令	描　　述	命　　令	描　　述
eqTime\<time\>\<time\>	关系为相等	gteTime\<time\>\<time\>	关系为大于或等于
neqTime\<time\>\<time\>	关系为不相等	ltTime\<time\>\<time\>	关系为小于
gtTime\<time\>\<time\>	关系为大于	lteTime\<time\>\<time\>	关系为小于或等于

所有的关系命令会返回一个 1（true）值或 0（false）值，根据这个返回值来执行 Tcl 的条件语句，命令如下：

```
if{{[gtTime  $NowTime 1000ns ]}
{
    body
}
```

该命令完成的功能就是检查当前仿真时间（NowTime），如果仿真时间大于 1000ns，则执行花括号中的 body 部分。

运算命令是对两个时间数值进行操作，表 8-12 中列出了加、减、乘、除四种基本操作。

表 8-12　运算命令

命　　令	描　　述
addTime\<time\>\<time\>	时间相加
subTime\<time\>\<time\>	时间相减
mulTime\<time\>\<time\>	64 位整数乘法
divTime\<time\>\<time\>	64 位整数除法

8.3.4　宏命令

ModelSim 的宏命令也称为 Do 文件，是一个简易的命令副本。ModelSim 中支持 Do 文件的创建、保存和使用，熟练使用 ModelSim 的宏命令可以大大节省编译和仿真过程中花费的时间。在本节中分为创建、保存和使用三个过程来介绍如何使用宏命令。

创建一个 Do 文件可以使用菜单栏中的命令，选择"File" → "New" → "Source" → "Do"选项，会在 ModelSim 的 MDI 窗口中打开一个新的文件窗口，此窗口也属于源文件窗口，在标签和标题栏处都有一个红黑相间的图标，如图 8-7 所示。在打开的 Do 文件窗口中可以输入可使用的 Tcl 命令，编辑结束后使用保存命令，即可创建一个 Do 文件。当然，如果熟练掌握了 Tcl 和 ModelSim 命令，完全可以在其他的文本编辑器中编译命令，再保存为 Do 文件，只需要把后缀统一为".do"，即可被 ModelSim 识别为 Do 文件。

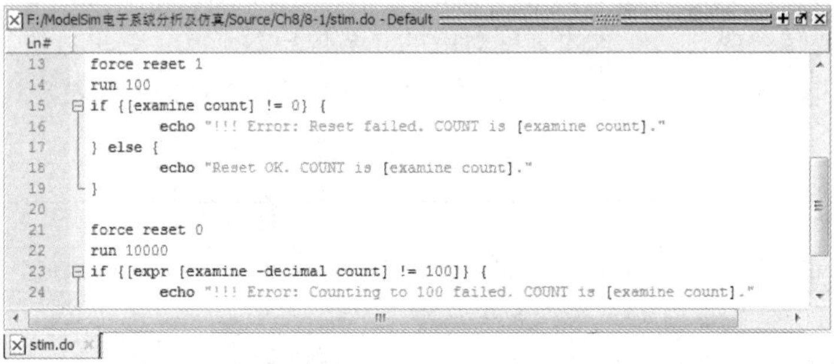

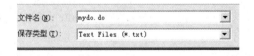

图 8-7　Do 文件编辑

除了使用以上的方式创建和保存 Do 文件，还可以对 ModelSim 中使用过的命令进行保存。ModelSim 的 Transcript 窗口是命令的输入和提示信息的显示区域，在 ModelSim 中进行的操作，无论是否采用命令行操作，信息都会出现在这个窗口中，ModelSim 会自动记录所有使用过的信息。这个窗口中的内容也是可以被保存的，需要选中该窗口（标题栏显示为蓝色），在菜单栏中选择"File" → "Save as"选项，会弹出保存窗口，在该窗口中指定文件名即可，如图 8-8 所示。直接保存 Transcript 窗口的信息会被默认保存为文本格式，这是因为保存下来的信息有一些是提示信息（如用#开头的信息行），而且保存的信息是从当前 ModelSim 打开开始的所有命令信息，有一部分是不需要保存的，这时可以根据自己的需要，在保存的文本文档中选择保留的部分，重新组成一个 Do 文件。

图 8-8　保存 Do 文件

有两种方式执行 Do 文件：菜单栏和命令行。使用菜单栏可以选择"Tool" → "Execute Macro"选项，会打开一个浏览窗口，默认的文件格式是"*.tcl, *.do"，即 Tcl 文件和 Do 文件都可以作为宏文件被打开，因为 Do 文件也使用 Tcl 语言，这两种格式并没有任何的问题。选择指定的宏文件后即可执行。如果使用命令行形式，则可以使用"do"命令。例如，执行一个名为"my_Dofile.do"的宏文件，可以使用以下命令：

```
do my_Dofile.do
```

　　该命令格式简单，就不多做解释了。

　　既然可以使用命令行形式进行操作，也就是说"do my_Dofile.do"这条命令本身也是可以被保存到宏文件中的，即宏文件也可以使用嵌套的模式。在设计过程中常常需要对一个设计单元进行反复的调试和仿真，但是仿真时的设置是不变的，这时如果使用了 Do 文件，把仿真中使用到的命令都保存下来，就可以节省大量的人力。为了分类清晰，可以使用嵌套的模式。例如，所有要使用到的命令可以归纳成 all.do 文件，该文件内部又由许多个"do"命令构成，依次执行各个子宏命令，如 compile.do、sim.do、export.do 等。

　　Do 文件除了简单的命令，还可以使用 Tcl 语言编写复杂一些的选择性语句。例如，可以出现以下语句：

```
when {clk'event and clk="1"} {
echo "Count is [exa count]"
if {[exa count]== "00001111"} {
add_wave_zoom $now 1
} elseif {[exa count]== "00010001"} {
add_wave_zoom $now 2
}
}
```

　　该段语句就出现了 if、when 等命令，这在 ModelSim 的操作命令中是不存在的，不会看到 ModelSim 提供这样的命令操作。但是由于 ModelSim 支持 Tcl 扩展，这些命令如果保存在 Do 文件中同样会被执行，就会给仿真和观察带来很大的便利。例如，可以使用波形缩放，方便定位到需要观察的波形位置，还可以使用文件导出，自动输出错误的信息行，这都会使设计者节省大量的精力。而做好这一切的前提，就是熟练地使用 Tcl 语言。

　　本章简单介绍了三种文件：SDF 文件、VCD 文件和 Do 文件，这三种文件都是在 ModelSim 中普遍使用的。

　　SDF 文件包含延迟信息，VCD 文件包含激励信号，这两种文件都是用于仿真的，都是在仿真过程中被加载的。除此之外，它们还有一个共同的特点，如果不是专门研究这两种文件的设计者，则不需要了解这两种文件内部信息的意义，对提供的 SDF 文件和 VCD 文件能够使用，进一步能够熟练创建、生成、保存、使用 SDF 文件和 VCD 文件即可。

　　Do 文件与上述两种文件均不同，它提供的功能是控制仿真操作。Do 文件基于 Tcl 语言，简易的 Do 文件甚至不包含复杂的逻辑关系。但是在实际的应用中，Tcl 语言的功能是不可估量的，只要可以编写复杂的 Do 文件完成仿真后的观察和验证，ModelSim 甚至允许创建属于个人的观察窗口，这些都是使用 Tcl 语言来完成的。而且，不仅是 ModelSim 软件，EDA 工具中很多软件都支持 Tcl 语言，如果熟练掌握了 Tcl 语言，则对其他软件的掌握会事半功倍。这里建议读者如果有额外的时间和精力，则可以深入研究 Tcl 语言。

实例 8-1　使用 Do 文件运行仿真

　　Do 文件是一个经常使用的执行文件，本节最后给出一个建立 Do 文件的例子，希望通过一个简单的实例能让读者更好地理解和掌握 Do 文件的使用。

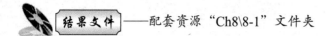

结果文件——配套资源"Ch8\8-1"文件夹

动画演示——配套资源"AVI\8-1.mp4"

（1）建立简单的 Do 文件。

本实例中不建立工程，全部使用 Do 文件进行操作，其实也就是使用命令行操作。首先把 ModelSim 的工作文件夹进行修改，指向 H:/modeltech64_2020.4/examples/chapter8，也可以使用命令行形式进行操作，如下：

```
cd H:/modeltech64_2020.4/examples/chapter8
```

之后把两个 Verilog 文件复制到该工作路径，然后打开 ModelSim，建立一个 Do 文件，如图 8-9 所示。

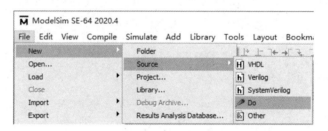

图 8-9　建立 Do 文件

打开的新文件中没有任何内容，把下列内容输入文件中，保存为"basicsim.do"，配套资源的文件夹中也有这个文件，可以直接使用。命令如下：

```
###########part one#############
vlib work
vmap work work
vlog counter.v tcounter.v
###########part two#############
vsim -novopt test_counter
add wave count
add wave clk
add wave reset
###########part three#############
force -freeze clk 0 0, 1 {50 ns} -r 100
force reset 1
run 100
force reset 0
run 300
force reset 1
run 400
force reset 0
run 200
############# end #############
```

代码总共分为三个部分，以分隔符隔开。第一部分是建立工程库并编译设计中的 Verilog 程序，第二部分是启动仿真，添加了三个信号 count、clk 和 reset 到波形窗口，第三部分是生成一些控制信号，如 clk 和 reset 信号。保存文件后输入以下命令：

```
do basicsim.do
```

ModelSim 在执行上述命令后会启动仿真，依次执行 Do 文件中的三个部分，然后在波形窗口中显示出仿真波形，如图 8-10 所示，这里为了读数方便，在波形窗口中把 count 信号显示为十六进制的。可以看到这里是按照上面 Do 文件的第二部分生成了一个周期为 100ns 的时钟信号，同时 reset 信号按照 1→0→1→0 的顺序变化，在 reset 为高电平的时候输出清零，reset 为低电平的时候正常计数。

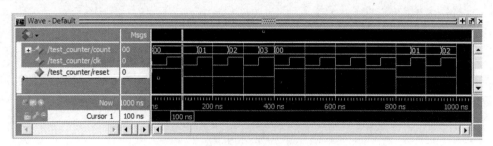

图 8-10　波形输出

Do 文件中的第三部分是强制赋值语句，可以对信号进行赋值和释放，一般用于测试文件中没有的信号或观察某些特殊情况时使用。本实例的 tcounter.v 中包含测试激励，内容如下：

```
initial // Clock generator
  begin
    clk = 0;
    forever #10 clk = !clk;
  end
initial // Test stimulus
  begin
    reset = 0;
    #5 reset = 1;
    #4 reset = 0;
  end
```

可以看到，原来 clk 信号是要生成一个周期为 20ns 的时钟，reset 信号也不是波形图中的显示，所以可知 force 语句的优先级要高于原测试代码。本实例中第三部分的代码可以删除，这样就会使用 tcounter.v 中的测试激励。

（2）嵌套使用 Do 文件。

由于 Do 文件的执行本身就是一条命令，所以可以在 Do 文件中嵌套使用 Do 文件。同时，可以在 Do 文件中使用基本的判断语句，来简化用户的操作，或者帮助用户做出某些分析。下面把上述的 Do 文件做一下修改，使它变得"高级"一些。

在第一部分添加下列语句，其作用是在当前目录下包含 work 库时可以先删除原有的 work 库，这也是一些范例常用的方法，目的是消除可能存在的错误。语句如下：

```
if [file exists work] {
    vdel -all
}
```

在第二部分添加优化处理，优化可以大大加快 ModelSim 的仿真速度，但要注意，这只

335

对于 ModelSim 软件本身而言，这种优化并不能改变原有的设计结构，只是使软件能够重新"编排"设计代码的结构，从而达到提升仿真速度的目的。进行优化的代码如下，在前面的章节中也曾出现过，同时仿真启动的模块也要改为优化后的模块。添加信号时默认显示的是二进制的，为了便于观察，这里使用了"-decimal"来改为十进制显示，同时把所有信号添加到列表窗口中。

```
vopt +acc test_counter -o test_opt
vsim test_opt
add wave -decimal count
add wave clk
add wave reset
add list -decimal *
```

第三部分是测试信号生成部分，修改成以下代码，可以看到这是一个 Do 文件的执行命令，同时有一条语句用来把列表窗口中的数据写出。

```
do stim.do
write list counter.lst
```

这个名为"stim.do"的文件中包含了哪些语句呢？语句如下：

```
force clk 1 50  -r 100
force clk 0 100 -r 100
force reset 1
run 100
if {[examine count] != 0} {
    echo "!!! Error: Reset failed. COUNT is [examine count]."
} else {
    echo "Reset OK. COUNT is [examine count]."
}

force reset 0
run 10000
if {[expr [examine -decimal count] != 100]} {
    echo "!!! Error: Counting to 100 failed. COUNT is [examine count]."
} else {
    echo "Test passed. COUNT is [examine count]."
}
```

这里的 clk 信号以另外一种形式生成，功能和前一个 Do 文件是一样的，在 50ns 处定义了信号值 1，在 100ns 处定义了信号值 0，重复 100ns 为周期，生成一个周期为 100ns 的时钟信号，但有一些小问题，稍后会结合仿真波形来解释。然后使 reset 信号变为 1，运行 100ns。之后会出现一个 if 语句，判断 100ns 之后的信号值是否为 0，如果是，则表示复位信号生效，采用 echo "……"的形式把引号内部的字符串输出。之后把 reset 信号变为 0，运行 10000ns，再判断 count 信号是否计数到 100（周期为 100ns，10000ns 应该正好计数 100 次），如果不是 100 就输出错误信息，如果是 100 就输出确认信息。这种方法在实际操作中很实用，因为实际仿真过程中的某个信号在某个特定时间应该是什么输出值，是基本可预见的，而且很多时候都是作为判断该设计是否正确的依据，采用语句判断的形式比直接看波形或列表再仔细查找更加直观和简洁。修改完毕后，把此文件另存为"nestsim.do"，在 ModelSim 命令行中运行此文件，会得到图 8-11 所示的波形。

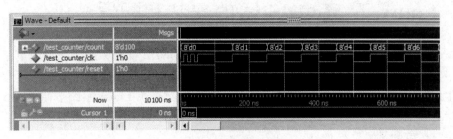

图 8-11　输出波形

这里需要解释一下 clk 最初的波形，由于 Do 文件中在 0ns 时没有定义信号值，而是在 50ns 时定义的，所以前 50ns 时间内 clk 的周期是按测试文件中的定义来生成的，即 20ns 的周期。由于前 100ns 内 reset 都是 1，即输出都被固定在 0 值，所以 clk 没有影响，但如果此时 reset 为 0，计数就会受到影响。此实例也是为了说明一个问题：Tcl 语言也是程序，需要设计和调试，如果出现了与设想不同的仿真结果，那么最好先调试 Tcl 语句，看是否是 Do 文件出了什么问题，也可以在菜单中选择"Tools"→"Tcl"→"Tcl Debugger"选项来启动图 8-12 所示的 Tcl 调试窗口。

图 8-12　Tcl 调试窗口

当然，为了避免出现失误，造成麻烦，也可以手动操作，完成所有需要的功能后在 Transcription 窗口选择保存，会把用到的命令都存为 Do 文件，不过一些判断和输出语句还需要设计者自行加入和修改。此实例中的修改很简单，只需要把"force clk 0 100 -r 100"改为"force clk 0 0 -r 100"，即把 0ns 时的值定义出来就可以了。

仿真执行过程中在命令窗口也会有对应输出，其中的数值输出部分是测试文件中的输出语句产生的，在数值中间还有两句字符串输出，是 stim.do 文件刚刚定义的，输出如下斜体字所示，篇幅所限，仅取其中的一小段，详细内容可以参考教学视频。

```
#        0  1  0     x
............
# Reset OK. COUNT is 00000000.
#      100  0  0     0
#      150  0  1     0
#      152  0  1     1
#      200  0  0     1
............
#    10052  0  1   100
# Test passed. COUNT is 01100100.
```

本实例中还输出了一个 lst 列表文件，就是列表窗口中的信息，可以在工作路径中找到并查看。由于有了列表，也就有了观察值，可以在仿真结束的时候直接退出仿真，在 nestsim.do 文件的最后添加一行"quit -f"并保存，仿真结束后就可以直接关闭 ModelSim 了。

8.4 Linux 下 ModelSim 的安装和配置

Linux 操作系统是一种免费使用和自由传播的类 UNIX 操作系统。在集成电路设计行业中，大多数公司、高校都使用 Linux 操作系统配置设计开发环境。对于本书的读者，无论是高校学生还是 IC 设计从业者，在学习和工作的过程中都会在 Linux 系统下使用 ModelSim 进行设计仿真。本节对 Linux 下 ModelSim 的安装配置方法、使用方法，以及 Linux 下使用脚本对设计进行仿真的方法进行介绍。

8.4.1 Linux 下 ModelSim 的安装

Linux 操作系统下的 ModelSim 版本与 Windows 中的相似，本节以 ModelSim-Intel FPGA Edition 20.1.1 精简版（Starter Edition）为例，说明 ModelSim 在 Linux 下的安装过程。需要注意的是，在后续的软件版本中使用了 QuestaSim 来命名本软件。两者功能基本一致，但 QuestaSim 由于升级了仿真引擎，在验证过程管理、验证 IP、低功耗仿真等方面具有一定的提升。

安装时首先在 Intel FPGA 官方网站下载 Quartus Prime 软件，如图 8-13 所示。在下载时需要选择 Quartus Prime，尽量不要选择单独下载 ModelSim 独立包（.run 文件），否则会出现安装时文件缺失的问题。

图 8-13　Quartus Prime 软件下载页面

下载后，可在自己的 home 目录下使用 mkdir 命令创建一个临时存放安装文件的目录，在本书中创建的目录命名以"ModelsimSetup"为例，安装时将"Quartus-lite-20.1.1.720-linux.tar"放在 /home/ 用户名称 /ModelsimSetup/ 路径下，并进行解压缩。解压缩后，运行 ./setup.sh 即可。由于本书中将软件安装在 /home 目录下，而此处仅有管理员才具有写权限，因此在运行 ./setup.sh 之前，可先使用 su root 命令。若想将软件安装在用户自己的目录下则不需要切换至 root 用户安装。命令如下：

```
cd ~
mkdir ModelsimSetup
mv ./Quartus-lite-20.1.1.720-linux.tar ./ModelsimSetup
cd ModelsimSetup
tar -xvf ./Quartus-lite-20.1.1.720-linux.tar
su root
./setup.sh
```

在运行 ./setup.sh 后，则会出现 ModelSim 安装的图形界面，如图 8-14 所示。在安装过程中，安装目录选择 /home。安装的软件内容根据实际情况决定，若只安装 ModelSim 则在

图 8-14（b）中仅勾选 ModelSim 一项即可。

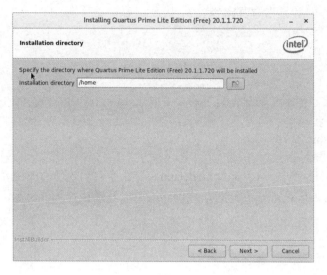

（a）

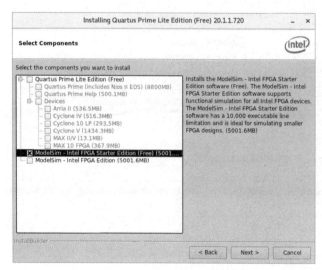

（b）

图 8-14 ModelSim-Intel 安装过程

完成安装后，回到/home 目录下，使用以下命令更改文件夹权限，以使系统中所有用户均可使用。

```
cd /home
chmod 755 ./modelsim_ase -R
```

8.4.2 Linux 下 ModelSim 的配置

在配置系统变量之前，可先测试 ModelSim 是否安装正确。进入/home/modelsim_ase/bin 目录，运行./vsim，查看软件是否可以正常启动。若可以正常启动，则可将以下配置写入 bashrc 中：

```
vi ~/.bashrc
```

在 .bashrc 中加入以下内容并保存。如果需要设置 license，则可在以下内容中通过设置 LM_LICENSE_FILE 参数来指定其路径。

```
#ModelSim Intel Starter Edition
export MODEL_TECH=/home/modelsim_ase
export PATH=$PATH:$MODEL_TECH/bin/
export LD_LIBRARY_PATH="/home/modelsim_ase/linuxaloem"
export LM_LICENSE_FILE="/home/modelsim_ase/license.dat"
alias modelsim="vsim"
```

保存后启用 bashrc 文件：

```
source ~/.bashrc
```

配置成功后可通过 "vsim ＆" 或 "modelsim ＆" 命令启动软件，如图 8-15 所示。其中符号 "＆" 的作用是使 ModelSim 在后台运行，当前终端可以继续执行其他命令，也可以不加。

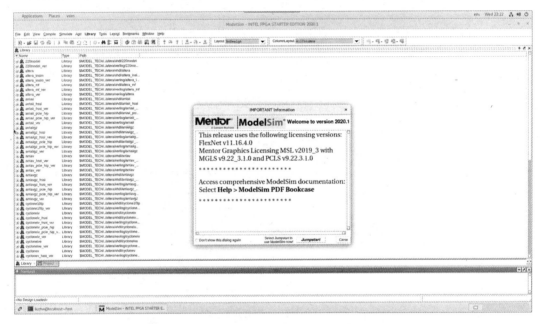

图 8-15　ModelSim-Intel 成功安装后的界面显示

若软件安装后出现以下错误信息："couldn't load file "/home/modelsim_ase/linux/ScintillaTk/libScintillaTk1.14.so": libstdc++.so.6: cannot open shared object file: No such file or directory"，则可通过将 /home/modelsim_ase/gcc-7.4.0-linux_x86_64/lib/libstdc++.so.6 复制至 /home/modelsim_ase/linuxaloem/ 后解决。

实例 8-2　Linux 下简单的验证实例

Linux 系统具有较强大的 shell 命令，提供了用户与内核进行交互操作的命令接口。因此，大多数 Linux 系统下的应用偏向于使用命令行模式进行设计仿真。本节通过 8.3.5 节中的实例，对脚本稍做更改，使其适配到 Linux 系统。

结果文件——配套资源 "Ch8\8-2" 文件夹

動画演示——配套资源"AVI\8-2.mp4"

（1）Do 脚本的建立。

本实例中不建立工程，全部使用 Do 文件进行操作，其实也就是使用命令行操作。首先在用户目录下创建一个空 Do 文件，命名为 basicsim.do。其中'~/'在 Linux 系统中代表着当前登录的用户目录，touch 命令用来创建一个空白文件，本实例中文件的名字叫作 basicsim.do。

```
touch basicsim.do
```

在 Linux 系统中，推荐使用编辑器或 gedit 编辑器对 basicsim.do 进行编辑：

```
gedit basicsim.do
```

在 basicsim.do 文件中编辑以下内容：

```
###########part one#############
vlib work
vmap work work
vlog counter.v tcounter.v
###########part two#############
vsim work.test_counter
add wave count
add wave clk
add wave reset
run 100
############# end #############
```

（2）Vsim 的启动和脚本的执行。

ModelSim 提供了 Linux 系统下的启动命令，并可以在启动 ModelSim 的同时执行 do 脚本。在 Linux 系统下，推荐使用 vim 编辑器、Sublime 编辑器等文本编辑工具编写硬件描述语言，然后通过 ModelSim 进行仿真及波形的查看分析。

通过脚本启动 ModelSim 并进行编译仿真，需要先创建一个启动脚本，命名为 run_modelsim，命令如下：

```
touch run_modelsim
```

再打开 run_modelsim 文本文件，在其中填入以下命令内容并保存：

```
vsim -c -do ./basicsim.do
```

参数-c 的作用是以命令模式运行 ModelSim，并不打开 GUI 界面。这种方式更适合于较大设计的仿真，在仿真执行的过程中不显示波形，可通过在 Verilog 代码中使用$display 观察当前的仿真进程，并获得简单的 debug 信息。

保存后，文件属性是文本文件，并不具备可执行权限。使用以下命令赋予其可执行权限。

```
chmod +x ./run_modelsim
或
chmod 755 ./run_modelsim
```

其中，参数+x 即赋予当前文件可执行权限。另外，可通过设置权限值为755来赋予。7、5、5 三个数字的二进制表示分别为 111_101_101，其中每个数字的三位二进制信息分别代表着"当前用户读、当前用户写、当前用户可执行；工作组内用户读、工作组内用户写、工作组内可执行；其他用户读、其他用户写、其他用户可执行"9 种权限，共 9 位二进制数值。

（3）启动脚本的运行。

```
./run_modelsim
```

在运行脚本后，仿真即自动运行，如图 8-16 所示。若需要在仿真结束后退出命令模式，则可通过命令"quit"完成。

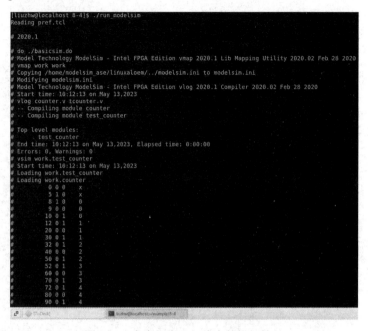

图 8-16　命令行中运行仿真的执行结果

运行完毕后，会生成 vsim.wlf 波形文件，输入以下命令：

```
vsim -view ./vsim.wlf -do "add wave *"
```

即可在 ModelSim 中打开此 wlf 文件来查看波形，如图 8-17 所示。

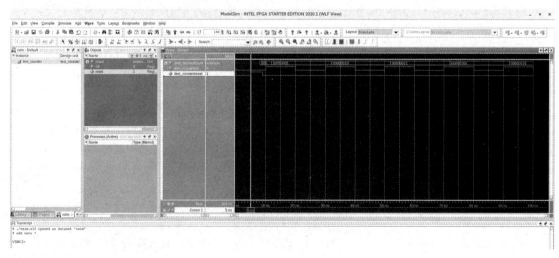

图 8-17　波形查看脚本的执行结果

也可以将上述命令保存为文件并赋予可执行权限，即可重复使用此脚本在调试 Verilog 的过程中方便地执行波形查看操作。

第 9 章

ModelSim 下建立 UVM 验证环境

通用验证方法学是当前芯片验证中最流行的验证方法。本章介绍如何在 ModelSim 中对基于 UVM 的验证平台进行仿真。本章通过 3 个实例说明仿真环境的配置，图形界面中对 UVM 进行编译和仿真的方法，并提供了一套 DO 脚本模板来进行自动化的仿真验证。

 本章内容

- ❯ 验证方法学与 UVM
- ❯ 在 ModelSim 下运行 UVM 环境的仿真
- ❯ 建立 UVM 环境的脚本

 本章案例

- ❯ 使用 GUI 界面仿真简单的 UVM 实例
- ❯ 使用 Do 文件脚本仿真简单的 UVM 实例
- ❯ 完整的 UVM 实例及自动化脚本文件

摩尔定律指出集成芯片可容纳的晶体管数目每隔约 18 个月便会增加一倍，性能也将提升一倍，大规模 SOC 和多核芯片随之出现。专用集成芯片设计的复杂度以指数速度增长，这使得验证工作成了芯片设计的瓶颈。

为了解决验证这一难题，出现了商用的硬件验证语言，包括 OpenVera、SystemC 和 E 语言。丰富的验证语言大大加速了验证过程，但也使设计人员与验证人员的沟通出现了障碍，甚至原则上出现分歧。于是一种新的验证语言 SystemVerilog 被提出，并被采纳为电气电子工程师学会 1800—2009 标准。虽然 SystemVerilog 面向对象编程的特性为解决上述问题提供了可能，但是仍然存在问题：工程师有了更灵活的语言，但是怎么用这种语言来搭建验证平台却没有明确的规范，即缺乏一种统一的标准。

验证方法学就是提供一套基于 SystemVerilog 的类，验证工程师以其中预定义的类作为起点，就可以建立起具有标准结构的验证平台。为了进行实现验证方法学的标准化，早在 2009 年 12 月，Accellera（电子设计自动化行业的一个致力于标准化的组织）内部就通过投票，决定以之前的开放验证方法学（OVM）为基础，构建一个新的功能验证方法学。

通用验证方法学（Universal Verification Methodology，UVM）应运而生，它是一个以 SystemVerilog 类库为主体的验证平台开发框架，验证工程师可以利用其可重用组件构建具有标准化层次结构和接口的功能验证环境。UVM 从发布至今已有 10 年之久，是当前芯片验证中最流行的验证方法学，它提供了使用 SystemVerilog 代码实现的支持库。从其名字"通用验证方法学"就可以看出，其中包含了三个观念的转变：从定制到通用、从仿真到验证、从方法到方法学。

从定制到通用：UVM 通过 SystemVerilog 类库的形式提供了验证环境和测试用例的可重用机制，极大地提高了验证效率。在 UVM 的框架里面，各类环境组件相互独立、各司其职，各个仿真阶段定义明确，且执行起来井然有序。这相当于在"空间"和"时间"两个尺度上都体现出了其通用性。

从仿真到验证：传统的仿真可以简单地理解为是从验证平台（Testbench）向待测设计（DUT）通过连线施加不同测试向量或命令的过程；而 UVM 考虑的维度会更高一些、功能更详尽一些且更通用一些，仿真只是完成验证工程的技术手段。仿真要解决的问题是怎么从 DUT 输入激励并得到 DUT 的输出，而验证要解决的问题是如何保证 DUT 功能的正确性和完备性。

从方法到方法学：单从方法学这一字眼看，UVM 定义的是一套完整的规范、方式或流程，有组织有纪律。它不单单只是那一套 SystemVerilog 类库，UVM 指导了整个基于仿真的验证过程。

UVM 的前身是 OVM，由 Mentor 和 Cadence 公司于 2008 年联合发布。2010 年，Accellera（SystemVerilog 语言标准最初的制定者）把 OVM 采纳为标准，并在此基础上着手推出新一代验证方法学——UVM。为了能够让用户提前适应 UVM，Accellera 于 2010 年 5 月推出了 UVM 1.0EA，EA 的全拼是 Early Adoption（译为"初期适配版"）。在这个版本里，几乎没有对 OVM 做任何改变，只是单纯地把 ovm_*前缀变为了 uvm_*。2011 年 2 月，备受瞩目的 UVM1.0 正式版本发布。此版本加入了源自 Synopsys 的寄存器解决方案。但是，由于发布仓促，此版本中有大量 bug 存在，所以仅仅时隔四个月就又发布了新的版本。

2011 年 6 月 UVM1.1 发布，这个版本修正了 1.0 中的大量问题，与 1.0 相比有较大差异。2011 年 12 月 UVM1.1a 发布，2012 年 5 月 UVM1.1b 发布，2012 年 10 月 UVM1.1c 发布，2013 年 3 月 UVM1.1d 发布，2014 年 6 月 UVM 1.2 发布，这是目前的最新版本。

典型的 UVM 验证平台结构如图 9-1 所示。

其中，DUT（Design Under Test，待测设计）为待验证的可综合 RTL 模型，其余部分均为 UVM 的组成部分。

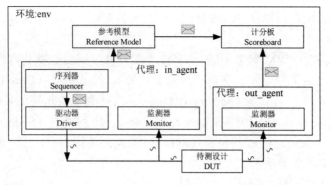

图 9-1　典型的 UVM 验证平台结构

　　其中，Sequencer 同 Sequence 和 Transaction 一起，共同生成测试数据。一个事务（Transaction）就是把具有某一特定功能的一组信息封装在一起而成的一个类。Transaction 中仅包含数据，它是无时序的。例如，长度固定的数据包，长度随机的数据包，读命令的数据包，写命令的数据包，带校验的数据包等，每个数据包都可以是一个 Transaction。Transaction 中通常包含多个数据，如总线地址、总线数据、读写控制信号等。Sequence 中承载的 Transcation，通过 Sequencer 的仲裁，流转到 Driver。

　　Driver 是验证平台最基本的组件，它负责将时序信号加到无时序信息的测试数据（Transaction）上，并将带有时序的驱动信号通过接口（Interface）传递给 DUT 的输入。

　　Monitor 监控 DUT 行为和输出，其功能与 Driver 相对。Monitor 采集带有时序信息的接口信号，提取有效数据，打包封装成去时序信息的 Transaction 数据包。in_agent 中的 Monitor 监控 DUT 的输入并将解出的 Transaction 发送给参考模型 Reference Model 进行计算处理；out_agent 中的 Monitor 监控 DUT 的输出，将其结果发送给计分板（Scoreboard）进行数据比对。

　　Reference Model 是与 DUT 行为完全相同的验证模型。通常 DUT 是 RTL 级别的可综合代码实现，由设计工程师完成；而 Reference Model 通常是用高级语言或验证语言编写的，通常由验证工程师编写，或者直接从算法和协议的标准参考 C 程序移植过来。

　　Scoreboard 负责自动检查 DUT 的输出是否正确。它用来比对 out_agent 中 Monitor 的输出（DUT 的电路输出）与 Reference Model 的输出（理想的运算结果）是否相同。如果数据相同则认为 DUT 的输出与预期结果一致。Scoreboard 还会对数据比对结果进行统计并打印。

　　Driver 和 Monitor 之间的代码高度相似。本质上二者处理的是同一种协议，在同样一套既定的规则下做着不同的事情。由于二者的这种相似性，在 UVM 中通常将二者封装在一起，成为一个 agent，不同的 agent 就代表了不同的协议。

　　Env（Environment）是 UVM 引入的一个容器，它将组件封装在一起，目的是将组件和测试用例分开。Env 通常包含 Agent、Reference Model 和 Scoreboard 等。

　　UVM 提供了较为完整的 SystemVerilog 类库，或者称 UVM 类库（UVM Class Library）。这套库提供了可以使用 SystemVerilog 进行快速开发、架构良好且具有可重用性的验证环境所需的基础类（Class）、宏（Macro）和公共函数（Utilities）。这就意味着 UVM 在技术上是面向对象程序的开发。用户可以从 Accellera 网站上下载 UVM 类库源代码、用户指南和参考文档等相关资料。

按照 Accellera 提供的 UVM 参考手册，UVM 类库可以按照功能将其内容分成若干类别。主要包含公共元素（包括类型定义、变量、函数和任务）、核心基类（Core Base Classes）、报告类（Reporting Classes）、工厂类（Factory Classes）、组件类（Component Classes）、寄存器类（Register Layer Classes）、序列类（Sequence Classes）、序列器类（Sequencer Classes）、事务级模型类（TLM Classes）、线程同步类（Synchronization Classes）、宏（Macro）等，更多细节读者可以查阅 UVM 参考手册。

UVM 提供了各种实用且功能强大的机制。这些机制的引入，让 UVM 环境组件分工明确、协作密切，使整个仿真有条不紊、高效正确地运作起来。UVM 提供的典型机制有 Factory 机制、Phase 机制、Field_automation 机制、Config_db 机制、Objection 机制、Sequence 机制、Callback 机制、TLM 通信机制等。本书主要介绍如何使用 ModelSim 调用 UVM 类库进行仿真，有关于 UVM 类库、UVM 机制的使用不再展开介绍。

实例 9-1　使用 GUI 界面仿真简单的 UVM 实例

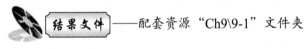

结果文件——配套资源"Ch9\9-1"文件夹

动画演示——配套资源"AVI\9-1.avi"

在本实例中，针对一个最简单的 UVM 实例，说明如何在 ModelSim 下加入 UVM 类库，并进行编译和仿真。

在本实例中 UVM 验证平台的结构十分简单，仅包含一个 Driver，如图 9-2 所示。DUT 是一个寄存器组的 RTL 模型，simple_driver.v 中使用了 UVM 类库，并在 top_tb 中实例化了 DUT。由于 simple_driver 中集成了 UVM 库中的 uvm_driver，因此在编译和仿真的过程中需要进行一些处理。

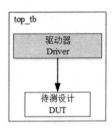

图 9-2　验证平台结构

（1）新建 ModelSim 工程。

首先新建一个 ModelSim 工程，工程命名为 uvm_simple，工程存放的路径为"C:\modeltech64_2020.4\examples\chapter9\uvm_simple\prj"。在工程创建完成后，通过"Add Existing File"将 dut.v、top_tb.sv 和 simple_driver.sv 加入工程，如图 9-3 所示。

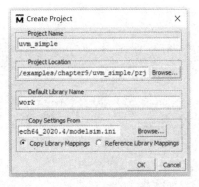 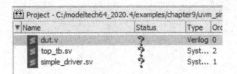

（a）新建工程窗口　　　　　　　　　　（b）将源文件加入工程

图 9-3　新建 ModelSim 工程

（2）设置编译顺序、编译选项，并完成编译。

在新建好工程之后，需要设置编译顺序，确保先编译 dut.v 和 simple_driver.sv，最后编译 top_tb.sv，如图 9-4 所示。

（a）打开编译顺序窗口　　　　　　　　（b）设置编译顺序

图 9-4　设置代码的编译顺序

接下来，由于在 simple_driver.sv 的开头有以下语句，在这两行程序中包含了 UVM 的头文件，并导入了 UVM 中的所有程序包：

```
`include "uvm_macros.svh"
import uvm_pkg::*;
```

因此编译前还需要设置 simple_driver.sv 的编译属性，在其中分别设置 Include Directory 为 " +incdir+C:/modeltech64_2020.4/verilog_src/uvm-1.1d/src "，同时在 Library File 中添加 "C:/modeltech64_2020.4/verilog_src/uvm-1.1d/src/uvm_pkg.sv"。

需要注意的是，ModelSim 在安装目录下自带了 UVM 环境和类库，在 verilog_src 文件夹中，有各个版本的 UVM 代码。其中的顶层文件是 uvm_pkg.sv，里面包含了 UVM 类库中所有的文件，因此仅需要将这个文件包含在库中，即可在 "import uvm_pkg::*" 语句中找到 UVM 环境中的程序包。

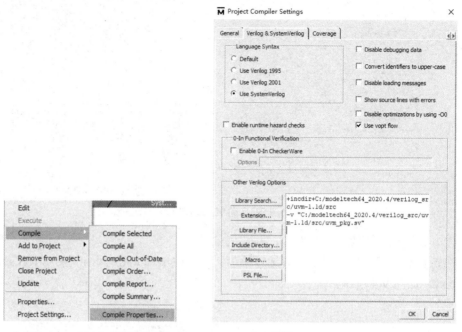

（a）对 simple_driver.sv 设置编译选项　　　　　（b）设置 Library File、Include Directory

图 9-5　设置编译选项

（3）仿真。

仿真的过程跟前几章的例子无异，只需要在仿真时选择 work 中的 top_tb 即可，如图 9-6 所示，即可进入仿真界面。

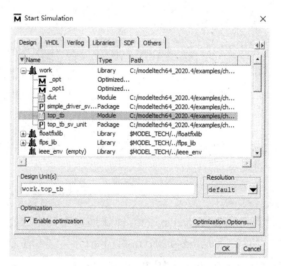

图 9-6　开始仿真

在 Instance 窗口中选择 top_tb，会在 Objects 窗口中出现设计的顶层信号。把这些信号添加到 waveform 窗口中，并开始仿真 2μs，即可出现仿真波形，如图 9-7 所示。

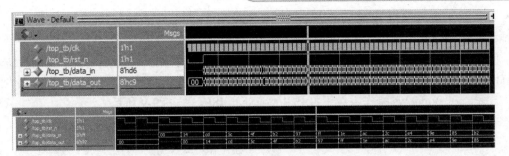

图 9-7　仿真结果

在验证平台中，由 top_tb 中的 initial 块，通过 new 函数的执行创建了 simple_driver 类的对象 drv，并分配了内存空间。

```
initial begin
    simple_driver drv;
    drv = new("drv", null);
    @(posedge rst_n);
    drv.main_phase(null);
    $finish();
end
```

在 simple_driver 类的 main_phase 方法中，通过 for 循环随机化函数$urandom_range 生成了 256 组随机测试数据，并赋值给了 data_in。

```
task simple_driver::main_phase(uvm_phase phase);
    top_tb.data_in <= 8'd0;
    while(!top_tb.rst_n)
        @(posedge top_tb.clk);
    for (int i = 0; i < 256; i++) begin
        @(posedge top_tb.clk);
        top_tb.data_in <= $urandom_range(0, 255);
        `uvm_info("simple_driver", "data is drived", UVM_LOW);
```

打印信息通过`uvm_info方法来打印，相应地在transcript窗口看到打印信息，如图9-8所示。

```
# data_out=00
# data_out=xx
# UVM_INFO C:\modeltech64_2020.4\examples\chapter9\uvm_simple\src\simple_driver.sv(17) @ 110000: drv [simple_driver] data is drived
# data_out=00
# UVM_INFO C:\modeltech64_2020.4\examples\chapter9\uvm_simple\src\simple_driver.sv(17) @ 120000: drv [simple_driver] data is drived
# data_out=14
# UVM_INFO C:\modeltech64_2020.4\examples\chapter9\uvm_simple\src\simple_driver.sv(17) @ 130000: drv [simple_driver] data is drived
# data_out=cd
# UVM_INFO C:\modeltech64_2020.4\examples\chapter9\uvm_simple\src\simple_driver.sv(17) @ 140000: drv [simple_driver] data is drived
# data_out=5c
# UVM_INFO C:\modeltech64_2020.4\examples\chapter9\uvm_simple\src\simple_driver.sv(17) @ 150000: drv [simple_driver] data is drived
# data_out=4f
# UVM_INFO C:\modeltech64_2020.4\examples\chapter9\uvm_simple\src\simple_driver.sv(17) @ 160000: drv [simple_driver] data is drived
# data_out=b2
# UVM_INFO C:\modeltech64_2020.4\examples\chapter9\uvm_simple\src\simple_driver.sv(17) @ 170000: drv [simple_driver] data is drived
```

图 9-8　仿真打印信息

实例 9-2　使用 Do 脚本文件仿真简单的 UVM 实例

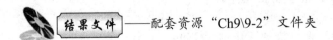

结果文件——配套资源"Ch9\9-2"文件夹

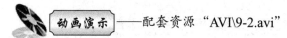动画演示——配套资源"AVI\9-2.avi"

使用 GUI 进行仿真多有不便，本节介绍如何使用 Do 脚本文件进行 UVM 实例的仿真。本节使用的源代码和实例 9-1 中使用的源代码相同。

首先，在 Windows 操作系统下打开 PowerShell ISE，如图 9-9 所示。

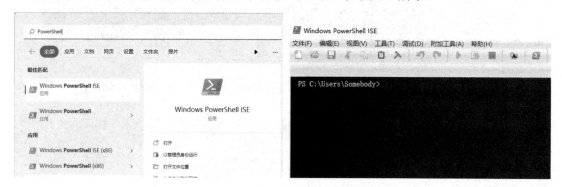

图 9-9　在 Windows 下打开 PowerShell ISE

PowerShell ISE 是 Windows 自带的一款同时兼容 DOS 命令和 Linux 命令的命令行外壳程序和脚本环境。如果是较早版本的 Windows 操作系统，也可以通过在"开始"菜单中选择"运行"，输入"cmd"命令来打开"命令提示符"窗口。

如第 8 章所述，可以通过编写 Do 脚本文件实现快速的仿真迭代。以下为本实例中的 Do 脚本文件内容：

```
1   vlib work
2   set UVM_PATH C:/modeltech64_2020.4/verilog_src/uvm-1.1d/src
3   set SRC_PATH ../src
4   vlog +incdir+$UVM_PATH -v $UVM_PATH/uvm_pkg.sv $SRC_PATH/dut.v $SRC_PATH/top_tb.sv
5   vsim work.top_tb
6   add wave -position insertpoint sim:/top_tb/*
7   run 2us
```

在脚本中，第 1 行为建立仿真空间；第 2、3 行设置了两个变量，后面可用来方便引用其烦琐的路径；第 4 行为编译命令，在编译的过程中同样需要通过"+incdir+"选项来添加"Include Directory"，通过"-v"选项来添加库文件；第 5 行通过"vsim"命令来进行仿真模块并进入仿真；在仿真的过程中，通过第 6 行将 top_tb 中所有的信号加入"waveform"窗口；在第 7 行进行 2μs 的仿真。

在了解了 Do 脚本文件的内容后，开始讨论运行该 Do 脚本文件。Do 脚本文件的运行可有两种方式，其一是通过 Windows 命令行或 Linux shell 命令行来执行；其二是在 ModelSim 软件里，在 Transcirpt 窗口中运行该脚本。

（1）通过 Windows 命令行运行 Do 脚本文件。

可在命令行中进入该工程目录，在 Powershell 中输入命令，即本实例中源文件存放于目录"C:\modeltech64_2020.4\examples\Ch9\uvm_simple_script\"：

```
cd C:\modeltech64_2020.4\examples\Ch9\uvm_simple_script\prj
```

在 prj 目录下有 run.do 文件，通过以下命令执行打开 ModelSim 并进行仿真：

```
vsim -do .\run.do
```

此时，ModelSim 窗口会通过"vsim"命令打开，并在打开软件时自动执行 prj 目录下的 run.do 脚本，如图 9-10 所示。

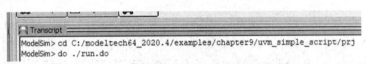

```
PS C:\modeltech64_2020.4\examples\chapter9\uvm_simple_script\prj> cd C:\modeltech64_2020.4\examples\chapter9\uvm_simple_script\prj
PS C:\modeltech64_2020.4\examples\chapter9\uvm_simple_script\prj> vsim -do .\run.do
Reading pref.tcl
```

图 9-10　在命令行中执行 Do 脚本文件

以上命令为使用窗口模式打开 ModelSim 并进行仿真，此模式适合查看波形来排查 RTL 中的错误。若仅想更改 RTL 中的语法错误或通过打印信息来调试代码，则可使用命令行模式进行仿真：

```
vsim -c -do .\run.do
```

在命令行模式下，不会启动 ModelSim 软件窗口，所有的编译仿真信息会在 PowerShell 下打印出来，更为直观快捷。

（2）通过在 ModelSim 软件的 Transcript 窗口中输入命令运行脚本。

同样可以通过打开 ModelSim 软件，在 Transcript 命令执行窗口执行以下命令，如图 9-11 所示。

```
Transcript
ModelSim> cd C:/modeltech64_2020.4/examples/chapter9/uvm_simple_script/prj
ModelSim> do ./run.do
```

图 9-11　在 ModelSim 中使用

随后仿真会正常运行，并自动显示正确的波形图。

需要注意的是，在 Transcript 窗口中，路径默认使用的是 Linux 中的风格，不同层次的文件夹之间用符号"/"分隔。而 Windows 的命令行中默认使用"\"符号来分割文件夹路径。

另外，在调试更改源代码的过程中，会经常遇到重新编译仿真的情况。在这种反复更改、编译、仿真的过程中，使用命令行模式下的脚本进行编译仿真会更加方便快捷，大大提升了仿真的效率。

实例 9-3　完整的 UVM 实例及自动化脚本文件

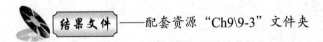

結果文件——配套资源"Ch9\9-3"文件夹

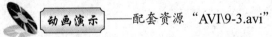

动画演示——配套资源"AVI\9-3.avi"

在本实例中，通过 Do 脚本文件完成一个完整的 UVM 实例的仿真。验证平台源代码参考了陈君豪博主的《IC 芯片验证—手把手教你搭建 UVM 验证环境》一文。

本实例的验证平台结构如图 9-12 所示。

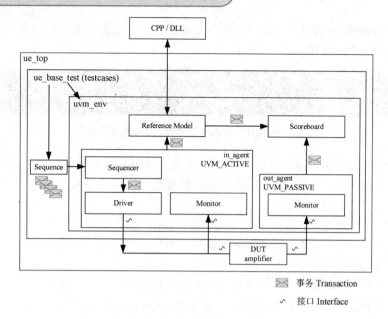

图 9-12　本实例的验证平台结构

　　本实例中，DUT 是一个 amplifier 模块，仅为简单的乘法功能。UVM 环境的顶层是 ue_base_test。在 ue_base_test（ue_base_test.sv）中创建了 env。实例中包含了 Driver、Monitor、Sequencer、Reference Model、Scoreboard，以及 env、base_test 等组件（Component）；还包含了 Transaction、Sequence 等对象（object），以及一个 Interface 接口。在本实例中共有 3 个测试用例（Testcase），测试用例在 Do 脚本中决定执行哪一个。

　　在 UVM 验证平台中调用 C 程序，同 SystemVerilog 一起进行仿真是较为常见的情况。在本实例中，Reference Model 中的验证模型使用 C 程序实现，并封装成了 DLL 文件，即 Windows 中的动态链接库文件（如同 Linux 中的 so 文件）。验证平台中需要用 C 程序调用 DLL 中封装的函数来进行仿真。这就需要安装 C 编译器并与 ModelSim 建立连接。常见的 Windows 下 GCC 有 CygWin、MingW、MSYS 等，本教程使用 MSYS2。

　　在进行仿真之前，需要安装 C 编译器。在源代码中给出了 MSYS2 的安装文件，打开即可进行安装。按照图 9-13 设置 MSYS 的安装目录"C:\msys64"，其余步骤均选择"下一步"即可。

（a）安装界面　　　　　　　　　　　　（b）选择安装路径

图 9-13　安装 MSYS2

　　安装结束后，需要配置环境变量，让 ModelSim 找到 GCC 的位置。设置方法：在桌面右击 "此电脑"，选择 "属性"，单击 "高级系统设置" 按钮，在顶部选择 "高级" 选项卡中的 "环境变量" 选项，并在下方 "系统变量" 中找到 "Path" 选项，如图 9-14（a）所示。

　　在图 9-14（b）的 "Path" 中，添加路径 "C:\msys64\ucrt64\bin" 即可。至此完成了 GCC 的安装设置。

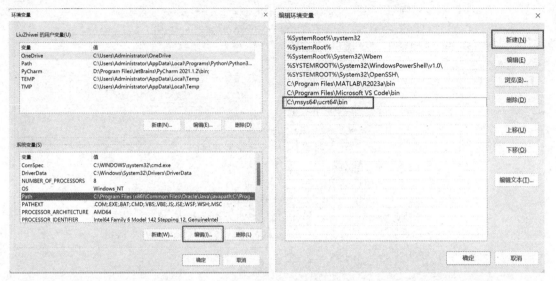

（a）Path 的设置位置　　　　　　　　　　　　　　（b）在 Path 中添加 MSYS2 的路径

图 9-14　环境变量的设置

　　本项目中的文件以文件列表的形式出现，列表写在 "complist.f" 中。其中包含三个文件，分别是 DUT 的顶层 "amplifier.v"、UVM 环境的文件列表 "ue_pkg.svh"，以及 Testbench 的顶层 "ue_tb.sv"。其中，"ue_pkg.svh" 中包含了 UVM 环境的类库 "uvm_macros.svh"，此文件在 ModelSim 的安装目录下。此外还包含了本实例中编写的 UVM 代码。

　　ModelSim 的 Do 脚本文件是支持 TCL 语言的。在本实例中的 Do 脚本文件使用了 TCL 语句来表达一部分变量的定义及循环控制等。以下是本实例的仿真脚本文件：

```
1    # set environment variables
2    setenv UVM_SRC ./src/uvm
3    setenv TB_SRC ./src/tb
4    setenv DUT_SRC ./src/dut
5    setenv COMP_LIST ./complist.f
6    setenv RESULT_DIR ./result
7    setenv TB_NAME ue_tb
8    setenv LOG_DIR ./log
9    set timetag [clock format [clock seconds] -format "%Y%b%d-%H_%M"]
10   set delfiles [glob work *.log *.ucdb sim.list]
11   file delete -force {*}$delfiles
12   #compile the design and dut with a filelist
13   vlib work
14   #complie cpp files
15   vlog ./src/uvm/cpp/my_fun_dll.c
```

```
16   echo prepare simrun folder
17   file mkdir $env(RESULT_DIR)/regr_ucdb_${timetag}
18   file mkdir $env(LOG_DIR)
19   vlog      -sv -cover bst -timescale=1ns/1ps
20             -l $env(LOG_DIR)/comp_${timetag}.log
21             +incdir+$env(DUT_SRC)
22             -f $env(COMP_LIST)
23   #simulate with specific testname sequentially
24   set TestSets      {{ue_case0_test 1} \
25                      {ue_case1_test 1} \
                        {ue_case2_test 0}}
26   foreach testset $TestSets {
27       set testname [lindex $testset 0]
28       set LoopNum [lindex $testset 1]
29       for {set loop 0} {$loop < $LoopNum} {incr loop} {
30           set seed [expr int(rand() * 100)]
31           echo seed:${seed}
32           vsim      -onfinish stop -cvgperinstance -cvgmergeinstances \
33                     -sv_seed $seed +UVM_TESTNAME=${testname} -l \
34       $env(RESULT_DIR)/regr_ucdb_${timetag}/run_${testname}_${seed}.log \
35       work.$env(TB_NAME)
36           run -all
37           coverage save
38           $env(RESULT_DIR)/regr_ucdb_${timetag}/${testname}_${seed}.ucdb
39           quit -sim  }}
40   #echo merge the ucdb per test
41   vcover merge -testassociated \
42   $env(RESULT_DIR)/regr_ucdb_${timetag}/regr_${timetag}.ucdb \
43   {*}[glob $env(RESULT_DIR)/regr_ucdb_${timetag}/*.ucdb]
44   echo ending.....
45   quit -f
```

这个脚本的功能大体可归纳为以下部分：变量定义（1～8 行）；编译仿真前的准备（9～11 行）；编译（12～22 行）；仿真（23～36 行）；覆盖率信息的保存与合并（37～42 行）。

变量的定义：在脚本的第 2～8 行，分别定义了本工程的 UVM 源代码路径、本工程的测试平台源码路径、待测设计的 RTL 源码路径、编译仿真所需的文件列表 complist.f、保存各个测试向量 testcase 结果的路径、测试平台顶层模块名称、存放编译仿真日志的路径。其中的 setenv 是 csh（Linux 中 shell 的一种）中设置环境变量的命令，此命令在 ModelSim 中可以被支持。

编译仿真前的准备：编译仿真之前，需要预先进行一些设置处理。第 9 行设置了时间格式并将时间信息赋给变量"timetag"，第 10 行定义了文件数组，用变量"delfiles"表示，将每次仿真所产生的临时文件名都加到数组中，以便对上一次仿真留下的临时文件进行清理。文件名使用了通配符表示，其中的符号"*"表示"匹配所有"。

源代码的编译：第 13 行建立仿真库"work"，ModelSim 会自动在工程目录下新建一个名为"work"的文件夹用于临时存放仿真过程中产生的文件。第 15 行为编译 C 文件的过程。本工程中有 C 语言描述的算法行为、Verilog 描述的待测设计 RTL 代码，以及 SystemVerilog 描述的验证所需文件。因此在编译时，C 语言与 Verilog/SystemVerilog 分开编译。注意 ModelSim 的 "vlog" 命令也支持编译动态链接库文件 dll 中的函数。第 16 行打印过程信息，"echo" 命令实现显示功能，将 "prepare simrun folder" 打印出来。第 17 行创建了保存仿真结果的文件夹，并在文件夹的命名中包含了仿真的开始时间。第 18 行建立了日志文件夹。第 19~22 行为编译过程，其中的 "vlog" 为编译命令。其余带有 "-" 的部分均为 vlog 命令的相应选项，如 "-sv" 为编译时支持 SystemVerilog 语言；"-timescale" 指定了默认的时间精度；"-l" 指定了编译过程中，生成的日志文件路径及日志文件名称，路径和文件名的命名上使用了前面定义的变量作为名称的一部分，生成的日志文件名称格式如 "comp_2023Jun19-15_39.log"；"+incdir+" 则意为编译时将指定文件夹加入查找路径中；"-f" 选项指定了 ModelSim 编译的文件列表为 "complist.f"。

　　仿真过程的命令：仿真部分的核心命令为 "vsim"。但本脚本中涵盖了回归测试的功能，即一次仿真多个 testcase。在第 24、25 行，就是用 tcl 语言定义了 "TestSets" 数组。把即将进行的 testcase 全部写在数组中。从第 26~39 行为一个循环。循环中，第 27、28 行定义了两个临时变量 "testname" 和 "LoopNum"。其中的 lindex 是获取列表中指定索引位置的元素，即对于 "TestSets" 数组的每个元素，找到每个元素中的两个变量。例如，对于 "{ue_case0_test 1}" 这个元素而言，"ue_case0_test" 作为第 0 个元素会赋值给 "testname"，循环次数 "1" 作为第 1 个元素会赋值给变量 "LoopNum"。在第 29 行的语句中，通过循环即可控制测试向量 ue_case0_test 进行次数为 "LoopNum" 的仿真，也就是说，ue_case0_test 这个 testcase 会执行 1 次仿真。若不想运行某个 testcase，则只需要将后面的数字改为 "0" 即可。在第 30 行中，产生了 0~100 的随机整数并赋值给 "seed" 变量，第 31 行将 seed 变量的值显示出来。第 32~35 行则为运行 ModelSim 仿真的关键命令 vsim，其中的 "-onfinish stop" 选项的功能是让 ModelSim 跑完每个 testcase，并执行到$finish 系统函数时，不退出仿真而继续仿真下一个 testcase，直至所有存在于 testset 数组中的 case 全部跑完。选项 "-cvgperinstance -cvgmergeinstances" 两个选项设置覆盖率计算的算法。选项 "-sv_seed" 使用刚生成的 seed 变量值作为 ModelSim 随机数生成器的种子，这样可保证每次仿真随机化出来的数据不同。"-l" 选项指定了仿真生成的日志文件位置，文件命名中包含了 testcase 的名称和种子的值。"+UVM_TESTNAME" 用于指定测试用例，将 testcase 名称传到 UVM 环境中。第 36 行开始跑仿真，直到仿真执行至$finish 系统函数为止。

　　覆盖率信息的保存与合并：第 41 行中，"vcover merge" 是合并覆盖率的命令，即将 result 目录下所有的覆盖率文件合并到一起。第 44 行打印仿真结束信息，第 45 行退出 ModelSim 仿真。

　　在理解了 Do 脚本文件中的命令后，接下来则是运行该 Do 脚本文件，可通过命令行进入该工程目录，在 Powershell 中输入命令，即本实例中源文件存放于目录 "C:\modeltech64_2020.4\examples\Ch9\uvm_example_script"：

```
cd C:\modeltech64_2020.4\examples\Ch9\uvm_example_script
```

在 prj 目录下有 run.do 文件，通过以下命令执行打开 ModelSim 并进行仿真：

```
vsim -c -do .\ue_sim.do
```

与实例 9-2 有所不同，本实例中多了参数 "-c"。此参数作用是在命令行模式下执行该仿真。我们只需要通过打印出的日志即可得知 UVM 验证环境的运行情况，而不需要打开

ModelSim 软件查看波形。若成功运行了本实例，则可在仿真结束时看到以下打印信息：

```
# --- UVM Report Summary ---
# ** Report counts by severity
# UVM_INFO :            334
# UVM_WARNING :         0
# UVM_ERROR :           0
# UVM_FATAL :           0
# ** Report counts by id
# [Questa UVM]          2
# [RNTST]               1
# [dpi_info]            136
# [subseq_idle]         111
# [subseq_set_scaler]   51
# [ue_agent]            8
# [ue_base_test]        1
# [ue_case0_test]       2
# [ue_driver]           3
# [ue_env]              4
# [ue_monitor]          8
# [ue_ref_model]        1
# [ue_scoreboard]       4
# [ue_sequencer]        2
```

从以上信息即可得知 UVM 环境运行过程中没有产生 Error。仿真结束后，在文件夹"uvm_example_script"下，会自动产生 2 个文件夹："log"和"result"。"log"文件夹中生成了编译过程的日志，"result"文件夹中生成了仿真过程的日志，以及仿真生成的覆盖率文件。若在 Do 脚本文件中一次运行了多个 testcase 的仿真，则会生成多个日志及覆盖率文件。在仿真结束时多个 testcase 的覆盖率文件将会合并为一个，其文件名以日期命名，如"regr_2023Aug08-14_11.ucdb"。关于如何查看覆盖率报告可参照前面章节的内容。如果需要生成波形文件，则可以在 Do 脚本文件第 36 行"run -all"之前加入命令"add wave sim:/ue_tb/*"。

此脚本文件可为读者提供一个模板，在遇到新的 UVM 工程时，仅需要修改脚本文件中的部分配置即可。